T0259858

Chemie der Werkstoffe

Horst Briehl

Chemie der Werkstoffe

4., überarbeitete und erweiterte Auflage

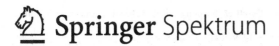

Horst Briehl
Mechanical and Medical Engineering
Hochschule Furtwangen
Villingen-Schwenningen, Deutschland

ISBN 978-3-662-63296-3   ISBN 978-3-662-63297-0   (eBook)
https://doi.org/10.1007/978-3-662-63297-0

Die Deutsche Nationalbibliothek verzeichnet diese Publikation in der Deutschen Nationalbibliografie; detaillierte bibliografische Daten sind im Internet über http://dnb.d-nb.de abrufbar.

Ursprünglich erschienen bei Springer Fachmedien Wiesbaden
© Der/die Herausgeber bzw. der/die Autor(en), exklusiv lizenziert durch Springer-Verlag GmbH, DE, ein Teil von Springer Nature 1995, 2008, 2014, 2021, korrigierte Publikation 2021

Planung/Lektorat: Désirée Claus
Springer Spektrum ist ein Imprint der eingetragenen Gesellschaft Springer-Verlag GmbH, DE und ist ein Teil von Springer Nature.
Die Anschrift der Gesellschaft ist: Heidelberger Platz 3, 14197 Berlin, Germany

Vorwort

Dieses Lehrbuch wendet sich in erster Linie an Studierende der Ingenieurwissenschaften, die während ihrer Ausbildung und im späteren Berufsleben mit Problemen der Auswahl und des Einsatzes des jeweils richtigen Werkstoffs konfrontiert werden.

Chemische Reaktionen spielen bereits bei der Herstellung von Werkstoffen eine bedeutende Rolle. Auch viele weitere Verarbeitungsschritte wie z.B. Raffinations-, Veredlungs-, Formgebungs- und Verfestigungsverfahren sowie Methoden der Fertigung von Verbundwerkstoffen bzw. die Fixierung von Schichten auf Substratmaterialien beruhen meist auf chemischen Vorgängen. Alterungserscheinungen und Korrosionsprozesse an Werkstoffen sind durch die Chemie erklärbar; ebenso basieren zahlreiche Recyclingverfahren für ausgediente Werkstoffe auf chemischen Reaktionen.

Warum nun „Chemie der Werkstoffe"? Beim Studium von gängigen Chemielehrbüchern, ist häufig festzustellen, dass in diesen, meist wissenschaftlich orientierten Büchern, Werkstoffe und deren technische Anwendungen ein wenig vernachlässigt werden. Andererseits erfolgt in Fachbüchern über Werkstoffe bisweilen eine nur recht stiefmütterliche Behandlung der chemischen Reaktionen von Werkstoffen. Ferner werden in den reinen Werkstoffkundebüchern oft nur ganz bestimmte Werkstoffgruppen (z.B. Kunststoffe, Keramiken oder Metalle) separat behandelt.

Im vorliegenden Lehrbuch werden nun die wesentlichen Grundzüge der Chemie von metallischen, nichtmetallisch-anorganischen und organischen Werkstoffen dargestellt, und zugleich wird auf charakteristische Eigenschaften und daraus resultierende Anwendungen dieser Werkstoffe eingegangen. Bestimmte physikalische Größen, die kennzeichnend für einen Werkstoff sind, werden in der Regel herausgestellt; allerdings ist dieses Buch keine werkstoffkundliche Datensammlung, da im Vordergrund immer die Chemie des Werkstoffs steht. Dies führt insbesondere bei der Einteilung und Behandlung der metallischen Werkstoffe zu einer starken Orientierung am Periodensystem.

Auch bei der Bearbeitung der wichtigsten nichtmetallischen Elemente erscheint diese Vorgehensweise sinnvoll. In einem einführenden Kapitel über die Chemie einiger nichtmetallischer Elemente und deren Verbindungen, die als Werkstoffe oder Hilfsstoffe im Umfeld von Werkstoffen von Bedeutung sind, wird außerdem diverses chemisches Basiswissen und Stoffkenntnisse vermittelt, die als wichtige Vorbereitung der folgenden, stärker werkstoffspezifisch ausgerichteten, Kapitel beitragen sollen. Jedoch dürften die in diesem Kapitel in knapper Form dargebotenen Informationen in der Regel nur zur Auffrischung von chemischem Grundwissen dienen; mit wichtigen Grundlagen der allgemeinen, anorganischen und organischen Chemie sollte der Lesende bereits vertraut sein.

Zum besseren Verständnis von Redoxreaktionen und um klar herauszustellen, welches Element oxidiert bzw. reduziert wird, sind bei nahezu allen Redoxgleichungen die Oxidationszahlen über die betreffenden Elemente geschrieben.

So weit der damalige, nahezu unveränderte, Text zur 1. Auflage aus dem Jahr 1995.

Gut ein Vierteljahrhundert später liegt nun die 4. Auflage vor. Es wurden aktuelle Ergänzungen, zahlreiche Neuerungen und Verbesserungen vorgenommen. Etwa 70 Prozent der ursprünglichen Seiten der dritten Auflage erfuhren bei der Überarbeitung kleinere oder auch größere Veränderungen. Obwohl ihnen momentan keine werkstofftechnische Bedeutung zukommt, wurden der Vollständigkeit halber, die in jüngster Zeit entdeckten Elemente der 7. Periode bis zum Element 118 zumindest im Text erwähnt und im Periodensystem eingefügt.

Seit über einem Vierteljahrhundert begleitet Herr Dipl.-Chem. Dr. Siegfried Potthoff dieses Buch, dem ich großen Dank für die überaus sorgfältige Durchsicht des Manuskripts und seinen kritischen Anmerkungen schulde. Ein herzliches Dankeschön geht an Frau Dipl.-Ing. (FH) Dr. Heike Kitzig-Frank, meiner ehemaligen Diplomandin, die ebenfalls bereits bei der 1. Auflage mit Rat und Tat zur Stelle war, wenn es Hard- oder insbesondere Softwareprobleme gab, und mir auch diesmal bei diversen Schwierigkeiten während der Fertigstellung des Buches sehr geholfen hat. Für die gute Zusammenarbeit gebührt Frau Carola Lerch und Frau Désirée Claus vom Verlagsbereich Springer Spektrum ein spezieller Dank. Ein weiterer Dank geht an Frau Dipl.-Bibliothekarin (FH) Sabine Vetter-Hauser von der Hochschule Furtwangen, die in den vergangenen 25 Jahren unermüdlich bei der analogen und digitalen Literaturbeschaffung war. Ferner möchte ich mich bei den Leserinnen und Lesern bedanken, die mich in den letzten zweieinhalb Jahrzehnten mit ihrer sachlichen Kritik und ihren Verbesserungsvorschlägen unterstützt haben, einige Fehler in den bisherigen Auflagen zu beseitigen. Und natürlich vielen Dank an meine Familie für ihre Rücksichtnahme während der Bearbeitung und Fertigstellung der jeweiligen Auflagen.

Villingen-Schwenningen, Mariä Lichtmess 2021

Horst Briehl

Verzeichnis spezieller Abkürzungen

HG: Hauptgruppe

HT: Hochtemperatur

HTK: Hochtemperaturkorrosion

l: liquid

LM: Lösungsmittel

Me: Metall

NG: Nebengruppe

Ph: Phenylgruppe

PSE: Periodensystem der Elemente

RMM: Relative molare Masse

RT: Raumtemperatur

~ :   Umlagerung

Inhaltsverzeichnis

1 Einleitung

Beim Titel „Chemie der Werkstoffe" kann man sich als Chemiker zunächst einmal Gedanken darüber machen, was eigentlich ein Werkstoff ist. Der Duden[27] erklärt den Werkstoff als eine „Substanz, [Roh]material, aus dem etwas hergestellt werden soll". Das deutsche Wörterbuch Wahrig-Burfeind[28] definiert den Begriff Werkstoff als „fester Rohstoff, z.B. Holz, Metall, Leder, Stein, aus dem sich Gegenstände aller Art formen lassen." Im Brockhaus[29] erfolgt keine Beschränkung auf den festen Aggregatzustand, sondern es wird auch der flüssige und gasförmige Aggregatzustand in die Erklärung miteinbezogen, wenn es heißt, Werkstoffe ist eine „Sammelbezeichnung für alle Materialien mit technisch nutzbaren Eigenschaften; die stoffl. Basis der gesamten Technik. W. haben einen festen Aggr.zustand, es können jedoch auch Fl. und Gase mit technisch verwertbaren Eigenschaften (z.B. Schmierstoffe, Kühlmittel) zu den W. gezählt werden." Meist bezeichnet man jedoch die eingesetzten nicht festen Stoffe eher als Hilfsstoffe, und normalerweise gilt: „Ein Werkstoff ist ein werkbarer, *fester* Stoff"[51].

Der Aspekt der Wirtschaftlichkeit eines Werkstoffs kommt u. a. in der folgenden Definition von G. Ondracek[30] zum Ausdruck: „Ein Material wird zum Werkstoff, wenn es technisch verwertbare Eigenschaften (in mindestens einem Aggregatzustand) besitzt und technologisch und wirtschaftlich machbar ist."

Inzwischen werden auch die ökologischen Gesichtspunkte berücksichtigt; so erweitert G. Ondracek seine Definition durch die zusätzliche Forderung nach der Umweltverträglichkeit des Materials „während und nach dem Gebrauch" [31].

In der gängigen Fachliteratur wird im Allgemeinen grob unterschieden zwischen den vier Werkstoffgruppen

- metallische Werkstoffe
- nichtmetallisch anorganische Werkstoffe (Keramik)
- polymere Werkstoffe (Kunststoffe)
- Verbundwerkstoffe

Diese Einteilung konnte bei der Bearbeitung der „Chemie der Werkstoffe" nicht konsequent übernommen werden, da einerseits didaktische Gründe für eine Veränderung zu Gunsten der vorliegenden Gliederung sprechen, andererseits bestimmte Werkstoffe (Gläser, Hartstoffe) nicht unbedingt eindeutig einer der angeführten vier Werkstoffgruppen zuzuordnen sind.

Eine spezielle Behandlung der Verbundwerkstoffe erfolgt nicht, da viele chemische Reaktionen der Einzelkomponenten der Verbundwerkstoffe bereits weitgehend in den entsprechenden Kapiteln erörtert werden. Weit wichtiger erscheint dem Autor, einige chemischen Grundlagen der Alterung von Kunststoffen und der Korrosion metallischer Werkstoffe sowie Aspekte des Korrosionsschutzes in separaten Kapiteln etwas umfassender darzustellen.

© Der/die Autor(en), exklusiv lizenziert durch
Springer-Verlag GmbH, DE, ein Teil von Springer Nature 2021
H. Briehl, *Chemie der Werkstoffe*,
https://doi.org/10.1007/978-3-662-63297-0_1

2 Werkstoffspezifische Chemie und Anwendungen einiger nichtmetallischer Elemente

2.1 Wasserstoff

Vorkommen

Wasserstoff ist das kosmisch häufigste Element. Etwa 92% der Materie des Weltalls bestehen aus Wasserstoff. In der Erdatmosphäre ist das Gas nur in Spuren vorhanden, allerdings steigt mit zunehmender Entfernung von der Erde die H_2-Konzentration allmählich etwas an.

Auf der Erde und in der Erdkruste kommt Wasserstoff überwiegend in Form von Verbindungen vor. An erster Stelle ist der Wasserstoff als Komponente der riesigen irdischen Wassermengen zu nennen, ferner der Anteil des Wasserstoffs in den Kohlenwasserstoffen, die in der Kohle, als Erdöl und Erdgas anzutreffen sind. Trotz der enormen Wasservorkommen belegt der Wasserstoff in der *Häufigkeitsliste der Elemente* mit 0,14% aber nur den 10. Platz. Ordnet man die in der oberen 16 km dicken Erdkruste vorhandenen Elemente nach ihrer Häufigkeit an, so ergibt sich – abgesehen von kleineren Differenzen in der Literatur – die folgende Reihenfolge (Tab. 2.1):

Tab. 2.1: Häufigkeit der Elemente in der oberen Erdkruste (in Massen-%)

O	Si	Al	Fe	Ca	Mg	Na	K	Ti	H
45,5	27,2	8,3	6,2	4,7	2,8	2,3	1,8	0,6	0,14

Aus dieser Tabelle geht hervor, dass die zehn häufigsten Elemente bereits einen Massenanteil von etwa 99,5% der Erdkruste ausmachen. Die für einige metallische Werkstoffe so wichtigen Elemente wie z.B. Kupfer, Zink, Blei, Nickel, Zinn sowie auch die Edelmetalle sind sehr selten und liegen zusammen mit allen anderen natürlich vorkommenden Elementen in dem verbleibenden Anteil von ca. 0,5%.

Darstellung

Die großtechnische Darstellung von Wasserstoff erfolgt im Wesentlichen nach drei Verfahren:

1. durch katalytische Umsetzung von Wasserdampf mit im Erdgas enthaltenen bzw. durch Crackprozesse aus Erdölen erzeugten niedrigen Kohlenwasserstoffen („*Steamreforming-Prozess*"), z.B.:

$$\overset{-IV+I}{CH_4} + \overset{+I}{H_2O} \xrightarrow[\approx 800°C,\ 30\ bar]{Ni} 3\,\overset{0}{H_2} + \overset{+II}{CO} \qquad \Delta H° = +206\ kJ$$

2. aus Wasser durch Reduktion mit Kohle („*Kohlevergasung*"):

$$\overset{+I}{H_2O} + \overset{0}{C} \xrightarrow{\approx 1200°C} \overset{0}{H_2} + \overset{+II}{CO} \qquad \Delta H° = +131\ kJ$$

H. Briehl, *Chemie der Werkstoffe*,
https://doi.org/10.1007/978-3-662-63297-0_2

Die Abtrennung des Wasserstoffs aus dem als *Wassergas* bezeichneten H_2/CO-Gemisch lässt sich unter gleichzeitiger Bildung von weiterem Wasserstoff durch Konvertierung des CO in CO_2 bei ca. 300°C und hohen Drücken über folgendes Gleichgewicht erreichen:

$$\overset{+II}{C}O + \overset{+I}{H_2}O \rightleftharpoons \overset{+IV}{C}O_2 + \overset{0}{H_2} \qquad \Delta H° = -41 \text{ kJ}$$

Durch chemische oder physikalische Absorptionsprozesse kann das CO_2 vom Wasserstoff separiert werden.

3. Elektrolyse von Wasser

Bei der elektrolytischen Zersetzung des Wassers entsteht an der Kathode H_2:

$$\overset{+I \ -II}{2 \ H_2O} \longrightarrow \overset{0}{2 \ H_2} + \overset{0}{O_2} \qquad \Delta H° = +242 \text{ kJ}$$

Zur Herstellung von hochreinem Wasserstoff verwendet man erhitzte Palladium-Diffusionszellen, die vorhandene Verunreinigungen zurückhalten und nur H_2-Moleküle passieren lassen.

Eigenschaften

Natürlich vorkommender Wasserstoff ist ein Mischelement aus den drei Isotopen ^1H, ^2D und ^3T, wobei *D*euterium nur zu etwa 0,015% und das radioaktive *T*ritium lediglich in Spuren auftritt.

Wasserstoff ist das Element mit der kleinsten relativen Atommasse. In Form seines H_2-Moleküls ist es das leichteste von allen Gasen. Aus dieser Eigenschaft ergibt sich ein stark ausgeprägtes Diffusionsvermögen, und daraus resultiert seine für ein Gas vergleichsweise hohe Wärmeleitfähigkeit. Das ungiftige, farb- und geruchlose Gas lässt sich mit Sauerstoff kontrolliert zu Wasserdampf mit schwach bläulich erscheinender Flamme verbrennen, bzw. explodiert bei bestimmten Mischungsverhältnissen (insbesondere natürlich wenn $V_{H_2} = 2V_{O_2}$) als *Knallgas*:

$$\overset{0}{2 \ H_2} + \overset{0}{O_2} \longrightarrow \overset{+I \ -II}{2 \ H_2O} \qquad \Delta H_f° = -242 \text{ kJ/mol}$$

Wasserstoff besitzt von allen verbrennbaren Substanzen mit 11 MJ/m^3 den höchsten Heizwert. Es kann beispielsweise in $LaNi_5$ und in Palladium in größeren Mengen gespeichert werden. In den Handel kommt es normalerweise als verdichtetes Gas in Stahlflaschen, die, wie alle entzündbaren Gase (mit Ausnahme von Acetylen), durch einen *roten Anstrich* farblich gekennzeichnet sind.

Nach der Euro-Norm DIN EN 1089-3: 2011-10 für industrielle und medizinische Druckgasflaschen ist eine Farbkennzeichnung für die jeweilige Gasflaschenschulter vorgeschrieben, wobei diese Schulterfarben folgende Bedeutung haben:

weiß:	Sauerstoff
schwarz:	Stickstoff
blau:	Lachgas (N_2O)
kastanienbraun:	Acetylen (H–C≡C–H)
braun:	Helium
grau:	Kohlendioxid
dunkelgrün:	Argon
leuchtendgrün:	Ne, Kr, Xe oder Ar/CO_2-Gemisch oder Druckluft

Reinheit von Gasen

Zur relativ einfachen Kennzeichnung der Reinheit von technischen Gasen erfolgt deren Reinheitsangabe (in Vol-%) durch zwei mittels eines Punktes getrennte Ziffern. Die *Ziffer vor dem Punkt* ergibt die *Anzahl der Neunen*, während die *Ziffer nach dem Punkt* die letzte *Stelle der Reinheitsangabe* kennzeichnet.

Beispiel: Welche Reinheit besitzt Wasserstoff mit der Reinheitsangabe 4.8?

4 → insgesamt vier Neunen (zwei Neunen – also 99 – stehen immer vor dem Komma des zu ermittelnden Wertes);

8 → letzte Ziffer nach den vier Neunen ist eine Acht; insgesamt ergibt sich also

$$\text{Wasserstoff } 4.8 = 99{,}998 \text{ Vol-\% } H_2$$

Nachzutragen ist noch, dass sich die Informationen zum Volumen der entsprechenden Gasinhalte von Druckgasflaschen in der Regel weder auf *Standardbedingungen* (T = 298,15 K = 25°C, p = 1,013 bar) noch nach DIN 1447 auf *Normalbedingungen* (T = 273,15 K = 0°C, p = 1,013 bar), sondern meist auf 1,0 bar und 15°C beziehen.

Hydride

Mit Ausnahme der Edelgase bildet Wasserstoff mit allen gängigen Elementen Verbindungen. Die binären Verbindungen des Wasserstoffs mit elektropositiveren Elementen werden *Hydride* genannt. Man unterscheidet im Allgemeinen zwischen *salzartigen, kovalenten,* und *metallartigen* Hydriden.

1. *Salzartige Hydride* bilden sich vorwiegend mit den Alkali- und Erdalkalimetallen (z.B. LiH, CaH_2). Es sind typische Salze, die stöchiometrisch zusammengesetzt sind und in Ionengittern kristallisieren. In diesen Verbindungen liegt der Wasserstoff als Hydridanion H^- vor, das ein sehr starkes Reduktionsmittel ist: $E°_{2H^-/H_2} = -2{,}25V$.

2. *Kovalente Hydride* entstehen bevorzugt mit Metallen der III. bis VI. Hauptgruppe (z.B. SnH_4, InH_3). Diese relativ leicht flüchtigen Hydride besitzen keine werkstofftechnische Relevanz.

3. *Metallartige Hydride*, die auch als *interstitielle Hydride* bezeichnet werden, sind meist nichtstöchiometrisch zusammengesetzte Verbindungen des Wasserstoffs mit Nebengruppenmetallen, bei denen die H-Atome Zwischengitterplätze des Metalls besetzen. Dabei werden vornehmlich kovalente Bindungen zwischen Metall- und H-Atomen ausgebildet. Die zur chemischen Bindung nicht benötigten Valenzelektronen der Metalle befinden sich im sog. Leitungsband und bewirken die metallischen Eigenschaften, wie elektrische und thermische Leitfähigkeiten dieser Hydride.

Verwendung

Wasserstoff dient in vielen Fällen zur Synthese chemischer Produkte, insbesondere zur Hydrierung ungesättigter Verbindungen. Reiner Wasserstoff wird als wichtiger Brennstoff für Raketentreibstoffe und in Brennstoffzellen verwendet. Für die Herstellung von Werkstoffen ist H_2 insofern von Bedeutung, als Wasserstoff in einigen Fällen als Reduktionsmittel zur Metalldarstellung (z.B. für Wolfram und Cobalt) besonders geeignet ist (vgl. Abschnitt 3.5.2.2) und ferner in der Pulvermetallurgie eine wichtige Rolle bei der Gewinnung von feinkörnigen und hochreaktiven Metallpulvern spielt. Zum Schutz dieser Pulver sowohl bei ihrer Herstellung als auch im Verlauf ihrer Sinterprozesse zu den entsprechenden Fertigteilen arbeitet man in einer nichtoxidierenden N_2/H_2-Schutzgasatmosphäre (*Formiergas*). Häufig wird das zu sinternde Metallpulver aus dem betreffenden metallartigen Hydrid erst während des Sintervorgangs erzeugt, so dass der entweichende Wasserstoff die einzelnen Partikel außergewöhnlich gut schützen kann und eine unerwünschte Oxidbildung vermieden wird:

$$2\,MeH_3 \quad \xrightarrow{\Delta} \quad 2\,Me \ + \ 3\,H_2$$

Diese allgemeine Reaktion ist unter bestimmten Bedingungen reversibel. So können einige Metalle bei RT Wasserstoff unter Hydridbildung lösen. Dies stellt vor allem bei Stahlwerkstoffen ein großes Problem dar, weil mit der H_2-Aufnahme gleichzeitig eine starke, höchst unerfreuliche Versprödung *(Wasserstoffversprödung)* des Materials eintritt.

2.2 Edelgase

Die Elemente Helium, Neon, Argon, Krypton, Xenon, das radioaktive Radon sowie das künstlich hergestellte ebenfalls radioaktive Oganesson (Og), das mit 118 die bislang höchste Ordnungszahl aufweist, bilden die Gruppe der *Edelgase*. Ob Oganesson im gasförmigen Zustand vorliegt – also wirklich ein Edel*gas* ist – lässt sich zurzeit noch nicht mit Gewissheit sagen[33]. Je nach verwendetem Periodensystem (vgl. auch Anmerkung in Abschnitt 3.7) wird den Edelgasen die Gruppenbezeichnung nullte, achte oder achtzehnte (IUPAC) Hauptgruppe zugeordnet. Die Namensgebung *Edelgase* erfolgte in Anlehnung an die ausgeprägte Reaktionsträgheit und chemische Resistenz der *Edelmetalle*.

Vorkommen und Darstellung

Helium ist kosmisch mit ca. 9% nach Wasserstoff das zweithäufigste Element. Auf unserem Planeten kommt es in einigen Erdgasen vor und ist – wie alle anderen Edelgase auch – ein Bestandteil der Luft (vgl. Tabelle 2.2).

Tab. 2.2: Bestandteile der Luft (Vol-%)

N_2:	78,1	He:	$5 \cdot 10^{-4}$
O_2:	20,9	Kr:	$1 \cdot 10^{-4}$
Ar:	0,93	H_2:	$5 \cdot 10^{-5}$
CO_2:	0,040	Xe:	$9 \cdot 10^{-6}$
Ne:	$1,8 \cdot 10^{-3}$	Rn:	$6 \cdot 10^{-18}$

Mit Ausnahme von Helium, das aus Erdgasen gewonnen wird, geschieht die technische Darstellung der Edelgase meist nach dem sog. *Linde-Verfahren* durch fraktionierte Destillation verflüssigter Luft.

Eigenschaften

Die Edelgase sind farb-, geschmack- und geruchlose, ungiftige und nicht brennbare *einatomige* Gase (bei RT), die chemisch sehr inert sind. Erst 1962 gelang die Synthese stabiler Edelgasverbindungen. Es handelt sich hierbei um Verbindungen der schwereren Edelgase Krypton, Xenon und Radon, die im Grundzustand leere d-Orbitale besitzen und für die die sog. *Oktettregel* somit keine strenge Gültigkeit hat. Ferner weisen die schwereren Gase die niedrigsten Ionisierungsenergien auf, so dass insbesondere mit stark elektronegativen Elementen, wie Fluor und Sauerstoff, entsprechende Edelgasverbindungen erzeugt werden können, z.B. XeF_2, XeF_4, XeO_4, KrF_2, RnF_2. Inzwischen wurden auch Verbindungen des Argons mit kovalenten Ar-Heteroatom-Bindungen bei tiefen Temperaturen im HArF[34] nachgewiesen.

Verwendung

Die größte Bedeutung haben die Edelgase in der Lichttechnik. Zur Füllung von Glühlampen dient vor allem Argon, da es wegen seiner vergleichsweise großen Häufigkeit das preiswerteste Edelgas ist. Allerdings ist durch das Herstellungs- und Vertriebverbot für bestimmte Glühlampen der Verbrauch an Argon in diesem Bereich in den letzten Jahren zurückgegangen. Krypton und besonders Xenon besitzen als schwerere Edelgase eine wesentlich geringere Wärmeleitfähigkeit und werden vorwiegend für Spezialzwecke zur Erzielung sehr hoher Glühfadentemperaturen eingesetzt. Als Gasentladungslampe wird Xenon in Form von Xenon-Licht bei neueren Autoscheinwerfern verstärkt genutzt. In Leuchtröhren („Neonröhren") ist Neon enthalten. Verschiedene Lichtfarben (z.B. Lichtreklameindustrie) lassen sich in den Gasentladungslampen durch Verwendung unterschiedlicher Edelgasfüllungen erreichen. In der Tieftemperaturtechnik spielt Helium eine wichtige Rolle als Kühlflüssigkeit bei der Herstellung von supraleitenden Werkstoffen (Magnettechnik). Das wesentlich billigere Argon stellt in vielen technischen Bereichen ein unentbehrliches Schutzgas zur Verhinderung von Korrosionsvorgängen bei der Produktion und Verarbeitung von Roh- und Werkstoffen dar. So wird Argon in größeren Mengen z.B. bei der Titandarstellung sowie beim Elektroschweißen von Stahl-, Kupfer-, Aluminium- und Titanwerkstoffen zur Vermeidung der Oxid- bzw. Nitridbildung benötigt. Auch in der Lasertechnik finden die Edelgase Verwendung.

2.3 Halogene

In der VII. Hauptgruppe des PSE sind die Elemente Fluor, Chlor, Brom, Iod und Astat sowie das 2010 erstmals künstlich erzeuge Tenness (Ts) angeordnet. Auf Grund ihrer ausgeprägten Eigenschaft, durch chemische Reaktionen mit Metallen Salze zu bilden, bezeichnet man sie als *Halogene* (griech.: Salzbildner).

Die Halogene sind stark elektronegative Elemente mit der Valenzelektronenkonfiguration ns^2p^5, die zweiatomige Moleküle bilden. Bei RT liegen F_2 und Cl_2 als Gase vor, Br_2 ist neben dem metallischen Quecksilber das zweite flüssige Element, während Iod und Astat Feststoffe sind. Es handelt sich um starke Atemgifte, die äußerst reaktiv sind und – mit Ausnahme der Edelgase Helium, Neon und Argon – mit allen anderen Elementen unter Bildung von *Halogeniden* reagieren. Verbindungen der Halogene untereinander nennt man *Interhalogenverbindungen*.

Wegen ihrer hohen Reaktivität finden die Halogene im Allgemeinen nur in Form ihrer Verbindungen werkstofftechnische Anwendung. Das radioaktive Astat hat in diesem Zusammenhang überhaupt keine Bedeutung, und Iod wird lediglich als Hilfsmittel bei der Reindarstellung von Metallen nach dem Verfahren von *van Arkel* und *de Boer* (vgl. Abschnitt 3.7.4.1) verwendet. Die nachfolgenden Ausführungen beschränken sich deshalb auf Fluor, Chlor und Brom.

Vorkommen

Aufgrund ihrer großen Reaktivität kommen die Halogene in der Natur nicht elementar, sondern nur in Form von Verbindungen vor.

Die wichtigsten Mineralien zur Gewinnung von Fluor sind CaF_2 (Flussspat), Na_3AlF_6 (Kryolith) sowie $Ca_5(PO_4)_3F$ (Apatit). Chlor tritt als NaCl (Steinsalz), KCl (Sylvin), $KMgCl_3 \cdot 6H_2O$ (Carnallit) in zahlreichen Lagerstätten auf und ist als Chloridanion zu etwa 3% in gelöster Form im Meerwasser enthalten. Das nicht sehr häufig anzutreffende Brom ist in Form von Bromid ebenfalls Bestandteil des Meerwassers und ferner als Begleiter des Chlors im Carnallit zu finden – vornehmlich als $KMgBr_3 \cdot 6H_2O$ (Bromcarnallit).

Darstellung und Eigenschaften

Das schwach grünlich-gelbe Fluor zeichnet sich durch die größte Elektronegativität und die höchste Reaktivität aller Elemente aus. Es ist das stärkste bekannte Oxidationsmittel mit einem extrem positiven Standardpotenzial von $E°_{2F^-/F_2}$ = +2,87V, was zur Folge hat, dass es kein anderes chemisches Oxidationsmittel (Ox) gibt, das in der Lage ist, elementares Fluor aus seinen Verbindungen (Fluoriden) durch Oxidation freizusetzen:

$$2\,F^- \;+\; Ox \;\;\not\!\!\longrightarrow\;\; F_2 \;+\; Ox^{2-}$$

Deshalb gelingt die Darstellung des Elements ausschließlich durch elektrolytische Verfahren. In der Technik wird es meist durch Elektrolyse von zuvor aus CaF_2 und Schwefelsäure synthetisiertem Fluorwasserstoff hergestellt:

$$2\,HF \;\xrightarrow{\;\approx 100°C\;}\; H_2 \;+\; F_2$$

Die Elektrolysezelle besteht normalerweise aus Stahl oder *Monelmetall* (ca. 70% Ni, 30% Cu) und ist durch Oberflächenpassivierung mittels einer Fluoridschicht gegenüber elementarem Fluor ziemlich inert. Als Anode wird im Allgemeinen einen Kohleelektrode verwendet. Wichtig ist die Trennung der an den Elektroden entstehenden Gase, damit eine explosiv ablaufende Rückreaktion verhindert wird.

Chlor ist nach Fluor das reaktivste Element und besitzt ebenfalls eine gelb-grüne Farbe. Das wirtschaftlich bedeutendste Halogen wird hauptsächlich durch die *Chloralkalielektrolyse* aus einer wässrigen NaCl-Lösung gewonnen:

$$2\,\overset{+}{Na} \;+\; 2\,\overset{-I}{Cl}\,^- \;+\; 2\,\overset{+I}{H_2}O \;\longrightarrow\; 2\,Na^+ \;+\; 2\,OH^- \;+\; \overset{0}{H_2} \;+\; \overset{0}{Cl_2}$$

Zur Vermeidung einer *Chlorknallgasreaktion* (H_2 + $Cl_2 \to$ 2 HCl) und anderer unerwünschter Nebenreaktionen müssen auch hier wieder die Produkte von Anoden- und Kathodenraum separiert werden. Je nach technischer Ausführung unterscheidet man dabei zwischen dem *Amalgamverfahren*, dem inzwischen weniger häufig angewendeten *Diaphragmaverfahren* sowie dem für Neuanlagen fast ausschließlich eingesetzten *Membranverfahren*.

Brom ist bei RT eine rotbraune Flüssigkeit, die durch Oxidation von Bromiden (Bromcarnallit) mit Chlor dargestellt wird. Die Oxidation ist möglich, weil Chlor mit $E°_{2Cl^-/Cl_2}$ = +1,36V im Vergleich zum Brom mit $E°_{2Br^-/Br_2}$ = +1.07V ein positiveres Standardpotenzial aufweist:

$$2\overset{-I}{Br^-} + \overset{0}{Cl_2} \longrightarrow \overset{0}{Br_2} + 2\overset{-I}{Cl^-}$$

Wichtige Verbindungen

Verbindungen der Halogene mit elektropositiveren Elementen heißen *Halogenide*. Häufig wird unterschieden zwischen *salzartigen, kovalenten* und *komplexen* Halogeniden.

Alkali- und Erdalkalimetalle sowie die meisten Übergangsmetalle bilden mit Halogenen vornehmlich salzartige Halogenide (z.B. NaCl, KBr, $BaCl_2$, AgF), die ein Ionengitter besitzen und sich durch hohe Schmelz- und Siedepunkte auszeichnen. Die in der Regel relativ flüchtigen kovalenten Halogenide entstehen überwiegend bei Reaktionen von Nichtmetallen mit Halogenen (z.B. SiF_4, PCl_3, CCl_4, SCl_2, ClF_3), während in den komplexen Halogeniden die Halogenid-Ionen als einzähnige Liganden fungieren (z.B. $[PtCl_4]^{2-}$, $[AuCl_4]^-$).

Wasserstoff bildet mit Halogenen kovalente Hydrogenhalogenide, die als *Halogenwasserstoffe* bezeichnet werden:

$$H_2 + X_2 \longrightarrow 2\,HX \qquad X = z.B.\ F,\ Cl,\ Br$$

Diese Halogenwasserstoffe sind bei RT gasförmige Verbindungen, die bis auf HF in wässriger Lösung vollständig dissoziieren und somit starke Säuren darstellen:

$$HX + H_2O \underset{\longleftarrow}{\longrightarrow} H_3O^+ + X^-$$

Die entstehenden *Halogenwasserstoffsäuren* sind im Falle von HF und HCl unter ihren Trivialnamen *Flusssäure* und *Salzsäure* bekannt. Flusssäure ist eine sehr giftige Flüssigkeit, die die besondere Eigenschaft hat, normales Glas (Silicat- und Kieselgläser, vgl. Kapitel 8) anzugreifen und aufzulösen:

$$SiO_2 + 4\,HF \longrightarrow SiF_4 + 2\,H_2O$$

Aus diesem Grund wird Flusssäure nicht in Glasgefäßen, sondern z.B. in Polyethylen-Flaschen aufbewahrt. Die Salze der Flusssäure heißen *Fluoride* und enthalten das F^--Anion.

Als sehr starke, ebenfalls nichtoxidierende Säure spielt die Salzsäure HCl in vielen Bereichen der Werkstofftechnik eine bedeutende Rolle. Unter Bildung der entsprechenden *Chloride* und Wasserstoff werden die meisten unedlen Metalle von ihr gelöst, z.B.:

$$\overset{0}{Me} + 2\overset{+I}{HCl} \longrightarrow \overset{+II}{MeCl_2} + \overset{0}{H_2}$$

Es gibt zahlreiche *Sauerstoffverbindungen der Halogene*. Dabei handelt es sich größtenteils um sehr unbeständige, unter Explosionserscheinungen wieder in die Elemente zerfallende Substanzen, von denen lediglich Chlordioxid (ClO_2) eine nennenswerte werkstofftechnische Bedeutung als Bleichmittel in der Zellstoffindustrie erlangt hat. Die *allgemeinen* Namen und Formeln der zum Teil sehr unbeständigen *Sauerstoffsäuren* der Halogene sowie ihrer Salze sind der folgenden Tabelle zu entnehmen.

Tabelle 2.3: Sauerstoffsäuren der Halogene und ihre Salze

Name der Sauerstoffsäure	Formel	Name der Salze
Hypohalogenige Säure	HXO	Hypohalogenite
Halogenige Säure	HXO_2	Halogenite
Halogensäure	HXO_3	Halogenate
Perhalogensäure	HXO_4	Perhalogenate

Pseudohalogene

Als Pseudohalogene bezeichnet man bestimmte anorganische Verbindungen mit stark elektronegativen Elementen, die ähnliche chemische Eigenschaften besitzen wie die Halogene. Zu dieser
Gruppe gehören z.B. *Dicyan* $N\equiv C–C\equiv N$ und *Thiocyanogen* (Dirhodan) $N\equiv C–S–S–C\equiv N$. Die CN^--
Anionen *(Cyanide)* sind für viele Metallkationen starke Komplexbildner. Diese Eigenschaft wird
bei der Gewinnung der Edelmetalle Silber und Gold durch die *Cyanidlaugerei* (vgl. Abschnitt 3.5.1)
ausgenutzt und ist von großer Bedeutung für galvanische Beschichtungsvorgänge.

Verwendung

Fluor: Neben der Oberflächenfluorierung von einigen Kunststoffen hat elementares Fluor allenfalls
in Halogenlampen zur Verlängerung der Lebensdauer des Wolfram-Glühfadens sowie zur
Erhöhung der Lichtausbeute eine werkstofftechnische Bedeutung. Normalerweise ist Fluor
nur in Form von Fluorverbindungen an der Produktion wichtiger Werk- und Betriebsstoffe
beteiligt. Fluor ist wesentlicher Bestandteil von PTFE (Teflon®), PVF, Fluorelastomeren
[meist sind es Copolymerisate auf der Basis von Tetrafluorethylen-Hexafluorpropylen (FEP)
und Polyvinylidenfluorid (PVDF), z.B. bekannt als Viton®] und Fluor- bzw. Fluorchlorkohlenwasserstoffen (FKW bzw. FCKW) für Treib- und Feuerlöschmittel, Kühlmedien (z.B.
$F_3C–CH_2F$, $H_2C=CF–CF_3$), Schmiermittel sowie als Lösungsmittel in Reinigungsbädern für
Metalloberflächen. Enorme Mengen Fluor werden zur Herstellung von UF_6 benötigt, das zur
Trennung der Uranisotope ^{235}U und ^{238}U durch fraktionierte Diffusion dient.

HF: Ätzmittel für Glaswerkstoffe und Metalle

NaF: zum Mattätzen von Glas, Flussmittel bei metallurgischen Prozessen

$MgSiF_6$: als sog. *Fluate* (*Flu*orosili*cate*) im Bereich der Bauwerkstoffe

SF_6: Schutzgas bei der Herstellung von Metallschmelzen; Hochspannungsisolator in Transformatoren, Röntgenröhren etc.

Chlor: Elementares Chlor findet nur selten Anwendung. Neben der Verwendung in den bereits erwähnten Halogenlampen wird es zum Bleichen von Cellulose, Textilien und Papier eingesetzt, wobei sich seine Bleich- und Desinfektionswirkung durch die Entstehung von atoma-
rem Sauerstoff erklären lässt:

$$\overset{-II}{H_2O} + \overset{0}{Cl_2} \longrightarrow \overset{0}{O} + 2\overset{-I}{HCl}$$

Ferner dient trockenes Chlor zur Entzinnung von Weißblechabfällen (vgl. Abschnitt 3.6.4.3). Jeweils etwa 20% des produzierten Chlors werden bei der Herstellung von PVC und Chlor- bzw. Fluorchlorkohlenwasserstoffen (CKW, FCKW) verbraucht. Weitere polymere Werkstoffe, die im Makromolekül Chlor enthalten, sind Chloroprenkautschuk (CR), Polyvinylidenchlorid (PVDC) sowie jeweils chloriertes Polyethylen (PE-C), Polypropylen (PP-C) und Polyvinylchlorid (PVC-C). Polychlorierte Biphenyle (PCB) sind als Isolierflüssigkeiten in Transformatoren und als Wärmeübertragungsmedium umstritten, da aus ihnen bei hohen Temperaturen die sog. *Dioxine*, insbesondere das als „Seveso-Gift" bekannt gewordene hochtoxische 2,3,6,7-Tetrachlordibenzo-1,4-dioxin, entstehen können:

"Dioxin"

Die wichtigste chlorhaltige Säure ist die Salzsäure (HCl), die in vielen großtechnischen Prozessen nahezu allgegenwärtig ist und besonders bei Beiz- und Ätzungsvorgängen an metallischen Werkstoffen verwendet wird.

Brom: Bei Kunststoffen dient Brom in Form von bromhaltigen organischen Verbindungen als Flammschutzmittel. Ferner findet es als lichtempfindliches AgBr in der Fotografie immer noch Verwendung.

2.4 Chalkogene

Als Chalkogene (Erzbildner) bezeichnet man die fünf Elemente Sauerstoff, Schwefel, Selen, Tellur, Polonium sowie das 2000 erstmals künstlich hergestellte Livermorium (Lv) der VI. Hauptgruppe des PSE. Das radioaktive Polonium ist als Werkstoff uninteressant, die Halbmetalle Selen und Tellur werden im Kapitel 3 bei den metallischen Werkstoffen besprochen, so dass in diesem Abschnitt nur die zwei typischen Nichtmetalle Sauerstoff und Schwefel zur näheren Betrachtung verbleiben.

Vorkommen

Sauerstoff ist das auf der Erde am häufigsten vorkommende Element. Die Erdatmosphäre enthält etwa 20,9 Vol-% O_2. Riesige Mengen Sauerstoff kommen in den Weltmeeren gebunden in Form von Wasser vor. Ebenfalls chemisch gebunden tritt Sauerstoff in zahlreichen Mineralien auf, z.B. als Oxid, Carbonat, Silicat, Nitrat, Phosphat sowie in kristallwasserhaltigen Substanzen.

Schwefel findet man sowohl elementar als auch in Verbindungen, und zwar sehr häufig in Form von Metallsulfiden. Die bedeutendsten sulfidischen Erze sind FeS_2 (Pyrit), $CuFeS_2$ (Kupferkies), PbS (Bleiglanz), ZnS (Zinkblende) und HgS (Zinnober). Als Sulfate kommen zur Schwefelgewinnung vorwiegend $CaSO_4 \cdot 2H_2O$ (Gips), $MgSO_4 \cdot H_2O$ und $BaSO_4$ (Schwerspat) in Betracht. In vielen Erdgasen ist Schwefel als H_2S (Schwefelwasserstoff) enthalten.

Darstellung

Die großtechnische Gewinnung von reinem Sauerstoff erfolgt nach dem *Linde-Verfahren* durch fraktionierte Destillation verflüssigter Luft. In flüssiger Form wird Sauerstoff in wärmeisolierten Dewar-Gefäßen aufbewahrt, als Druckgas in Stahlflaschen mit weißer Schulterfarbe gelagert.

Elementarer Schwefel lässt sich nach dem *Frash-Verfahren* mit überhitztem Wasserdampf aus unterirdischen Lagerstätten herausschmelzen und durch Druckluft zu Tage fördern. Seine Reinheit beträgt dabei meist schon 98-99%.

Aus H_2S-haltigen Erdgasen wird der Schwefel über den zweistufigen *Claus-Prozess*[35] dargestellt. Zunächst erfolgt die Oxidation des H_2S mit Luftsauerstoff zu Schwefeldioxid:

$$2\overset{-II}{H_2S} + 3\overset{0}{O_2} \xrightarrow{\Delta} 2\overset{+IV-II}{SO_2} + 2\overset{-II}{H_2O} \qquad \Delta H° = -1037\,kJ$$

Das so erzeugte SO_2 dient anschließend als Oxidationsmittel für weiteren Schwefelwasserstoff, wobei in einer Synproportionierungsreaktion elementarer Schwefel mit einer Reinheit von mindestens 99,95% entsteht:

$$2\overset{-II}{H_2S} + \overset{+IV}{SO_2} \xrightarrow{\Delta} 3\overset{0}{S} + 2\,H_2O \qquad \Delta H° = -147\,kJ$$

Bei der Verhüttung sulfidischer Erze kann Schwefel zunächst in Form von SO_2 durch den *Röstprozess* (vgl. Abschnitt 3.5.2) gewonnen werden, z.B.:

$$4\overset{+II-I}{FeS_2} + 11\overset{0}{O_2} \xrightarrow{\Delta} 2\overset{+III\ -II}{Fe_2O_3} + 8\overset{+IV-II}{SO_2} \qquad \Delta H° = -3369\,kJ$$

Die Darstellung des Schwefels aus Schwefeldioxid erfolgt durch Reduktion mit Kohlenstoff. Somit lässt sich für die technische Gewinnung des Schwefels aus seinen Verbindungen das folgende allgemeine Redoxschema angeben:

$$\overset{-II}{H_2S} \xrightarrow[(O_2)]{Oxidation} \overset{0}{S} \xleftarrow[(C)]{Reduktion} \overset{+IV}{SO_2}$$

Eigenschaften

Sauerstoff ist unter Normalbedingungen ein farb-, geruch- und geschmackloses Gas, das aus O_2-Molekülen („Disauerstoff") besteht, deren zwei Sauerstoffatome durch eine σ- und eine π-Bindung miteinander verknüpft sind. Die gebräuchliche Lewis-Formel mit der Angabe der insgesamt vier freien Elektronenpaare

$$\overline{\underline{O}}=\overline{\underline{O}}$$

spiegelt jedoch die Bindungsverhältnisse nicht exakt wider, da das O_2-Molekül zwei ungepaarte Valenzelektronen besitzt und paramagnetische Eigenschaften aufweist (vgl. Abschnitt 6.6.3). Der biradikalische Charakter lässt sich jedoch über die Molekülorbitaltheorie befriedigend erklären.

Eine weitere Modifikation des Sauerstoffs ist die dreiatomige Form des *Ozons*. Das sehr giftige, bei RT gasförmig vorliegende Ozon kann durch viele unterschiedliche chemische und physikalische Vorgänge aus Sauerstoff erzeugt werden, z.B. bei elektrischen Entladungen und photolytischen Prozessen

$$3\,O_2 \xrightarrow{h\cdot v} 2\,O_3 \qquad \Delta H_f° = +143\,kJ/mol$$

sowie durch aus Abgasen entstehende erhöhte NO_2-Konzentrationen in der Atmosphäre:

$$\overset{+IV-II}{NO_2} + O_2 \xrightarrow{h\cdot v} \overset{+II}{NO} + \overset{0}{O_3} \qquad \Delta H° = +200\,kJ$$

Ozon ist ein sehr starkes Oxidationsmittel ($E°_{O_2/O_3}$ = +1.90V), das insbesondere elastomere Werkstoffe durch Ozonisierungsreaktionen (vgl. Abschnitt 6.6.4) schädigen kann.

Einatomiger, also atomarer, Sauerstoff ist ebenfalls sehr reaktiv und wird durch spezielle Methoden aus Ozon, O_2 oder durch Einwirkung von Fluor oder Chlor auf sauerstoffhaltige Substanzen gebildet.

Schwefel existiert in mehreren allotropen Modifikationen. Der gewöhnliche Schwefel kristallisiert in kronenförmig angeordneten, achtgliedrigen S-Ringen. Dieser Cyclooctaschwefel (S_8) besitzt bei RT eine zitronengelbe Farbe und zeigt geringe elektrische und thermische Leitfähigkeit.

Wichtige Verbindungen

Sauerstoffverbindungen

Der sehr reaktionsfreudige Sauerstoff verbindet sich, mit Ausnahme einiger Edelgase, mit allen Elementen des PSE, wobei die entsprechenden *Oxide* entstehen (Ausnahme: Sauerstofffluoride). Als Oxide bezeichnet man die binären Verbindungen des Sauerstoffs mit den anderen Elementen, wobei dem elektronegativeren Sauerstoff die formale Oxidationszahl –II zukommt.

Die Stabilität von *Metalloxiden* ist bei verhältnismäßig unedlen Metallen am größten, was z.B. beim Al_2O_3 und MgO Auswirkungen auf ihre Verwendung als hochtemperaturbeständige keramische Werkstoffe hat. Oxide edler Metalle sind nicht besonders stabil und zerfallen meist schon beim Erwärmen in Sauerstoff und in das jeweilige Metall.

Die wichtigste Wasserstoffverbindung des Sauerstoffs ist das Wasserstoffoxid H_2O, besser bekannt unter dem Namen Wasser. Das allgegenwärtige Wasser ist ein sehr stabiles kovalentes Oxid; selbst beim Erhitzen auf 2000°C werden nur etwa 2% der H_2O-Moleküle in H_2 und O_2 gespalten.

Peroxide sind Verbindungen des Sauerstoffs, die in der Atomanordnung R_1–O–O–R_2 vorliegen, wobei es sich im Falle R_1 = R_2 = H um Wasserstoffperoxid (H_2O_2) handelt. Unter Normalbedingungen ist H_2O_2 eine farblose und relativ beständige Verbindung, die jedoch beim Erwärmen über radikalische Reaktionsmechanismen exotherm in Wasser und Sauerstoff zerfällt:

$$2\,\overset{-I}{H_2O_2} \longrightarrow 2\,\overset{-II}{H_2O} + \overset{0}{O_2} \qquad \Delta H° = -192\,kJ$$

Wasserstoffperoxid wirkt im Allgemeinen als starkes Oxidationsmittel ($E°_{H_2O/H_2O_2}$ = +1,77V) und wird deshalb vielfach als Bleichmittel verwendet.

Hyperoxide entstehen vornehmlich bei der Verbrennung der schwereren Alkalimetalle. Sie enthalten das O_2^--Ion und können unter anderem in der Raumfahrt zur Bindung des Atmungsprodukts Kohlendioxid unter gleichzeitiger Freisetzung von Sauerstoff verwendet werden. Als Beispiel hierfür ist die entsprechende chemische Reaktion von Kaliumhyperoxid angeführt:

$$4\,\overset{-I/2}{KO_2} + 2\,CO_2 \longrightarrow 3\,\overset{0}{O_2} + 2\,K_2\overset{-II}{CO_3}$$

Schwefelverbindungen

Als wichtigste Wasserstoffverbindung des Schwefels ist der äußerst giftige, nach faulen Eiern riechende, bei RT gasförmige Schwefelwasserstoff (H_2S) zu nennen, dessen wässrige Lösung als Schwefelwasserstoffsäure (H_2S) bezeichnet wird. Die Salze der Schwefelwasserstoffsäure heißen *Sulfide* und enthalten das S^{2-}-Ion.

Die technisch bedeutendsten binären Sauerstoffverbindungen des Schwefels sind Schwefeldioxid (SO_2) und Schwefeltrioxid (SO_3). Verbrennt man Schwefel an der Luft, so entsteht in exothermer Reaktion hauptsächlich das farblose, stechend riechende und stark toxische Schwefeldioxid:

$$\overset{0}{S} + \overset{0}{O_2} \longrightarrow \overset{+IV-II}{SO_2} \qquad \Delta H_f^\circ = -297 \text{ kJ/mol}$$

Diese Reaktion wird seit einigen Jahren auch verstärkt zur industriellen Herstellung von SO_2 durchgeführt, da sie umweltfreundlicher und wirtschaftlicher ist als der früher praktizierte *Röstprozess* von Sulfiden (vgl. auch Abschnitt 3.5.2).

Eine weitere Oxidation zum Schwefeltrioxid gelingt in wirtschaftlichen Ausbeuten durch Verwendung von Katalysatoren, wie z.B. Vanadiumpentoxid (V_2O_5):

$$2 \overset{+IV}{SO_2} + \overset{0}{O_2} \xrightarrow{\ V_2O_5\ } 2 \overset{+VI-II}{SO_3} \qquad \Delta H^\circ = -98 \text{ kJ/mol}$$

Aus dem Einsatz derartiger „V_2O_5-Kontakte" resultiert auch der Name *Kontaktverfahren* für den wichtigsten Prozess der Schwefelsäureproduktion.

SO_3 ist ein kräftiges Oxidationsmittel und wirkt als starke Lewis-Säure. Es ist außerordentlich hygroskopisch und löst sich unter Bildung von *Schwefelsäure* (H_2SO_4) in Wasser:

$$SO_3 + H_2O \longrightarrow H_2SO_4 \qquad (1)$$

Diese Reaktion ist jedoch wegen der niedrigen Reaktionsgeschwindigkeit zur großtechnischen Herstellung der Schwefelsäure ungeeignet. Deshalb wird das SO_3 zunächst mit konz. H_2SO_4 zur Dischwefelsäure ($H_2S_2O_7$) umgesetzt, die anschließend mit Wasser in die gewünschte Schwefelsäure überführt wird:

$$SO_3 + H_2SO_4 \longrightarrow H_2S_2O_7 \qquad (2)$$

$$H_2S_2O_7 + H_2O \longrightarrow 2 H_2SO_4 \qquad (3)$$

Addiert man die beiden Teilgleichungen (2) und (3), so ergibt sich die unter (1) formulierte Nettoreaktionsgleichung.

Als rauchende Schwefelsäure – auch *Oleum* genannt – bezeichnet man eine Schwefelsäure mit einem Überschuss an SO_3.

Die farb- und geruchlose, in konzentrierter Form ölige, Flüssigkeit ist eine starke Säure ($pK_S = -3$) mit ausgeprägter Oxidationswirkung. In heißer konz. H_2SO_4 lösen sich unter Entwicklung von SO_2 auch edle Metalle wie Kupfer, Silber und Quecksilber, z.B.:

$$\overset{0}{Cu} + 2 \overset{+VI}{H_2SO_4} \longrightarrow \overset{+II}{CuSO_4} + \overset{+IV}{SO_2} + 2 H_2O$$

Gold und Platin werden nicht von konz. Schwefelsäure angegriffen; einige andere Metalle, z.B. Eisen und Blei, sind infolge von Passivierungserscheinungen bzw. der Bildung schwerlöslicher Sulfatschichten vor einer weiteren Säureeinwirkung geschützt, so dass derartige Metallgefäße zum Transport und zur Aufbewahrung der Schwefelsäure dienen können.

Die Salze der Schwefelsäure heißen *Sulfate* und enthalten das SO_4^{2-}-Anion. Substituiert man rein formal in der Schwefelsäure ein Sauerstoffatom durch ein Schwefelatom, so kommt man zur bei RT unbeständigen *Thioschwefelsäure* ($H_2S_2O_3$), deren Salze, die *Thiosulfate*, $S_2O_3^{2-}$-Anionen besitzen, die als Komplexbildner in vielen technischen Bereichen und sogar immer noch in der klassischen Fotografie von Bedeutung sind.

Zu den weiteren *Oxosäuren* des Schwefels zählt z.B. die jedoch in reinem Zustand nicht isolierbare *Schweflige Säure* (H_2SO_3), deren Salze (SO_3^{2-}-Anionen) jedoch wesentlich beständiger sind und als *Sulfite* bezeichnet werden.

Verwendung

Sauerstoff ist ein vergleichsweise preiswertes Oxidationmittel und findet in zahlreichen technischen Bereichen Verwendung. In Bezug auf die Herstellung von Rohstoffen und zur Produktion von Werkstoffen sind hier in erster Linie metallurgische Prozesse zu nennen. Sauerstoff wird z.B. beim Hochofenprozess zur Oxidation des Kokses benötigt sowie in ziemlich hoher Reinheit (99,8%) zum Frischen des Roheisens nach dem Sauerstoffblasverfahren (vgl. Abschnitt 3.7.8.1). Beim Rösten sulfidischer Erze dient Sauerstoff zur Darstellung der entsprechenden Metalloxide, aus denen die Metalle anschließend durch Reduktion gewonnen werden. Ferner setzt man Sauerstoff als Oxidationsmittel beim autogenen Schweißen und beim Schneiden von Metallen ein.

Oxide: Basismaterial mannigfaltiger Werkstoffe, besonders für die Verwendung im Hochtemperaturbereich (Feuerfestwerkstoffe, Oxidkeramiken, Gläser, Cermets)

H_2O_2 sowie organische Peroxide: Radikalstartersubstanzen zur Herstellung von einigen Kunststoffen durch radikalische Polymerisationen; Vernetzungs- bzw. Härtungsmittel für Kunststoffe, Ätz- und Bleichmittel bei der Oberflächenbehandlung von metallischen Werkstoffen

Die Verwendung von elementarem Schwefel für werkstofftechnische Zwecke beschränkt sich auf den Einsatz als flüssige Elektrode (Kathode) im Natrium-Schwefel-Akkumulator, als Legierungselement für z.B. Automatenstähle sowie auf seine Funktion als Vulkanisationsmittel bei der Heißvulkanisation von Kautschuk.

S_2Cl_2 und SCl_2: zur Kaltvulkanisation von Rohkautschuk

SO_2: Reduktionsmittel bei einigen metallurgischen Prozessen

H_2SO_4: Die technisch sehr wichtige Säure dient z.B. als Beiz- und Reinigungsmittel für metallische Oberflächen (Galvanotechnik), zur Kunststoffherstellung, als Akkumulatorsäure, Trocknungsmittel etc.

SF_6: Isoliergas für Hochspannungsgeräte (Trafos, Röhren) wegen der hohen elektrischen Durchschlagsfestigkeit

$Na_2S_2O_8$: Natriumperoxodisulfat, Initiator für radikalische Polymerisationen, Oxidationsmittel zur Ätzung von Cu-Platinen:

$$\overset{0}{Cu} + {}^{-}\overset{-II}{O_3}S\text{-}\overset{-I}{O}\text{-}\overset{-I}{O}\text{-}\overset{-II}{S}O_3^{-} \longrightarrow \overset{+II}{Cu}{}^{2+} + 2\,\overset{-II}{S}O_4^{2-}$$

$Na_2S_2O_3 \cdot 5H_2O$: Natriumthiosulfat („Fixiersalz") sowie inzwischen sehr oft Ammoniumthiosulfat $(NH_4)_2S_2O_3$ werden in der konventionellen Fotografie wegen der stark komplexierenden Wirkung des $S_2O_3^{2-}$-Ions beim sogenannten fotografischen Prozess zur Herauslösung des Silbers aus dem unbelichteten AgBr-Filmträger genutzt, wobei der leichtlösliche Dithiosulfatoargentat(I)Komplex entsteht:

$$AgBr + 2\,S_2O_3^{2-} \longrightarrow [Ag(S_2O_3)_2]^{3-} + Br^{-}$$

2.5 Nichtmetalle der V. Hauptgruppe

Die nach ihrem ersten Element als *Stickstoffgruppe* bezeichnete V. Hauptgruppe des PSE enthält die beiden Nichtmetalle Stickstoff und Phosphor, die Halbmetalle Arsen und Antimon, das Metall Bismut sowie das nur künstlich herstellbare Moscovium (Mc). In diesem Abschnitt werden wir uns zunächst nur mit den beiden Nichtmetallen Stickstoff und Phosphor beschäftigen.

Vorkommen und Darstellung

Mit einem Gehalt von 78,1 Vol-% N_2 stellt die Lufthülle der Erde das größte Reservoir für Stickstoff dar. In Mineralien findet man den Stickstoff chemisch gebunden, in nennenswerten Mengen vor allem als Natriumnitrat ($NaNO_3$) im Chilesalpeter.

Die technische Darstellung von Stickstoff erfolgt nach dem bereits bei der Gewinnung von Sauerstoff und der Edelgase erwähnten Linde-Verfahren durch fraktionierte Destillation verflüssigter Luft.

Phosphor kommt in der Natur nicht elementar, sondern nur in Verbindungen vor und zwar überwiegend als Phosphat. Die wichtigsten Mineralien sind der Fluor-Apatit $Ca_5(PO_4)_3F$ und der Phosphorit $Ca_3(PO_4)_2$, die sich durch Erhitzen in elektrischen Öfen auf ca. 1400-1500°C mit Quarzsand und Koks nach dem *Wöhler-Verfahren* zu weißem Phosphor reduzieren lassen, z.B.:

$$2 \overset{+V}{Ca_3(PO_4)_2} + 6\,SiO_2 + 10\,\overset{0}{C} \xrightarrow{\Delta} \overset{0}{P_4} + 6\,CaSiO_3 + 10\,\overset{+II}{CO}$$

Bei dieser Reaktion dient die Zugabe von SiO_2 nur zur Verschlackung der Calciumkomponenten in Form von $CaSiO_3$, als Reduktionsmittel fungiert der Kohlenstoff.

Eigenschaften

Stickstoff ist ein unbrennbares, farb-, geruch- und geschmackloses Gas, das in Form von zweiatomigen Molekülen vorliegt. Aufgrund der sehr stabilen Dreifachbindung (eine σ- und zwei π-Bindungen) zwischen den beiden N-Atomen, verhält sich Stickstoff gegenüber anderen Elementen bei RT außerordentlich reaktionsträge. Die Dissoziationsenergie zur Spaltung der N≡N-Bindung ist mit 946 kJ/mol extrem hoch:

$$N_2 \rightleftharpoons 2\,N \qquad \Delta H_f^\circ = 946\ kJ/mol$$

Vom *Phosphor* existieren verschiedene allotrope Modifikationen, die bei RT alle als Festkörper vorliegen.

Der nichtmetallische, sehr giftige *weiße Phosphor* besteht aus tetraedrischen P_4-Molekülen. Er neigt zur Selbstentzündung und wird deshalb unter Wasser aufbewahrt.

Roter Phosphor, der ebenfalls nichtmetallischen Charakter aufweist, ist im Vergleich zum weißen Phosphor wesentlich reaktionsträger und an der Luft stabil. Er wird beim Erhitzen von weißem Phosphor unter Sauerstoffausschluss in exothermer Reaktion gebildet. Dabei werden die relativ gespannten Bindungen im P_4-Molekül aufgebrochen:

$$P_{4\,(weiß)} \xrightarrow{300°C} 4\,P_{(rot)} \qquad \Delta H_f^\circ = -7,5\ kJ/mol$$

Der ungiftige, rote Phosphor liegt als amorpher Feststoff in polymeren Strukturen vor, die sich jedoch durch längeres Erhitzen bei ca. 400°C in eine kristalline Form, den sog. *violetten Phosphor*, umwandeln.

Die höchste thermodynamische Stabilität weist der *schwarze Phosphor* auf, der durch Erhitzen des weißen Phosphors unter hohem Druck gewonnen wird:

$$P_{4 \text{ (weiß)}} \xrightarrow{\quad p \quad} 4\,P_{\text{(schwarz)}} \qquad \Delta H_f^\circ = \text{-39,4 kJ/mol}$$

In dieser halbmetallischen Modifikation kristallisiert der Phosphor in einem Schichtengitter und zeigt elektrische und thermische Leitfähigkeit.

Wichtige Verbindungen

Stickstoffverbindungen

Nitride

Stickstoff reagiert bei höheren Temperaturen mit den meisten Elementen unter Bildung von *Nitriden*. In diesen binären Stickstoffverbindungen besitzt das N-Atom die höhere Elektronegativität. Analog zur bereits besprochenen Einteilung der verschiedenen Hydride unterteilt man auch die binären Stickstoffverbindungen in *salzartige, kovalente* und *metallische (interstitielle) Nitride*.

a) Salzartige Nitride

Diese N^{3-}-Ionen enthaltenden Nitride werden vorwiegend von Metallen der ersten drei Haupt- und Nebengruppen (mit Ausnahme des Bors) gebildet. Als Werkstoff ist Aluminiumnitrid (AlN) von Interesse.

b) Kovalente Nitride

Die mit den Elementen der IV. bis VII. Hauptgruppe gebildeten Stickstoffverbindungen weisen verstärkt kovalenten Bindungscharakter auf. Man unterteilt diese Gruppe weiter in *flüchtige Nitride* (z.B. NH_3, S_4N_4) und *diamantartige Nitride* (z.B. BN, Si_3N_4, P_3N_5), wobei letzteren wegen ihrer hohen Schmelzpunkte, enormen Härte und ausgezeichneten Korrosionsbeständigkeit als keramische Werkstoffe (vgl. Abschnitt 7.4.3) eine besondere Bedeutung zukommt.

c) Metallische (interstitielle) Nitride

Bei den durch metallische Eigenschaften geprägten interstitiellen Nitriden werden die Stickstoffatome in die Lücken des entsprechenden Metallgitters eingelagert. Dies erfolgt bevorzugt mit den Metallen der IV. bis VIII. Nebengruppe (z.B. TiN, ZrN, HfN, TaN). Die im Allgemeinen nichtstöchiometrisch zusammengesetzten Verbindungen besitzen hohe Schmelzpunkte und große Härten, sind elektrisch leitend und chemisch sehr reaktionsträge, so dass sie vornehmlich als hochtemperaturbeständige Hartstoffe eingesetzt werden (vgl. Abschnitt 7.4.4).

Wasserstoffverbindungen des Stickstoffs

Als wichtigste Wasserstoffverbindungen sind Ammoniak (NH_3), Hydrazin ($H_2N–NH_2$) und die Stickstoffwasserstoffsäure (HN_3) zu nennen.

Ammoniak wird technisch nach dem *Haber-Bosch-Verfahren* bei 500°C und einem Druck von ca. 200 bar aus Stickstoff und Wasserstoff in Gegenwart von Fe_3O_4/α-Fe-Katalysatoren hergestellt:

$$N_2 \; + \; 3\,H_2 \; \rightleftharpoons \; 2\,NH_3 \qquad \Delta H_f^\circ = -45{,}6 \text{ kJ/mol}$$

Hydrazin ist eine sehr giftige und kanzerogenverdächtige Verbindung, die bei RT als farblose Flüssigkeit vorliegt. Die Wirkung des Hydrazins als Raketentreibstoff sowie als Korrosionsschutzmittel in Dampfkesseln und Heizungskreisläufen beruht auf der folgenden Reaktion mit Sauerstoff:

$$\overset{-II}{N_2}H_4 \; + \; \overset{0}{O_2} \; \longrightarrow \; \overset{0}{N_2} \; + \; 2\,\overset{-II}{H_2}O \qquad \Delta H^\circ = -622 \text{ kJ}$$

Stickstoffwasserstoffsäure (HN_3) bildet ziemlich explosive Salze, die als *Azide* bezeichnet werden und N_3^--Ionen enthalten. Bleiazid wird für Initialzünder verwendet und zerfällt bei Erwärmung, Druck, Schlag oder Stoßanwendung explosiv in seine Elemente:

$$\overset{+II}{Pb}(\overset{-1/3}{N_3})_2 \; \longrightarrow \; \overset{0}{Pb} \; + \; 3\,\overset{0}{N_2}$$

Wird Natriumazid in Airbags eingesetzt, so erfolgt durch eine elektrische Zündung die analoge Zersetzung des bei RT stabilen Azids in Natrium und Stickstoff, wobei das vergleichsweise große freiwerdende Volumen an Stickstoff den Airbag innerhalb von etwa 20-40 ms aufbläst:

$$2\,\overset{+I}{Na}\overset{-1/3}{N_3} \; \longrightarrow \; 2\,\overset{0}{Na} \; + \; 3\,\overset{0}{N_2} \qquad \Delta H_f^\circ = -39 \text{ kJ/mol}$$

Das dabei entstehende elementare Natrium ist extrem reaktiv und kann beispielsweise durch Zusätze von Kaliumnitrat und Siliciumdioxid zum Reaktionsgemisch unschädlich gemacht werden. Hierbei wird das Natrium durch KNO_3 zu Natriumoxid oxidiert unter gleichzeitiger Reduktion das Stickstoffatoms des Oxidationsmittels zu elementarem Stickstoff:

$$10\,\overset{0}{Na} \; + \; 2\,K\overset{+V}{N}O_3 \; \longrightarrow \; K_2O \; + \; 5\,Na_2O \; + \; \overset{0}{N_2}$$

Die dabei gebildeten Alkalimetalloxide reagieren in einer Folgereaktion mit dem Siliciumoxid zu den entsprechenden Silicaten:

$$K_2O \; + \; SiO_2 \; \longrightarrow \; K_2SiO_3$$

$$Na_2O \; + \; SiO_2 \; \longrightarrow \; Na_2SiO_3$$

Inzwischen ist Natriumazid als N_2-Generator weitgehend durch das weniger toxische 5-Aminotetrazol ersetzt worden.

Isovalenzelektronisch mit den Azid-Ionen sind die Fulminat-Ionen CNO^-, die sich von der *Knallsäure*[38] HCNO herleiten. Wie die Azide sind auch die *Fulminate* äußerst explosiv. Aus diesem Grund fand Quecksilberfulminat $Hg(CNO)_2$ – auch Knallquecksilber genannt – als Initialsprengstoff Verwendung, und Silberfulminat AgCNO ist nach wie vor in Knallerbsen enthalten, wobei in Deutschland die Masse an Knallsilber auf max. 2,5 mg pro Erbse begrenzt ist.

Sauerstoffverbindungen des Stickstoffs

a) Oxide

Es existieren mehrere *Oxide* des Stickstoffs, von denen im folgenden nur die wichtigsten erwähnt werden.

Distickstoffmonoxid (N_2O), auch *Lachgas* genannt, dient als wichtiges Treibgas und im Gemisch mit Sauerstoff als Inhalationsnarkotikum.

Das farblose, giftige *Stickstoffmonoxid* (NO) entsteht bei sehr hohen Temperaturen durch „Luftverbrennung":

$$N_2 \;+\; O_2 \;\rightleftharpoons\; 2\,NO \qquad \Delta H_f^\circ = +90{,}4 \text{ kJ/mol}$$

Großtechnisch stellt man NO im *Ostwald-Prozess* aus Ammoniak und Salpetersäure in Gegenwart von Platin- oder Platin/Rhodium-Katalysatoren aus Ammoniak und Sauerstoff her:

$$4\,\overset{-III}{N}H_3 \;+\; 5\,\overset{0}{O}_2 \;\xrightarrow{\text{Kat.}}\; 4\,\overset{+II-II}{NO} \;+\; 6\,\overset{-II}{H_2O} \qquad \Delta H^\circ = -907 \text{ kJ}$$

An der Luft oxidiert es sofort weiter zu dem ebenfalls giftigen, bei RT jedoch braun-roten *Stickstoffdioxid* (NO_2):

$$2\,\overset{+II}{N}O \;+\; \overset{0}{O}_2 \;\longrightarrow\; 2\,\overset{+IV-II}{NO_2} \qquad \Delta H^\circ = -56{,}6 \text{ kJ/mol}$$

Das paramagnetische Stickstoffdioxid dimerisiert beim Abkühlen unter 0°C zum farblosen, diamagnetischen *Distickstofftetroxid* (N_2O_4), welches bei Temperaturen kleiner ca. −10°C als Feststoff vorliegt. Diese beiden Oxide, in denen das N-Atom jeweils die Oxidationszahl +IV besitzt, stehen miteinander im Gleichgewicht:

$$2\,NO_2 \;\rightleftharpoons\; N_2O_4 \qquad \Delta H^\circ = -58{,}4 \text{ kJ}$$

| braunrot | farblos |
| paramagnetisch | diamagnetisch |

Sehr häufig findet man die unspezifische Bezeichnung NO_x für Stickstoffoxide. Diese Symbolik wird besonders dann benutzt, wenn man nicht genau weiß, welches spezielle Oxid vorliegt, bzw. beim gleichzeitigen Auftreten verschiedener Stickstoffoxide.

Bei der Abgasbehandlung von Dieselmotoren mit SCR-Katalysatoren (*selective catalytic reduction*) werden in einer Synproportionierungsreaktion Stickoxide NO_x mit Ammoniak als Reduktionsmittel zu elementarem Stickstoff und Wasser umgesetzt:

$$\overset{+II}{NO} \;+\; \overset{+IV}{NO_2} \;+\; 2\,\overset{-III}{NH_3} \;\xrightarrow{\text{Kat.}}\; 2\,\overset{0}{N_2} \;+\; 3\,H_2O$$

Der dazu benötigte Ammoniak lässt sich aus einer wässrigen 32,5%igen Harnstofflösung (AdBlue) freisetzen:

$$O{=}C\overset{\displaystyle NH_2}{\underset{\displaystyle NH_2}{\Big\langle}} \;+\; H_2O \;\longrightarrow\; 2\,NH_3 \;+\; CO_2$$

b) Sauerstoffsäuren des Stickstoffs

Die industrielle Gewinnung von *Salpetersäure* (HNO_3) erfolgt fast ausschließlich über nach dem *Ostwald-Prozess* produziertes NO. Dieses wird an der Luft zu NO_2 oxidiert, welches anschließend unter weiterer Luftzufuhr in Wasser eingeleitet wird:

$$\overset{+IV}{4\,NO_2} \;+\; 2\,H_2O \;+\; \overset{0}{O_2} \;\longrightarrow\; \overset{+V\,-II}{4\,HNO_3}$$

Konz. Salpetersäure sollte vor Licht geschützt (z.B. in braunen Glasflaschen) aufbewahrt werden, da ansonsten in Umkehrung ihrer Bildungsreaktion teilweise wieder eine Zersetzung in die Edukte bei gleichzeitiger Gelbbraunfärbung der normalerweise farblosen Flüssigkeit auftritt. HNO_3 ist eine recht starke Säure ($pK_S = -1,32$) mit hoher Oxidationskraft ($E°_{NO/HNO_3} = +0,95V$). Sämtliche Metalle, die ein kleineres Standardpotenzial als +0,95V aufweisen, werden in HNO_3 unter Entwicklung von NO bzw. NO_2 gelöst, z.B. Kupfer:

$$\overset{0}{Cu} \;+\; \overset{+V}{2\,HNO_3} \;+\; 2\,H_3O^+ \;\longrightarrow\; \overset{+II}{Cu^{2+}} \;+\; \overset{+IV}{2\,NO_2} \;+\; 4\,H_2O$$

Da sogar das Edelmetall Silber sich unter der Einwirkung von konz. Salpetersäure auflöst, Gold jedoch nicht angegriffen wird, kann man HNO_3 zur Trennung von Gold und Silber verwenden. Aus dieser Eigenschaft resultiert auch die Bezeichnung *Scheidewasser* für 50%ige Salpetersäure.

Ein Gemisch von konz. Salzsäure und konz. HNO_3 im Verhältnis 3:1 heißt *Königswasser*, weil es selbst den „König der Metalle", das Gold, auflöst. Die stark oxidierende Wirkung dieses Säuregemisches beruht auf der Bildung von *elementarem* Chlor und Nitrosylchlorid (NOCl):

$$\overset{-I}{3\,HCl} \;+\; \overset{+V}{HNO_3} \;\longrightarrow\; \overset{0}{2\,Cl} \;+\; \overset{+III}{NOCl} \;+\; 2\,H_2O$$

In Gegenwart der Cl^--Ionen wird das Gold letztlich zum Tetrachloridoaurat(III) $[AuCl_4]^-$ komplexiert.

Ebenfalls stark saure und oxidierende Eigenschaften besitzt *Euchlorin*, eine gelb-grüne Flüssigkeit eines Gemisches aus rauchender Salzsäure und konz. Chlorsäure (vgl. Abschnitt 2.3), mit der einige ansonsten unlösliche Mineralien aufgeschlossen sowie organische Substanzen zerstört werden können, da sich aus den Edukten in einer Redoxreaktion die starken Oxidationsmittel Chlordioxid und Chlor bilden:

$$\overset{+V}{2\,HClO_3} \;+\; \overset{-I}{2\,HCl} \;\longrightarrow\; \overset{+IV}{2\,ClO_2} \;+\; \overset{0}{Cl_2} \;+\; 2\,H_2O$$

Einige, in verdünnter Salpetersäure lösliche, unedle Metalle (z.B. Eisen, Aluminium und Chrom) werden jedoch von konz. HNO_3 nicht gelöst, da sich durch die Einwirkung der konzentrierten Säure auf den Metalloberflächen eine zusammenhängende Oxidschicht bildet, die das darunter befindliche Metall durch *Passivierung* vor weiterer Korrosion schützt.

Die Salze der Salpetersäure heißen *Nitrate*. Sie besitzen NO_3^--Anionen und sind sehr leicht in Wasser löslich.

Eine weitere Sauerstoffsäure des Stickstoffs ist die *Salpetrige Säure* (HNO_2), die allerdings in reiner Form nicht isolierbar ist. Wesentlich stabiler sind jedoch ihre Salze, die als *Nitrite* bezeichnet werden und NO_2^--Anionen enthalten.

Phosphorverbindungen

Die Verbrennung von Phosphor liefert bei ausreichender Luftzufuhr das Tetraphosphordecaoxid (P_4O_{10}), welches man auch häufig unter dem Namen Phosphor(V)oxid antrifft:

$$\overset{0}{4\,P} \; + \; \overset{0}{5\,O_2} \; \longrightarrow \; \overset{+V\;-II}{P_4O_{10}} \qquad \Delta H_f^\circ = -2986 \text{ kJ/mol}$$

P_4O_{10} entsteht auch beim Entzünden von Streichhölzern. Im Kopf des Zündholzes befindet sich Kaliumchlorat, auf der Reibfläche der Streichholzschachtel roter Phosphor. Bei der Entzündung reagieren die beiden Edukte gemäß der folgenden Reaktionsgleichung:

$$\overset{0}{12\,P} \; + \; \overset{+V}{10\,KClO_3} \; \longrightarrow \; \overset{+V}{3\,P_4O_{10}} \; + \; \overset{-I}{10\,KCl}$$

Das Phosphoroxid P_4O_{10} ist ein sehr probates Trockenmittel, dessen wasserentziehende Eigenschaft auf der Bildung von Phosphorsäuren beruht, wobei über verschiedene Stufen letztendlich die sog. Orthophosphorsäure entsteht, die im üblichen Sprachgebrauch meist einfach als *Phosphorsäure* (H_3PO_4) bezeichnet wird:

$$P_4O_{10} \; + \; 6\,H_2O \; \longrightarrow \; 4\,H_3PO_4$$

Phosphorsäure ist eine mittelstarke dreiprotonige Säure ($pK_S = 1{,}96$ für die erste Protolysestufe), die erst bei erhöhter Temperatur oxidierend wirkt. Ihre Salze heißen *Phosphate* und besitzen je nach Dissoziationsstufe der Säure primäre ($H_2PO_4^-$), sekundäre (HPO_4^{2-}) oder tertiäre (PO_4^{3-}) Anionen.

Verwendung

Stickstoff: Elementarer Stickstoff dient in flüssiger Form als relativ preiswertes Kühl- und Kältemittel in unterschiedlichen technischen Bereichen. In der Werkstofftechnik wird er z.B. bei der Kaltmahlung von thermolabilen sowie zähen und elastischen Kunststoffen eingesetzt. Wegen seiner chemischen Reaktionsträgheit findet N_2 als Schutz- oder Inertgas bei metallurgischen Prozessen, Schweißverfahren und zahlreichen Methoden der Werkstoffanalyse als Schutz- oder Inertgas Verwendung.

NH_3: Gasnitridierung von Eisen- und Stahlwerkstoffen

NaCN: Salzbadnitridierung von Eisen- und Stahlwerkstoffen; Galvanotechnik; Cyanidlaugerei

N_2H_4: Korrosionsschutzmittel für Dampfkessel und Heizungskreisläufe

HNO_3: Beiz- und Ätzmittel für die Oberflächenbehandlung von Metallen; wichtige Säure bei metallurgischen Prozessen

$(NH_4)_2CO_3$: Blähmittel bei der Schaumstoffproduktion, da:

$$(NH_4)_2CO_3 \; \overset{\Delta}{\longrightarrow} \; 2\,NH_3 \; + \; CO_2 \; + \; H_2O$$

NH_4Cl: Lötstein zur Entfernung von störenden Oxidschichten auf Metalloberflächen durch freigesetzte HCl:

$$NH_4Cl \; \overset{\Delta}{\longrightarrow} \; NH_3 \; + \; HCl$$

NH_4F: Ätz- und Beizmittel für Glas und Metalle, da in analoger Reaktion HF freigesetzt wird.

N_2O: Treibgas

NaNO$_2$: Korrosionsinhibitor

Nitridkeramik: vgl. Abschnitt 7.4.3

Phosphor: Elementarer Phosphor spielt, außer in geringen Mengen roter Phosphor als Flammschutzmittel für Polyamide[39], in der Werkstofftechnik keine Rolle. Von den Phosphorverbindungen besitzen die Phosphate als Korrosionsschutzmittel für metallische Werkstoffe allerdings
eine große Bedeutung. Bei diesen Phosphatierungen findet auch die Phosphorsäure Verwendung. Metallische Oberflächenbearbeitungen werden ebenfalls mit H$_3$PO$_4$ durchgeführt. Einige Ester der Phosphorsäure sind wichtige Flammschutzmittel und Weichmacher für Kunststoffe.

2.6 Nichtmetalle der IV. Hauptgruppe

Die Elemente Kohlenstoff, Silicium, Germanium, Zinn, Blei und das künstlich erzeugte Trans-
actinoid Flerovium (Fl) bilden die IV. Hauptgruppe des PSE. Blei und Zinn sind typische Metalle,
Germanium und Silicium werden zu den Halbmetallen gezählt, während Kohlenstoff das einzige
Nichtmetall dieser, nach ihrem ersten Element auch als *Kohlenstoffgruppe* bezeichneten, Gruppe ist.
Deshalb findet innerhalb dieses Abschnitts nur der Kohlenstoff Berücksichtigung; die anderen
Elemente werden im Rahmen der metallischen Werkstoffe (vgl. Kap. 3) behandelt.

2.6.1 Kohlenstoff

Vorkommen und Darstellung

In der Erdrinde ist Kohlenstoff vorwiegend chemisch gebunden in zahlreichen Carbonaten (z.B.
Kalkstein CaCO$_3$, Marmor CaMg(CO$_3$)$_2$) sowie als fossiler Brennstoff in Form von Kohle, Erdöl
und Erdgas enthalten. Die riesige Luftatmosphäre unseres Planeten besteht zu geringen prozentualen
Anteilen aus Kohlendioxid. Auf der Nordhalbkugel ist der Kohlendioxidgehalt inzwischen bereits
auf 0,040 Vol-% angestiegen. Im Meerwasser sind ebenfalls große Mengen CO$_2$ enthalten, wobei
die Löslichkeit des Kohlendioxids in Wasser stark von der Temperatur und dem Druck abhängig ist.

Elementarer Kohlenstoff kommt in der Natur als Graphit und Diamant vor. Künstlicher Graphit
bildet sich immer dann, wenn aus kohlenstoffhaltigen Verbindungen bei sehr hohen Temperaturen
Kohlenstoff abgespalten wird. Technisch gewinnt man Graphit meist nach dem *Acheson-Verfahren*
in speziellen Elektroöfen durch Umsetzung von feingepulvertem Koks mit Silicium bei etwa
2200°C. Das intermediär entstehende Siliciumcarbid zerfällt dabei in Graphit und Silicium, das somit erneut für den Produktionsprozess zur Verfügung steht:

$$C_{Koks} + Si \xrightarrow{2000°C} SiC \xrightarrow{2200°C} C_{Graphit} + Si$$

Synthetische Diamanten werden unter Anwendung von sehr hohem Druck (ca. 50 kbar) bei einer
Temperatur von etwa 1500°C mit Hilfe von metallischen Katalysatoren (z.B. Cr, Mn, Fe oder Co)
aus Graphit hergestellt:

$$C_{Graphit} \xrightarrow[p,T]{Kat.} C_{Diamant}$$
$$\rho = 2{,}265 \text{ g/cm}^3 \qquad\qquad \rho = 3{,}515 \text{ g/cm}^3$$

Die Umwandlung ist möglich, da beide Modifikationen eine unterschiedliche Massendichte aufweisen.

Eigenschaften

Elementarer Kohlenstoff existiert im Wesentlichen in den zwei kristallinen Modifikationen *Diamant* und *Graphit* sowie in einer weiteren allotropen Form als *Fulleren*. In den Modifikationen des Diamants und Graphits ist Kohlenstoff geruchlos und geschmackfrei sowie in allen gängigen Lösungsmitteln unlöslich, während sich allerdings z.B. das C_{60}-Fulleren in Benzol löst. Kürzlich wurde mit Cyclo[18]carbon eine neue Modifikation des Kohlenstoffs synthetisiert[41]. Bei diesem Molekül der Summenformel C_{18} sind die sp-hybridisierten Kohlenstoffatome über konjugierte C-C-Einfach- und C≡C-Dreifachbindungen ringförmig miteinander verknüpft.

a) Diamant

Im Diamant sind die vier Valenzelektronen (2s- und 2p-Elektronen) jedes Kohlenstoffatoms sp^3-hybridisiert. Somit werden vier gleichwertige, rein kovalente σ-Bindungen erzeugt, was eine tetraedrische Anordnung der C-Atome zur Folge hat. Die dabei entstehende Diamantstruktur ist in der Abbildung 2.1a dargestellt. Aufgrund dieser Struktur und der relativ hohen C–C-Bindungsenthalpie von 348 kJ/mol zeichnet sich Diamant durch die größte Härte von allen bislang bekannten natürlichen Materialien aus (Mohssche Härteskala 10). In reinster Form bildet Diamant recht spröde, elektrisch nichtleitende, jedoch sehr gut wärmeleitende, farblose, sehr stark lichtbrechende und glänzende Kristalle. Diamant zeichnet sich durch die höchste Wärmeleitfähigkeit aller bekannten Substanzen und einem sehr niedrigen linearen thermischen Ausdehnungskoeffizienten aus.

b) Graphit

Das Kristallgitter des Graphits besteht aus übereinander gelagerten ebenen Kohlenstoffschichten, in denen die Kohlenstoffatome zu Sechsringen angeordnet sind.

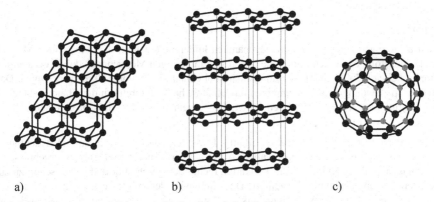

a)   b)   c)

Abb. 2.1: Strukturen von a) Diamant, b) Graphit, c) C_{60}-Fulleren

In diesem hexagonalen Schichtengitter ist jedes C-Atom über σ-Bindungen mit drei weiteren C-Atomen verknüpft (vgl. Abb. 2.1b). Die Bindungsverhältnisse lassen sich befriedigend durch folgendes Modell erklären: Zwei s-Elektronen und ein p-Elektron bilden je ein sog. sp^2-Hybridorbital. Das verbleibende p-Elektron ist in seinem Orbital senkrecht zur Schichtebene orientiert und kann mit weiteren p-Elektronen benachbarter C-Atome in Wechselwirkung treten und somit zusätzliche π-Bindungen bilden, so dass innerhalb der einzelnen Schichten völlig delokalisierte π-Elektronensysteme entstehen. Hieraus resultiert die gute elektrische Leitfähigkeit, der metallische

Glanz und die schwarze Farbe des Graphits. Die elektrische Leitfähigkeit ist bei Einkristallen anisotrop. Wegen der guten Beweglichkeit der Elektronen innerhalb der Schichten ist die Leitfähigkeit parallel zu den Schichtebenen relativ hoch, während sie senkrecht dazu wesentlich geringer ist.

Zwischen den Kohlenstoffschichten wirken nur die schwachen van-der-Waals-Kräfte, was eine leichte gegenseitige Verschiebung der 335 pm voneinander entfernten Schichten ermöglicht und die geringe Härte des Graphits erklärt, die im Bereich der recht weichen Alkalimetalle liegt. Auf dieser Eigenschaft beruht auch seine Verwendung als hitzebeständiges, fettfreies Schmiermittel.

Graphit ist bei normalem Druck die thermodynamisch stabilere Modifikation des Kohlenstoffs. Erhitzt man Diamant unter Luftausschluss auf etwa 1500°C, so bildet sich in schwach exothermer Reaktion Graphit:

$$C_{Diamant} \xrightarrow{1500°C} C_{Graphit} \qquad \Delta H° = -1,9 \text{ kJ/mol}$$

Bei RT ist Kohlenstoff sowohl als Diamant wie auch in der Graphit-Modifikation sehr reaktionsträge. Die Reaktion mit Sauerstoff ist kinetisch gehemmt. Erst bei Temperaturen oberhalb 700-800°C erfolgt bei beiden Substanzen allmähliche Oxidation mit dem Luftsauerstoff zu Kohlendioxid:

$$C + O_2 \longrightarrow CO_2 \qquad \Delta H_f° = -393,5 \text{ kJ/mol}$$

Mit Graphit strukturell eng verwandt ist das seit etwa 2004 sehr intensiv erforschte *Graphen*. Als Graphen wird eine einzelne Kohlenstoffschicht des Graphitgitters bezeichnet. Derartige separierte zweidimensionale Schichten zeichnen sich durch extrem hohe Zugfestigkeiten und außergewöhnliche elektrische Leitfähigkeiten in Schichtrichtung aus. Mögliche Einsatzgebiete von Graphen als Werkstoff könnten als Ersatz für Silicium im Bereich von elektronischen Bauteilen (Kondensatoren, Transistoren, Solarzellen etc.) liegen.

c) Fullerene

Seit mehr als drei Jahrzehnten sind die sogenannten Fullerene bekannt, die eine weitere Modifikation des Kohlenstoffs darstellen. Fullerene lassen sich in geringen Mengen z.B. durch Verdampfung von Graphit bei ca. 2700°C in Heliumatmosphäre bei einem Druck von 150 mbar erzeugen. Dabei werden über sp^2-Bindungen im Allgemeinen fußballähnliche Strukturen mit den Hauptbestandteilen C_{60} und C_{70} erhalten. Das C_{60}-Fulleren besteht aus einem Ikosaeder, dessen 32 Flächen aus 20 Sechsecken und zwölf Fünfecken aufgebaut sind (vgl. Abb. 2.1c).

Die Chemie der Fullerene[45, 46] ist sehr vielfältig; inwieweit den Fullerenen einmal Bedeutung als Werkstoff zukommen wird, bleibt abzuwarten. Aufgrund der bisherigen Forschungsergebnisse sind die Erwartungen an diese Kohlenstoffmodifikation recht hoch geschraubt und haben schon zu zahlreichen interessanten Spekulationen geführt. Diskutiert wird der mögliche Einsatz von Fullerenen und ihrer Derivate z.B. in der Medizintechnik als Röntgenkontrastmittel und in der Krebstherapie, für chemische Sensoren, Wasserstoffspeicher, organische Solarzellen sowie für elektrooptische Anwendungen.

Fullerene wurden auch in *Kohlenstoffnanoröhren* (*carbon nanotubes*, *CNT*) entdeckt. Bei den seit 1993 bekannten einwandigen CNTs handelt es sich um mikroskopisch kleine röhrenförmige Gebilde aus reinem Kohlenstoff mit wabenartiger Struktur der C-Atome. Die Kohlenstoffnanoröhren, die unter ähnlichen Bedingungen wie die Fullerene erzeugt werden, zeichnen sich durch überragende mechanische und elektrische Eigenschaften aus und gelten z.B. als zukünftige Bauteile für die Mikroelektronik.

Verbindungen

Carbide

Die binären Verbindungen des Kohlenstoffs mit elektropositiveren Elementen werden *Carbide* genannt. Man unterscheidet wieder zwischen salzartigen, kovalenten und interstitiellen Carbiden.

a) Salzartige Carbide

Die Elemente der I.-III. Hauptgruppe (außer Bor) sowie die der I.-III. Nebengruppe des PSE bilden zumeist salzartige Carbide, die den Kohlenstoff als Anion enthalten. Derartige Carbide sind zwar bei erhöhten Temperaturen beständig, zersetzen sich aber bereits mit Wasser unter Bildung von Kohlenwasserstoffen. So reagiert z.B. Calciumcarbid mit Wasser zu Calciumhydroxid und Acetylen (Ethin):

$$CaC_2 \ + \ 2\,H_2O \ \longrightarrow \ Ca(OH)_2 \ + \ HC{\equiv}CH$$

Diese Reaktion wurde früher bei der großtechnischen Produktion von Acetylen sowie bei der Darstellung in kleinen Mengen zur Verwendung als Brenngas in der Schweißtechnik ausgenutzt.

b) Kovalente Carbide

Hier differenziert man zwischen den mit anderen Nichtmetallen erzeugten *flüchtigen Carbiden* (z.B. CH_4 und CS_2) und den aus den beiden Halbmetallen Silicium und Bor gebildeten *diamantartigen Carbiden* SiC und B_4C. Wie schon der Name verrät, handelt es sich bei letztgenannten Verbindungen um sehr harte Materialien, die chemisch äußerst resistent sind, hohe Schmelzpunkte aufweisen und als keramische Werkstoffe eine besondere Rolle spielen. Eine ausführliche Beschreibung der Herstellung und ihrer Eigenschaften erfolgt im Abschnitt 7.4.1 der Carbidkeramik.

c) Interstitielle (metallische) Carbide

Bei den metallischen Carbiden, die vorwiegend mit den Metallen der IV.-VI. Nebengruppen gebildet werden, sind die relativ kleinen Kohlenstoffatome in den Lücken des jeweiligen Metallgitters eingebaut. Die Verbindungen sind extrem hart, weisen sehr hohe Schmelzpunkte auf, besitzen metallische Eigenschaften und sind ziemlich korrosionsbeständig. Häufig treten Carbide des Typs MeC und Me_2C auf, jedoch ist ihre chemische Zusammensetzung im Allgemeinen nichtstöchiometrisch. Die metallischen Carbide stellen wichtige Werkstoffe dar, die besonders im Bereich der Hartstoffe große Bedeutung haben (vgl. Abschnitt 7.4.2).

Wasserstoffverbindungen

Kohlenstoff bildet mit Wasserstoff die sog. *Kohlenwasserstoffe*. Durch die Fähigkeit der Kohlenstoffatome, sehr lange, gerade oder verzweigte Ketten zu formen sowie miteinander zu cyclischen Strukturen zu reagieren und über die Möglichkeit der Knüpfung von C–C-Mehrfachbindungen, entstehen außerordentlich viele und mannigfaltige Verbindungen, die meist im gesonderten Gebiet der *Organischen Chemie* zusammengefasst werden.

Sauerstoffverbindungen

Kohlenstoffmonoxid (CO) ist ein farb- und geruchloses, äußerst giftiges Gas, das sich z.B. bei der Verbrennung von Kohlenstoff in sauerstoffarmer Atmosphäre bilden kann:

$$2\,C \ + \ O_2 \ \longrightarrow \ 2\,CO \qquad \Delta H_f^\circ = -110{,}5 \ kJ/mol$$

Die technische Gewinnung erfolgt meist durch Einleiten von Luft (etwa $4 N_2 + O_2$) in glühende Koksschichten, wobei eine Mischung aus Stickstoff und Kohlenmonoxid, das sog. *Generatorgas* entsteht:

$$2 C \quad + \quad O_2 + 4 N_2 \xrightarrow{\approx 1200°C} 2 CO + 4 N_2 \quad \Delta H_f^° = -221 \text{ kJ}$$

$$\underset{\text{Luft}}{} \qquad \underset{\text{Generatorgas}}{}$$

Häufig kombiniert man diese exotherme Reaktion mit der endothermen Bildung von *Wassergas* aus Wasserdampf und Koks

$$C \quad + \quad H_2O \xrightarrow{\approx 1200°C} CO + H_2 \quad \Delta H° = +131 \text{ kJ}$$

$$\underset{\text{Wassergas}}{}$$

indem man abwechselnd Luft und Wasserdampf über den glühenden Koks streichen lässt.

Bei Temperaturen oberhalb 700°C verbrennt Kohlenmonoxid mit bläulicher Flamme zu Kohlendioxid:

$$2 CO \quad + \quad O_2 \xrightarrow{T > 700°C} 2 CO_2 \quad \Delta H° = -283 \text{ kJ/mol}$$

Kohlenstoffdioxid (CO_2) ist ein unbrennbares, sehr reaktionsträges, farb- und geruchloses Gas, das im Wesentlichen bei der Verbrennung fossiler Brennstoffe und als Atmungsprodukt entsteht. Die vollständige Verbrennung von Kohlenstoff liefert in exothermer Reaktion CO_2:

$$C \quad + \quad O_2 \xrightarrow{\hspace{1.5cm}} CO_2 \quad \Delta H_f^° = -394 \text{ kJ/mol}$$

Technisch wird Kohlendioxid vorwiegend als Nebenprodukt bei der Herstellung von Generatorgas sowie beim Kalkbrennen („Calcinieren") gewonnen.

Kühlt man CO_2 auf Temperaturen $\leq -78,5°C$ ab, so erhält man festes Kohlendioxid, das allgemein als *Trockeneis* oder *Kohlensäureschnee* bezeichnet wird. Trockeneis sublimiert beim Erwärmen in gasförmiges CO_2. Da CO_2 schwerer als Luft ist, sammelt es sich innerhalb geschlossener Räume in Bodennähe an. Gasförmiges Kohlendioxid ist eigentlich nicht giftig, jedoch können größere Konzentrationen (ca. 10-12 Vol-%) durch Verdrängung des zur Atmung notwendigen Sauerstoffs Schädigungen hervorrufen. In sehr hohen Konzentrationen wirkt es in kurzer Zeit tödlich.

Kohlendioxid, Kohlenmonoxid und Kohlenstoff stehen in einem druck- und temperaturabhängigen dynamischen Gleichgewicht, das nach seinem Entdecker *Boudouard-Gleichgewicht* genannt wird:

$$CO_2 \quad + \quad C \rightleftharpoons 2 CO \quad \Delta H° = +173 \text{ kJ}$$

Bei Normaldruck liegen bei etwa 690°C jeweils 50 Vol-% CO_2 und CO vor. Das Boudouard-Gleichgewicht ist für sehr viele technische Verbrennungsprozesse und metallurgische Verfahren von enormer Relevanz (vgl. z.B. den Hochofenprozess zur Eisengewinnung im Abschnitt 3.7.8.1).

Kohlensäure (H_2CO_3) entsteht in geringem Maße (ca. 0.08%) beim Einleiten von Kohlendioxid in Wasser:

$$CO_2 \quad + \quad H_2O \rightleftharpoons H_2CO_3 \quad pK = 2,6 \quad\quad (4)$$

Die Kohlensäure ist als freie Säure nicht isolierbar. Sie existiert nur in Form ihrer wässrigen Lösung, die schwach sauer reagiert (pH = 4,5). Nach ihrem pK_S-Wert von 3,8 (1. Protolysestufe) müsste H_2CO_3 eigentlich eine mittelstarke Säure sein:

$$H_2CO_3 \; + \; H_2O \; \rightleftharpoons \; H_3O^+ \; + \; HCO_3^- \quad pK_S = 3,8 \qquad (5)$$

Da aber aus CO_2 und Wasser nach der Glg. (4) nur sehr wenige H_2CO_3-Moleküle entstehen, die ihrerseits entsprechend Glg. (5) nur zu einem geringen Teil dissoziieren, resultiert für die gesamte Lösung durch Kombination dieser beiden Reaktionen zur Glg. (6) letztlich eine recht schwache Säure:

$$CO_2 \; + \; 2\,H_2O \; \rightleftharpoons \; H_3O^+ \; + \; HCO_3^- \quad pK_S = 6,4 \qquad (6)$$

Die Kohlensäure bildet zwei Arten von Salzen, die *Carbonate* (CO_3^{2-}-Ionen) und die *Hydrogencarbonate* (HCO_3^--Ionen).

Verwendung

Von den bislang besprochenen nichtmetallischen Elementen ist der Kohlenstoff das einzige Nichtmetall, das unmittelbar als Werkstoff eine enorme Bedeutung erlangt hat. Obwohl Kohlenstoff in der Modifikation des Graphits elektrisch leitend ist, wird er trotzdem in die Gruppe der Nichtmetalle eingeordnet, da er in seinen Eigenschaften und Anwendungen eher keramischen Werkstoffen, und hier besonders dem Bornitrid, ähnelt (vgl. Abschnitt 7.4.3.2).

Diamanten werden als Werkstoff vorwiegend in Form von Schleifscheiben und Bohrern zur Bearbeitung harter Materialien verwendet.

In der *Graphit*-Modifikation dient Kohlenstoff aufgrund seiner guten Korrosionsbeständigkeit, seines niedrigen thermischen Ausdehnungskoeffizienten bei einer gleichzeitig sehr geringen Massendichte von $\rho = 2,26$ g/cm^3 und seines hervorragenden Thermoschockverhaltens in zahlreichen Gebieten als geeigneter Werkstoff. Große Mengen an Graphit werden zur Herstellung von Elektroden benötigt, die häufig bei metallurgischen Prozessen eingesetzt werden. Wegen seiner anisotropen Leitfähigkeit eignet sich Graphit als thermisches Isolationsmaterial bzw. als Wärmeaustauscher. In der Kerntechnik spielt Graphit als Moderator eine Rolle; ferner ist Graphit ein wichtiger Festschmierstoff und findet bei Lithium-Ionen-Akkus als Anodenmaterial Verwendung.

Hochfeste *Kohlenstofffasern*, auch *Graphitfasern* genannt, die man meist durch pyrolytische Zersetzung von *Polyacrylnitril* (PAN) gewinnt, werden hauptsächlich zur Verstärkung von Kunststoffen als *CFK* (carbon *f*aserverstärkte *K*unststoffe) benötigt und dienen vorwiegend in mechanisch stark beanspruchten Teilen als wertvoller Verbundwerkstoff (Fahrzeuge, Turbinenschaufeln von Flugzeugen, Hitzeschilder, Sportgeräten etc.).

Koks, das Verkokungsprodukt von Stein- und Braunkohle, wird als Brennstoff und Reduktionsmittel bei zahlreichen metallurgischen Verfahren der Metalldarstellung, insbesondere beim Hochofenprozess, sowie zur Erzeugung von Generatorgas verwendet.

In Form von *Holzkohle*, die man durch Holzverkohlung bei ca. 350°C herstellt, ist Kohlenstoff ein besonders hochwertiges Reduktionsmittel und wird, da er keinen Schwefel enthält, z.B. zur Gewinnung von schwefelfreiem Eisen eingesetzt.

Ruß kann bei der unvollständigen Verbrennung von kohlenstoffhaltigen Verbindungen entstehen. Es handelt sich dabei vornehmlich um mikrokristallinen, sehr unregelmäßig geordneten Graphit, der in erster Linie als Füllstoff für elastomere Werkstoffe genutzt wird. Ruß bewirkt eine Verbesserung der mechanischen Eigenschaften und dient außerdem als UV-Absorber und Schwarzpigment. Auch bei der Produktion von Hartwerkstoffen auf der Basis von Metallcarbiden wird Ruß gebraucht.

Als *Aktivkohle* mit besonders großer aktiver Oberfläche ist Kohlenstoff ein äußerst wirksames Adsorbens, dessen enormes Adsorptionsvermögen sich auf die Bildung zahlreicher Poren zurückführen lässt. Die hohe Porosität wird z.B. durch Zugabe der Dehydratisierungsmittel Phosphorsäure und $ZnCl_2$ erzielt, die ein Zusammensintern der Kohle unterbinden. Diese Substanzen werden den Ausgangsverbindungen (Holzkohle, Knochenkohle) vor deren Pyrolyse zugesetzt und lassen sich nach der Aktivkohleherstellung leicht wieder aus ihr entfernen.

CO_2: Kühl- und Kältemittel (Trockeneis) für viele technische Prozesse; Inertgas mit geringer Wärmeleitfähigkeit; Treibgas; CO_2-Gaslaser

CO: wichtiges Reduktionsmittel in der Metallurgie; zur Herstellung hochreiner Metalle über die entsprechenden Carbonylkomplexe; Carburierungsmittel (zusammen mit H_2) zur Oberflächenhärtung von Eisen- und Stahlwerkstoffen (vgl. Abschnitt 7.4.2.5).

Carbidkeramik und carbidische Hartstoffe: vgl. Abschnitte 7.4.1 und 7.4.2

3 Metallische Werkstoffe

3.1 Einführung

Von den zurzeit 118[66] bekannten Elementen des Periodensystems sind etwa 85% Metalle oder Halbmetalle, wobei einige (z.B. Arsen, Antimon und Selen) sowohl in metallischen als auch in nichtmetallischen Modifikationen vorkommen.

In der Metallindustrie werden die Metalle häufig in Eisenmetalle und Stahl sowie in Nichteisenmetalle unterteilt. Bei den Nichteisenmetallen unterscheidet man wiederum Buntmetalle, Legierungsmetalle und Stahlveredler. Ferner lässt sich nach technologischen Gesichtspunkten in Schmelz- und Sintermetalle differenzieren. Aber auch noch andere Gruppeneinteilungen sind gebräuchlich.

Wir wollen uns bei der Besprechung der einzelnen Metalle in den folgenden Abschnitten eng am Periodensystem orientieren. Zum besseren Verständnis der *chemischen Eigenschaften* von metallischen Werkstoffen scheint es sinnvoll zu sein, die vorgegebene Einteilung des PSE in Haupt- und Nebengruppen zu verwenden.

Der metallische Charakter der Elemente steigt innerhalb der Hauptgruppen von oben nach unten, während er in den Perioden von links nach rechts abnimmt. Sämtliche Nebengruppenelemente, einschließlich der Lanthanoiden und Actinoiden, sind Metalle.

3.2 Allgemeine Eigenschaften der Metalle

Metalle zeichnen sich vor allem durch die folgenden physikalischen Eigenschaften aus:

- starker (metallischer) Glanz der Oberfläche durch ein hohes Lichtreflexionsvermögen sowie Undurchsichtigkeit (Lichtundurchlässigkeit) von kompakten Metallen, während feinverteilte Metallpulver häufig ein mattes schwarzes Aussehen besitzen,
- hohe thermische und elektrische Leitfähigkeiten,
- gute mechanische Festigkeit, Elastizität und plastische Verformbarkeit, die Bearbeitungsverfahren wie z.B. Biegen, Ziehen, Pressen, Walzen, Hämmern etc. ermöglichen,
- Legierungsbildung durch Entstehung homogener nichtstöchiometrischer Lösungen aus einem Grundmetall und zusätzlich mindestens einer weiteren Legierungskomponente.

Die angeführten Eigenschaften der Metalle resultieren im Wesentlichen aus der *metallischen Bindung* der Atome innerhalb des Metallgitters. Frei bewegliche, delokalisierte Valenzelektronen (ein sog. Elektronengas) bewirken eine hohe elektrische Leitfähigkeit und ermöglichen die mechanische Verformung durch Verschiebung der Metallkationen des Kristallgitters innerhalb bestimmter Gleitebenen, während bei einer Legierungsbildung der Einbau von Fremdatomen diese Gleitung erschwert und somit zu einer Verringerung der Duktilität und auch zu einer Zunahme der Werkstoffhärte führen kann.

- Die verschiedenen Metalle weisen sehr unterschiedliche Härten auf:

  Geringe Härte besitzen die Alkalimetalle Lithium, Natrium und Kalium, die sich bereits mit einem Messer zerschneiden lassen; hingegen sind z.B. die Nebengruppenelemente Chrom, Wolfram und Iridium durch eine extrem hohe Härte gekennzeichnet. Die Mohs-Härten der Metalle liegen zwischen 0,4 für Natrium und etwa 9 für Chrom.

- Schmelzpunkte: Sämtliche Metalle, mit Ausnahme des Quecksilbers, sind unter Standard-bedingungen (T = 25°C, p = 1 bar) Feststoffe. Den niedrigsten Schmelzpunkt mit –39°C hat Quecksilber, während Wolfram mit etwa 3400°C den höchsten Schmelzpunkt der Metalle besitzt. Die Schmelzpunkte ändern sich vielfach periodisch. Innerhalb der 4. - 6. Periode weisen die Schmelzpunkte der Metalle in der VI. Nebengruppe (Cr, Mo, W) jeweils ein Maximum auf. Die Stärke der metallischen Bindung in jeder Periode der Nebengruppen-elemente erreicht dort ebenfalls ein Maximum, während der lineare thermische Ausdeh-nungskoeffizient α minimal wird, da er in der Regel umgekehrt proportional zur Höhe des Schmelzpunkts ist.

  Die typischen metallischen Eigenschaften bleiben auch im flüssigen Zustand erhalten. Erst beim Überschreiten der Siedepunkte, die sehr breit variieren (Hg: 257°C, W: ca. 6000°C), verschwinden die metallischen Eigenschaften der Elemente durch die vollständige Auf-hebung der Kristallstruktur.

- Die Massendichten der Metalle sind sehr unterschiedlich. Den geringsten Wert weist mit $\rho = 0,53$ g/cm^3 Lithium auf, die höchsten Massendichten besitzen Osmium (22,59 g/cm^3) und Iridium (22,56 g/cm^3). Die Massendichten ändern sich ebenfalls periodisch. Mit Aus-nahme der 4. Periode erreicht die Massendichte innerhalb einer Periode bei den Metallen der VIII. Nebengruppe (Rh, Os) ein Maximum. In etwa umgekehrt proportional zur Massen-dichte verhalten sich die Atomradien der Metalle innerhalb einer Periode, die bei den Ele-menten der VIII. Nebengruppe minimal werden.

  Aufgrund der verschiedenen Massendichten unterteilt man die Metalle in

  Leichtmetalle   mit $\rho \leq 5,0$ g/cm^3 und

  Schwermetalle   mit $\rho > 5,0$ g/cm^3

  Zu den 15 Leichtmetallen gehören die Alkali- und Erdalkalimetalle (außer das radioaktive Radium), Aluminium, Scandium, Yttrium und Titan, während alle anderen Metalle zur Ka-tegorie der Schwermetalle zählen.

3.3 Haupt- und Nebengruppenmetalle

Hauptgruppenmetalle (HG) und Nebengruppenmetalle (NG) zeigen ein stark unterschiedliches che-misches Verhalten.

Bei den Hauptgruppenmetallen stehen zur Bindungsbildung nur s- und p- Elektronen zur Verfü-gung. Die d-Elektronenschalen sind entweder unbesetzt (Elemente der I. und II. Hauptgruppe) oder aber vollständig mit Elektronen besetzt, wie dies bei den Metallen der III. bis VII. Hauptgruppe der Fall ist.

Hieraus ergeben sich folgende charakteristische Eigenschaften für die *Hauptgruppenmetalle* bzw. deren Kationen:

- HG-Metalle besitzen in ihrer Verbindungen meist nur *eine Oxidationszahl*.

- HG-Metalle sind fast alle *unedel*.

- HG-Metallkationen nehmen meist *Edelgaskonfiguration* ein.

- HG-Metallkationen sind *farblos* und zeigen *diamagnetisches* Verhalten.

Bis auf geringe Unregelmäßigkeiten erfolgt bei den Nebengruppenmetallen mit zunehmender Ordnungszahl im Periodensystem die systematische Auffüllung der d- und f-Orbitale. Diese d- und f-Elektronen können ebenfalls als Valenzelektronen fungieren, woraus letztendlich die nachstehend aufgelisteten Eigenschaften der **Nebengruppenmetalle** bzw. deren Kationen resultieren:

- NG-Metalle treten in ihren Verbindungen meist in *mehreren Oxidationszahlen* auf.

- die acht *Edelmetalle* und fast alle *edlen Metalle* befinden sich unter den NG-Metallen.

- NG-Metallkationen besitzen meist *teilweise besetzte d- und f-Orbitale*.

- NG-Metallkationen sind *farbig*, zeigen *paramagnetisches* Verhalten sowie eine ausgeprägte Tendenz zur Bildung von *Metallkomplexen*.

Das Auftreten der Metalle in unterschiedlichen Oxidationsstufen hat für die Reaktion der entsprechenden *Metalloxide* hinsichtlich des pH-Wertes der wässrigen Metalloxidlösung eine gewisse Bedeutung:

Metalloxide, in denen die Metallatome *niedrige Oxidationszahlen* aufweisen, reagieren mit Wasser zu *alkalischen* Lösungen, z.B.

$$\overset{+II}{Ca}O \ + \ H_2O \ \longrightarrow \ \overset{+II}{Ca}{}^{2+} \ + \ 2\,OH^-$$

während Metalloxide, in denen die Metallatome in *hohen Oxidationszahlen* vorkommen, in wässriger Lösung *sauren* Charakter haben, z.B.

$$\overset{+VII}{Mn_2}O_7 \ + \ 3\,H_2O \ \longrightarrow \ 2\,\overset{+VII}{Mn}O_4{}^- \ + \ 2\,H_3O^+$$

Bei diesen Oxiden existieren keine „freien O^{2-}-Ionen", da der Sauerstoff vorwiegend kovalent an das Metallatom gebunden ist.

Metalloxide mit stark *polarisierter Me-O-Bindung* zeigen bei der Reaktion mit Wasser *amphoteres Verhalten*, z.B.

$$Al_2O_3 \ + \ 3\,H_2O \ \rightleftharpoons \ 2\,Al^{3+} \ + \ 6\,OH^- \qquad (1)$$

$$Al_2O_3 \ + \ 7\,H_2O \ \rightleftharpoons \ 2\,[Al(OH)_4]^- \ + \ 2\,H_3O^+ \quad (2)$$

Aus den Reaktionsgleichgewichten (1) und (2) folgt, dass in *sauren Lösungen* vorwiegend *Al³⁺-Ionen* entstehen, während in *alkalischen Lösungen* das Gleichgewicht zugunsten des *Tetrahydroxidoaluminat(III)-Komplexes* verschoben wird.

3.4 Vorkommen

- Nur sehr wenige Metalle kommen in der Natur *gediegen*, d.h. in ihrer elementaren Form vor. Dieses sind vornehmlich *edle Metalle* mit einem Standardpotenzial von $E° > 0V$, wie z.B. Gold, Silber, Platin, Kupfer und Quecksilber.

- *Unedle Metalle* mit einem negativen Standardpotenzial treten wegen ihrer hohen Reaktionsfähigkeit in der Natur nicht in bedeutenden Mengen elementar auf, sondern kommen als Metallverbindungen in Form von Erzen vor. Es handelt sich dabei vorwiegend um Oxide, Sulfide, Carbonate, Sulfate, Halogenide, Phosphate und Silicate, in denen das zu gewinnende Metall als Metallkation vorliegt.

- Einige in geringeren Mengen vorkommende Metalle liegen häufig als sog. Begleiter von anderen Metallen in den Erzen vor und werden bei deren Aufarbeitung als *Nebenprodukte* gewonnen (z.B. Cadmium bei der Gewinnung von Zink).

3.5 Prinzipielle Verfahren zur Gewinnung der Rohmetalle

Da die Erze bis auf wenige Ausnahmen (z.B. Eisen- und Bleierze) meist nur einen relativ geringen Metallgehalt aufweisen, müssen vor der eigentlichen Reduktion zunächst die Verunreinigungen entfernt werden. Für diesen Anreicherungsprozess des Metalls stehen eine Reihe physikalischer Verfahren (Flotation, Anwendung von elektrostatischen und magnetischen Trennmethoden) sowie auch chemische Konzentrationsverfahren zur Verfügung.

Die Aufarbeitung der Erze zu hochreinen Metallen lässt sich grundsätzlich in die drei Kategorien *Anreicherung, Reduktion* und *Raffination* einteilen.

3.5.1 Cyanidlaugerei

Die Methode der Cyanidlaugerei wird in erster Linie zur Gewinnung der Edelmetalle Gold und Silber angewendet. Das Verfahren kann sowohl für die gediegen vorliegenden Metalle, als auch für Metallverbindungen – denn häufig liegt Silber in Form von Silberglanz (Ag_2S) vor – eingesetzt werden.

Bei der Cyanidlaugerei wird das Edelmetall in Gegenwart von Luftsauerstoff mit Natriumcyanid-Lösung als komplexes Metallcyanid aus dem Erz herausgelöst, z.B.:

$$4 \overset{0}{Au} + 8 CN^- + \overset{0}{O_2} + 2 H_2O \longrightarrow 4 [\overset{+I}{Au}(CN)_2]^- + 4 \overset{-II}{OH}^-$$

$$\text{bzw.} \quad \overset{-II}{Ag_2}S + 4 CN^- + 2 \overset{0}{O_2} \longrightarrow 2 [\overset{+I}{Ag}(CN)_2]^- + \overset{+VI\,-II}{SO_4}^{2-}$$

Der Sauerstoff dient hierbei als Oxidationsmittel, die Cyanidanionen führen zur Bildung der Gold- und Silberkomplexe. Es entsteht eine alkalische Lösung, die sog. „Cyanidlauge". Das komplexierte Edelmetall wird aus dieser Lösung durch Zugabe des Reduktionsmittels Zink anschließend wieder ausgefällt, z.B.:

$$2 [\overset{+I}{Au}(CN)_2]^- + \overset{0}{Zn} \longrightarrow 2 \overset{0}{Au} + [\overset{+II}{Zn}(CN)_4]^{2-}$$

3.5.2 Reduktion der Metalle aus Erzen

Wie bereits im Abschnitt 3.4 erwähnt, kommen in der Natur sehr viele Metalle in Form ihrer Oxide, Sulfide und Carbonate vor. Da sich im Allgemeinen die Metalle aus ihren Oxiden besser reduzieren lassen, als direkt aus den Sulfid- oder Carbonaterzen, werden die entsprechenden Sulfide und Carbonate durch Erhitzen an der Luft in Oxide überführt. Die Umwandlung der Sulfide in Oxide unter stetiger Luftzufuhr nennt man *Rösten* z.B.:

$$\overset{-II}{2\,PbS} \quad + \quad \overset{0}{3\,O_2} \quad \overset{\Delta}{\longrightarrow} \quad \overset{-II}{2\,PbO} \quad + \quad \overset{+IV\,-II}{2\,SO_2} \qquad \textbf{Rösten}$$

Die Bildung der Oxide aus den Carbonaten geschieht durch Abspaltung von Kohlendioxid. Solche Prozesse, bei denen ein Feststoff bis zu einem bestimmten Zersetzungsgrad erhitzt wird, bezeichnet man als *Calcinieren*, z.B.:

$$MgCO_3 \quad \underset{-CO_2}{\overset{\Delta}{\longrightarrow}} \quad MgO \qquad \textbf{Calcinieren}$$

Die Gewinnung der Metalle aus den Metalloxiden erfolgt durch anschließende Reduktion. Abhängig vom jeweils eingesetzten Metalloxid und speziellen Problematiken werden sehr unterschiedliche Reduktionsverfahren angewendet.

3.5.2.1 Reduktion mit Kohlenstoff

Das preiswerteste Verfahren zur Reduktion der Metalle aus ihren Oxiden ist zweifelsfrei die Reduktion mit Kohlenstoff. Der wohl technisch bedeutendste Reduktionsvorgang mit Kohle ist der Hochofenprozess zur Darstellung von elementarem Eisen aus Eisenoxiden, z.B.:

$$\overset{+III}{2\,Fe_2O_3} \quad + \quad \overset{0}{3\,C} \quad \overset{\Delta}{\longrightarrow} \quad \overset{0}{4\,Fe} \quad + \quad \overset{+IV}{3\,CO_2}$$

Die hier angegebene Redoxgleichung beschreibt die sog. direkte Reduktion der Oxide. In Wirklichkeit sind die Reduktionsvorgänge aber wesentlich komplexer und werden detailliert im Abschnitt 3.7.8.1 behandelt. Eine wichtige Voraussetzung für die Verwendung des Reduktionsmittels Kohlenstoff ist, dass die zu gewinnenden Metalle nicht unter Bildung der entsprechenden Carbide mit Kohlenstoff reagieren. Typische Carbidbildner sind vorwiegend unter den Übergangsmetallen der IV. bis VI. Nebengruppe zu finden.

3.5.2.2 Reduktion mit Wasserstoff

Scheidet die Reduktion von Metalloxiden mit Kohlenstoff wegen der unerwünschten Carbidbildung aus, so wird häufig elementarer Wasserstoff im *„Hydrimet-Verfahren"* oder – wenn auch seltener – Wasserstoff in Form von Hydriden als Reduktionsmittel eingesetzt, z.B.:

$$\overset{+VI}{WO_3} \quad + \quad \overset{0}{3\,H_2} \quad \overset{1200C°}{\longrightarrow} \quad \overset{0}{W} \quad + \quad \overset{+I}{3\,H_2O}$$

$$\overset{+IV}{TiO_2} \quad + \quad \overset{-I}{2\,CaH_2} \quad \overset{\Delta}{\longrightarrow} \quad \overset{0}{Ti} \quad + \quad \overset{}{2\,CaO} \quad + \quad \overset{0}{2\,H_2}$$

Die Metalle fallen dabei meist in pulveriger Form an. Diese Reduktionsmethode ist natürlich nicht für solche Metalle geeignet, die bei den notwendigen Reaktionstemperaturen leicht Hydride bilden.

3.5.2.3 Reduktion mit unedlen Metallen

Zementation

Unter Zementation versteht man die Abscheidung eines Metalls aus einer wässrigen Lösung durch Zugabe feinteiliger, unedlerer Metalle. Die in Abschnitt 3.5.1 bei der Cyanidlaugerei beschriebene Fällung des Goldes aus dem Dicyanidoaurat(I)-Komplex mit Zink zählt beispielsweise zu den Zementationen. Ferner lässt sich Kupfer aus nichtsulfidischen Kupfererzen mit Eisen (oft wird Eisenschrott eingesetzt) zu sog. „Zementkupfer" ausfällen:

$$Cu^{2+} \; + \; Fe \; \longrightarrow \; Cu \; + \; Fe^{2+}$$

Wird elementares Eisen als Reduktionsmittel benutzt, so bezeichnet man den Vorgang häufig auch als *Niederschlagsarbeit.*

Metallothermie

Die metallothermischen Reduktionsverfahren basieren auf den exothermen Reaktionen einiger Metalloxide, -sulfide und -halogenide mit sehr unedlen Metallen. Vorzugsweise werden hierzu Magnesium, Calcium, Natrium und Aluminium eingesetzt, z.B.:

$$\overset{+V}{V_2O_5} \; + \; 5\,\overset{0}{Ca} \; \overset{\Delta}{\longrightarrow} \; 2\,\overset{0}{V} \; + \; 5\,\overset{+II}{CaO} \quad -\Delta H$$

$$\overset{+IV}{TiCl_4} \; + \; 2\,\overset{0}{Mg} \; \overset{\Delta}{\underset{Ar}{\longrightarrow}} \; \overset{0}{Ti} \; + \; 2\,\overset{+II}{MgCl_2} \quad -\Delta H$$

Um eine Oxid- bzw. Nitridbildung des zu gewinnenden Metalls zu vermeiden, finden die Reduktionen meist in einer Schutzgasatmosphäre aus Argon statt. Es handelt sich um ein ziemlich kostenaufwendiges Verfahren, da die entsprechenden unedlen Metalle selbst erst durch andere Reduktionsverfahren aus ihren Verbindungen hergestellt werden müssen.

Unter den metallothermischen Verfahren ist die *Aluminothermie* – auch *Goldschmidt-* oder *Thermitverfahren* genannt – zur Reduktion von Metalloxiden sehr verbreitet. Als Reduktionsmittel wird grießförmiges, elementares Aluminium eingesetzt. Die hierbei stattfindende Reaktion resultiert aus der außerordentlich hohen Bildungsenthalpie von Al_2O_3:

$$4\,Al \; + \; 3\,O_2 \; \longrightarrow \; 2\,Al_2O_3 \qquad H_f^\circ = -1677 \text{ kJ/mol}$$

Auf diese Weise können all diejenigen Metalloxide reduziert werden, deren Bildungsenthalpien größer (positiver) sind, als die von Al_2O_3. Technisch wird das Verfahren vorwiegend zur Darstellung von Chrom, Mangan, Vanadium sowie zur kohlenstofffreien Gewinnung von Roheisen verwendet, z.B.:

$$\overset{+III}{Cr_2O_3} \; + \; 2\,\overset{0}{Al} \; \xrightarrow{2000\text{-}2500^\circ C} \; 2\,\overset{0}{Cr} \; + \; \overset{+III}{\alpha\text{-}Al_2O_3} \quad \Delta H^\circ = -536 \text{ kJ/mol}$$

Infolge der Hochtemperaturreaktion bildet sich die α-Modifikation von Al_2O_3 (Korund), das als Schleifmittel weiterverwendet werden kann und dadurch das Reduktionsverfahren einigermaßen wirtschaftlich macht.

3.5.2.4 Elektrolytische Reduktion

Reicht die reduzierende Wirkung eines „chemischen" Reduktionsmittels nicht aus, oder werden vorwiegend unreine Metalle gewonnen, die schwierig zu raffinieren sind, so kann man elektrolytische Verfahren zur Darstellung der Metalle einsetzen, die allerdings wiederum recht kostspielig sind.

Je nach Redoxpotenzial des Systems Me/Me^{n+} werden die Metalle durch Elektrolyse von wässrigen Metallsalzlösungen oder durch Schmelzflusselektrolyse der entsprechenden Metallhydroxide oder -chloride gewonnen.

Elektrolyse wässriger Metallsalzlösungen

Die „weniger" unedlen Metalle Zink, Nickel, Cadmium und einige andere können durch Elektrolyse aus ihren wässrigen Salzlösungen gewonnen werden. So erhält man z.B. Zink durch Lösung der Ausgangssubstanz Zinkoxid in Schwefelsäure und anschließende Elektrolyse mit einer Reinheit von 99,95% an der Kathode, während sich an der Anode Sauerstoff entwickelt:

$$ZnO + H_2SO_4 \longrightarrow Zn^{2+} + SO_4^{2-} + H_2O$$

$$\text{Kathode:} \quad Zn^{2+} + 2\,e^- \longrightarrow Zn$$

$$\text{Anode:} \quad 6\,\overset{-II}{H_2O} \longrightarrow \overset{0}{O_2} + 4\,H_3O^+ + 4\,e^-$$

Voraussetzung für die Metallabscheidung an der Kathode ist zum einen eine recht hohe Überspannung von Wasserstoff an dem betreffenden Metall, damit es nicht zur Bildung von Wasserstoff kommt, zum anderen muss die verwendete Metallsalzlösung zur Aufrechterhaltung der Überspannung sehr rein sein. Auch sollte das dargestellte Metall im Verlauf der elektrolytischen Reduktion nicht merklich mit dem Elektrolyten reagieren.

Schmelzflusselektrolyse

Sehr unedle Metalle, die sich aufgrund ihres hohen negativen Standardpotenzials und der damit verknüpften ausschließlichen Wasserstoffbildung nicht aus wässrigen Lösungen darstellen lassen, können durch Schmelzflusselektrolyse gewonnen werden. Es handelt sich dabei im Wesentlichen um die Alkali- und Erdalkalimetalle, Scandium und das für die Werkstofftechnik sehr bedeutende Aluminium. Man elektrolysiert die geschmolzenen Salze, häufig Hydroxide, Chloride und Oxide, wobei deren Kationen zum Metall reduziert werden.

Zur *Herstellung von Aluminium* wird trockenes Al_2O_3 nach dem sog. *Hall-Héroult-Verfahren* einer Schmelzflusselektrolyse unterzogen. Al_2O_3 weist jedoch den sehr hohen Schmelzpunkt von 2050°C auf, was einen enormen Stromverbrauch und entsprechende Kosten bei der Schmelzflusselektrolyse verursachen würde. Deshalb wird dem Aluminiumoxid eine spezifische Menge Kryolith (Na_3AlF_6) zugemischt. Das dabei entstehende Eutektikum besitzt einen wesentlich niedrigeren Schmelzpunkt von etwa 950°C.

In der Schmelze dissoziieren die Al_2O_3-Moleküle teilweise in Al^{3+}-Kationen und Oxidionen:

$$Al_2O_3 \overset{\Delta}{\rightleftharpoons} 2\,Al^{3+} + 3\,O^{2-}$$

An der als Kathode wirkenden Stahlwanne (vgl. Abbildung 3.1) erfolgt die Reduktion der Al^{3+}-Ionen zu elementarem Aluminium, während an der Anode die O^{2-}-Ionen primär zu Sauerstoff oxidiert werden, der in einem weiteren Reaktionsschritt seinerseits die eingesetzten Graphitanoden zu Kohlenmonoxid bzw. Kohlendioxid oxidiert (vereinfachte Darstellung ohne Berücksichtigung des Chemismus von Kryolith):

$$\text{Kathode:} \quad \overset{+III}{4\,Al^{3+}} + 12\,e^- \longrightarrow \overset{0}{4\,Al}$$

$$\text{Anode:} \quad \overset{-II}{6\,O^{2-}} \longrightarrow \overset{0}{3\,O_2} + 12\,e^-$$

$$\overset{0}{6\,C} + \overset{0}{3\,O_2} \longrightarrow \overset{+II\;-II}{6\,CO}$$

Das flüssige Aluminium (Smp. 660°C) sammelt sich am Boden der z.B. mit einer Kohle-Teer-Mischung ausgekleideten Elektrolysewanne, wo es vor der Oxidation mit Luftsauerstoff durch die darüber befindliche Schmelze aus Al_2O_3 und Na_3AlF_6 geschützt ist. Wegen des Verbrauchs von Anodenmaterial müssen die verschiebbaren Graphitanoden laufend nachgeführt werden.

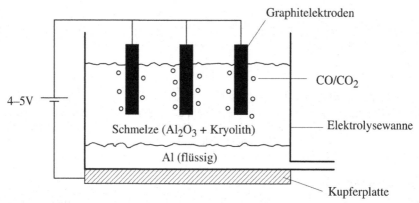

Abb. 3.1: Schema einer Aluminium-Schmelzflusselektrolysezelle

3.6 Hauptgruppenmetalle

3.6.1 Alkalimetalle

Die Alkalimetalle Lithium, Natrium, Kalium, Rubidium, Caesium und das sehr seltene, radioaktive Francium bilden die I. Hauptgruppe des PSE.

Vorkommen

Wegen ihres vergleichsweise sehr negativen Standardpotenzials und ihrer ausgesprochen hohen Reaktivität kommen die Alkalimetalle in der Natur *nicht elementar* vor.
Lithium findet man in Form seiner Silicate $LiAlSi_2O_6$ (Spodumen) und $LiAlSi_4O_{10}$ (Petalit), Natrium als NaCl (Steinsalz), $NaNO_3$ (Chilesalpeter) und als $NaAlSi_3O_8$ (Natronfeldspat), Kalium ebenfalls als Feldspat ($KAlSi_3O_8$) sowie als KCl (Sylvin). Größere Mengen Natrium sind ferner in Form von NaCl im Meerwasser gelöst, Rubidium und Cäsium weisen ein sehr geringes selbst-ständiges Vorkommen auf und sind daher fast nur als Begleiter anderer Mineralien anzutreffen.

Darstellung

Da die Alkalimetalle sehr unedel sind, erfolgt ihre Darstellung häufig durch Schmelzflusselektrolyse ihrer Hydroxide oder Chloride. Natrium wird bevorzugt aus NaCl unter Zugabe geeigneter Flussmittel zur Schmelzpunkterniedrigung bei etwa 600°C gewonnen. Das Metall scheidet sich an einer Eisenkathode ab, während die Anode aus Graphit oder einer Magnetitelektrode besteht, die chemisch recht resistent gegenüber dem sich dort bildenden Chlor ist:

$$\text{Dissoziation:} \quad 2\,NaCl \xrightleftharpoons{600°C} 2\,Na^+ + 2\,Cl^-$$

$$\text{Kathode:} \quad 2\,Na^+ + 2\,e^- \longrightarrow 2\,Na$$

$$\text{Anode:} \quad 2\,Cl^- \longrightarrow Cl_2 + 2\,e^-$$

Das für die Elektromobilität in größeren Mengen erforderliche Lithium kann ebenfalls durch Schmelzflusselektrolyse bei ca. 500°C aus zuvor gewonnenem Lithiumchlorid reduziert werden. Kalium wird inzwischen ausschließlich durch Reduktion von Kaliumchlorid mit elementarem Natrium hergestellt.

Eigenschaften

Die an frischen Schnittstellen silbern glänzenden Alkalimetalle sind relativ weich, sehr unedel, haben niedrige Schmelzpunkte und geringe Massendichten. Es handelt sich um Leichtmetalle, wobei Lithium, Natrium und Kalium eine geringere Massendichte als Wasser besitzen. Die reinen Metalle weisen gute elektrische und thermische Leitfähigkeiten auf.

Verbindungen

Die Metallatome besitzen jeweils ein Valenzelektron. Aufgrund dieser Elektronenkonfiguration treten die Elemente in den Verbindungen ausschließlich in der Oxidationszahl +I auf. Es handelt sich um typische Ionenverbindungen (Salze), die farblos und in Wasser im Allgemeinen leicht löslich sind.

An der *Luft* erfolgt bereits bei RT schnelle Oxidation zu den Metalloxiden bzw. -peroxiden und auch -hyperoxiden sowie teilweise auch zu den Nitriden.

Mit *Wasser* reagieren die Metalle recht heftig unter Entwicklung von Wasserstoff und Entstehung ihrer Hydroxide:

$$2\,\overset{0}{Me} + 2\,\overset{+I}{H_2O} \longrightarrow 2\,\overset{+I}{MeOH} + \overset{0}{H_2}$$

Die Alkalimetallhydroxide dissoziieren in Wasser vollständig und bilden starke Elektrolyte mit alkalischen Eigenschaften (Laugen), z.B.:

$$NaOH \longrightarrow Na^+ + OH^-$$

Verwendung

Wegen ihrer großen Reaktivität, die insbesondere die schweren Alkalimetalle aufweisen, ist der werkstofftechnische Einsatz der elementaren Metalle sehr beschränkt.

Lithium: Die zurzeit wichtigste und stark expandierende Anwendung für Lithium sind Li-Batterien und Li-Ionen-Akkumulatoren, bei denen das Metall in Form von verschiedenen Lithium-

Verbindungen als Elektrodenmaterial eingesetzt wird. Ferner dient es als Legierungs-bestandteil in kleinen Mengen zur Erhöhung der Härte von Blei und Aluminium sowie zur Verbesserung der Korrosionsbeständigkeit von Magnesium; Desoxidationsmittel bei der Metallurgie von Kupfer, Nickel sowie Stahllegierungen.

Li_2CO_3: zur Schmelzpunktserniedrigung und Viskositätsminderung in der Keramik-, Email- und Glasindustrie

Li_2O: Additive für photochrome Gläser

LiF: Flussmittel bei der Al-Schmelzflusselektrolyse sowie wegen der guten Lichtdurchlässigkeit als Prismenmaterial für IR- und UV-Geräte

$LiOH \cdot H_2O$: Edukt zur Herstellung von Li-Stearaten als Schmierfette für Schwermaschinen

Li-org. Verbindungen: Katalysatoren zur stereospezifischen Polymerisation von Isopren zu *cis*-1,4-Polyisopren

LiBr und LiCl: Trocknungsmittel in Klimaanlagen sowie für Gase

Natrium: Kühlflüssigkeit in Kernreaktoren; Wärmeüberträger in Kraftwerken; Anode im Na/S-Akku; Reduktionsmittel für die Metallurgie

NaOH: alkalische Entfettungsbäder; Ätzmittel

Na_2CO_3: Glasherstellung; Galvanik; Salzbadnitridierung

Kalium: Wegen seiner im Vergleich zu Na höheren Reaktivität gibt es kaum Anwendungen, außer eines K/Na-Eutektikums (77% K, 23% Na, Smp. −12°C) als Kühlflüssigkeit für Kernreaktoren, sowie Verwendung in Alkalimetall-Photozellen.

KNO_3: Glas- und Keramikherstellung

K_2CO_3: Glas- und Emailindustrie

KOH: Reinigungs- und Ätzmittel; Elektrolytflüssigkeit in galvanischen Zellen

KCN: Galvanik; Salzbadnitridierung (jedoch teurer als NaCN)

KOCN: Salzbadnitridierung

KF: Emailindustrie; Hartlöten von Metallen

KCl u. KBr: Werkstoffe für optische Materialien (IR-Spektroskopie, Prismen)

$KMnO_4$ und $K_2S_2O_8$: Starke Oxidationsmittel, die zur Reinigung und Oberflächenbehandlung von Metallen dienen

$K_2S_2O_8$: Initiator für Polymerisationen bei der Herstellung von Kunststoffen; teilweise auch zum Ätzen von Leiterplatten (insbesondere mit dem entsprechenden Na-Salz)

Kaliumnatriumtartrat:

$$K^+ \; {}^\ominus OOC-CH-CH-COO^\ominus Na^+$$
$$\quad\quad\quad | \quad\;\; |$$
$$\quad\quad\; OH \;\; OH$$

(Seignettesalz)

Die Einkristalle dieses Salzes der Weinsäure weisen piezoelektrische Effekte auf und wurden daher in Mikrofonen, Kopfhörern, Tonabnehmern etc. verwendet.

Rubidium u. Caesium: Gettermaterial für Vakuumröhren; Photozellen (geringe Ionisierungsenergien) und Hochdrucklampen; [133]Cs für Cs-Atomuhr; thermoionische Dioden und Konverter (direkte Umwandlung von Wärmeenergie in elektr. Energie); Cs für Ionentriebwerke in Raketen

CsOH: Elektrolyt in galvanischen Zellen

CsBr u. CsI: für Szintillationszähler

Francium besitzt keinerlei werkstofftechnische Bedeutung.

3.6.2 Erdalkalimetalle

Die Gruppe der Erdalkalimetalle bilden die Elemente der II. Hauptgruppe des PSE. Sie besteht aus den Metallen Beryllium, Magnesium, Calcium, Strontium, Barium sowie dem radioaktiven Radium, das in der Werkstofftechnik keine Rolle spielt.

Vorkommen

So wie die Alkalimetalle kommen auch die Erdalkalimetalle aufgrund ihrer hohen chemischen Reaktivität *nicht gediegen* in der Natur vor. Sehr selten ist Beryllium, das man als $Be_3Al_2Si_6O_{18}$ (Beryll) und $Be_4Si_2O_7(OH)_2$ (Bertrandit) findet. Magnesium kommt in der Natur vor im $MgCO_3$ (Magnesit), $MgCO_3 \cdot CaCO_3$, (Dolomit) sowie im Meerwasser als $MgCl_2$, $MgSO_4$ (Bittersalz) und $MgBr_2$. Die wichtigsten Calciummineralien sind $CaCO_3$ (Kalkstein), Dolomit, $CaSO_4 \cdot 2H_2O$ (Gips) und CaF_2 (Flussspat). Strontium und Barium findet man vorwiegend als Sulfate und Carbonate.

Darstellung

So wie die sehr unedlen Alkalimetalle werden auch die Erdalkalimetalle in den meisten Fällen durch Schmelzflusselektrolyse dargestellt. Meist setzt man dazu die entsprechenden Metallchloride oder -fluoride ein. Magnesium lässt sich bei etwa 750°C aus $MgCl_2$-Schmelzen an einer Stahlkathode abscheiden. Teilweise wird es auch durch Elektrolyse von magnesiumreichen Salzwasser gewonnen. Das inzwischen wichtigste Verfahren zur Herstellung von elementarem Magnesium ist jedoch der *Pidgeon-Prozess*, bei dem das Mineral Dolomit nach dem Calcinieren silicothermisch mit Ferrosilicium (Fe, Si) reduziert wird:

$$MgCO_3\ CaCO_3 \xrightarrow[-2\,CO_2]{\Delta} MgO\ +\ CaO$$

$$2\,\overset{+II}{Mg}O\ +\ 2\,CaO\ +\ (Fe,\,Si) \longrightarrow 2\,\overset{0}{Mg}\ +\ \overset{0}{Ca_2}\overset{+IV}{Si}O_4\ +\ Fe$$

Barium erhält man metallothermisch durch Reduktion von BaO mit Aluminium oder Silicium.

Eigenschaften

Die Eigenschaften der Erdalkalimetalle resultieren aus der höheren Kernladung der Atome, die im Vergleich zu den Alkalimetallen derselben Periode zu kleineren Atomradien führt. Durch die zwei Valenzelektronen entsteht gegenüber den Alkalimetallen eine deutlich stärkere Bindung, die vergleichsweise höhere Schmelz- und Siedepunkte, bessere elektrische Leitfähigkeiten, größere Härten und höhere Massendichten zur Folge hat. Dennoch handelt es sich mit Ausnahme von Radium um Leichtmetalle. Beryllium ist sehr hart, alle anderen Metalle sind ziemlich weich. An frischen Schnittflächen sind die ansonsten weißgrauen Metalle silberglänzend.

Verbindungen

In ihren Verbindungen treten die Erdalkalimetalle in der Oxidationsstufe +II auf. Die unedlen Metalle oxidieren bei RT an der Luft rasch an ihrer Oberfläche. Neben den Oxiden entstehen auch salzartige Nitride, z.B.:

$$2\,Mg \quad + \quad O_2 \quad \longrightarrow \quad 2\,MgO$$
$$bzw. \quad 3\,Ba \quad + \quad N_2 \quad \longrightarrow \quad Ba_3N_2$$

Erst bei höheren Temperaturen (T > 400°C) erfolgt eine vollständige Oxidation der Metalle.

Nur aufgrund der passivierenden Wirkung der oberflächlichen Oxidschicht sind die Erdalkalimetalle – besonders Beryllium und Magnesium – trotz E° < 0V als Werkstoffe einsetzbar. Von Wasser werden Beryllium und Magnesium nicht angegriffen, während die schweren Metalle recht heftig mit H_2O zu den Hydroxiden und Wasserstoff reagieren, z.B.:

$$Ca \quad + \quad 2\,H_2O \quad \longrightarrow \quad Ca(OH)_2 \quad + \quad H_2$$

Im Vergleich zu den entsprechenden Verbindungen der Alkalimetalle sind die Oxide, Hydroxide und viele andere Erdalkalimetallsalze in Wasser wesentlich schwerer löslich.

3.6.2.1 Bindebaustoffe

Bindebaustoffe sind sicherlich keine metallischen Werkstoffe, jedoch lassen sie sich innerhalb der Gruppe der Erdalkalimetalle an dieser Stelle sinnvoll einfügen.

Die meisten Calciumverbindungen werden nämlich als Baustoffe verwendet. Kalk ($CaCO_3$), Löschkalk ($Ca(OH)_2$), Ätzkalk (CaO) sowie Gips ($CaSO_4 \cdot 2H_2O$) bilden die Basis der Bindebaustoffe.

Luftbindebaustoffe

Zu den nicht extrem wasserbeständigen Luftbindebaustoffen, die auch als Luftmörtel bezeichnet werden, zählen der Kalkmörtel und der Gipsmörtel.

Kalkmörtel ist eine breiige Masse aus Calciumoxid, Sand und Wasser, deren Härtung durch CO_2-Aufnahme aus der Luft unter Bildung von Calciumcarbonat erfolgt:

$$CaO \quad + \quad H_2O \quad \longrightarrow \quad Ca(OH)_2 \qquad \text{"Kalklöschen"}$$

$$Ca(OH)_2 \quad + \quad CO_2 \quad \longrightarrow \quad CaCO_3 \quad + \quad H_2O \qquad \substack{\text{Erhärtung des} \\ \text{Kalkmörtels}}$$

Gipsmörtel entsteht durch Anrühren des Halbhydrats von Calciumsulfat (gebrannter Gips) mit Wasser. Seine Verfestigung geschieht durch die Bindung des Wassers zu Kristallwasser, wodurch es zu einer Verfilzung der entstehenden Gipskristalle kommt:

$$2\,CaSO_4 \cdot 1/2\,H_2O \quad + \quad 3\,H_2O \quad \longrightarrow \quad 2\,CaSO_4 \cdot 2\,H_2O$$

Wegen der recht hohen Wasserlöslichkeit (pL_{CaSO_4} = 4,3) ist die Anwendung des Gipsmörtels auf den Innenausbau beschränkt.

Wasserbindebaustoffe

Die hydraulischen Bindebaustoffe (Wassermörtel) weisen eine sehr hohe Wasserbeständigkeit auf, da durch Reaktion mit H_2O wasserunlösliche Verbindungen entstehen, so dass die Erhärtungsvorgänge auch *unter* Wasser durchgeführt werden können.

Zement: Gemisch aus CaO, SiO_2, Al_2O_3 und Fe_2O_3, das im Wesentlichen in Form von Calcium-silicaten und -aluminaten vorliegt, bzw. durch Brennen von z.B. Kalk- und Tonmineralien gewonnen wird:

$$2\,CaCO_3 \;+\; SiO_2 \;\xrightarrow{\;1450°C\;}\; Ca_2SiO_4 \;+\; 2\,CO_2$$

Je nach der speziellen Zusammensetzung und Herkunft kann man z.B. zwischen Portland-, Tonerde- und Hochofenzement unterscheiden.

Beton: wird durch Zumischen von grobem Kies und Steinschotter zum Zement hergestellt. Meist enthält Beton noch Magnesiumhexafluorosilicat, das als Bautenschutz- und Betondichtungs-mittel dient, indem es mit dem Calciumoxid zu feinkristallinem Calciumfluorid und Kiesel-säuren reagiert, die vorhandene Poren schließen und somit die Resistenz des Betons gegen-über korrosiven Angriffen erhöhen:

$$MgSiF_6 \;+\; 3\,CaO \;+\; H_2O \;\longrightarrow\; 3\,CaF_2 \;+\; MgH_2SiO_4$$

Reagieren in Gegenwart von ausreichend Luftfeuchtigkeit Alkalimetallhydroxide der Poren-lösung des erhärteten Betons mit alkaliempfindlichen und somit reaktiven silicatischen Bestandteilen der Gesteinskörnung, so entstehen bei dieser sog. *Alkali-Kieselsäure-Reaktion* Alkalimetallsilicate, z.B.:

$$2\,Na^+OH^- \;+\; SiO_2 \;+\; H_2O \;\longrightarrow\; Na_2SiO_3 \cdot 2\,H_2O$$

Durch Aufnahme von Wasser bilden sich quellfähige Produkte, die über die damit verbun-dene Volumenvergrößerung zu Ausblühungen, Rissen und Abplatzungen des verfestigten Betons führen. Diese meist nach einigen Jahren auftretenden schweren Schäden des Beton-gefüges bezeichnet man häufig auch als „*Betonkrebs*". Um eine ausreichende Nachhärtung des Betons zu gewährleisten, werden sog. *Puzzolane* als kieselsäurehaltige Zuschlagstoffe dem Beton beigemischt, die das bei der Aushärtung des Zements entstehende Calcium-hydroxid binden sollen. So lässt sich bei dieser *puzzolanischen Reaktion* das Calciumhy-droxid z.B. mit Orthokieselsäure (H_4SiO_4 bzw. $Si(OH)_4$)) zu schwerlöslichen Calciumsili-cathydraten umsetzen:

$$Ca(OH)_2 \;+\; H_4SiO_4 \;\longrightarrow\; CaH_2SiO_4 \cdot 2\,H_2O$$

Stahlbeton: durch zusätzliches Einbetten von Eisengittern und -drahtgeflechten in den Beton wird dessen mechanische Stabilität gesteigert. Das Eisen korrodiert innerhalb dieses Verbund-werkstoffs nicht, da durch den hohen pH-Wert des Betons die Sauerstoffkorrosion (vgl. Abschnitt 5.2.2) unterbunden wird.

Korrosion von Bindebaustoffen

Neben der gerade betrachteten *Alkali-Kieselsäure-Reaktion* beim Beton lässt sich die allmähliche Zersetzung kalkhaltiger Baustoffe im Wesentlichen durch zwei entscheidende Einwirkungen erklä-ren:

- Natürlicher Zerfall des Calciumcarbonats zum gut wasserlöslichen Calciumhydrogencarbo-nat durch mit Kohlendioxid angesäuertes Regenwasser:

$$CaCO_3 \;+\; CO_2 \;+\; H_2O \;\longrightarrow\; Ca^{2+} \;+\; 2\,HCO_3^-$$

- Beschleunigte Auflösung der carbonathaltigen Anteile durch anthropogene Säurebildner, wie z.B. Schwefeldioxid, das in der Atmosphäre katalytisch zu Schwefeltrioxid oxidiert werden kann und anschließend mit Wasser zu Schwefelsäure reagiert:

$$2\,SO_2 \ + \ O_2 \ \xrightarrow{\text{Kat.}} \ 2\,SO_3 \ \xrightarrow{+2\,H_2O} \ 2\,H_2SO_4$$

Die Schwefelsäure bewirkt nun Umwandlungen der Carbonate in Sulfate, z.B.:

$$CaCO_3 \ + \ H_2SO_4 \ \longrightarrow \ CaSO_4 \ + \ H_2O \ + \ CO_2$$

Da die Sulfate im Allgemeinen wasserlöslicher sind als die Carbonate, werden mit der Zeit die entstandenen Sulfate ausgewaschen. Ferner besitzen die Sulfate in der Regel einen höheren Kristallwasseranteil, so dass noch zusätzlich eine mechanische Zerstörung durch die Volumenexpansion der Sulfat-Hydrate erfolgt („Sprengwirkung").

3.6.2.2 Wasserhärte

Härtebildner für Wasser sind die gelösten Salze der Erdalkalimetalle. Die Summe der Erdalkalikationen bezeichnet man als *Gesamthärte GH.* Da in der Regel Beryllium-, Strontium- und Bariumsalze kaum in nennenswerten Mengen im Wasser enthalten sind, werden diese Ionen meist vernachlässigt, so dass für die Gesamthärte gilt:

Gesamthärte GH   =   Summe aller in Wasser gelöster Ca^{2+}- und Mg^{2+}-Ionen; z.B. als $Ca(HCO_3)_2$, $Mg(HCO_3)_2$, $CaCl_2$, $CaSO_4$, $Mg(NO_3)_2$ etc.

Mit der sogenannten *Carbonathärte KH* wird nur der Anteil des im Wasser gelösten $Ca(HCO_3)_2$ und $Mg(HCO_3)_2$ erfasst. Die Carbonathärte – auch temporäre Härte genannt – kann durch einfaches Erhitzen des Wassers beseitigt werden, da hierbei die gut löslichen Hydrogencarbonate des Calciums und Magnesiums in die entsprechend schwer wasserlöslichen Carbonate überführt werden und als „Kesselstein" ausfallen:

$$Ca(HCO_3)_2 \ \xrightarrow{100°C} \ CaCO_3 \ + \ CO_2 \ + \ H_2O$$

Dies ist die von der Korrosion kalkhaltiger Baustoffe bereits bekannte Reaktionsgleichung, diesmal allerdings in umgekehrter Richtung. Bei harten Kesselspeisewässern ist diese Reaktion jedoch unerwünscht, da das freigesetzte Calciumcarbonat Verstopfungen im Rohrsystem bewirkt und die Wärmezuführung von der Heizquelle auf das Wasser stark vermindert, was einen erhöhten Energieverbrauch zur Folge hat, und durch Überhitzungen sogar Kesselexplosionen eintreten können.

Bei der Bestimmung der Gesamthärte GH (Summe der Ca^{2+}- und Mg^{2+}-Ionen) wurde die Härte im Allgemeinen als CaO bzw. MgO berechnet und deren Konzentration in Grad deutscher Härte (°dH) angegeben. Es gilt:

10,00 mg CaO/Liter H_2O = 1,0 °dH

7,00 mg MgO/Liter H_2O = 1,0 °dH

Nach der Neufassung des Wasch- und Reinigungsmittelgesetzes (WRMG) vom 5. Mai 2007 wird die Gesamthärte inzwischen in Millimol Calciumcarbonat pro Liter angegeben, woraus die in der EU geltende drei Härtebereiche *weich, mittel* und *hart* resultieren:

< 1,5 mmol/l:	weich	(< 8,4 °dH)
1,5 - 2,5 mmol/l:	mittel	(8,4 - 14,0 °dH)
> 2,5 mmol/l:	hart	(> 14,0 °dH)

Verwendung der Erdalkalimetalle

Beryllium: besitzt als Leichtmetall einen relativ hohen Schmelzpunkt von 1280°C. Es verleiht als Legierungsmetall besonders Werkstoffen auf der Basis von Kupfer, Cobalt, Nickel, Eisen und Aluminium eine hohe Festigkeit und Härte sowie eine enorme Korrosionsbeständigkeit. Anwendungsgebiete: Flugzeug- und Raketenbau (Hitzeschilder); chirurgische Instrumente; Spezialfedern; Strahlenaustrittsfenster in Röntgenröhren und, wegen seines recht niedrigen Neutronen-Absorptionsquerschnitts, als Moderator in der Kerntechnik. Be-Bronzen werden in explosionsgefährdeten Räumen für funkenfrei arbeitende Werkzeuge eingesetzt sowie als Federstahl verwendet.

BeO: Oxidkeramischer Werkstoff mit sehr hoher Wärmeleitfähigkeit bei gleichzeitig hohem elektrischen Isolationsvermögen, chemisch sehr inert, hoher Schmelzpunkt von 2530°C (vgl. Abschnitt 7.3.1.4).

Magnesium: Reines Magnesium ist wegen seiner Korrosionsanfälligkeit als Werkstoff nicht besonders gefragt. Es findet Verwendung als Reduktionsmittel in der Metallothermie, zur Entschwefelung von Roheisen bei der Stahlherstellung sowie als Opferanode beim aktiven kathodischen Korrosionsschutz. Wesentlich wichtiger sind mit ungefähr 80% des gesamten Mg-Verbrauchs die Magnesiumlegierungen. Zusätze von Aluminium, Mangan, Kupfer, Silicium und Zink erhöhen insbesondere die Korrosionsbeständigkeit dieser magnesiumreichen (Mg > 90%) Leichtmetalllegierungen, die vor allem im Gebiet der Luft- und Raumfahrt (Flugzeuge, Raketen, Satelliten), im Kfz- und Maschinenbau, in der Elektrotechnik und Elektronik sowie auch in der Medizintechnik als resorbierbares Implantatmaterial eingesetzt werden. Bestimmte Mg-Si-Fe-Legierungen bewirken die Ausscheidung von Kugelgraphit bei der Herstellung von Gusseisen.

MgO: Oxidkeramischer Werkstoff zur Produktion von hochfeuerfesten Steinen und Geräten.

$MgCO_3$: Füllmittel für elastomere Werkstoffe, Papier und Farben in Form von „Magnesia alba" $4MgCO_3 \cdot Mg(OH)_2 \cdot 4H_2O$; Material zur Hitzeisolation

Mg_2SiO_4: Füllstoff für Kunststoffe

Calcium: Reduktionsmittel in der Metallothermie; Gettermetall

$CaCO_3$: Bauwerkstoff; basischer Zuschlag beim Hochofenprozess; Füllstoff für Kunststoffe (PVC)

CaC_2: Entschwefelungsmittel bei der Eisen- und Stahlherstellung

CaF_2: Flussmittel in der Metallurgie; Werkstoff für UV-durchlässige optische Gläser; Trübungsmittel in der Glas- und Emailindustrie

CaH_2: metallothermisches Reduktionsmittel (Hydrimet-Verfahren)

CaO, $Ca(OH)_2$, $CaSO_4 \cdot 2H_2O$ und Ca-Silicate: Bauwerkstoffe; CaO: Entschwefelung von Roheisen

$CaSO_4 \cdot 2H_2O$: Gipsmodelle in der Zahntechnik; Tafelkreide

$Ca_3(PO_4)_2$: Herstellung von Opakgläsern; resorbierbarer keramischer Werkstoff (Knochenersatz)

$Ca_5(PO_4)_3(OH)$: Hydroxylapatit als bioaktive Beschichtung für metallische Implantate und Biowerkstoff für den Knochenersatz

Strontium und Barium haben in elementarer Form nur eine geringe werkstofftechnische Bedeutung. Sie werden lediglich als Gettermetalle eingesetzt; darüber hinaus wird Strontium noch in der Metallurgie zur Entschwefelung und Entphosphorung verwendet.

$SrCO_3$: Produktion von hartmagnetischen Ferriten

$SrTiO_3$: Diamantersatz (wegen fast gleichem Brechungsindex wie Diamant, jedoch geringere Härte)

$BaTiO_3$: Werkstoff für piezo- und ferroelektrische Anwendungen

$BaSO_4$: Füllstoff für Elastomere; Weißpigment; Beimischung zum Beton von KKWs wegen hoher Absorptionsfähigkeit für γ-Strahlen; Röntgenkontrastmittel; als wässrige Suspension mit hoher Massendichte zur Ausschwemmung von Gesteinspartikeln aus Bohrlöchern bei der Erdgas- und Erdölförderung

$BaCl_2$: Stahlhärtung durch Salzbadschmelze

BaF_2: Flussmittel in der Leichtmetall-, Glas- und Emailindustrie; optische Gläser (UV, IR)

$BaCO_3$: Edukt zur Ferritherstellung; Produktion niedrig schmelzender, stark lichtbrechender Gläser

3.6.3 Metalle der III. Hauptgruppe des PSE

Das Halbmetall Bor sowie die Metalle Aluminium, Gallium, Indium, Thallium und das künstlich erzeugte, radioaktive Nihonium (Nh), was im Folgenden keine Berücksichtigung findet, bilden die III. Hauptgruppe des PSE, die nach ihrem ersten Element auch *Borgruppe* genannt wird. Sämtliche Elemente kommen wegen ihres unedlen Charakters *nicht elementar*, sondern nur in Form ihrer Verbindungen in der Natur vor. Bis auf Thallium, dessen stabilste Oxidationszahl +I ist, besitzen alle Elemente in ihren Verbindungen die Oxidationszahl +III.

3.6.3.1 Bor

Vorkommen

Borsäure (H_3BO_3) und deren Salze Borax ($Na_2[B_4O_5(OH)_4]\cdot 8H_2O$) sowie Kernit ($Na_2B_4O_7\cdot 4H_2O$) sind die wichtigsten Bormineralien.

Darstellung

Die Herstellung von elementarem Bor erfolgt *metallothermisch* aus Bor(III)oxid durch Reduktion mit Magnesium oder Aluminium, z.B.:

$$\overset{+III}{B_2O_3} \; + \; 2\,\overset{0}{Al} \; \overset{\Delta}{\longrightarrow} \; 2\,\overset{0}{B} \; + \; \overset{+III}{Al_2O_3}$$

Das Bor fällt dabei als braunes, amorphes Pulver an.

Ein Überschuss des Reduktionsmittels kann jedoch zur unerwünschten Bildung von Boriden (z.B. AlB_{12}) führen. Deshalb wird Bor auch durch *Schmelzflusselektrolyse* von B_2O_3 mit KBF_4 und KCl als Flussmittel bei 700-1000°C in Graphittiegeln gewonnen.

Hochreines Bor in Form von schwarzen Kristallen erhält man durch thermische Zersetzung leicht-flüchtiger Borverbindungen (z.B. Bortriiodid) an heißen Wolframdrähten oder durch Reduktion mit Wasserstoff, z.B.:

$$2\,BI_3 \; \overset{900°C,\,W}{\longrightarrow} \; 2\,B \; + \; 3\,I_2$$

$$2\,BCl_3 \; + \; 3\,H_2 \; \overset{1500°C,\,W}{\longrightarrow} \; 2\,B \; + \; 6\,HCl$$

Eigenschaften

Als Halbmetall besitzt Bor eine geringe elektrische Leitfähigkeit, die jedoch – charakteristisch für Halbleiter – mit steigender Temperatur rasch zunimmt. Bor zeichnet sich durch die höchste Zugfähigkeit aller Elemente aus. Kristallines Bor weist eine hohe Härte auf. Es ist nach der Diamant-Modifikation des Kohlenstoffs das zweithärteste Element. Bor ist bei RT chemisch sehr reaktionsträge. Trotz eines negativen Standardpotenzials von $E^{\circ}_{B/B^{3+}} = -0,87$ V wird Bor von Salzsäure und Flusssäure nicht angegriffen. Auch mit oxidierenden Säuren (H_2SO_4, HNO_3) erfolgt erst bei erhöhter Temperatur eine Auflösung des Halbmetalls.

Wichtige Verbindungen

Es sind zahlreiche *Wasserstoffverbindungen* des Bors bekannt, jedoch wesentlich weniger im Vergleich zu Kohlenstoff oder Silicium. In diesen *Borhydriden*, die analog zu den Alkanen der Kohlenwasserstoffchemie auch *Borane* genannt werden, erfolgt die Verbindungsknüpfung nicht nur über Bor-Wasserstoff-Bindungen, sondern zusätzlich durch z.B. *Bor-Wasserstoff-Bor-Dreizentrenbindungen*, wie es beim einfachsten Vertreter dieser Reihe, dem Diboran (B_2H_6), der Fall ist:

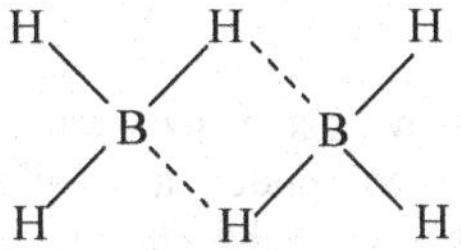

Wegen ihrer im Vergleich zu den Kohlenwasserstoffen wesentlich höheren Verbrennungsenthalpien wurden die Borane als Raketentreibstoffe getestet:

$$\overset{-I}{B_2}\overset{}{H_6} + 3\,\overset{0}{O_2} \longrightarrow 2\,\overset{+I}{H_3}\overset{-II}{B}O_3 \quad -\Delta H$$

Borsäure H_3BO_3 bzw. $B(OH)_3$ stellt in wässriger Lösung keinen Protonendonator dar (Brønsted-Säure), sondern wirkt als *Lewis-Säure*, indem sie OH^--Ionen aufnimmt:

$$B(OH)_3 + 2\,H_2O \longrightarrow H_3O^+ + B(OH)_4^-$$

Die Salze der Borsäure heißen *Borate*. Als wichtige *Stickstoffverbindung* des Bors für werkstofftechnische Anwendungen ist Bornitrid BN zu nennen. Ebenso wie für die *Kohlenstoffverbindung* Borcarbid B_4C erfolgt deren detaillierte Beschreibung im Abschnitt 7.4 der Nichtoxidkeramik.

Boride sind binäre interstitielle Verbindungen des Bors mit anderen, elektropositiveren Metallen oder Halbmetallen des PSE. Ihre Bedeutung als Werkstoffe wird im Abschnitt 7.4.5 über Boridkeramik ausführlich erläutert.

Verwendung

Elementares Bor wird als Legierungsbestandteil in Borstählen (Ferrobor), wegen der Halbleitereigenschaften in der Elektroindustrie, als Neutronenabsorber in der Kerntechnik sowie in Verbundwerkstoffen als Borfaser zur Verstärkung von Kunststoffen, Aluminium, Titan etc, eingesetzt.

$Na_2B_4O_7 \cdot 10H_2O$ bzw. $Na_2[B_4O_5(OH)_4] \cdot 8H_2O$ (Borax): Glas-, Email- und Porzellanfabrikation; Flussmittel beim Hartlöten zur Auflösung dünner Oxidschichten der zu lötenden Metalle

$B(OH)_3$: wichtiger Puffer bei galvanischen Vernickelungen; Herstellung von Borosilicatgläsern; Keramik- und Emailproduktion

B_2O_3: Flussmittel in der Metallurgie; Glas- und Emailindustrie; wichtige Komponente im Glaslot zum Kitten von Gläsern untereinander sowie als Bindemittel von Gläsern mit metallischen oder keramischen Werkstoffen.

BN, B_4C, Boride und BCl_3: bedeutende keramische Werkstoffe sowie Borierungsmittel zur Oberflächenbehandlung von Eisen- und Stahlwerkstoffen (vgl. Abschnitt 7.4).

3.6.3.2 Aluminium

In der Weltproduktion von Metallen liegt Aluminium hinter Eisen an zweiter Stelle vor Kupfer, Zink und Blei. Im Vergleich zur Produktion von Stahl, Roheisen, Kupfer, Zink und Blei weist die Weltproduktion des Leichtmetalls Aluminium innerhalb der letzten Jahrzehnte jedoch wesentlich größere Steigerungsraten auf, so dass anzunehmen ist, dass auch in Zukunft dem Aluminium als Werkstoff eine führende Rolle zukommen wird.

Vorkommen

Aluminium ist das in der Erdkruste am häufigsten anzutreffende Metall. Wegen seines sehr unedlen Charakters kommt es jedoch nicht gediegen, sondern ausschließlich in Form von Verbindungen vor. Man findet es z.B. als Silicat in zahlreichen Feldspäten und Glimmern, im Kryolith als Na_3AlF_6 sowie im *Bauxit* als Gemenge der Aluminiumhydroxide γ-AlO(OH) (Böhmit) und α-Al(OH)$_3$ (Hydrargellit). Der für die Gewinnung des Aluminiums wichtigste Rohstoff ist jedoch der Bauxit.

Darstellung

Da der Bauxit neben den erwähnten Aluminiumhydroxiden je nach Fundort unterschiedliche Mengen an Fe_2O_3 (ergibt die rötliche Färbung des Minerals), SiO_2 und TiO_2 enthält, müssen diese Komponenten zunächst entfernt werden, um Störungen bei der anschließenden Schmelzflusselektrolyse zu vermeiden.

Dies erfolgt nach dem sog. *Bayer-Verfahren* durch den Aufschluss des Bauxits mit 40%iger Natronlauge, bei dem das Aluminium als Natriumtetrahydroxidoaluminat(III) aus dem Mineral herausgelöst wird, während die Verunreinigungen in ungelöster Form zurückbleiben:

$$\text{Bauxit} + \text{NaOH} \xrightarrow[\text{ca. 40 bar}]{\approx 200°C} \underset{\text{löslich}}{\text{Na}\,[\,\text{Al(OH)}_4\,]} + \underset{\text{unlöslich}}{Fe_2O_3 + SiO_2 + TiO_2}$$

Aus dieser Na-Aluminatlösung wird durch Abkühlung und Impfung mit $Al(OH)_3$ bzw. Einleiten von CO_2 Aluminiumhydroxid ausgefällt:

$$2\,Na[Al(OH)_4] + CO_2 \longrightarrow 2\,Al(OH)_3 + Na_2CO_3 + H_2O$$

Das erhaltene $Al(OH)_3$ lässt sich bei etwa 400°C völlig entwässern und über die kubische Modifikation bei ca. 1200°C in das hexagonale α-Al_2O_3 (Korund) überführen:

$$2\ Al(OH)_3 \xrightarrow[\text{-3 H}_2\text{O}]{\Delta} \underset{\text{kubisch}}{\gamma\text{-}Al_2O_3} \xrightarrow{\Delta\ \Delta} \underset{\text{hexagonal}}{\alpha\text{-}Al_2O_3}$$

Die anschließende *Schmelzflusselektrolyse* des Al_2O_3 zur Gewinnung von Aluminium wurde bereits ausführlich im Abschnitt 3.5.2.4 erörtert.

Nachzutragen ist noch die Notwendigkeit der Entfernung des Eisens aus dem Bauxit vor der Elektrolyse, da es ansonsten wegen seines positiveren Standardpotenzials ($E^°_{Fe/Fe^{2+}} = -0,44V$, $E^°_{Al/Al^{3+}} = -1,69V$) an der Kathode zur Abscheidung von elementarem Eisen käme. Hingegen erfolgt aufgrund des sehr negativen Standardpotenzials von Natrium ($E^°_{Na/Na^+} = -2,71V$) keine Reduktion der über das Flussmittel Kryolith (Na_3AlF_6) in die Schmelze eingebrachten Na^+-Ionen.

Problematisch ist jedoch das in geringen Mengen aus den F^--Ionen des Kryoliths an der Anode entstehende Fluor, dessen Emission ein großes Umweltproblem darstellt. Deshalb wurde in den letzten Jahren an anderen, umweltfreundlicheren und energiesparenden Verfahren zur Herstellung von Aluminium geforscht. Die zunächst favorisierte Schmelzflusselektrolyse von $AlCl_3$ stellte jedoch aus verschiedenen Gründen keine Konkurrenz für den klassischen *Hall-Héroult-Prozess* dar. Es sei noch einmal ausdrücklich darauf hingewiesen, dass eine Reduktion mit dem preisgünstigen Kohlenstoff wegen der Bildung von Aluminiumcarbid (Al_4C_3) nicht in Frage kommt.

Eigenschaften

Aluminium ist ein silberweißes, relativ weiches Leichtmetall mit hervorragender elektrischer und thermischer Leitfähigkeit. Trotz seines recht unedlen Charakters ist kompaktes Aluminium gegen Luft und Feuchtigkeit wegen der Passivierung seiner Oberfläche durch eine dünne, harte, transparente und zusammenhängende Oxidschicht sehr reaktionsträge. Diese Schutzschicht, die in wässrigen Medien im pH-Bereich zwischen etwa 4,5 und 8,5 eine Auflösung des Metalls verhindert, kann z.B. durch das *Eloxalverfahren* (vgl. Abschnitt 5.1.2) künstlich noch wesentlich verstärkt werden.

Feinverteiltes Al-Pulver hingegen verbrennt in stark exothermer Reaktion beim Erhitzen in Luft:

$$4\ Al\ +\ 3\ O_2 \xrightarrow{\Delta} 2\ \alpha\text{-}Al_2O_3 \qquad \Delta\ H^°_f = \text{-1677 kJ/mol}$$

Mit Wasser reagiert von der Schutzschicht befreites Aluminium unter Wasserstoffentwicklung zum Hydroxid. Allerdings kommt die Reaktion sofort wieder zum Stillstand, da das entstehende Aluminiumhydroxid ein sehr kleines Löslichkeitsprodukt ($pL_{Al(OH)_3} = 33$) aufweist und somit einen weiteren Angriff des Wassers auf das Metall verhindert.

$$2\ Al\ +\ 6\ H_2O \longrightarrow 2\ Al(OH)_3\ +\ 3\ H_2$$

Stark saure oder alkalische Lösungen bewirken allerdings eine Auflösung der amphoteren $Al(OH)_3$-Schutzschicht durch Bildung von hydratisierten Al^{3+}-Ionen bzw. durch Entstehung des Tetrahydroxidoaluminat(III)-Komplexes:

$$Al(OH)_3\ +\ 3\ H_3O^+ \longrightarrow Al^{3+}\ +\ 6\ H_2O$$

$$Al(OH)_3\ +\ OH^- \longrightarrow [\ Al(OH)_4\ ]^-$$

Verwendung

Elementares, unlegiertes Al: Reduktionsmittel bei der Aluminothermie; Korrosionsschutz für Eisen-
werkstoffe in Form von dünnen Überzügen („Aluminieren"); Verpackungsmaterial (Fässer,
Dosen, Folien); Desoxidationsmittel bei der Stahlproduktion; in der Elektrotechnik (Drähte
und Leitungen); im Apparatebau (Wärmeaustauscher); in der Bauindustrie (Rohre, Bleche,
Stangen); Reflexionsschichten von Spiegeln; Aluminiumschäume zur Gewichtsreduktion
und wegen ihrer ausgeprägten Absorption von kinetische Energie als Crashschutzzonen im
Fahrzeugbau usw.

Al-Legierungen: Zur Erhöhung von Festigkeit, Korrosions- und Zunderbeständigkeit wird Al mit
Zusätzen von Mg, Si, Zn und anderen Metallen legiert. Diese Leichtmetalllegierungen
finden als Werkstoff besonders in der Luft- und Raumfahrt (Flugzeuge, Raketen, Satelliten)
sowie beim Schiffs- und Kfz-Bau Verwendung. Ferner dient Al als Legierungselement von
Kupfer in den Aluminiumbronzen.

Al_2O_3: Ausgangsmaterial zur Herstellung von metallischem Aluminium; Adsorptionsmittel

α-Al_2O_3: Schleif- und Poliermittel

gesintertes α-Al_2O_3: sog. High-Tech-Keramik (vgl. Abschnitt 7.3.1.1)

$Al(CH_2CH_3)_3$: Bestandteil von Ziegler-Natta-Katalysatoren (vgl. Abschnitt 6.3.1.2)

$Al(OH)_3$: Flammschutzmittel für Kunststoffe (vgl. Abschnitt 6.6.2.4)

AlF_3:   Flussmittel in der Metallurgie

$AlPO_4$:Flussmittel bei der Glas-, Keramik- und Emailherstellung

3.6.3.3 Gallium, Indium und Thallium

Vorkommen und Darstellung

Gallium, Indium und Thallium gehören zu den *Spurenmetallen*, von denen kaum eigene Mineralien
existieren. Diese in der Erdkruste sehr selten anzutreffenden Metalle sind meist als isomorphe
Beimengungen in die Kristallgitter anderer Mineralien (z.B. in Bauxit oder Zinksulfid) eingebaut.
Sie reichern sich häufig als Nebenprodukte bei metallurgischen Verfahren zur Gewinnung anderer
Metalle an. Ihre Darstellung erfolgt meist durch Reduktion der Oxide mit Zink, Kohlenstoff oder
Wasserstoff.

Eigenschaften

Die ziemlich weichen, weißlich-silbern glänzenden Metalle besitzen vergleichsweise niedrige
Schmelzpunkte und sind bei RT an der Luft beständig.

Verwendung

Gallium: Wegen seines niedrigen Schmelzpunktes von 29,8°C und hohen Siedepunktes von etwa
2400°C wird es als Füllmittel in Quarzglasthermometern zur Temperaturmessung über
große Temperaturbereiche (bis ca. 1200°C), sowie als Wärmeaustauscher in Kernreaktoren
und für tiefschmelzende Legierungen eingesetzt. Die bei −19°C schmelzende Legierung
Galinstan (*Gal*lium-*In*dium-*Stan*num) ersetzt das Quecksilber in Fieberthermometern.

GaAs, GaP, GaSb, GaN: Halbleitertechnologie (ca. 75% der gesamten Ga-Produktion)

Indium: leichtschmelzende Sicherungen sowie Legierungszusatz in niedrigschmelzenden Loten und in Blei-Lagerwerkstoffen zur Erhöhung der Korrosionsbeständigkeit

In_2O_3-SnO_2-Mischoxid (*Indium-Tin-Oxide*, *ITO*): gehört zur speziellen Gruppe der elektrisch leitfähigen Oxide (*transparent conductive oxides* = *TCO*) und findet z.b. Verwendung für LCD-Bildschirme, Touchscreens, organische Leuchtdioden (OLEDs) sowie in Solarzellen. Etwa 90% des produzierten Indiums wird für ITO verbraucht.

InAs, InP, InSb; InSe: Halbleitertechnologie

CuInSe$_2$: *CIS*-Dünnschicht-Solarmodule bzw. *CuInGaSe$_2$*: *CIGS*-Dünnschicht-Solarmodule

Thallium und seine Verbindungen haben bis auf wenige Ausnahmen (TlBr und TlI als optische Gläser für die IR-Spektroskopie, Tl-Amalgam als Thermometerflüssigkeit bis –58°C) wegen ihrer hohen Toxizität bislang keine nennenswerten werkstofftechnischen Anwendungen gefunden.

3.6.4 Metalle der IV. Hauptgruppe des PSE

Die beiden Halbmetalle Silicium und Germanium sowie die Metalle Zinn und Blei bilden zusammen mit dem Nichtmetall Kohlenstoff die nach ihrem ersten Element bezeichnete *Kohlenstoffgruppe*. In ihren Verbindungen treten die Elemente aufgrund ihrer ns^2np^2-Valenzelektronenkonfiguration vorwiegend in den Oxidationsstufen +II und +IV auf.

3.6.4.1 Silicium

Vorkommen

Silicium ist nach Sauerstoff das zweithäufigste Element in der Erdkruste. Man findet es als Quarz (SiO_2) und in einer außerordentlichen Vielfalt in Form von zahlreichen Silicaten. Elementare Vorkommen sind sehr selten.

Darstellung

Die technische Darstellung von Silicium erfolgt durch Reduktion von SiO_2 mit Kohle bei ca. 2000°C:

$$\overset{+IV}{Si}O_2 \ + \ 2\,\overset{0}{C} \ \xrightarrow{\Delta} \ \overset{0}{Si} \ + \ 2\,\overset{+II}{C}O$$

Ein Überschuss des Reduktionsmittels führt jedoch zur in diesem Fall unerwünschten Bildung von Siliciumcarbid (vgl. *Acheson-Verfahren* im Abschnitt 7.4.1).

Hochreines Silicium für die Halbleitertechnologie erhält man nach der *Wöhlerschen Methode* durch Umsetzung von rohem Silicium mit Chlorwasserstoff zu Trichlorsilan bei ca. 300-400°C:

$$\overset{0}{Si}_{(roh)} \ + \ 3\,\overset{+I}{H}Cl \ \xrightarrow{\Delta} \ \overset{+II}{Si}HCl_3 \ + \ \overset{0}{H}_2$$

$SiHCl_3$ lässt sich relativ leicht destillativ reinigen (Sdp. 32°C) und nach dem *Siemensprozess* über das CVD-Verfahren wird bei etwa 1100°C in einer Disproportionierungsreaktion anschließend hochreines Silicium abgeschieden:

$$\overset{+II\ +I}{4\ SiHCl_3} \quad \xrightarrow{\Delta} \quad \overset{0}{Si}_{(rein)} \ + \ \overset{+IV}{3\ SiCl_4} \ + \ \overset{0}{2\ H_2}$$

Ein Teil des entstandenen Siliciumtetrachlorids wird mit Wasserstoff zu Trichlorsilan und Chlorwasserstoff überführt und somit stehen diese Substanzen dem Produktionskreislauf erneut zur Verfügung:

$$\overset{+IV}{SiCl_4} \ + \ \overset{0}{H_2} \quad \longrightarrow \quad \overset{+II}{SiHCl_3} \ + \ \overset{+I}{HCl}$$

Das hergestellte sehr reine Silicium ist *polykristallin* und lässt sich durch das *Czochralski-Verfahren* oder das Zonenschmelzverfahren in das meistens benötigte *monokristalline* Silicium überführen.

Eigenschaften

Reines kristallines Silicium weist ein dunkelgraues, metallisches Glänzen auf, während pulverförmiges Material ein mattbraunes Aussehen besitzt. Diese Unterschiede resultieren nicht aus verschiedenen Gitterstrukturen, sondern sind bedingt durch verschiedene Teilchengrößen sowie Störungen im Gitteraufbau durch Einlagerung von Fremdatomen (häufig Sauerstoff).

Infolge einer dünnen SiO_2-Passivierungschicht auf seiner Oberfläche ist Silicium bei RT chemisch außergewöhnlich inert gegenüber Wasser, Sauerstoff, Stickstoff und vielen anderen Nichtmetallen. Erst bei sehr hohen Temperaturen (1000-1400°C) erfolgt z.B. Oxid- oder Nitridbildung. Mit Ausnahme von Flusssäure ist Silicium in allen anderen Säuren praktisch unlöslich. Das nasschemische Ätzen von Si-Platinen mit Flusssäure in Gegenwart von Salpetersäure lässt sich durch folgende Reaktionsgleichung beschreiben:

$$\overset{0}{3\ Si} \ + \ 18\ HF \ + \ \overset{+V}{4\ HNO_3} \quad \longrightarrow \quad \overset{+IV}{3\ H_2SiF_6} \ + \ \overset{+II}{4\ NO} \ + \ 8\ H_2O$$

Von starken Alkalilaugen wird das Halbmetall unter Silicat- und Wasserstoffbildung gelöst:

$$\overset{0}{Si} \ + \ \overset{+I}{2\ OH^-} \ + \ \overset{+I}{H_2O} \quad \longrightarrow \quad \overset{+IV}{SiO_3^{2-}} \ + \ \overset{0}{2\ H_2}$$

Viele Metalle reagieren bei höheren Temperaturen mit Silicium zu *Siliciden* (vgl. auch Abschnitt 7.4.6). Die entstehenden binären Si-Metall-Verbindungen sind oft nichtstöchiometrisch zusammengesetzt.

Wichtige Verbindungen

Siliciumdioxid

SiO_2 ist die am häufigsten in der Natur anzutreffende anorganische Verbindung. Von den zahlreichen sowohl kristallinen als auch amorphen Erscheinungsformen des SiO_2 ist der *Quarz* die verbreitetste. Die Quarz-Modifikation des SiO_2 ist polymorph. Bei Atmosphärendruck treten temperaturabhängig folgende Modifikationen auf:

	573°C		870°C		1470°C		1705°C		2470°C	
α-Quarz	⇌	β-Quarz	⇌	β-Tridymit	⇌	β-Christobalit	⇌	Schmelze	⇌	gasförmig
trigonal		hexagonal		hexagonal		kubisch		amorph		

Ähnlich dem elementaren Silicium ist Siliciumdioxid ebenfalls chemisch sehr inert. Es löst sich praktisch nicht in Wasser und Säuren, außer in Flusssäure:

$$SiO_2 \quad + \quad 4\,HF \quad \longrightarrow \quad SiF_4 \quad + \quad 2\,H_2O$$

Von Alkalilaugen wird es auch bei höherer Temperatur nur sehr langsam aufgelöst, wobei das entsprechende Alkalisilicat entsteht.

Im Gegensatz zum bei RT gasförmigen Dioxid des in dieser IV. Hauptgruppe des PSE über dem Silicium stehenden Kohlenstoff, ist das feste SiO_2 nicht aus einzelnen Molekülen aufgebaut, sondern aus einem dreidimensionalen Netzwerk zusammengesetzt, bei dem die sp^3-hybridisierten Si-Atome tetraedrisch mit den O-Atomen über stark polare kovalente Bindungen verknüpft sind:

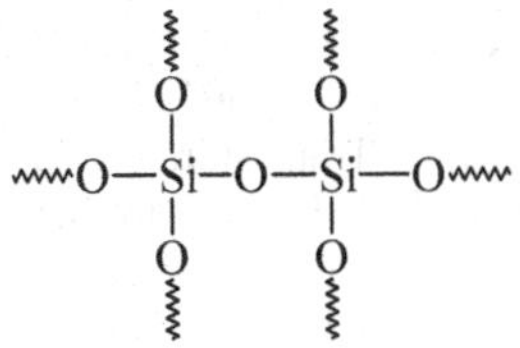

Aus diesem polymeren Charakter des SiO_2 resultieren seine im Vergleich zum CO_2 völlig verschiedenen Eigenschaften.

Silicate

Silicate sind die Salze und Ester der als Monomer sehr unbeständigen Kieselsäure $Si(OH)_4$ sowie deren Kondensationsprodukte. Als Hauptbestandteil der oberen Erdkruste treten sie in einer außergewöhnlichen Vielfalt von kristallinen Strukturen in den sechs wichtigsten Silicatklassen als Insel-, Gruppen-, Ring-, Ketten-, Schicht- und Gerüstsilicate auf. Allen Strukturen gemeinsam ist die tetraedrische Anordnung von vier O-Atomen um jeweils ein Si-Atom, wobei die einzelnen σ-Bindungen zwischen Si- und O-Atomen stark polarisiert sind. Nur durch die unterschiedliche Verknüpfung der SiO_2-Tetraeder über deren Ecken entstehen die verschiedenen Silicatklassen.

Verwendung

Elementares Si: Halbleitertechnologie (Transistoren, ICs, mono- und polykristalline sowie amorphe Si-Solarzellen); Legierungsbestandteil von Spezialstählen (Ferrosilicium, Federstahl); Desoxidationsmittel bei der Produktion von Kupferlegierungen; ferner wird seit Mai 2019 ein isotopenreiner ^{28}Si-Einkristall für die Neudefinition der für die Chemie besonders relevanten Größen Kilogramm[74] und Mol[75] im Internationalen Einheitensystem (SI) verwendet.

SiO_2: Herstellung von Kieselgläsern; Füllstoff für Kunststoffe

SiO: Werkstoff zur Oberflächenvergütung optischer Gläser

Silicate: keramische Werkstoffe, sog. „Silicatkeramik" (vgl. Abschnitt 7.2) in Form von Tonwaren, Porzellan, Email, Gläser, Zement sowie Kieselgel (Silicagel) und Zeolith als Adsorbenzien und Ionenaustauscher.

SI: Silicone; polymere Werkstoffe der allgemeinen Formel $[(R_1R_2)Si\text{–}O]_n$, in vielen Fällen ist $R_1 = R_2 = CH_3$. Je nach Spezifikation finden sie als Siliconöle, -kautschuke oder -harze für Isolationsmittel und Dichtungsmaterialien, Imprägniermittel (Bautenschutz), Schmiermittel, Brustimplantate etc. Anwendung (vgl. auch Abschnitt 6.3.2.3).

SiC, Si_3N_4: Produkte der Technischen Keramik (vgl. Abschnitt 7.4)

$MoSi_2$: Heizleiterwerkstoff (vgl. Abschnitt 7.4.6.1)

3.6.4.2 Germanium

Das Halbmetall kommt nur in seltenen, sulfidischen Mineralien vor, hauptsächlich im Germanit ($3Cu_2S\cdot FeS\cdot 2GeS_2$). Man gewinnt es jedoch gewöhnlich als Nebenprodukt bei der Darstellung anderer Metalle (Zink, Kupfer). Nach der Überführung in GeO_2 wird es meist durch Reduktion mit Wasserstoff aus diesem Oxid hergestellt. Es handelt sich bei Germanium um ein grauweiß glänzendes, sprödes Halbmetall, das bei RT an der Luft beständig ist. Germanium ist praktisch unlöslich in Salzsäure, verd. HNO_3 und verd. H_2SO_4. In stark oxidierenden Säuren kann es unter Bildung von GeO_2 gelöst werden.

Verwendet wird Germanium vor allem als Glasbildner für Glasfaserkabel und IR-transparente Optiken in Germanatgläser (vgl. Abschnitt 8.2.7) sowie in der Hochfrequenz- und Detektortechnik. Seine Bedeutung in der Halbleitertechnik (Transistoren, Dioden, LEDs) ist jedoch stark zurückgegangen; in Form von GeO_2 wirkt es auch als Katalysator bei der Herstellung von PET.

3.6.4.3 Zinn

Vorkommen und Darstellung

Das bedeutendste Zinnerz ist der Zinnstein (SnO_2), aus dem das Zinn durch Reduktion mit Kohle bei ca. 1100°C gewonnen wird:

$$\overset{+IV}{Sn}O_2 \; + \; 2\,\overset{0}{C} \; \xrightarrow{\;\Delta\;} \; \overset{0}{Sn} \; + \; 2\,\overset{+II}{C}O$$

Die Mengen Zinn, die beim Recycling von Weißblechabfällen anfallen, tragen inzwischen wegen der stets dünner werdenden Zinnschichten nicht mehr wesentlich zur Zinngewinnung bei.

Bei der *Chlorentzinnung* wird die als Korrosionsschutz für Eisenblech aufgebrachte Zinnschicht durch Reaktion mit trockenem Chlor zu Zinntetrachlorid aufgelöst, während das Eisen nicht mit trockenem Chlor reagiert:

$$\overset{0}{Sn} \; + \; 2\,\overset{0}{Cl_2} \; \longrightarrow \; \overset{+IV}{Sn}\overset{-I}{Cl_4}$$

$$2\,Fe \; + \; 3\,Cl_2 \; \xrightarrow{\;\;/\!\!/\;\;} \; 2\,FeCl_3$$

Durchgesetzt hat sich mittlerweile allerdings die Entzinnung des Weißblechs über elektrolytische Recyclingverfahren aus alkalischen Lösungen.

Eigenschaften

Zinn existiert in drei allotropen Modifikationen:

Modifikation:	α-Sn $\underset{}{\overset{13{,}2°C}{\rightleftharpoons}}$	β-Sn $\underset{}{\overset{161°C}{\rightleftharpoons}}$	γ-Sn
Aussehen:	grau	silberweiß	grau
Kristallsystem:	kubisch	tetragonal	rhombisch
metall. Charakter:	halbmetallisch	metallisch	metallisch

Das „normale", bei RT vorliegende, silberweiß glänzende β-Zinn zeichnet sich durch einen relativ niedrigen Schmelzpunkt (232°C), geringe Härte sowie hohe Geschmeidigkeit und Dehnbarkeit aus. Die γ-Modifikation ist sehr spröde; α-Zinn liegt unterhalb von 13,2°C als Pulver vor.

Die Umwandlung von β-Zinn in α-Zinn ist ein schwach exothermer Vorgang:

$$\beta\text{-Sn} \xrightleftharpoons{13,2°C} \alpha\text{-Sn} \qquad \Delta H° = -2,09 \text{ kJ/mol}$$

Das Gleichgewicht dieser Reaktion wird also mit abnehmender Temperatur in Richtung des grauen, pulverförmigen α-Sn verschoben. Da andererseits die Reaktionsgeschwindigkeit bei entsprechend tieferen Temperaturen geringer wird (Arrhenius Gleichung!), tritt ein Maximum der Umwandlungsgeschwindigkeit auf, das bei etwa –48°C liegt. Bei anhaltender großer Kälte kann eine vollständige Zerstörung des Werkstoffs Zinn erfolgen, da die Umwandlung in Sn-Pulver, die zunächst nur von einzelnen Stellen ausgeht, sich allmählich über das gesamte Metall ausbreitet. Aufgrund dieses charakteristischen Verhaltens wird die Umwandlung von β-Sn in α-Sn auch als *Zinnpest* bezeichnet.

Das gewöhnliche β-Sn ist trotz seines negativen Standardpotenzials $E_{Sn/Sn^{2+}} = -0,16V$ bei RT gegenüber Luft und Wasser beständig, da es mit einer dünnen, transparenten Oxidschicht passiviert ist.

Von schwachen Säuren und schwachen Laugen wird Zinn nicht angegriffen. Dies ist insofern von großer Bedeutung, als das eigentlich gering toxische Metall als Werkstoff in der Nahrungsmittelindustrie für Konservendosen Verwendung findet, jedoch unschädlich ist, weil keine Auflösung des Zinns durch in Speisen oder Getränken enthaltenen Fruchtsäuren erfolgt.

Starke Säuren (z.B. Salzsäure) und starke Laugen hingegen bewirken jeweils unter Entwicklung von Wasserstoff eine relativ rasche Auflösung, wobei im zweiten Fall der Hexahydroxidostannat(IV)-Komplex entsteht:

$$\overset{0}{Sn} + 2\,\overset{+I}{H}Cl \longrightarrow \overset{+II}{Sn}Cl_2 + \overset{0}{H_2}$$

$$\overset{0}{Sn} + 2\,O\overset{+I}{H}^- + 4\,\overset{+I}{H_2}O \xrightarrow{\Delta} [\overset{+IV}{Sn}(OH)_6]^{2-} + 2\,\overset{0}{H_2}$$

Verwendung

Elementares Sn: Etwa die Hälfte der Weltproduktion wird für die Herstellung von Lötzinn benötigt. Bei den Weichloten handelte es sich früher hauptsächlich um Sn-Pb-Legierungen, die bei einer Zusammensetzung von z.B. 63% Sn und 37% Pb einen Schmelzpunkt von etwa 183°C aufweisen. Da die Verwendung des toxischen Bleis für Lötzinn in elektrischen und elektronischen Geräten seit einigen Jahren bis auf wenige Ausnahmen verboten ist, wird es durch die etwas teueren Metalle Kupfer und Silber substituiert. So besitzt beispielsweise ein bleifreies Weichlot der Zusammensetzung 95,5% Sn, 3,8% Ag und 0,7% Cu einen Schmelzpunkt von etwa 220°C. Nahezu 20% des produzierten Zins dienen zur Fertigung von Weißblech. Die Aufbringung dieser Korrosionsschutzschicht auf die Eisenbleche geschieht fast ausschließlich durch galvanische Verzinnung. Neben dem Bedarf von Zinn für Chemikalien (s.u.) spielen weitere Zinnlegierungen eine nicht unbedeutende Rolle. Zu nennen sind hier die Sn-Bronzen, Lagermetalle aus Sn-Pb-Leg., *Orgelmetall* (Sn-Pb-Leg. für Orgelpfeifen), *Britanniametall* (Hartzinnlegierung verschiedener prozentualer Zusammensetzung, z.B. 90% Sn, 8% Sb, 2% Cu), Schmelzsicherungen, in sehr geringen Mengen auch noch für Stanniol (max. 1-2% Cu).

Nb_3Sn: supraleitende Legierung

SnO_2: Trübungsmittel bei der Glas- und Emailproduktion; Katalysatoren (chem. Prozesstechnik); wegen n-Halbleitereigenschaften Werkstoff für Gassensoren zur Sauerstoffbestimmung

$SnSO_4$: Elektrolyt bei der galvanischen Verzinnung

SnS_2: Pigment für unechte Vergoldungen („Musivgold")

$Na_2[Sn(OH)_6]$ und $Zn[Sn(OH)]_6$: Flammschutzmittel, rauchhemmende Stoffe

Sn-org. Verbindungen: PVC-Stabilisatoren

In_2O_3-SnO_2-Mischoxid (ITO): Flachbildschirme (vgl. Abschnitt 3.6.6.3)

3.6.4.4 Blei

Vorkommen und Darstellung

Am bedeutendsten von allen Bleierzen ist der Bleiglanz PbS. Daneben findet man das Metall noch in Form von $PbCO_3$, $PbSO_4$ und $PbCrO_4$.

Das wichtigste Verfahren zur Darstellung von Blei ist das *Röstreduktionsverfahren*, bei dem man in Schachtöfen Bleisulfid zunächst durch *Rösten* mit Sauerstoff vollständig in Bleioxid überführt, das anschließend mit Kohle bzw. Kohlenstoffmonoxid (je nach temperaturbedingter Einstellung des Boudouard-Gleichgewichts) zu elementarem Blei reduziert wird:

$$\text{Rösten:} \quad 2\,\overset{-II}{Pb}S \;+\; 3\,\overset{0}{O_2} \;\xrightarrow{\Delta}\; 2\,\overset{-II}{Pb}O \;+\; 2\,\overset{+IV-II}{SO_2}$$

$$\text{Reduktion:} \quad 2\,\overset{+II}{Pb}O \;+\; \overset{0}{C} \;\xrightarrow{\Delta}\; 2\,\overset{0}{Pb} \;+\; \overset{+IV}{CO_2}$$

Beim *Röstreaktionsverfahren* erfolgt nur eine teilweise Umsetzung des sulfidischen Bleierzes zu Bleioxid („unvollständiges Rösten"):

$$3\,\overset{-II}{Pb}S \;+\; 3\,\overset{0}{O_2} \;\xrightarrow{\Delta}\; PbS \;+\; 2\,\overset{-II}{Pb}O \;+\; 2\,\overset{+IV-II}{SO_2}$$

Das entstandene Bleioxid wird mit dem nicht umgesetzten Bleisulfid unter Luftabschluss weiter bis zur Bildung des elementaren Bleis erhitzt:

$$\overset{+II\,-II}{Pb}S \;+\; 2\,\overset{+II}{Pb}O \;\xrightarrow{\Delta}\; 3\,\overset{0}{Pb} \;+\; \overset{+IV}{SO_2}$$

Seltener findet die *Niederschlagsarbeit* Anwendung, bei der Eisen als Reduktionsmittel fungiert:

$$\overset{+II}{Pb}S \;+\; \overset{0}{Fe} \;\xrightarrow{\Delta}\; \overset{0}{Pb} \;+\; \overset{+II}{FeS}$$

Bei allen drei Darstellungsverfahren fällt das Metall als sog. *Werkblei* an, das meist noch einige Begleitmetalle (Cu, Ag, Sn, As, Sb, Zn) enthält, und deshalb anschließend durch unterschiedliche Raffinationsverfahren gereinigt werden muss.

Eigenschaften

Das sehr weiche Blei besitzt eine große Dehnbarkeit, relativ geringe Elastizität, einen recht niedrigen Schmelzpunkt von 327°C und eine für ein Hauptgruppenmetall vergleichsweise hohe Massendichte von 11,4 g/cm^3.

Frische Schnittflächen glänzen bläulich-weiß, laufen jedoch an der Luft rasch zu einer matten, graublauen, passivierenden Oxidschicht an.

Mit luftfreiem Wasser erfolgt keine Reaktion; in Gegenwart von Sauerstoff bildet sich eine dünne, schwerlösliche Bleihydroxidschicht, die das Metall gegen weitere Korrosion schützt:

$$2 \overset{0}{Pb} \ + \ \overset{0}{O_2} \ + \ 2 H_2O \ \longrightarrow \ 2 \overset{+II\ -II}{Pb(OH)_2}$$

Auch kohlendioxidhaltige Leitungswässer, Salzsäure, Chlor, Flusssäure, Schwefelsäure und Schwefelwasserstoff vermögen nicht, elementares Blei aufzulösen, da hierbei ebenfalls durch die sofortige Entstehung von dünnen, zusammenhängenden, schwerlöslichen Schutzschichten (vgl. Tab. 3.1) eine durchgehende Reaktion unterbunden wird.

Tabelle 3.1: pL-Werte einiger schwerlöslicher Bleiverbindungen

Pb(OH)$_2$ pL =	15,6	PbF$_2$	pL =	7,5
PbCO$_3$ pL =	13,5	PbSO$_4$	pL =	8,0
PbCl$_2$ pL =	4,8	PbS	pL =	28,0

Hingegen bewirkt kohlendioxid- und sauerstoffhaltiges Wasser durch Bildung des relativ leicht wasserlöslichen Bleihydrogencarbonats eine allmähliche Auflösung von Blei:

$$2 \overset{0}{Pb} \ + \ \overset{0}{O_2} \ + \ 4 CO_2 \ + \ 2 H_2O \ \longrightarrow \ 2 \overset{+II\quad -II}{Pb(HCO_3)_2}$$

Sehr rasch reagiert Salpetersäure mit Blei unter Entwicklung nitroser Gase, z.B.:

$$3 \overset{0}{Pb} \ + \ 8 H_3O^+ \ + \ 2 \overset{+V}{NO_3^-} \ \longrightarrow \ 3 \overset{+II}{Pb^{2+}} \ + \ 2 \overset{+II}{NO} \ + \ 12 H_2O$$

Verwendung

Elementares Pb: Da reines Blei für die meisten werkstofftechnischen Anwendungen viel zu weich ist, werden fast ausschließlich Bleilegierungen eingesetzt.

Die größte Bedeutung kommt dem Blei als korrosionsbeständiger Werkstoff zum Bau von Behältern und Rohren für aggressive Flüssigkeiten zu. Hier ist insbesondere die Verwendung von Bleiplatten in Akkumulatoren zu erwähnen, die in Deutschland etwa drei Viertel des Verbrauchs ausmachen. Ferner wird Blei für Kabelummantelungen, als Legierungszusatz in Lagermetallen, im Strahlenschutz zur Absorption von γ- und Röntgenstrahlung sowie als Geschossmaterial in der Waffentechnik eingesetzt. In Weichloten ist es als Legierungsbestandteil nach der RoHS-Richtlinie seit 2013 verboten[79]. Wegen der recht hohen Toxizität löslicher Bleiverbindungen wird Blei als Material für Wasserleitungsrohre seit fast einem halben Jahrhundert nicht mehr benutzt.

Pb$_3$O$_4$: Das (ehemals) beliebte Korrosionsschutzmittel für Eisen- und Stahlwerkstoffe („Mennige") ist seit 2012 in Deutschland verboten

PbCrO$_4$: Gelbpigment, das wegen seiner Giftigkeit an Bedeutung verliert; in der Lackindustrie inzwischen meist durch BiVO$_4$ ersetzt

PbO: teilweise noch in der Glas- und Keramikindustrie

PbO$_2$: Elektrodenwerkstoff in Pb-Akkumulatoren

PbZrO$_3$ und PbTiO$_3$: ferroelektrische Werkstoffe

PbTe und PbSe: Halbleitertechnologie

Pb(OOCC$_{17}$H$_{35}$)$_2$: Bleistearat als Gleit- und Schmiermittelzusatz sowie als PVC-Stabilisator

3.6.5 Metalle der V. Hauptgruppe des PSE

Die nach ihrem ersten Element benannte *Stickstoffgruppe* setzt sich aus den bereits besprochenen Nichtmetallen Stickstoff und Phosphor, den beiden Halbmetallen Arsen und Antimon sowie dem als eindeutig metallisch einzuordnendem Bismut zusammen. Bismut und die metallischen Modifikationen von Arsen und Antimon werden wegen ihrer großen Sprödigkeit häufig auch als *Sprödmetalle* bezeichnet.

Alle Metalle der V. Hauptgruppe weisen ein positives Standardpotenzial auf, d.h. sie sind nur in oxidierenden Säuren löslich. Die beständigsten Verbindungen treten in der Oxidationszahl +III auf.

3.6.5.1 Arsen

Vorkommen und Darstellung

Arsen findet man gediegen, in Form von Sulfiden (FeAsS, As$_4$S$_4$, As$_4$S$_6$), aber auch anionisch als FeAs$_2$, NiAs und Cu$_3$As.

Das gebräuchlichste Darstellungsverfahren beruht auf dem Erhitzen von Arsenkies (FeAsS) unter Luftabschluss:

$$\text{FeAsS} \xrightarrow{\Delta} \text{As} + \text{FeS}$$

Durch sein gutes Sublimationsvermögen lässt sich das entweichende Arsen leicht von den schlechter sublimierbaren Verunreinigungen trennen. Es wird anschließend in gekühlten keramischen Vorlagen wieder aufgefangen. Größere Mengen Arsen gewinnt man ferner als Nebenprodukt bei der Darstellung und Raffination anderer Metalle. Da zurzeit etwa 97% der weltweiten Arsenproduktion auf Arsentrioxid und andere As-Verbindungen und nur 3% auf elementares Arsen entfallen, ist die technische Darstellung von As$_2$O$_3$ durch Rösten des Arsenkieses von größerer Bedeutung:

$$\overset{\text{+II } 0 \text{ -II}}{2\,\text{FeAsS}} + \overset{0}{5\,\text{O}_2} \xrightarrow{\Delta} \overset{\text{+III -II}}{\text{As}_2\text{O}_3} + \overset{\text{+III -II}}{\text{Fe}_2\text{O}_3} + \overset{\text{+IV-II}}{2\,\text{SO}_2}$$

Entstandenes As$_2$O$_3$ lässt sich durch Sublimation vom Eisenoxid trennen.

Hochreines Arsen für die Halbleitertechnologie erhält man durch Umsetzung des As$_2$O$_3$ zu bei RT flüssigem Arsen(III)chlorid, das nach destillativer Reinigung anschließend mit Wasserstoff zu elementarem Arsen reduziert wird:

$$\overset{\text{+III}}{2\,\text{AsCl}_3} + \overset{0}{3\,\text{H}_2} \xrightarrow{\Delta} \overset{0}{2\,\text{As}} + \overset{\text{+I}}{6\,\text{HCl}}$$

Eigenschaften

Von den drei verschiedenen allotropen Modifikationen des Arsens ist das *graue Arsen* die beständigste und verbreitetste Form. Dieses sehr spröde, stahlgrau glänzende, metallische Arsen ist bei RT an der Luft stabil. Erst beim Erhitzen erfolgt Oxidation zum äußerst giftigen As_2O_3 (*„Arsenik"*).

Verwendung

Aufgrund seiner toxischen Eigenschaften ist die Verwendung von Arsen und besonders der meist wesentlich giftigeren Arsenverbindungen stark zurückgegangen.

Elementares Arsen dient als Legierungsbestandteil zur Härtung von Blei (Pb-Akkus) und Kupfer. Hochreines Arsen (bis zu 99,99999%) wird in der Halbleitertechnik vorwiegend zur Herstellung von Galliumarsenid (GaAs), in geringeren Mengen auch für Indiumarsenid (InAs) benötigt, wobei GaAs hauptsächlich in Leucht- und Laserdioden sowie für spezielle Solarzellen Verwendung findet.

As_2O_3: Läuterungsmittel bei der Glasproduktion

As_2S_3: Werkstoff für IR-transparente Gläser; früher auch als gold-gelbes Pigment (*„Auripigment"*) verwendet

AsF_5: Dotierungsmittel zur Erhöhung der elektrischen Leitfähigkeit von bestimmten Kunststoffen (z.B. Polyacetylen)

3.6.5.2 Antimon

Vorkommen und Darstellung

Die wichtigsten Antimonerze sind Grauspießglanz (Sb_2S_3) und Weißspießglanz (Sb_2O_3). In geringen Mengen tritt Antimon auch in gediegener Form auf.

Seine Darstellung erfolgt analog zu dem bei der Behandlung des Bleis besprochenen *Röstreduktionsverfahren* durch Rösten des sulfidischen Erzes in Luft zum Antimonoxid und anschließender Reduktion mit Kohle zu metallischem Antimon. Von geringerer Bedeutung ist die *Niederschlagsarbeit*, bei der die Reduktion des Antimons aus dem Sb_2S_3 mit unedlerem Eisen als Reduktionsmittel vorgenommen wird.

Hochreines Antimon gewinnt man durch Darstellung von $SbCl_3$, das sich über Destillation leicht reinigen lässt, und anschließend analog dem Arsen mit Wasserstoff wieder zu elementarem Antimon reduziert wird.

Eigenschaften

Antimon tritt in einer schwarzen und in einer grauen Modifikation auf, wobei nur die letztere werkstofftechnische Bedeutung hat. Das stabile *graue Antimon* ist ein äußerst sprödes, im Gegensatz zu seinem Attribut silberweiß glänzendes, Metall mit geringer elektrischer Leitfähigkeit. Bei RT ist das Metall an der Luft beständig; erst bei Temperaturen oberhalb seines Schmelzpunktes wird es zu Sb_2O_3 oxidiert. Seinem positiven Standardpotenzial entsprechend löst es sich nicht in Salzsäure, sondern nur in oxidierenden Säuren (HNO_3, konz. H_2SO_4).

Verwendung

Elementares Sb: Wegen seiner großen Sprödigkeit wird Antimon selten als reines Metall verwendet. Meist dient es als Legierungszusatz zur Härtung von Zinn- und Bleilegierungen (Hartblei, Lagermetalle). Hochreines Antimon wird in der Halbleitertechnik z.B. zur Produktion von Indiumantimonid (InSb) und Aluminiumantimonid (AlSb) gebraucht.

Sb_2O_3: Flammschutzmittel für Kunststoffe; Katalysator bei der PET-Herstellung; Läuterungsmittel bei der Glasproduktion

Sb_2O_5: Flammschutzmittel für z.B. PVC und ABS

Sb_2S_3: schwarzes bzw. (je nach Modifikation) rotes Pigment; Gleitmittel für Bremsbeläge in Pkws

3.6.5.3 Bismut (frühere deutsche Bezeichnung: Wismut)

Vorkommen und Darstellung

Bismut zählt zu den seltensten Elementen. Das Metall kommt sowohl gediegen als auch in Form von Verbindungen in der Erdrinde vor. Die wichtigsten Bismuterze sind Bismutglanz (Bi_2S_3) und Bismutocker (Bi_2O_3). Ferner findet man es vergesellschaftet mit vielen anderen Metallen.

Zur Gewinnung des Bismuts wendet man verschiedene Verfahren an.

Sulfidische Erze können nach dem *Röstreduktionsverfahren* zunächst in Oxide umgesetzt und anschließend mit Kohle zum Metall reduziert werden, z.B.:

$$2 \overset{-II}{Bi_2}S_3 \ + \ 9 \overset{0}{O_2} \ \xrightarrow{\Delta} \ 2 \overset{-II}{Bi_2}O_3 \ + \ 6 \overset{+IV-II}{SO_2}$$

$$2 \overset{+III}{Bi_2}O_3 \ + \ 3 \overset{0}{C} \ \xrightarrow{\Delta} \ 4 \overset{0}{Bi} \ + \ 3 \overset{+IV}{CO_2}$$

Teilweise erfolgt die Reduktion der Sulfide auch durch *Niederschlagsarbeit* mit Eisen:

$$\overset{+III}{Bi_2}S_3 \ + \ 3 \overset{0}{Fe} \ \xrightarrow{\Delta} \ 2 \overset{0}{Bi} \ + \ 3 \overset{+II}{FeS}$$

Oxidische Erze lassen sich – wie oben in der Reaktionsgleichung beschrieben – direkt mit Kohle zu elementarem Bismut umsetzen.

Ein Großteil des erzeugten Bismuts fällt als Nebenprodukt bei der Raffination anderer Metalle (Kupfer, Zinn, Blei) an.

Eigenschaften

Bismut, das bei Standarddruck nur in einer einzigen Modifikation auftritt, ist ein relativ weiches, silberweiß mit leichtem Rosaton glänzendes, Metall von geringer elektrischer Leitfähigkeit. Es besitzt nach Quecksilber die niedrigste Wärmeleitfähigkeit aller Metalle, zeichnet sich aber durch den höchsten Diamagnetismus der Metalle aus. Ebenso wie die in derselben Gruppe des PSE über ihm stehenden Elemente Antimon und Arsen ist Bismut bei RT gegenüber trockener Luft und infolge seines positiven Standardpotenzials gegenüber Wasser und nichtoxidierenden Säuren inert.

Verwendung

Elementares Bi: Bereits Karl May erwähnte in seinen Werken Bismut als Legierungselement zusammen mit Quecksilber bei der Herstellung von speziellen Gewehrkugeln, die sich beim Abfeuern spontan zersetzen und dadurch die Protagonisten „kugelfest" machen sollten[78].
In der Tat findet elementares Bismut die bedeutendste Anwendung bei der Herstellung niedrig schmelzender Legierungen, die in Form von Schmelzsicherungen in vielen technischen Bereichen eingesetzt werden (Verschlüsse von Sprinkleranlagen, Sicherheitsventile in Kesseln etc.). Stellvertretend für die meist aus Blei, Zinn, Indium und Cadmium zusammengesetzten Bismutlegierungen mit tiefem Schmelzpunkt seien das *Woodsche Metall* genannt, das bei einer Zusammensetzung von 50% Bi, 25% Pb und jeweils 12,5% Sn und Cd einen Schmelzpunkt von ca. 70°C aufweist, sowie das cadmiumfreie und somit weniger toxische *Roses Metall*, das bei einer Zusammensetzung von 50% Bi, 25% Pb und 25% Sn bei ca. 95°C schmilzt. Des Weiteren dient Bismut in geringen Mengen als Legierungselement von Automatenstahl, Al-Mg-Legierungen, Weichloten und in Zinnbeschichtungen zur Verhinderung der Zinnpest. Ag-Bi-Legierungen werden auch als elektrische Kontaktwerkstoffe eingesetzt.

Bi_2O_3: Sinterhilfsmittel bei der Produktion keramischer Werkstoffe; Additiv zur Herstellung stark lichtbrechender Gläser

Bi_2Te_3: Halbleitertechnologie; Peltier-Element

$BiVO_4$: Gelbpigment

$BiOCl$: UV-beständiges Perlglanzpigment z.B. für Kunststoffe

Einige Bi-Verbindungen wirken in Polyolefinen als Flammschutzmittel und in PVC rauchhemmend.

3.6.6 Metalle der VI. Hauptgruppe des PSE

Neben den beiden Nichtmetallen Sauerstoff und Schwefel gehören zur Gruppe der *Chalkogene* die Halbmetalle Selen und Tellur sowie das radioaktive Metall Polonium, dem allerdings so gut wie keine werkstofftechnische Bedeutung zukommt, so dass sich die nachfolgenden Ausführungen auf Selen und Tellur beschränken.

3.6.6.1 Selen und Tellur

Vorkommen und Darstellung

Selen und Tellur gehören zu den seltensten Elementen in der oberen Erdkruste. Man findet sie meist als Verunreinigungen in sulfidischen Erzen, z.B. als Cu_2Se, $PbSe$ und Ag_2Se, bzw. entsprechend als Cu_2Te, $PbTe$ und Ag_2Te. Erwähnenswert ist noch die Tatsache, dass Tellur als einziges Element in der Natur mit Gold in größeren Mengen in chemischen Verbindungen auftritt, und zwar in Form seiner Telluride Au_2Te und $AuTe_2$.

Die wichtigste Rohstoffquelle zur Gewinnung von Selen und Tellur ist der Anodenschlamm der Kupferraffinationselektrolyse (vgl. Abschnitt 3.7.1.1), in dem die Halbmetalle als Verunreinigungen enthalten sind.

Zum Aufschluss der Erze kann der Anodenschlamm in Gegenwart von Soda (Na_2CO_3) geröstet werden, wodurch Selenate (SeO_4^{2-}), Selenite (SeO_3^{2-}) bzw. Tellurite (TeO_3^{2-}) entstehen, z.B.:

$$\overset{+I}{Ag_2}\overset{-II}{Se} + \overset{0}{O_2} + CO_3^{2-} \overset{\Delta}{\longrightarrow} \overset{+IV}{Se}O_3^{2-} + 2\,\overset{0}{Ag} + \overset{-II}{C}O_2$$

Das Selenit lässt sich anschließend mit Schwefeldioxid zu elementarem Selen reduzieren:

$$\overset{+IV}{Se}O_3^{2-} + 2\,\overset{+IV}{S}O_2 + 3\,H_2O \overset{\Delta}{\longrightarrow} \overset{0}{Se} + 2\,\overset{+VI}{S}O_4^{2-} + 2\,H_3O^+$$

Tellurite und Selenate reagieren analog. Teilweise werden auch die Tellurite mit Schwefelsäure als Tellurdioxid ausgefällt, das nach erneutem Lösen in Laugen elektrolytisch zu elementarem Tellur reduziert wird:

$$TeO_3^{2-} + H_2SO_4 \longrightarrow TeO_2 + SO_4^{2-} + H_2O$$

Eigenschaften

Die wichtigste und beständigste Modifikation des Selens ist das *graue Selen*, das metallisch glänzt, typische Halbleitereigenschaften aufweist und den Photoeffekt zeigt. Ebenfalls ein Halbleiter, jedoch silberweiß glänzend, ist das relativ spröde Tellur. Sowohl Selen als auch Tellur sind bei RT an der Luft stabil und verbrennen erst bei höheren Temperaturen zu den entsprechenden Oxiden.

Verwendung

Elementares Se: Werkstoff z.B. für Photozellen, Photometer, Gleichrichter und für die Xerographie (Trockenkopierverfahren). Geringe Mengen Selen (etwa 0,25%) und Tellur dienen als Legierungsbestandteil in Automatenstahl und Kupferlegierungen zur Verbesserung von Korrosionsbeständigkeit und Härte. Ferrotellur (ca. 50-80% Te) spielt eine Rolle als Stabilisator für Kohlenstoff in Eisengießereien.

In Form von InSe, Ga_2Se_3, PbSe, Bi_2Te_3 und PbTe gewinnen Selen und Tellur zunehmend an Bedeutung in der Halbleitertechnologie.

SeO_2: Oxidationsinhibitor für Schmieröle; Additiv in der Glasindustrie

SeS_2 und TeS_2: Vulkanisationsbeschleuniger bei der Elastomerproduktion

SeO_3^{2-}: Selenite als Glanzbildner für galvanotechnische Metallbeschichtungen

ZnSe: IR-transparente Spezialgläser

CdSe: licht- und hitzebeständiges Rotpigment zur Einfärbung von Kunststoffen, Keramiken, Gläsern und Email

GeTe/Sb_2Te_3-Legierungen: Beschichtungen bei optischen Speichermaterialien (CD-RW, DVD-RW, Blue-ray)

CdTe: Dünnschicht-Solarmodule

3.7 Nebengruppenelemente

Als Nebengruppenelemente oder Übergangselemente werden traditionell in Europa nach der CAS-Konvention die Gruppen IB bis VIIIB des PSE bezeichnet. In der Literatur findet man allerdings auch die Zuordnungen IB, IIB und IIIA bis VIIIA nach der älteren IUPAC-Konvention. Alternativ dazu sind ebenso die mit einem kleinen Buchstaben versehenen römischen Ziffern Ia, Ib usw. für die Nummerierungen gebräuchlich. Hier herrscht leider eine vollkommene Willkür in den Benennungen, so dass man in Zukunft vielleicht doch den aktuellen IUPAC-Vorschlag beherzigen sollte, den Nebengruppenelementen durchgehend die arabischen Zahlen 3 bis 12 zuzuordnen. Da sich die IUPAC-Empfehlung bislang nicht in allen Lehrbüchern durchgesetzt hat, und sogar didaktische Gesichtspunkte für eine Beibehaltung der direkten Einteilung in Haupt- und Nebengruppenelemente sprechen (bei den Hauptgruppenelementen ist die Gruppennummer identisch mit der Zahl der Valenzelektronen), wird auch in diesem Buch die bisherige Klassifikation weiterverwendet, wobei zur jeweiligen Gruppenbezeichnung nur die römische Ziffer dient.

Man findet bei den Nebengruppenmetallen eine große Vielfalt von chemischen Eigenschaften. Einerseits gibt es unter ihnen z.B. sehr unedle Metalle, wie das Lanthan mit einem Standardpotenzial $E^\circ_{La/La^{3+}} = -2,52\,V$, andererseits sind sämtliche Edelmetalle in diesen Gruppen anzutreffen.

Bis auf die Elemente der Zinkgruppe (II. NG PSE) besitzen alle Übergangsmetalle hohe Schmelz- und Siedepunkte sowie gute elektrische Leitfähigkeiten, wobei die höchsten Werte für die Leitfähigkeit die Elemente der I. Nebengruppe Silber, Gold und Kupfer aufweisen. Mit Ausnahme von Scandium, Yttrium und Titan sind alle Nebengruppenelemente Schwermetalle.

Die sehr wichtigen Werkstoffe Eisen, Kupfer, Zink, Blei, Nickel, Mangan, Zinn, Chrom sowie die bereits erwähnten Edelmetalle sind unter den Nebengruppenmetallen angesiedelt.

3.7.1 Metalle der I. Nebengruppe (Kupfergruppe)

Die die I. Nebengruppe des PSE bildenden Metalle Kupfer, Silber und Gold sind relativ selten in der Erdkruste vorhanden. Da es sich um edle Metalle handelt, die überwiegend in gediegener Form auftreten, sind sie der Menschheit schon seit langem bekannt. Aufgrund ihrer guten Korrosionsbeständigkeit wurden diese Metalle bereits vor Jahrhunderten als Werkstoffe eingesetzt, insbesondere bei der Herstellung von Münzen, weshalb die Elemente der I. Nebengruppe auch heute noch häufig als *Münzmetalle* bezeichnet werden. Das 1994 erstmals künstlich bei der GSI Darmstadt erzeugte Element Roentgenium (Rg) zählt ebenfalls zur Kupfergruppe.

3.7.1.1 Kupfer

Vorkommen

Neben geringen gediegenen Vorkommen findet man Kupfer in Form zahlreicher Erze, von denen die Sulfide $CuFeS_2$ (Kupferkies) und Cu_2S (Kupferglanz) die größte Bedeutung für die Kupfergewinnung haben.

Darstellung und Raffination

Je nach Kupfergehalt der Erze werden unterschiedliche Verfahren zur Gewinnung des Metalls angewandt. Bei der pyrometallurgischen Kupferdarstellung aus Kupferkies bilden sich in einem Vorröstprozess zunächst Cu_2S, FeS und Fe_2O_3 aus $CuFeS_2$, wobei durch Zugabe von Kohle und SiO_2 das unerwünschte Eisenoxid als Eisensilicat verschlackt wird:

$$\overset{+III}{Fe_2O_3} \ + \ \overset{0}{C} \ + \ SiO_2 \ \overset{\Delta}{\longrightarrow} \ \overset{+II}{Fe_2SiO_4} \ + \ \overset{+II}{CO}$$

Der verbleibende, aus Cu_2S und FeS bestehende, sog. *Kupferstein* wird anschließend zur Abtrennung des Eisensulfids bei ca. 950°C geröstet. Dabei entsteht aus dem Eisensulfid das Eisen(II)oxid, das sich wiederum mit SiO_2 verschlacken lässt:

$$2\,\overset{-II}{FeS} \ + \ 3\,\overset{0}{O_2} \ \overset{\Delta}{\longrightarrow} \ 2\,\overset{-II}{FeO} \ + \ 2\,\overset{+IV-II}{SO_2}$$

$$2\,FeO \ + \ SiO_2 \ \longrightarrow \ Fe_2SiO_4$$

Analog zum Röstreduktionsverfahren beim Blei setzt sich ein Teil des Kupfersulfids mit Sauerstoff zuerst zu Kupfer(I)oxid um, das in einem weiteren Schritt mit verbleibendem Cu_2S zu elementarem Rohkupfer mit einem Reinheitsgrad von ca. 94-97% reagiert:

$$2\,\overset{-II}{Cu_2S} \ + \ 3\,\overset{0}{O_2} \ \overset{\Delta}{\longrightarrow} \ 2\,\overset{-II}{Cu_2O} \ + \ 2\,\overset{+IV-II}{SO_2}$$

$$2\,\overset{+I}{Cu_2O} \ + \ \overset{+I \ -II}{Cu_2S} \ \overset{\Delta}{\longrightarrow} \ 6\,\overset{0}{Cu} \ + \ \overset{+IV}{SO_2}$$

Die Gewinnung von hochreinem Kupfer geschieht im Allgemeinen durch *elektrolytische Raffination* des Rohkupfers. Dabei wird in einer schwefelsauren Kupfersulfatlösung eine vergleichsweise dicke Rohkupferelektrode als Anode geschaltet (vgl. Abb. 3.2); als Kathode dient eine Reinkupferelektrode (dünnes „Cu-Starterblech").

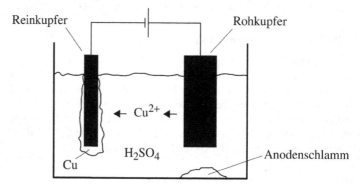

Abb. 3.2: Schema der elektrolytischen Kupferraffination

Bei der Elektrolyse, die meist mit einer Spannung von etwa 0,3V bei einer Temperatur von 50-60°C durchgeführt wird, gehen aus der Anode neben Kupfer auch die unedleren Metalle als Ionen in Lösung, während die edleren Verunreinigungen, wie z.B. Silber, Gold und Platin, nicht oxidiert werden und sich als Feststoffe im sog. Anodenschlamm absetzen. Der Anodenschlamm enthält ferner auch noch unedlere Metalle, die zwar prinzipiell anodisch gelöst werden (z.B. Blei, Antimon und Zinn), jedoch mit dem Elektrolyten schwerlösliche Verbindungen (Oxide, Sulfate) bilden, sowie Selen und Tellur als Ag_2Se bzw. Au_2Te, die anodisch nicht in Lösung gehen. Als Ausgangsmaterial zur Gewinnung von Edelmetallen spielt der Anodenschlamm eine bedeutende Rolle.

An der Kathode werden die Cu^{2+}-Ionen reduziert, da von sämtlichen im Elektrolyten gelösten Kationen das System Cu/Cu^{2+} das positivste Standardpotenzial besitzt. Somit scheidet sich ein Niederschlag von sehr reinem Kupfer (*Elektrolytkupfer*, Cu > 99,95%) auf der Reinkupferelektrode ab.

Insgesamt kann man den Vorgang der elektrolytischen Kupferraffination folgendermaßen beschreiben:

$$\text{Anode:} \quad Cu_{(roh)} \longrightarrow Cu^{2+} + 2\,e^-$$

$$\text{Kathode:} \quad 2\,e^- + Cu^{2+} \longrightarrow Cu_{(rein)}$$

$$\text{daraus resultiert:} \quad Cu_{(roh)} \longrightarrow Cu_{(rein)}$$

Bei zu hohen Elektrolysespannungen können als unerwünschte Nebenreaktionen die Bildung von Sauerstoff und Wasserstoff an der Anode respektive Kathode auftreten:

$$\text{Anode:} \quad 6\,\overset{-II}{H_2O} \longrightarrow \overset{0}{O_2} + 4\,H_3O^+ + 4\,e^-$$

$$\text{Kathode:} \quad 2\,\overset{+I}{H_2O} + 2\,e^- \longrightarrow \overset{0}{H_2} + 2\,OH^-$$

Eigenschaften und wichtige Verbindungen

Kupfer ist in reinstem Zustand ein gelbrot glänzendes, relativ zähes und vergleichsweise weiches Metall, dessen Härte häufig durch Zulegieren von anderen Metallen (z.B. Antimon und Arsen) erhöht wird. Das Buntmetall lässt sich leicht verformen und weist nach Silber die höchste elektrische und thermische Leitfähigkeit aller Metalle auf.

Aufgrund seines positiven Standardpotenzials von $E°_{Cu/Cu^{2+}}$ = +0,35V zeigt Kupfer eine hohe Korrosionsbeständigkeit. Bei RT ist das Metall gegenüber Salz-, Schwefel-, Phosphor- und vielen organischen Säuren inert. Salpetersäure jedoch vermag Kupfer unter Bildung von Stickstoffmonoxid recht rasch aufzulösen:

$$3\,\overset{0}{Cu} + 8\,H_3O^+ + 2\,\overset{+V}{NO_3^-} \longrightarrow 3\,\overset{+II}{Cu}{}^{2+} + 2\,\overset{+II}{N}O + 12\,H_2O$$

An Luft oxidiert Kupfer oberflächlich langsam zu rotem Cu_2O. Je nach „individueller Umweltbelastung" durch z.B. von Industrieanlagen emittiertes Schwefeldioxid, in Städten erhöht auftretende Kohlendioxidkonzentrationen, an der Küste häufig vorhandene chloridhaltige Sprühnebel, entstehen mit feuchter Luft unterschiedliche Kupferverbindungen der ungefähren stöchiometrischen Zusammensetzung: $CuSO_4 \cdot Cu(OH)_2$, $CuCl_2 \cdot 3Cu(OH)_2$ und $CuCO_3 \cdot Cu(OH)_2$. Diese auf der Oberfläche des Kupfers gebildete, dünne, meist grünlichgrau schimmernde Schicht bezeichnet man als *Patina*. Sie ist schwer löslich und schützt daher das darunter liegende Kupfer vor weiterer Zerstörung.

Relativ häufig wird die Patina-Schicht mit der ähnlich aussehenden, jedoch giftigen und wenig korrosionhemmenden Schicht aus basischen Kupferacetaten der allgemeinen Zusammensetzung $n(CH_3COO)_2Cu \cdot mCu(OH)_2 \cdot xH_2O$ verwechselt, die unter dem Namen *Grünspan* geläufig ist.

Ebenfalls von grünlicher Farbe sind die bei höheren Temperaturen leicht flüchtigen Kupferhalogenide, die sich z.B. beim Schnelltest auf halogenhaltige polymere Werkstoffe bilden, wenn man Spuren des Kunststoffs auf einem zuvor ausgeglühten Kupferdraht in die nichtleuchtende Bunsenbrenner-flamme bringt. Dieser leider nicht ganz spezifische Test ist als *Beilstein-Probe* bekannt.

Kupfersulfat, das technisch wichtigste Kupfersalz, ist blau, wenn es in Form seines Pentahydrats $CuSO_4 \cdot 5H_2O$ vorliegt. Das Salz gibt sein Hydratwasser mit zunehmender Temperatur in drei Stufen ab (vgl. Abb. 3.3), wie man z.B. durch Thermogravimetrische Analyse (TGA) nachweisen kann, und ist anschließend in wasserfreiem Zustand eine weiße Substanz:

$$CuSO_4 \cdot 5\,H_2O \underset{-2\,H_2O}{\overset{\Delta}{\rightleftharpoons}} CuSO_4 \cdot 3\,H_2O \underset{-2\,H_2O}{\overset{\Delta}{\rightleftharpoons}} CuSO_4 \cdot H_2O \underset{-H_2O}{\overset{\Delta}{\rightleftharpoons}} CuSO_4$$

blau   weiß

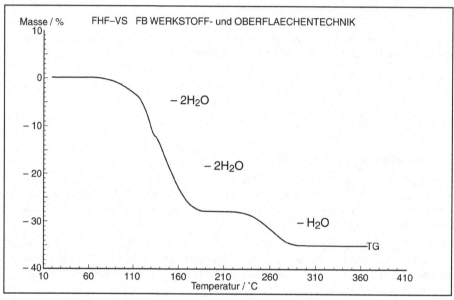

Abb. 3.3: TG-Kurve von $CuSO_4 \cdot 5H_2O$ (m = 205,0 mg, Heizrate: 10 K/min, statisch in Luft, Netzsch STA 409)

Diese Reaktion ist vollkommen reversibel und kann daher zum Nachweis kleiner Wassermengen dienen. Hauptanwendungsbereich in werkstofftechnischer Hinsicht ist der Einsatz von $CuSO_4 \cdot 5H_2O$ bei der Herstellung galvanischer Bäder zum Verkupfern unedler Metalle oder von Kunststoffen.

Verwendung

Elementares Cu: Kupfer ist das am häufigsten verwendete NE-Schwermetall. Fast 60% der Kupfer-produktion entfällt auf die Elektroindustrie, in der es für verschiedenste Zwecke eingesetzt wird (z.B. elektrische Leitungen; Wicklungen für Motoren-, Generatoren- und Transformato-ren; Kontakte, Leiterplatten etc.). Wegen seiner ausgezeichneten Wärmeleitfähigkeit kommt es als Werkstoff für Heiz- und Kühlschlangen in verschiedenen Bereichen zum Einsatz. Als recht korrosionsbeständiges Metall wird Kupfer vor allem im Anlagen- und Apparatebau, insbesondere in Form zahlreicher Legierungen, verwendet. Bedeutende Kupferlegierungen sind *Messing* (Cu/Zn), *Zinnbronzen* (Cu/Sn), *Konstantan* (54% Cu, 45% Ni, 1% Mn) und

Neusilber (45-63% Cu, 10-26% Ni, Rest Zn) sowie *Nordisches Gold* (89% Cu, 5% Zn, 5% Al, 1% Sn) für Eurocent-Münzen. Andererseits wird Kupfer in vielen Sparten auch als Legierungsbestandteil anderer Metalle eingesetzt.

Cu_2O: Rotpigment zum Färben in der Glas- und Emailindustrie

CuO: Schwarzpigment; Beschichtungsmaterial für Sonnenenergie-Kollektoren (stark IR- aber wenig UV-durchlässig)

$Cu(NO_3)_2$: Korrosionsschutzmittel zum Brünieren von Eisenwerkstoffen

$[Cu(CN)_4]^{3-}$: Tetracyanidocuprat(I)-Komplex zur galvanischen Verkupferung

$[Cu(NH_3)_4]^{2+}$: sehr empfindlicher Nachweis für Cu^{2+}-Ionen als tiefblauer Tetraamminkupfer(II)-Komplex

3.7.1.2 Silber

Vorkommen und Darstellung

Das wichtigste Silbererz ist Silbersulfid Ag_2S (Silberglanz). Teilweise findet man Silber auch in gediegener Form. Eine weitere bedeutende Silberquelle stellt der bei der elektrolytischen Kupferraffination entstehende Anodenschlamm dar.

Die Darstellung des Edelmetalls erfolgt fast ausschließlich nach der bereits im Abschnitt 3.5.1 beschriebenen Methode der Cyanidlaugerei,

$$4 \overset{0}{Ag} + 8 CN^- + \overset{0}{O_2} + 2 H_2O \longrightarrow 4 [\overset{+I}{Ag}(CN)_2]^- + 4 \overset{-II}{O}H^-$$

wobei die Stabilität des Dicyanidoargentat(I)-Komplexes so groß ist, dass auch das schwerlösliche Ag_2S (pL = 49) in diesen Komplex überführt werden kann, wenn man die bei dieser Reaktion entstehenden Sulfidionen durch Oxidation zum Thiosulfat laufend aus dem Gleichgewicht entfernt:

$$Ag_2S + 4 CN^- \rightleftharpoons 2 [Ag(CN)_2]^- + S^{2-}$$

$$2 \overset{-II}{S}{}^{2-} + 2 \overset{0}{O_2} + H_2O \longrightarrow \overset{+II\,-II}{S_2O_3}{}^{2-} + 2 \overset{-II}{O}H^-$$

Die Zementation des elementaren Silbers geschieht anschließend mit Zink als Reduktionsmittel. Das ausgefällte Rohsilber wird analog zur bereits besprochenen Kupferraffination nach dem *Moebius-Verfahren* elektrolytisch gereinigt, und man erhält an der Kathode sog. Feinsilber (99,6-99,99% Ag).

Eigenschaften und wichtige Reaktionen

Silber zeichnet sich durch die höchste elektrische und thermische Leitfähigkeit sowie das beste Reflexionsvermögen aller Metalle aus. Es ist ein weißglänzendes Edelmetall von hoher Duktilität. Da reines Silber relativ weich ist, wird es für viele technische Anwendungen durch Zulegieren von zumeist Kupfer, Zink, Zinn oder Cadmium gehärtet. So hat z.B. *Sterlingsilber* (92,5% Ag/7,5% Cu) eine wesentlich höhere Härte als reines Silber.

Durch Luftsauerstoff erfolgt bei RT keine Oxidation des Metalls. Erst unter gleichzeitiger Einwirkung von Schwefelwasserstoff bildet sich an seiner Oberfläche eine dünne, dunkle Silbersulfidschicht (sog. „Anlaufen" des Silbers):

$$\overset{0}{4\,Ag} \;+\; \overset{0}{O_2} \;+\; 2\,H_2S \;\longrightarrow\; 2\,\overset{+I}{Ag_2}S \;+\; 2\,H_2\overset{-II}{O}$$

Die Reinigung von angelaufenen Silberwerkstoffen kann chemisch durch Erzeugung eines künstlichen Lokalelements vorgenommen werden, indem man die betroffenen Gegenstände z.B. mit Aluminiumfolie (wirkt als Lokalanode) durch lockeres Einwickeln in Kontakt bringt, und für einige Minuten in einem schwach alkalischen Elektrolyten (z.B. Na_2CO_3-Lösung) unter leichtem Erwärmen belässt. Die Entfernung der Silbersulfidschicht wird vereinfacht durch die folgende Redoxgleichung beschrieben:

$$3\,\overset{+I}{Ag_2}S \;+\; 2\,\overset{0}{Al} \;+\; 8\,OH^- \;\longrightarrow\; 6\,\overset{0}{Ag} \;+\; 2\,[\overset{+III}{Al}(OH)_4]^- \;+\; 3\,S^{2-}$$

Gegenüber Wasser, Salzsäure und anderen nichtoxidierenden Säuren ist das Edelmetall inert, wird jedoch im Gegensatz zum Gold von stärker oxidierenden Säuren, wie z.B. von der Salpetersäure *(Scheidewasser)* aufgelöst:

$$3\,\overset{0}{Ag} \;+\; 4\,H_3O^+ \;+\; \overset{+V}{NO_3^-} \;\longrightarrow\; 3\,\overset{+I}{Ag^+} \;+\; \overset{+II}{NO} \;+\; 6\,H_2O$$

Verwendung

Elementares Ag: vorwiegend als Werkstoff in der Elektronik; zur Herstellung hochwertiger Spiegel (Ag reflektiert 99,5% des sichtbaren Lichts); für Münzen, Bestecke und Schmuckwaren; Bestandteil von Dentallegierungen (Ag-Amalgam); Legierungszusatz zur Verbesserung der Fließ-, Benetzungs- und der mechanischen Eigenschaften von Cu/Zn-Hartloten; Elektrodenmaterial in hochwertigen Akkus; in Form von Ag/Pd-Legierungen wichtiger Kontaktwerkstoff. Trotz des Booms von Digitalkameras werden immer noch fast 10% der Gesamtproduktion des Silbers in der Fotoindustrie benötigt.

AgBr: lichtempfindliche Schichten für die Fotoindustrie; IR-durchlässige Materialien in der Spektroskopie

AgI: Festelektrolyt; lichtempfindliche Schichten; zur Hagelbekämpfung in „Hagelfliegern"

$AgNO_3$ bzw. $[Ag(CN)_2]^-$: galvanische Versilberungsbäder

3.7.1.3 Gold

Vorkommen und Darstellung

Gold ist ein sehr seltenes Metall, das meist gediegen vorkommt und dabei häufig mit Silber legiert ist. In Form von Verbindungen trifft man es, außer in wenigen Telluriden ($AuTe_2$, Au_2Te), in der Natur kaum an. Nicht zu vernachlässigen sind die bei der elektrolytischen Kupferraffination anfallenden Goldmengen in den entsprechenden Anodenschlämmen.

Beim bereits sehr alten Darstellungsverfahren der *Amalgamation* erfolgt die Herauslösung der Goldpartikel aus zerkleinertem Erz mit flüssigem Quecksilber. Durch Erhitzen des gebildeten Au-Amalgams lässt sich das Gold freisetzen. Das Quecksilber kann dabei abdestilliert und wieder zurückgewonnen werden. Leider treten bei diesem Verfahren wegen der hohen Toxizität von

Quecksilberdämpfen beträchtliche Umweltprobleme auf. Deshalb ist es mittlerweile meist von der wesentlich effektiveren und auch umweltschonenderen *Cyanidlaugerei* verdrängt worden:

$$4 \overset{0}{Au} + 8 CN^- + \overset{0}{O_2} + 2 H_2O \longrightarrow 4 [\overset{+I}{Au}(CN)_2]^- + 4 \overset{-II}{OH}^-$$

Wie bei der Cyanidlaugerei üblich, wird das als Dicyanidoaurat(I) vorliegende Edelmetall mit dem Reduktionsmittel Zink wieder ausgefällt:

$$2 [\overset{+I}{Au}(CN)_2]^- + \overset{0}{Zn} \longrightarrow 2 \overset{0}{Au} + [\overset{+II}{Zn}(CN)_4]^{2-}$$

Das Rohgold kann durch elektrolytische Raffination gereinigt werden. Elektrolytgold besitzt einen Reinheitsgrad von etwa 99,98%.

Eigenschaften

Das intensiv goldgelblich glänzende Metall weist eine ausgezeichnete elektrische und thermische Leitfähigkeit auf, ist sehr duktil, jedoch relativ weich, so dass es je nach Anwendungsbereich meist mit Kupfer, Silber, Platin und anderen Metallen legiert werden muss.

Als sehr beständiges Edelmetall reagiert Gold bei RT nicht mit Luft, Wasser, konz. Säuren, konz. Laugen und Alkalimetallschmelzen. Gelöst wird es nur von extrem starken Oxidationsmitteln, wie z.B. *Königswasser*, Chlorwasser oder auch cyanidischen Komplexbildnern in Gegenwart von Sauerstoff (Oxidationsmittel) unter Bildung z.B. der Tetrachloridoaurat(III)- und Dicyanidoaurat(I)-Komplexe $[AuCl_4]^-$ und $[Au(CN)_2]^-$ (vgl. auch Abschnitt 2.5). Die hohe Löslichkeit in Quecksilber (Goldamalgam) wurde bereits bei der Gewinnung des Metalls erwähnt.

Verwendung

Gold wird wegen seiner geringen Härte fast nur in legierter Form als Werkstoff eingesetzt. Hauptanwendungsgebiete liegen z.B. in der Produktion von elektrischen Kontakten, Bonddrähten, Steckerverbindungen bei Leiterplatten, Beschichtungen, Zahnersatz, Münzen, Schmuck, hochwertigen Spiegeln (insbesondere IR-Bereich) und Spinndüsen.

Bei galvanischen oder stromlosen Vergoldungen werden die oben angeführten Chlorido- bzw. Cyanidoauratkomplexe meist in Form ihrer Kalium- oder Natriumsalze verwendet.

3.7.2 Metalle der II. Nebengruppe (Zinkgruppe)

Die Elemente Zink, Cadmium und Quecksilber nehmen eine Sonderstellung unter den Nebengruppenmetallen ein, da ihre Valenzschalen analog den Erdalkalimetallen eine stabile Zahl von $2n^2$-Elektronen aufweisen. Wegen der höheren Kernladungszahl und der geringeren Abschirmung dieser Kernladungen durch die d-Elektronen sowie der damit verbundenen kleineren Atomradien sind die beiden äußeren s-Elektronen der Zinkgruppen-Metalle im Vergleich zu den Erdalkalimetallen viel fester gebunden, so dass diese drei Metalle wesentlich schwerer zu oxidieren sind. Insgesamt gesehen führt ihre Elektronenkonfiguration dazu, dass die Metalle eine Art „entfernten Edelgascharakter" einnehmen, was sich z.B. in den vergleichsweise niedrigen Schmelz- und Siedepunkten bemerkbar macht.

Aufgrund dieser Eigenschaften weicht die Metallurgie der Zinkgruppen-Metalle von der Darstellungsweise anderer Metalle ab, da wegen ihrer niedrigen Siedepunkte die Gewinnung der Metalle über den gasförmigen Zustand erfolgt.

Das künstlich erzeugte Element Copernicium (Cn) soll ähnliche Eigenschaften aufweisen, wie das im PSE über ihm stehende Quecksilber. Nach den berechneten Schmelz- und Siedepunkten handelt es sich bei Cn um eine bei RT flüchtige Flüssigkeit mit edelgasähnlichen Eigenschaften[77].

3.7.2.1 Zink

Vorkommen

Als recht unedles Metall ($E°_{Zn/Zn^{2+}}$ = $-$ 0,76V) kommt Zink nur selten gediegen in der Natur vor. Die bedeutendsten Zinkerze sind ZnS (Zinkblende), $ZnCO_3$ (Zinkspat) und Zinkoxid ZnO.

Darstellung

Zunächst müssen die Zinkerze in Zinkoxid überführt werden. Dies geschieht durch Rösten des Zinksulfids bzw. Calcinieren von Zinkcarbonat:

$$2\,\overset{-II}{Zn}S \;+\; 3\,\overset{0}{O_2} \;\xrightarrow{\;\Delta\;}\; 2\,\overset{-II}{Zn}O \;+\; 2\,\overset{+IV-II}{SO_2}$$

$$ZnCO_3 \;\xrightarrow{\;\Delta\;}\; ZnO \;+\; CO_2$$

Die Reduktion des so erhaltenen Zinkoxids zu elementarem Zink erfolgt entweder nach dem sog. „trockenen Verfahren" mit Kohle unter Sauerstoffausschluss oder durch das „nasse Verfahren" auf elektrolytischem Wege.

Trockenes Verfahren

$$\overset{+II}{Zn}O \;+\; \overset{0}{C} \;\xrightarrow{\approx 1200°C}\; \overset{0}{Zn} \;+\; \overset{+II}{C}O$$

Infolge der Reduktionstemperatur von ca. 1200°C entweicht das Zink gasförmig und wird anschließend in Schamotte-Vorlagen kondensiert. Das gewonnene Rohmetall kann durch fraktionierte Destillation gereinigt werden. Die häufig als Verunreinigungen auftretenden Metalle Blei und Eisen verbleiben wegen ihrer im Vergleich zum Zink sehr hohen Siedepunkte als Destillationsrückstand.

Nasses Verfahren

Bei diesem inzwischen vergleichsweise häufiger angewandten Verfahren wird zunächst das Zinkoxid mit verd. Schwefelsäure in Zinksulfat überführt:

$$ZnO \;+\; H_2SO_4 \;\longrightarrow\; ZnSO_4 \;+\; H_2O$$

Die schwefelsaure $ZnSO_4$-Lösung elektrolysiert man bei einer Spannung von etwa 3,4V. An der Aluminium-Kathode werden die Zn^{2+}-Ionen zu elementarem Zink reduziert, als Anodenmaterial wird meist Blei verwendet. Das an der Aluminiumelektrode abgeschiedene Zink besitzt einen Reinheitsgrad von ungefähr 99,99%. Die Abscheidung des Zinks aus der sauren Lösung geschieht ohne nennenswerte Wasserstoffbildung nur deshalb, weil Wasserstoff an der Aluminium-Kathode eine hohe Überspannung besitzt. Zur Aufrechterhaltung der Überspannung müssen zuvor edlere Verunreinigungen aus der Zinksulfatlösung z.B. durch Fällung mit Zinkstaub entfernt werden.

Eigenschaften

Das bläulich-weiße, an nichtoxidierter Oberfläche stark glänzende, Zink ist bei RT relativ spröde, wird jedoch beim Erwärmen auf 100-150°C weich und dehnbar, so dass es sich problemlos verarbeiten lässt. Nach den drei Münzmetallen und Aluminium weist Zink die fünftbeste elektrische Leitfähigkeit aller Metalle auf.

Mit trockener Luft reagiert Zink bei RT nicht; erst nach stärkerem Erwärmen auf über 200°C erfolgt eine merkliche Oxidation des Metalls. An feuchter Luft hingegen bildet sich mit Kohlendioxid auf der Metalloberfläche eine dünne, mattgraue, porenfreie, festhaftende und wasserunlösliche Schutzschicht aus Zinkoxid und basischem Zinkcarbonat $Zn_5(OH)_6(CO_3)_2$, die eine durchgehende Korrosion des Zinks verhindert. Die aufgrund des negativen Standardpotenzials von $E°_{Zn/Zn^{2+}} = -0,76V$ zu erwartende Reaktion des Zinks mit Wasser unter Wasserstoffbildung findet daher nicht statt.

$$\overset{0}{Zn} \ + \ 2\,\overset{+I}{H_2}O \ \xrightarrow{\quad//\quad} \ \overset{+II}{Zn}(OH)_2 \ + \ \overset{0}{H_2}$$

Die passivierende Schutzschicht wird allerdings leicht von Säuren und Laugen aufgelöst, wobei im ersten Fall das Zink als Zn^{2+}-Ionen in Lösung geht, während bei der Einwirkung stärkerer Laugen (pH > 12) die Auflösung des Metalls mit der Entstehung von $[Zn(OH)_4]^{2-}$-Komplexen verbunden ist.

Verwendung

Das meiste Zink wird zum Korrosionsschutz von Eisen- und Stahlwerkstoffen benötigt. Je nach Anwendungsbereich kann das Verzinken galvanisch, durch Metallspritzverfahren oder über die Feuerverzinkung bei ca. 450°C erfolgen. Verzinktes Eisen rostet nicht, da selbst bei einer Beschädigung der schützenden Zinkschicht unter Bildung eines Lokalelements nicht das vergleichsweise edlere Eisen ($E°_{Fe/Fe^{2+}} = -0,44V$), sondern das unedlere Zink aufgelöst wird. Im Gegensatz dazu erfolgt jedoch bei *verzinntem* Eisen *(Weißblech)* eine stärkere Korrosion, falls es zu einer Verletzung der Zinnschutzschicht kommt. Hier wirkt das nun unedlere Eisen als Lokalanode und löst sich somit auf, während das edlere Zinn ($E°_{Sn/Sn^{2+}} = -0,16V$) als Lokalkathode fungiert.

Etwa 25% der Zinkproduktion wird zur Herstellung von Messing- und Neusilberwerkstoffen und etwa ebenso viel für Zinkdruckgusswerkstoffe gebraucht. Ferner dient elementares Zink als Anode in zahlreichen galvanischen Elementen, wirkt als Reduktionsmittel bei der Ausfällung der Edelmetalle in der Cyanidlaugerei und wird in Form von Zinkblechen als Werkstoff im Bauwesen sowie als Opferanode im kathodischen Korrosionsschutz eingesetzt.

ZnO: Weißpigment; Füllstoff für Elastomere; Vulkanisationsmittel; Halbleiter für LEDs, Varistoren und Solarzellen

$ZnSO_4$ u. $Zn(CN)_2$: galvanische Verzinkungsbäder

ZnS: Weißpigment *(Lithopone)* und Füllstoff für Kunststoffe; phosphoreszierender Leuchtstoff

ZnF_2: Flussmittel in der Löt- und Schweißtechnik

$Zn_3(PO_4)_2$: Korrosionsschutz beim Phosphatieren

$ZnCO_3$: Weißpigment; Füllstoff für Elastomere

$ZnFe_2O_4$: weichmagnetischer Ferritwerkstoff

$ZnCl_2$: Elektrolyt in galvanischen Zellen; zusammen mit ZnO erhält man eine härtbare Masse, die als Werkstoff für provisorische Zahnfüllungen benutzt werden kann.

$ZnSe$: gelbrotes Prismenmaterial für die IR-Spektroskopie

3.7.2.2 Cadmium

Vorkommen und Darstellung

Cadmium ist in der Erdkruste nicht sehr verbreitet. Man findet es in Verbindungen z.B. als Cadmiumsulfid (CdS) und Cadmiumcarbonat ($CdCO_3$), meist vergesellschaftet mit Zinkerzen.

Die Gewinnung des hochgiftigen Metalls erfolgt im Allgemeinen als Nebenprodukt der Zinkdarstellung, wobei die Reduktion der Cadmiumverbindungen nach dem trockenen und nassen Verfahren (vgl. Zinkgewinnung) vorgenommen werden kann.

Beim trockenen Reduktionsverfahren wird Cadmium als edleres Metall ($E°_{Cd/Cd^{2+}}$ = − 0,40V; $E°_{Zn/Zn^{2+}}$ = − 0,76V) während des Röstvorgangs leichter gebildet und im Vergleich zum Zink bereits bei niedrigeren Temperaturen verdampft. Eine Reinigung des Rohmetalls erreicht man durch fraktionierte Destillation.

Wird Cadmium nach dem nassen Reduktionsverfahren hergestellt, so fällt man zunächst in der Zinksulfatlösung vorhandene Cd^{2+}-Ionen mit Zinkpulver

$$Cd^{2+} \ + \ Zn \ \longrightarrow \ Cd \ + \ Zn^{2+}$$

und oxidiert dann den entstandenen „Cadmiumschlamm" zu Cadmiumoxid (CdO). Die weiteren Verfahrensschritte entsprechen den bei der Zinkgewinnung beschriebenen Reaktionen. Aus der Cadmiumsulfatlösung lässt sich sehr reines Elektrolytcadmium abscheiden.

Eigenschaften

Die Eigenschaften des Cadmiums sind denen des Zinks sehr ähnlich. Cadmium ist ein silberweiß glänzendes, relativ weiches Metall, das an der Luft durch Passivierung geschützt ist, sich jedoch in den gängigen Mineralsäuren auflöst.

Verwendung

Die Hauptmenge des produzierten elementaren Cadmiums wird als Korrosionschutzmittel für Eisen- und Stahlwerkstoffe gebraucht. Im Gegensatz zu verzinkten Werkstoffen werden cadmierte (vercadmete) Teile auch in stärker alkalischen Medien nicht oxidiert, d.h.:

$$Cd \ + \ 2\,OH^- \ \xrightarrow{\ \ \ \ \ \ } \ Cd(OH)_2 \ + \ 2\,e^-$$

Ferner kommt dem Cadmium als Cadmiumlegierung in bestimmten Lagermetallen, als Legierungsbestandteil niedrig schmelzender Legierungen (z.B. Woodsches Metall) sowie in der Reaktortechnik als sog. Neutronenabsorber in Brems- und Kontrollstäben Bedeutung zu. Die sehr leistungsfähigen Nickel/Cadmium-Akkus sind inzwischen durch toxisch weniger bedenkliche Systeme (Ni-Metallhydrid- oder Li-Ionen-Akkus) ersetzt worden. Seit fast einem Jahrzehnt ist die Verwendung von Cadmium für Lötlegierungen, Schmuck und als Additiv für PVC in der EU stark limitiert bzw. verboten[79].

$Cd(CN)_2$ u. $CdCl_2$: Plattieren bzw. galvanisches Vercadmen

CdO: Halbleiterherstellung; keramische Glasuren

CdS, CdSe, CdTe: Gelb-, Rot- bzw. Braunpigment mit stark abnehmender Bedeutung wegen der toxischen Eigenschaften; Halbleitertechnologie; CdTe für Dünnschicht-Solarzellen

3.7.2.3 Quecksilber

Vorkommen und Darstellung

Quecksilber ist ein edles Metall im Gegensatz zu den in der gleichen Gruppe des PSE stehenden Metallen Zink und Cadmium und kommt daher gediegen vor, wenn auch recht selten, in Form kleiner im Gestein eingeschlossener Quecksilbertröpfchen. Bei der technischen Darstellung des Metalls wird jedoch das wesentlich wichtigere und häufiger anzutreffende Quecksilbermineral Zinnober (HgS) eingesetzt.

Dabei röstet man das Quecksilbersulfid im Luftstrom oberhalb von 400°C und kondensiert anschließend das bei dieser Reaktionstemperatur gasförmig anfallende Quecksilber. Meist erhält man auf diese Art und Weise das Metall in einer Reinheit von mehr als 99,9%.

$$\overset{+II\ -II}{HgS} + \overset{0}{O_2} \xrightarrow{\Delta} \overset{0}{Hg} + \overset{+IV-II}{SO_2}$$

Verwirrend scheint zunächst, dass zur Reduktion der Hg^{2+}-Ionen des Quecksilbersulfids der normalerweise zu den Oxidationsmitteln zu zählende Sauerstoff verwendet wird. Bei näherer Betrachtung der Reaktionsgleichung zeigt sich jedoch, dass rein formal der Sauerstoff das Sulfid zum Schwefeldioxid oxidiert, wobei die zur vollständigen Umsetzung fehlenden zwei Elektronen direkt an das Quecksilber abgegeben werden können. Der tiefere Grund für dieses Verhalten liegt im edlen Charakter des Quecksilbers ($E°_{Hg/Hg^{2+}} = +0,85V$). Im Gegensatz zur Röstung von ZnS (vgl. Darst. v. ZnO) und CdS, die zu den entsprechenden Oxiden führt, ist das Oxid des edleren Quecksilbers bei der Rösttemperatur unbeständig, so dass selbst bei einer intermediären Bildung von HgO dieses sich oberhalb von 400°C sofort wieder zersetzen würde.

Häufig wird Calciumoxid als *Zuschlagstoff* bei der angeführten Röstreaktion hinzu gegeben, was den Zweck hat, das freigesetzte SO_2 in Form von Calciumsulfat zu binden:

$$\overset{+II\ -II}{2\,HgS} + \overset{0}{3\,O_2} + 2\,CaO \xrightarrow{\Delta} \overset{0}{2\,Hg} + \overset{+VI-II}{2\,CaSO_4}$$

Eigenschaften

Quecksilber ist das einzige Metall, das bei RT (25°C) flüssig ist. Wegen seines niedrigen Siedepunktes von 357°C ist es bereits bei RT relativ flüchtig; seine Dämpfe sind äußerst giftig. Das silberglänzende Metall ist nur ein mäßig guter elektrischer und thermischer Leiter und weist als Flüssigkeit bei RT eine beachtlich hohe Massendichte von 13,53 g/cm^3 auf.

Reines Quecksilber ist bei RT an der Luft stabil. Erst oberhalb von etwa 300°C erfolgt Oxidation unter Bildung von Quecksilberoxid, das allerdings bei Temperaturen über 400°C wieder in die Elemente zerfällt (s.o.). Mit Salzsäure und verd. Schwefelsäure reagiert Quecksilber nicht, hingegen löst es sich in stark oxidierenden Säuren auf. Quecksilber bildet mit den meisten Metallen *Amalgame*. Dieses sind – je nach Löslichkeit des entsprechenden Metalls – flüssige, recht weiche oder auch feste Legierungen des Quecksilbers. Viele Amalgame sind in frisch bereitetem Zustand plastisch, so dass sie gut verarbeitet werden können und härten erst nach einiger Zeit aus. Die Übergangsmetalle Molybdän, Wolfram, Mangan, Cobalt, Nickel und Eisen ergeben mit Quecksilber kein Amalgam, weshalb der Transport und die Aufbewahrung von Quecksilber z.B. in eisernen Gefäßen erfolgen kann. Da Hg bei dem für die Luftfahrt wichtigen Leichtmetall Aluminium dessen passivierende Oxidschicht zerstört und sich stattdessen ein sehr reaktives Aluminiumamalgam (AlHg) bildet, das bereits mit Wasser unter Oxidation des unedleren Aluminiums reagiert, ist die Mitnahme von mehr als einem quecksilberhaltigen Fieberthermometer im Handgepäck in Flugzeugen verboten[80].

$$\overset{0}{2\,AlHg} \;+\; \overset{+I}{6\,H_2O} \;\longrightarrow\; \overset{+III}{2\,Al(OH)_3} \;+\; \overset{0}{3\,H_2} \;+\; 2\,Hg$$

Verwendung

Wegen seines annähernd linearen thermischen Ausdehnungskoeffizienten über einen weiten Temperaturbereich dient elementares Quecksilber als Füllmittel für präzise Thermometer. In Fieberthermometern ist es inzwischen z.B. durch das ungiftige *Galinstan* ersetzt worden. Bei Barometern und Manometern findet Quecksilber aufgrund seiner hohen Massendichte Verwendung. Zur Herstellung von Quecksilberdampflampen („Energiesparlampen"), die ein sehr UV-reiches Licht aussenden (z.B. UV-Härtung von Kunststoffen), und für Leuchtstofflampen wird das Metall ebenfalls benötigt, während die Produktion von Silberamalgam für die Dentaltechnik stark zurück gegangen ist. Nach der EU-Quecksilberverordnung ist z.B. seit 2018 der Einsatz von Amalgam als Zahnfüllmittel für schwangere und stillende Frauen sowie für Jugendliche unter 16 Jahren verboten. Auch Gold wird in geringen Mengen noch mit Quecksilber durch das umweltschädigende Verfahren der Amalgamation gewonnen.

HgS: Rotpigment, kaum giftig wegen seiner sehr geringen Löslichkeit in Wasser ($pL_{HgS} = 54$)

HgI_2, $Ag_2[HgI_4]$ und $Cu_2[HgI_4]$: existieren (wie auch ZnO und TiO_2) in zwei enantiotropen, d.h. wechselseitig umwandelbaren, Modifikationen und zeigen den Effekt der *Thermochromie*:

$$\underset{\text{(rot)}}{HgI_2} \quad\overset{127°C}{\rightleftharpoons}\quad \underset{\text{(gelb)}}{HgI_2}$$

Verwendung als optische Thermometer, z.B. zur visuellen Kontrolle des Heißwerdens von Maschinenteilen in der chemischen Industrie sowie auf sog. Zaubertassen.

3.7.3 Metalle der III. Nebengruppe (Scandiumgruppe)

Zur III. Nebengruppe zählen die beiden Leichtmetalle Scandium und Yttrium, ferner Lanthan und das radioaktive Actinium sowie die dem Lanthan folgenden 14 Elemente der Ordnungszahlen 58-71, die sog. *Lanthanoide,* und entsprechend 14 *Actinoide*, die im Anschluss an das Actinium die Plätze 90-103 des PSE belegen.

Alle 32 Elemente der III. Nebengruppe sind unedle Metalle, die meist silbern glänzen, an der Luft jedoch rasch anlaufen und gute elektrische Leitfähigkeiten besitzen. Wegen ihrer hohen Reaktivität ($E° \leq -2{,}0V$) kommen sie nicht gediegen in der Natur vor. Ihre Darstellung aus den Verbindungen erfolgt im Wesentlichen nach den folgenden drei Methoden:

1. Schmelzflusselektrolyse der Halogenide

2. Reduktion mit noch unedleren Metallen

3. künstliche Kernumwandlungen (bei den dem Uran folgenden Actinoiden)

Da Scandium mit Ausnahme als geringer Zusatz bei speziellen Al-Li-Legierungen zur Erhöhung der Festigkeit, z.B. bei Rennfahrrädern, und Actinium überhaupt keine werkstofftechnische Bedeutung haben, wird auf eine eingehende Beschreibung dieser Metalle verzichtet.

3.7.3.1 Yttrium und Lanthan

Darstellung und Eigenschaften

Yttrium wird metallothermisch mit Calcium und Magnesium aus Yttriumoxid (Y_2O_3) oder Yttrium-fluorid (YF_3), Lanthan meist durch Schmelzflusselektrolyse von Lanthanchlorid ($LaCl_3$) hergestellt. Beide Metalle weisen in ihren Verbindungen ausschließlich die Oxidationszahl +III auf. Es sind silberweiße, an feuchter Luft rasch blaugrau anlaufende, in Säuren leicht lösliche und mechanisch gut bearbeitbare Metalle.

Verwendung

Y_2O_3: Stabilisator für ZrO_2-Keramik; Produktion von keramischen HT-Supraleitern; mit 10% ThO_2 lässt sich transparente (UV, IR, VIS) Keramik herstellen

Y_2O_2S u. YVO_4: Farbkörper in der Fernsehtechnik und für Smartphone-Bildschirme

$Y_3Al_5O_{12}$: Lasertechnik (YAG-Laser); Elektronik; Diamantersatz

YCo_5 u. Y_2Co_{17}: ferromagnetische Werkstoffe

YCo_3: ferritmagnetischer Werkstoff

YInMn-Blau: brillantes Blaupigment als Mischoxid

La: Desoxidationsmittel bei der Stahlproduktion; La-Komponente bei PZT-Werkstoffen

La_2O_3: Werkstoff für HT-Spezialtiegel (Smp. 2750°C) und -gläser (Objektive)

$LaCo_5$: ferromagnetischer Werkstoff

$LaNi_5$: Wasserstoffspeicher

$LaCoO_3$: Katalysatorwerkstoff für Verbrennungsmotoren zur Reduzierung von NO_x und CO

$LaCrO_3$: Elektrodenmaterial in magnetohydrodynamischen Generatoren (HT- und korrosionsbeständig für bis zu 2700°C heiße Verbrennungsgase)

3.7.3.2 Lanthanoide

Unter Lanthanoiden versteht man im Allgemeinen die 14 Metalle mit den Ordnungszahlen 58-71, also Cer bis Lutetium, die im PSE dem Lanthan in der 6. Periode folgen. Nach IUPAC wird inzwischen das Lanthan selbst auch noch hinzugerechnet.

Sehr geläufig ist für diese Elemente ebenso die Bezeichnung *Seltene Erdmetalle (SE)*. Dieser Begriff (wegen der chemischen Ähnlichkeit zusätzlich auch auf Scandium und Yttrium angewandt) stammt noch aus der Entdeckungszeit der Lanthanoide, die zuerst in recht selten vorkommenden Mineralien gefunden wurden. In Wirklichkeit sind die Lanthanoide gar nicht so selten in der Erdkruste vorhanden; so findet man beispielsweise Neodym häufiger als Blei oder Cobalt. Auch für die Lanthanoide gilt die *Harkinssche Regel*, die besagt, dass Elemente mit gerader Ordnungszahl Z häufiger sind als die benachbarten Elemente mit ungeradem Z. Ferner wird der Ausdruck *4f-Metalle* verwendet, da – abgesehen von kleineren Unregelmäßigkeiten – bei diesen Metallen nach den Aufbauprinzipien des PSE die Auffüllung der drittäußeren 4f-Orbitale erfolgt. Daraus resultiert auch die große chemische Ähnlichkeit der Lanthanoide untereinander. Da das chemische Verhalten in erster Linie von der Konfiguration der äußeren Valenzelektronen bestimmt wird, bereitete früher die Isolierung und Reindarstellung dieser, sich erst in der drittäußeren 4f-Schale unterscheidenden Metalle, enorme Probleme.

Darstellung und Eigenschaften

Die Isolierung der Lanthanoide aus ihren Mineralien bis zur Reindarstellung der einzelnen Metalle ist ein komplizierter und teilweise langwieriger Prozess, der hier nur in den wesentlichen Grundzügen angedeutet werden kann.

Die Lanthanoide werden häufig durch Ausfällung ihrer schwerlösliche Oxalate von den übrigen Elementen getrennt. Erhitzen dieser Oxalate führt unter Abspaltung von Kohlendioxid und Kohlenmonoxid zu den entsprechenden Metalloxiden, z.B.:

$$Ln_2(OOC-COO)_3 \xrightarrow[\substack{-3\,CO_2 \\ -3\,CO}]{\Delta} Ln_2O_3 \quad \text{mit Ln = Lanthanoid}$$

Eine vollständige Trennung der Ln-Oxide wird durch Lösungsextraktion, Ionenaustauschchromatographie oder Komplexierung erzielt. Die separierten Ln-Oxide setzt man anschließend zu Chloriden und Fluoriden um, die nachfolgend durch Schmelzflusselektrolyse und teilweise über metallothermische Verfahren zum Lanthanoid reduziert werden.

Wie schon zu Beginn des Abschnitts 3.7.3 erörtert, sind die Lanthanoide silberglänzende, sehr reaktionsfreudige Metalle, die unter Einwirkung von Luftsauerstoff sich schnell mit einer Ln_2O_3-Schicht bedecken, in Wasser und Säuren unter Wasserstoffentwicklung lösen und bei erhöhter Temperatur auch leicht mit vielen Nichtmetallen reagieren.

Verwendung

Cereisen (ca. 70% Ce und 30% Fe; *Auermetall*): Zündsteine für Feuerzeuge

Ce-La-Nd-Pr-Sm-Legierungen (Ce-Mischmetall): Desoxidationsmittel in Metallschmelzen, zusammen mit Magnesium wird die Ausscheidung von kugelförmigem Graphit („Sphäroguss") bewirkt.

CeO_2: Vergütung (Antireflexbeschichtungen) von IR-Filtern; Poliermittel für hochwertige optische Gläser

$(NH_4)_2[Ce(NO_3)_6]$: selektives Ätzmittel für Chromoberflächen:

$$\overset{0}{Cr} + 3\,\overset{+IV}{(NH_4)_2[Ce(NO_3)_6]} \longrightarrow \overset{+III}{Cr(NO_3)_3} + 3\,\overset{+III}{(NH_4)_2[Ce(NO_3)_5]}$$

Legierungen der Lanthanoide mit Cobalt der allgemeinen Zusammensetzung $LnCo_5$ und Ln_2Co_{17} besitzen ausgezeichnete dauermagnetische Eigenschaften..

Pr_2O_3: Grünpigment für Farbgläser und Keramiken

$PrCo_5$: Magnetwerkstoff

Pr/Nd-Gläser: Didymium-Schutzbrillen zur Glasbearbeitung

Pr-, Nd- und Sm-Laser

$Nd_2Fe_{14}B$: Magnetwerkstoff für extrem starke Dauermagnete

Nd_2O_3: Farbglasproduktion; Schweißbrillen und Sonnenschutzgläser (Neophan®-Glas)

^{147}Pm: β-Strahler zur berührungslosen Werkstoffprüfung; Radionuklid-Batterien

Sm, Eu, Gd und Dy dienen wegen ihres hohen Neutroneneinfangquerschnitts als Legierungsbestandteile von Regelstäben in der Kerntechnik

$SmCo_5$ und Sm_2Co_{17}: Magnetwerkstoffe

Eu_2O_3: Sicherheitsfarbe auf Geldscheinen

Eu_2O_3 und $EuVO_4$ mit Y_2O_2S: Rotkomponente von Leuchtfarbstoffen für z.B. Bildschirme, Leuchtstofflampen etc.

Gd: Legierungskomponente für korrosionsbeständige Chrom-Eisen-Werkstoffe

Gd/Co-Legierungen: wegen der acht ungepaarten Elektronen des Gadoliniums hervorragende ferromagnetische Werkstoffe

Gd-Komplexe: Kontrastmittel in der *Magnetresonanztomografie* (MRT)

Tb/Dy/Fe-Legierung: sehr hohe Magnetostriktion (Terfenol-D)

Dy: Legierungsbestandteil in Permanentmagneten ($Nd_2Fe_{14}B$) von Generatoren für z.B. Windkraftanlagen

Dy/Pb-Legierung: Abschirmwerkstoff für radioaktive Strahlung in der Kerntechnik

Ho: Hochleistungsmagnete

Er: Dotierungsmaterial in Er:YAG-Lasern für die Humanmedizin

Er_2O_3: pinkfarbenes Pigment für Gläser und Keramiken sowie für IR-Schutzbrillen

[170]Tm: γ-Strahler zur zerstörungsfreien Werkstoffprüfung

3.7.3.3 Actinoide

Als Actinoide werden im Allgemeinen die 14 Metalle der Ordnungszahlen 90 (Thorium) bis 103 (Lawrencium) bezeichnet, wobei laut Nomenklatur auch das Actinium zu dieser Gruppe gezählt wird. Die Elemente mit einer größeren Ordnungszahl als Uran nennt man *Transurane*. Der Ausdruck *5f-Metalle* ist für die Actinoide ebenfalls sehr verbreitet, weil – analog zu den Lanthanoiden – die drittäußeren 5f-Orbitale mit Elektronen aufgefüllt werden. Im Vergleich zu den 4f-Elektronen der Lanthanoide sind die 5f-Elektronen der Actinoide weniger stark gebunden.

Außer den natürlich vorkommenden Actinoiden Thorium, Protactinium, Uran und – inzwischen, aufgrund verfeinerter Messtechniken – auch Neptunium sowie Plutonium, erfolgt die Darstellung der 5f-Metalle ausschließlich durch *künstliche Kernumwandlungen* von Uran oder daraus hergestellten höheren Actinoiden.

Ihre Trennung lässt sich über Ionenaustauschprozesse herbeiführen, die eine Auftrennung nach unterschiedlichen Massen ermöglichen.

In ihren Eigenschaften ähneln die Actinoiden stark den bereits beschriebenen Lanthanoiden. Hinzuzufügen ist, dass sämtliche Actinoidenkerne instabil sind und unter Aussendung von radioaktiver Strahlung zerfallen. So emittiert z.B. das Isotop [241]Am α-Strahlung, was in handelsüblichen Ionisationsrauchmeldern genutzt wurde, die inzwischen nur noch in Sonderfällen Verwendung finden.

Werkstofftechnische Bedeutung haben bislang nur die leichteren Actinoide Thorium, Uran und Plutonium.

Thorium

Elementares Thorium diente wegen seiner Zunder- und Warmfestigkeit als Legierungsbestandteil in Heizleitern, Schweißelektroden und Strahltriebwerken.

ThO_2 (Smp. 3220°C): hochfeuerfester oxidkeramischer Werkstoff (Tiegel für Metallschmelzen); wird zusammen mit Thoriumcarbid (ThC_2) als Brutstoff zur Gewinnung von spaltbarem ^{233}U im Brutreaktor eingesetzt:

$$^{232}_{90}Th + {}^{1}_{0}n \longrightarrow {}^{233}_{90}Th \xrightarrow{-\beta^{\ominus}} {}^{233}_{91}Pa \xrightarrow{-\beta^{\ominus}} {}^{233}_{92}U$$

Uran

Uranpechblende (UO_2) ist das wichtigste Mineral, aus dem sich das Uran nach Anreicherung metallothermisch gewinnen lässt. Meist dient jedoch das Urantetrafluorid (UF_4) als Ausgangsprodukt der Herstellung von elementarem Uran. Dabei setzt man Urandioxid zunächst mit HF zu UF_4 um, das anschließend zum Metall reduziert wird.

Uran ist ein vergleichsweise weiches Metall, das aufgrund seines negativen Standardpotenzials ($E°_{U/U^{3+}} = -1,79V$) rasch an der Luft anläuft.

In Form von angereichertem $^{235}UO_2$ wird Uran als Brennstoff in Kernreaktoren verwendet. Dazu wird zunächst aus UF_4 und Fluor Uranhexafluorid (UF_6) hergestellt. Über fraktionierte Diffusionsprozesse des leichtflüchtigen UF_6 gelingt die Trennung der beiden Uranisotope ^{235}U und ^{238}U. Für nicht nukleare Zwecke, wie z.B. als geringer Zusatz für bestimmte Stahlwerkstoffe zur Erhöhung von Härte und Massendichte, kommt abgereichertes Uran zum Einsatz, dem der für die Nukleartechnik so bedeutende ^{235}U-Anteil entzogen wurde. Im militärischen Bereich ist das Projektilkernmaterial für panzerbrechende Munition zu nennen.

Auch das ^{238}U lässt sich kerntechnisch nutzen, wenn man es im *Schnellen Brüter* in Plutonium umwandelt:

$$^{238}_{92}U + {}^{1}_{0}n \longrightarrow {}^{239}_{92}U \xrightarrow{-\beta^{\ominus}} {}^{239}_{93}Np \xrightarrow{-\beta^{\ominus}} {}^{239}_{94}Pu$$

Plutonium

^{239}Pu dient als spaltbares Material für Kettenreaktionen (Kernbrennstoff oder Pu-Bombe).

^{238}Pu ist ein langlebiger α-Strahler und wird in Form des Oxids PuO_2 neben den Curiumisotopen ^{242}Cm und ^{244}Cm in Radionuklidbatterien zur Energieversorgung von Satelliten, Raumstationen etc. verwendet.

Elemente jenseits der Actinoiden (also mit Ordnungszahlen ≥ 104) werden als *Transactinoide* oder auch als „superschwere Elemente" bezeichnet. Diese ebenfalls durch Kernreaktionen erzeugten radioaktiven Elemente weisen sehr kurze Halbwertszeiten auf und sind daher wegen ihrer minimal zur Verfügung stehenden Mengen kaum in ihren chemischen und physikalischen Eigenschaften untersucht und finden dementsprechend zurzeit überhaupt keine werkstofftechnischen Anwendungen.

3.7.4 Metalle der IV. Nebengruppe (Titangruppe)

Zur Titangruppe gehören die Metalle Titan, Zirconium und Hafnium. Im Prinzip müsste auch noch das nur künstlich herstellbare Element mit der Ordnungszahl 104, das Rutherfordium, dazugezählt werden; da Rf jedoch – wie auch die in dieser Periode folgenden Elemente bis zurzeit Element 118 – nur für Bruchteile von Sekunden existiert, erübrigt sich eine weitere Behandlung dieses Metalls.

Im chemischen Verhalten zeigen Titan, Zirconium und Hafnium deutliche Ähnlichkeiten mit den Metallen der IV. Hauptgruppe, insbesondere mit Zinn und Blei; allerdings sind die NG-Metalle wesentlich unedler. Trotz des unedlen Charakters erfolgt bei RT mit Sauerstoff und Wasser keine nennenswerte Reaktion, da die Oberfläche der Metalle durch Bildung einer dünnen Oxidschicht passiviert wird. Erst bei höheren Temperaturen reagieren die Metalle der Titangruppe z.B. mit verschiedenen Nichtmetallen. Die stabilste Oxidationsstufe der Metalle in ihren Verbindungen ist +IV, aber auch +II und +III sind anzutreffen.

Obwohl Hafnium eine etwa doppelt so große relative Atommasse wie Zirconium besitzt, weisen beide Metalle ungefähr gleiche Atom- und Ionenradien auf. Die Ursache dafür liegt in der Auffüllung der drittäußeren 4f-Orbitale beim Einbau der 14 Lanthanoide vor dem Hafnium und der damit verbundenen Abnahme der Atom- und Ionenradien. Dieser als *Lanthanoidenkontraktion* bezeichnete Effekt begründet – zusammen mit der fast identischen Elektronenkonfiguration – auch die außerordentlichen Ähnlichkeiten der chemischen Eigenschaften von Zirconium und Hafnium.

3.7.4.1 Titan

Vorkommen und Darstellung

Titan findet man in der Natur im Wesentlichen als Titandioxid (TiO_2), Eisentitanat ($FeTiO_3$) und Calciumtitanat ($CaTiO_3$). In elementarer Form trifft man es nicht an. Das Metall ist zwar das neunthäufigste Element der oberen Erdkruste, kommt jedoch kaum in höheren Konzentrationen in den Lagerstätten vor, sondern ist recht gleichmäßig in den natürlichen Mineralien verteilt.

Die Darstellung von reinem Titan durch Reduktion des Titandioxids mit Kohlenstoff ist wegen der Entstehung von Titancarbid (TiC) bzw. durch die zusätzliche Titannitrid-Bildung (TiN) in Luftatmosphäre nicht möglich. Deshalb wird der Rohstoff Titandioxid zunächst durch Chlorierung in Gegenwart von Koks zum Titantetrachlorid umgesetzt, das sich mittels fraktionierter Destillation gut reinigen lässt:

$$\overset{}{TiO_2} \ + \ 2\,\overset{0}{Cl_2} \ + \ 2\,\overset{0}{C} \ \xrightarrow{\approx\,800°C} \ \overset{-I}{TiCl_4} \ + \ 2\,\overset{+II}{CO}$$

Anschließend erfolgt die Reduktion des Chlorids mit Magnesium in Argon-Schutzatmosphäre im sog. *Kroll-Prozess*:

$$\overset{+IV}{TiCl_4} \ + \ 2\,\overset{0}{Mg} \ \xrightarrow[Ar]{\approx\,800°C} \ \overset{0}{Ti} \ + \ 2\,\overset{+II}{MgCl_2}$$

Von nur noch geringer Bedeutung ist das *Hunter-Verfahren*, bei dem statt Magnesium Natrium als Reduktionsmittel eingesetzt wird.

Hochreines Titan lässt sich über das *Aufwachsverfahren* nach *van Arkel* und *de Boer* erzeugen. Bei diesem für einige Metalle anwendbaren Reinigungsverfahren wird das pulverisierte Metall zusammen mit Iod in einem evakuierten Gefäß erhitzt. Dabei entsteht das entsprechende Metalliodid, das anschließend auf einen elektrisch beheizbaren Wolframdraht sublimiert und sich dort bei höheren Temperaturen – in Umkehrung seiner Bildungsreaktion – wieder zersetzt, z.B.:

$$Ti_{(roh)} \ + \ 2\,I_2 \ \xrightarrow{\ 500°C\ } \ TiI_4$$

$$TiI_4 \ \xrightarrow[\text{W-Draht}]{\ 1300°C\ } \ Ti_{(rein)} \ + \ 2\,I_2$$

Das freigesetzte Iod steht nun zur erneuten Metalliodidbildung zur Verfügung, so dass allmählich das gesamte zu reinigende Metall zum Wolframdraht transportiert wird (sog. *chemische Transportreaktion*), auf dem es in hochreiner Form als Stab aufwächst.

Eigenschaften

Titan ist ein silberweißes, gut schmiedbares Leichtmetall von hoher mechanischer Festigkeit und niedrigem thermischen Ausdehnungskoeffizienten. Reines Titan passiviert an der Luft durch Bildung einer dünnen, kompakten und schützenden Oxid-Nitrid-Schicht, die sich durch anodische Oxidation noch wesentlich korrosionsbeständiger und mechanisch belastbarer machen lässt. Auch gegen Wasser, Meerwasser, verd. Salz-, Salpeter- und Schwefelsäure, selbst gegenüber Königswasser ist das recht unedle Titan ($E°_{Ti/Ti^{2+}} = -1,63V$) bei RT inert. Diese ausgezeichnete Korrosionsbeständigkeit des Titans und seiner Legierungen führten dazu, dass das Leichtmetall zu einem begehrten und vielseitig geeigneten – allerdings recht teuren – Werkstoff avancierte.

Verwendung

Titan und Ti-Legierungen (häufig mit Aluminium als Leichtmetall-Legierungskomponente) dienen als Werkstoff beim Bau von Flugzeugen, Satelliten, Raketen, Schiffen, U-Booten, Autos, Fahrrädern, chemischen Industrieanlagen und – wegen der besonderen Widerstandsfähigkeit des Titanstahls gegen Stöße und Schläge – zur Herstellung von Turbinen und Eisenbahnrädern.

In der Medizintechnik wird Titan wegen seiner guten Biokompatibilität geschätzt. In diesem Bereich findet es insbesondere Anwendung bei der Fertigung von Prothesen, Knochennägeln, Schrauben, Nadeln, Gehäuse für Herzschrittmacher, Zahnimplantate usw. Neuere elektrische Zigaretten enthalten wegen der starken Temperaturabhängigkeit des elektrischen Widerstandes Titandraht als regelbare Heizspirale. Für die Kernspintomographie stellen Titan/Niob-Legierungen wichtige HT-supraleitende Magnetwerkstoffe dar. Ferner ist Titan Bestandteil der PZT-Keramiken (vgl. Abschnitt 7.3.2.3).

TiO_2: wichtigstes Weißpigment („Titanweiß"); oxidkeramischer Werkstoff; Trübungsmittel für Email; dielektrischer Werkstoff für Katalysatoren

Al_2TiO_5: oxidkeramische Werkstoffe (Portliner)

$BaTiO_3$ und $PbTiO_3$: ferroelektrische Werkstoffe

$TiCl_3$ und $TiCl_4$: Bestandteile des Ziegler-Natta-Katalysators zur stereospezifischen Polymerisation von Olefinen

TiS_2: hitzebeständiger Schmierwerkstoff

TiC, TiN und TiB_2: Hartmetallwerkstoffe (vgl. Abschnitt 7.4)

TiH_2: Bindemittel für Glas-Metall-Verbundwerkstoffe; Treibmittel bei der Herstellung von Metallschäumen

3.7.4.2 Zirconium

Vorkommen und Darstellung

Das bedeutendste in der Natur vorkommende Zirconiummineral ist das „Zirkon" $ZrSiO_4$. Häufig findet man Zirconium auch in Form seines Dioxids ZrO_2 als „Baddeleyit".

Zur Darstellung des Metalls wird das Zirconiumsilicat ($ZrSiO_4$) in einer NaOH-Schmelze aufgeschlossen, das dabei entstandene Zirconiumdioxid durch Chlorierung zum $ZrCl_4$ umgesetzt, welches anschließend, wie beim Herstellungsverfahren des Titans beschrieben, nach dem *Kroll-Prozess* reduziert wird:

$$\overset{+IV}{ZrCl_4} \; + \; 2\,\overset{0}{Mg} \; \xrightarrow[\text{He}]{\Delta} \; \overset{0}{Zr} \; + \; 2\,\overset{+II}{MgCl_2}$$

Hochreines Zirconium erhält man nach dem Verfahren von *van Arkel* und *de Boer* durch thermische Zersetzung von Zirconiumiodid (ZrI_4).

Eigenschaften

Das in kompakter Form stahlartig glänzende Zirconium ähnelt in vielen Eigenschaften dem Titan. Zirconium besitzt aufgrund seiner Passivierung ebenfalls hervorragende Korrosionsbeständigkeit gegenüber Wasser, Salzsäure, Salpetersäure, Schwefelsäure und Laugen; allerdings reagiert es schon bei RT rasch mit Flusssäure und Königswasser.

Pulverförmiges Zirconium sieht schwarz aus und ist bereits bei leichter Erwärmung an der Luft selbstentzündlich, so dass es aus Sicherheitsgründen unter Methanol oder Argon-Schutzatmosphäre aufbewahrt wird.

Verwendung

Wegen seiner ausgezeichneten Korrosionsbeständigkeit wird Zirconium besonders als Werkstoff für hochbeanspruchte Teile verwendet, die im chemischen Anlagenbau aggressiven Substanzen ausgesetzt sind, wie z.B. Pumpen Ventile, Rohre, etc. Chirurgische Instrumente, Klammern, Schrauben und ähnliche Werkzeuge bestehen oft ebenso wie Bauteile in Vakuumröhren aus zirconhaltigem Material. Aus Röntgen-, Fernsehröhren und Glühlampen (letzte zwei Beispiele inzwischen von geringerer Bedeutung) lassen sich restliche Spuren von unerwünschten Gasen (Sauerstoff, Stickstoff, Wasserstoff, Ammoniak) entfernen, wenn man z.B. Zirconium als Gettermetall einsetzt, das als Sorptionsmittel wirkt und die Gasreste chemisch bindet. In ähnlicher Weise fungiert das elementare Metall bei der Entstickung und Entschwefelung im Verlauf von metallurgischen Prozessen. Wegen seiner Durchlässigkeit für Neutronen dient hafniumfreies Zirconium (Hafnium ist ein starker Neutronenabsorber) als Hüllwerkstoff von Brennelementen bei Kernreaktionen.

ZrO_2: oxidkeramischer Werkstoff (vgl. Abschnitt 7.3.1.2); Bestandteil der PZT-Keramik

ZrO_2-Al_2O_3-Keramik: synthetische Schleifmittel (z.B. zur Stahlbearbeitung)

$BaZrO_3$ und $PbZrO_3$: ferroelektrische Werkstoffe

$ZrSiO_4$: feuerfester keramischer Werkstoff zur Auskleidung von HT-Öfen (Glas- u. Stahlindustrie); keramisches Pigment; Füllstoff für Kunststoffe

ZrC, ZrN und ZrB_2: Hartmetallwerkstoffe (vgl. Abschnitt 7.4)

3.7.4.3 Hafnium

Vorkommen, Darstellung und Eigenschaften

Hafniumverbindungen kommen als Begleiter der Zirconiummineralien vor. Aufgrund der außergewöhnlich ähnlichen Eigenschaften von Hafnium und Zirconium ist die Trennung der beiden Metalle ein langwieriges Verfahren. Letztlich wird Hafnium nach dem bereits beschriebenen *Kroll-Prozess* durch Reduktion des zuvor vom $ZrCl_4$ abgetrennten $HfCl_4$ hergestellt, und anschließend nach der Methode von *van Arkel* und *de Boer* gereinigt.

Das hochglänzende Schwermetall Hafnium ähnelt infolge der Lanthanoidenkontraktion in seinen chemischen Eigenschaften außerordentlich dem Zirconium, dessen charakteristische Merkmale bereits im letzten Abschnitt erörtert wurden.

Verwendung

Als Werkstoff wird Hafnium für Regelstäbe zur Absorption von Neutronen in Kernreaktoren, als korrosionsbeständiges Legierungsmetall für chemische Industrieanlagen, als Gettermaterial sowie für hafniumhaltige Elektroden beim Plasmaschweißen verwendet.

3.7.5 Metalle der V. Nebengruppe (Vanadiumgruppe)

Die vergleichsweise hochschmelzenden und -siedenden Metalle Vanadium, Niob und Tantal bilden die V. Nebengruppe des PSE. Dazu zu zählen ist noch das künstlich erzeugte, radioaktive Dubnium (Db), das allerdings überhaupt keine Rolle in der Werkstofftechnik spielt. Vanadium als leichtestes Metall unterscheidet sich chemisch stark von den schwereren Elementen Niob und Tantal, die ihrerseits infolge der Lanthanoidenkontraktion in ihren chemischen Eigenschaften sehr ähnlich sind. In den Verbindungen treten die Elemente meist in ihrer beständigsten und gleichzeitig maximalen Oxidationsstufe von +V auf.

3.7.5.1 Vanadium

Vorkommen und Darstellung

Vanadium ist in der oberen Erdrinde sehr fein verteilt, so dass man selten Lagerstätten mit höheren Metallgehalten findet. Häufig kommt es, wenn auch nur in Spuren, in zahlreichen Eisen- und Titanerzen sowie in einigen Erdölen vor. Sämtliche Anreicherungsverfahren führen über Röstprozesse zum Vanadiumpentoxid (V_2O_5).

Die Reduktion dieses Oxids mit Kohlenstoff ist wegen der vorwiegenden Bildung von Vanadiumcarbid nicht sinnvoll, daher wird reines Vanadium meist metallothermisch hergestellt mit Calcium als Reduktionsmittel:

$$\overset{+V}{V_2}O_5 \;+\; 5\,\overset{0}{Ca} \;\xrightarrow{\approx\,900°C}\; 2\,\overset{0}{V} \;+\; 5\,\overset{+II}{Ca}O$$

Hochreines Vanadium lässt sich durch thermische Zersetzung von Vanadiumtriiodid (VI_3) nach *van Arkel* und *de Boer* sowie durch elektrolytische Vanadiumraffination gewinnen.

Eigenschaften

Vanadium ist ein stahlgraues, nicht sehr hartes und sprödes Schwermetall, das ähnliche Eigenschaften aufweist wie das im PSE links daneben stehende Leichtmetall Titan. Trotz seines negativen Standardpotenzials ($E°_{V/V^{2+}}$ = −1,17V) wird es in kompakter Form von Luft, Wasser, Salz- und Schwefelsäure sowie von Alkalilaugen nicht angegriffen, da es durch eine festhaftende, dünne Oxidschicht auf seiner Oberfläche passiviert ist. Erst heiße Salpetersäure, Königswasser und Flusssäure vermögen das Material zu schädigen. Beim Erhitzen des Vanadiums auf Temperaturen oberhalb 650°C an der Luft erfolgt eine allmähliche Oxidation unter Bildung von Vanadiumpentoxid (V_2O_5) und teilweise auch von Vanadiumnitrid (VN). Mit vielen anderen Metallen (Eisen, Cobalt, Nickel, Aluminium, Titan, Kupfer u.a.) reagiert es leicht zu Vanadiumlegierungen.

Verwendung

Die Hauptverwendung des Vanadiums liegt im Bereich der Metallindustrie als Stahlveredler zur Erhöhung der Elastizität, Hitzebeständigkeit, Härte und Verschleißfestigkeit von Spezialstählen. Meist wird das Vanadium dem Stahl nicht in elementarer Form, sondern als wesentlich preisgünstigeres Ferrovanadium (Fe/V-Legierung) zugesetzt.

V_2O_5: Katalysatorwerkstoff zur Sauerstoffübertragung; kann die „katastrophale Hochtemperaturkorrosion" auslösen (vgl. Abschnitt 4.5.2)

$VOCl_3$: Katalysator für Olefin-Polymerisationen

VC: Legierungskomponente zur Produktion von Hartmetallwerkstoffen

3.7.5.2 Niob und Tantal

Vorkommen und Darstellung

Niob und Tantal sind nicht besonders häufig in der oberen Erdkruste anzutreffen. Die beiden Metalle treten zwar meist zusammen auf, jedoch kaum in größeren, abbaubaren Mengen. Obendrein sind ihre Fundorte auch noch über fast alle Kontinente verstreut. Oft liegen die Metalle als Niobate (NbO_3^-) und Tantalate (TaO_3^-) in der Natur vor.

Niob wird hauptsächlich aluminothermisch gewonnen. Ferner lässt es sich durch Reduktion mit Kohlenstoff aus dem zuvor in mehreren Reaktionsschritten produzierten Niobpentoxid – teilweise über Niobcarbid als Zwischenprodukt – darstellen:

$$\overset{+V}{Nb_2O_5} \; + \; 5\,\overset{0}{C} \; \xrightarrow{\approx 2000°C} \; 2\,\overset{0}{Nb} \; + \; 5\,\overset{+II}{CO}$$

Auch die Reduktion von Niobpentachlorid und -fluorid bzw. bei der Tantalgewinnung von entsprechenden Tantalhalogeniden oder aus Heptafluoridotantalat(V)-Komplexen $[TaF_7]^{2-}$ mit Natrium wird industriell durchgeführt, z.B.:

$$\overset{+V}{TaCl_5} \; + \; 5\,\overset{0}{Na} \; \xrightarrow{\approx 800°C} \; \overset{0}{Ta} \; + \; 5\,\overset{+I}{NaCl}$$

Eigenschaften

Die beiden Elemente sind relativ harte, hellgrau glänzende Metalle, die eine stahlähnliche Festigkeit aufweisen und sich mechanisch sehr gut verarbeiten lassen. Trotz ihres unedlen Charakters besitzen diese Metalle wegen der Passivierung ihrer Oberfläche durch eine kompakte, schützende Oxidschicht eine hervorragende Korrosionsbeständigkeit. So werden sie, mit Ausnahme von Flusssäure und heißer, konz. Schwefelsäure, von allen anderen Säuren – auch von Königswasser – nicht angegriffen. Mit Alkalimetallhydroxiden reagiert Tantal erst in deren Schmelze, während Niob gegen starke Alkalilaugen nicht mehr völlig inert ist.

Verwendung

Infolge ihrer großen chemischen Widerstandsfähigkeit sind Niob und Tantal besonders gut als hochwertige Werkstoffe z.B. für chemische Geräte (Spatel, Tiegel, Schalen) sowie insbesondere Tantal für chirurgische und zahnärztliche Instrumente (Knochennägel, Klammern, Implantate, Bohrer) geeignet. In sog. *Superlegierungen* dienen Niob und Tantal zur Erhöhung der Verschleiß- und Korrosionsbeständigkeit sowie zur Verbesserung der Hitzebeständigkeit von Hochtemperaturwerkstoffen (z.B. Gasturbinen). Dabei werden die Metalle meist in Form ihrer Eisenlegierungen Ferroniob oder Ferrotantal als Stahlveredler eingesetzt. Weitere Verwendung finden diese Metalle als Bauteile in Röntgen- und Elektronenröhren, als Gettermaterial sowie zur Herstellung von Thermoelementen. Das Anodenmaterial von Elektrolytkondensatoren in der Mikroelektronik besteht aus Tantal oder Niob bzw. auch aus NbO.

Ta_2O_5 und Nb_2O_5: Dielektrikum in Tantal- bzw. Niob-Elektrolytkondensatoren

$KNbO_3$: wegen starker ferro- und piezoelektrischer Eigenschaften als Ersatz für das bleihaltige $Pb(Zr,Ti)O_3$ (vgl. Abschnitt 7.3.2.3) in der Kfz-Technik in Erwägung gezogen

Nb_3Ge, Nb_3Sn, $NbTi$ und NbN: gewöhnliche Supraleiter für Magnetwerkstoffe

NbC und TaC: hitzebeständige Hartmetallwerkstoffe

TaN: Elektrodenwerkstoff

3.7.6 Metalle der VI. Nebengruppe (Chromgruppe)

Die Chromgruppe bilden die außerordentlich hochschmelzenden und -siedenden Metalle Chrom, Molybdän und Wolfram. Wegen ihrer hohen Schmelzpunkte und hervorragenden Korrosionsbeständigkeit zählt man sie, neben den Metallen der IV. und V. Nebengruppe, zu den sogenannten *Refraktärmetallen*. Wie bereits im Abschnitt 3.2 erwähnt, erreichen die Schmelzpunkte der Elemente innerhalb einer Periode in dieser VI. Nebengruppe ihre maximalen Werte.

Alle Metalle dieser Gruppe zeichnen sich durch große Härte und sehr gute Korrosionsbeständigkeit aus. Die höchste, und für Molybdän und Wolfram zugleich auch stabilste, Oxidationsstufe ist +VI, während Chrom überwiegend in der Oxidationsstufe +III vorkommt. Wiederum unterscheidet sich Chrom als Metall der 4. Periode in seinem chemischen Verhalten stärker von Molybdän und Wolfram, die wegen der Lanthanoidenkontraktion untereinander ähnliche Eigenschaften aufweisen.

Der Form halber sei das erstmals 1974 künstlich hergestellte, radioaktive Element Seaborgium (Sg) erwähnt, das ebenfalls zur Chromgruppe zählt, jedoch keine werkstofftechnische Bedeutung besitzt.

3.7.6.1 Chrom

Vorkommen und Darstellung

Chrom ist in der Natur vorwiegend gebunden anzutreffen. Gediegen wurde es in geringen Mengen in Meteoriten gefunden. Das bedeutendste Chrommineral ist der Chromit $FeCr_2O_4$, oder auch Chromeisenstein genannt, aus dem das Metall großtechnisch gewonnen wird.

Zur Abtrennung des Eisens oxidiert man unter Zugabe von Soda den Chromeisenstein mit Luftsauerstoff:

$$\overset{+II+III}{4\,FeCr_2O_4} + \overset{0}{7\,O_2} + 8\,Na_2CO_3 \xrightarrow{1050°C} \overset{+VI}{8\,Na_2CrO_4} + \overset{+III\ -II}{2\,Fe_2O_3} + \overset{-II}{8\,CO_2}$$

Dabei bildet sich praktisch wasserunlösliches Eisen(III)oxid, das sich problemlos vom recht gut wasserlöslichen Natriumchromat trennen lässt. Die Na_2CrO_4-Lösung wird konzentriert und anschließend mit Schwefelsäure zum Dichromat umgesetzt:

$$2\,Na_2CrO_4 + H_2SO_4 \longrightarrow Na_2Cr_2O_7 + Na_2SO_4 + H_2O$$

Während das leichtlösliche Natriumsulfat in Lösung bleibt, kristallisiert beim Abkühlen der Lösung das Natriumdichromat in Form des Dihydrats $Na_2Cr_2O_7 \cdot 2H_2O$ aus. Dieses, im Vergleich zum einfachen Chromat, chromreichere Salz ist die technisch wichtigste Chromverbindung.

Mit dem vergleichsweise preiswerten Reduktionsmittel Kohle reduziert man das Dichromat zunächst zum Chrom(III)oxid:

$$\overset{+VI}{Cr_2O_7^{2-}} + \overset{0}{2\,C} \xrightarrow{\Delta} \overset{+III}{Cr_2O_3} + \overset{+IV}{CO_3^{2-}} + \overset{+II}{CO}$$

Eine weitere Reduktion zu relativ reinem Chrom ist wegen der unerwünschten Carbidbildung mit Kohle nicht möglich und erfolgt daher meist aluminothermisch:

$$\overset{+III}{Cr_2O_3} + \overset{0}{2\,Al} \longrightarrow \overset{0}{2\,Cr} + \overset{+III}{Al_2O_3} \quad \Delta H° = -536\ kJ$$

Das so gewonnene Chrom besitzt einen Reinheitsgrad von ca. 99% und kann durch Elektrolyse von daraus hergestellten Chromsalzen oder nach dem Verfahren von *van Arkel* und *de Boer* über die Synthese von Chromtriiodid (CrI_3) und anschließende thermische Zersetzung dieser Verbindung in die Elemente raffiniert werden.

Zur Produktion korrosionsbeständiger chromhaltiger Spezialstähle wird aus Kostengründen kein reines elementares Chrom, sondern Ferrochrom eingesetzt, eine Chrom/Eisen-Legierung mit etwa 60% Chrom. Das Ferrochrom lässt sich durch Reduktion des Chromeisensteins mit Kohle bei ca. 1600°C darstellen, wobei intermediär entstehende Chromeisencarbide durch Verschmelzen mit Cr_2O_3-reichen Erzen wieder vom Kohlenstoff befreit werden. Die Synthese des Ferrochroms kann man durch die folgende, stark vereinfachte Reaktionsgleichung ausdrücken:

$$\overset{+II+III}{FeCr_2O_4} + \overset{0}{4\,C} \xrightarrow{\Delta} \overset{0}{2\,Cr} + \overset{0}{Fe} + \overset{+II}{4\,CO}$$
$$\text{"Ferrochrom"}$$

Eigenschaften

Chrom ist ein silberglänzendes, enorm hartes und sprödes Schwermetall, das trotz seines negativen Standardpotenzials von $E°_{Cr/Cr^{3+}} = -0,74V$ eine extreme Reaktionsträgheit und eine außerordentlich gute Korrosionsbeständigkeit aufweist. Bei RT ist Chrom gegen Luft- und Wassereinwirkung inert, löst sich jedoch in verd. Salz- und Schwefelsäure auf. Hingegen wird es von Salpetersäure, Königswasser und anderen stark oxidierenden Säuren nicht angegriffen, da das Metall durch die Bildung einer sehr dünnen zusammenhängenden Chrom(III)oxid-Schutzschicht passiviert wird, die sein Potenzial auf etwa +1,3V ansteigen lässt; d.h. im passivierten Zustand können nur noch äußerst starke Oxidationsmittel mit dem Metall reagieren. In dieser Weise vorbehandeltes Chrom ist auch gegenüber verdünnten Säuren beständig. Mit den meisten Nichtmetallen reagiert Chrom erst bei sehr hohen Temperaturen.

Die meisten Verbindungen des Chroms weisen schöne Farben auf; dieser Eigenschaft verdankt das Metall seinen Namen (griech.: chroma = Farbe).

Verwendung

Der größte Anteil des produzierten Chroms wird als Legierungselement in der Stahlindustrie gebraucht. Zusätze von Chrom führen zu besonders hitzebeständigen Werkstoffen mit sehr großer Härte und hervorragender Korrosionsbeständigkeit. Hierbei handelt es sich um die Chromstähle (4-30% Cr), nichtrostende Stähle (Cr > 12,5%), V-Stähle, Superlegierungen und andere Chromlegierungen. Ferner werden bedeutende Mengen an Chrom durch *Inchromieren* (vgl. Abschnitt 5.1.1) und galvanisches Verchromen in Form dünner, metallischer Korrosionsschutzschichten auf Eisen- und Stahlwerkstoffen sowie auf anderen Metallen abgeschieden.

Man unterscheidet beim galvanischen Verchromen zwischen *Hart-* und *Glanzverchromen.* Zur Erzielung einer recht verschleißfreien Oberfläche wird die harte Chromschicht ohne einen Zwischenträger durch sog. Hartverchromen direkt auf dem Stahl fixiert, während beim Glanzverchromen der Einbau von Kupfer- und Nickel-Zwischenschichten einen besseren Glanz für vorwiegend dekorative Zwecke bewirkt.

Zum galvanischen Verchromen schaltet man das Werkstück als Kathode und elektrolysiert meist in einer schwefelsauren Chromatlösung, wobei vereinfacht folgender Kathodenvorgang abläuft:

$$\overset{+VI}{Cr}O_4^{2-} \ + \ 8\,H_3O^+ \ + \ 6\,e^- \ \longrightarrow \ \overset{0}{Cr} \ + \ 12\,H_2O$$

Gegenüber anderen galvanischen Beschichtungstechniken besitzt der Verchromungsprozess einen relativ kleinen Wirkungsgrad (ca. 20%). Dies liegt an der geringen Überspannung von Wasserstoff an Chrom und der damit verbundenen bevorzugten Entwicklung von Wasserstoff an der Kathode. Die Bildung des Wasserstoffs stellt natürlich auch ein nicht zu vernachlässigendes Sicherheitsrisiko dar. Ferner ist die galvanische Verchromung im Vergleich mit z.B. der galvanischen Vernickelung vom elektrischen Strombedarf etwa dreimal so teuer, da rein formal zur Abscheidung von einem Cr-Atom immerhin sechs Elektronen benötigt werden, bei der Reduktion von Ni^{2+} zu elementarem Nickel pro Atom hingegen bereits zwei Elektronen genügen.

Kommt es jedoch zu einer Beschädigung der bläulich kalt glänzenden Chromschicht, so kann durch Bildung eines Lokalelements eine verstärkte Korrosion des Werkstücks, z.B. Eisen, erfolgen, da dann das infolge der Passivierung wesentlich edlere Chrom die Lokalkathode darstellt und das unedlere Metall als Lokalanode oxidiert wird.

Cr_2O_3: sehr licht- und hochtemperaturbeständiges Grünpigment (Smp. ca. 2300°C) für Email, Gläser und z.B. Brücken („Kölner Brückengrün"); Schleif- und Poliermittel

CrO_2: ferromagnetischer Werkstoff (Magnetbänder)

CrO_3: starkes, sehr giftiges Oxidationsmittel, das mit Wasser zu Chromsäure (H_2CrO_4) reagiert:

$$CrO_3 \; + \; H_2O \longrightarrow H_2CrO_4$$

H_2CrO_4: galvanische Verchromung

Chromschwefelsäure: Lösung aus Natrium- oder Kaliumdichromat in konz. Schwefelsäure, die sehr ätzend und extrem giftig ist, aber aufgrund ihrer stark oxidierenden Wirkung immer noch zur Reinigung z.B. von stark verschmutzten Glaswerkstoffen dient.

$PbCrO_4$: Gelbpigment (Chromgelb), das teilweise mit $PbSO_4$ versetzt wird und in Europa kaum noch Verwendung findet

$BaCrO_4$: Gelbpigment (Barytgelb)

$PbCrO_4 \cdot Pb(OH)_2$: Rotpigment (Chromrot), wird industriell kaum noch hergestellt

Wegen ihrer Toxizität ist die Verwendung von Chromaten als Pigmente stark zurückgegangen. Cr(VI)-trioxid darf seit dem 21. September 2017 („Sunset-Date") nicht mehr verwendet werden.

$Cr(CO)_6$ und $CrCl_2$: zur Vergütung bzw. zum Inchromieren von Metalloberflächen

$CrCl_3$: galvanische Verchromung

Cr_3C_2, CrB und CrB_2: Hartmetallwerkstoffe (vgl. Abschnitt 7.4)

3.7.6.2 Molybdän

Vorkommen und Darstellung

Molybdän kommt nicht gediegen in der Natur vor. Das wichtigste Molybdänerz ist der Molybdänglanz (MoS_2), daneben findet man das Metall auch als Calcium- und Bleimolybdat ($CaMoO_4$ bzw. $PbMoO_4$). Der Hauptanteil des Molybdäns fällt jedoch als Nebenprodukt bei der Herstellung von Kupfer an.

Zur Reindarstellung des Metalls wird das Molybdänsulfid durch Rösten zunächst in das Molybdän(VI)oxid überführt:

$$\overset{+IV\,-II}{2\,MoS_2} \; + \; \overset{0}{7\,O_2} \; \xrightarrow{\approx 700°C} \; \overset{+VI}{2\,MoO_3} \; + \; \overset{+IV-II}{4\,SO_2}$$

Da die Reduktion mit Kohlenstoff wegen der Carbidbildung ausscheidet, verwendet man normalerweise Wasserstoff als Reduktionsmittel:

$$\overset{+VI}{MoO_3} \; + \; \overset{0}{3\,H_2} \; \overset{\Delta}{\longrightarrow} \; \overset{0}{Mo} \; + \; \overset{+I}{3\,H_2O}$$

Hochreines Molybdän lässt sich durch thermische Zersetzung des zuvor hergestellten und destillativ von Verunreinigungen getrennten $[Mo(CO)_6]$-Komplexes bei etwa 400°C gewinnen (vgl. auch das *Mond-Verfahren* zur Darstellung von hochreinem Nickel im Abschnitt 3.7.8.3).

Für den hauptsächlichen Verwendungszweck des Molybdäns als Stahlveredler genügt jedoch eine geringere Reinheit des Metalls, wie sie im kostengünstiger zu produzierenden Ferromolybdän vorliegt.

Eigenschaften

Das bläulichgrau glänzende Molybdän ist ein recht hartes und sprödes Metall mit sehr guter elektrischer Leitfähigkeit. Luft, Wasser, nichtoxidierende Säuren und Alkalilaugen greifen das Metall infolge der Passivierung seiner Oberfläche nicht an. Jedoch erfolgt allmähliche Auflösung in heißer, konz. Schwefelsäure, Salpetersäure, Königswasser und in Alkalischmelzen. Mit vielen anderen Metallen, besonders mit Eisen, Nickel, Aluminium, Chrom, Mangan und Blei ist es leicht legierbar.

Verwendung

Mehr als drei Viertel des produzierten Molybdäns wird in der Stahlindustrie als wichtiger Legierungsbestandteil zur Erhöhung von Härte, Zähigkeit, Hitze- und Korrosionsbeständigkeit des Stahls gebraucht. Geringe Mengen benötigt man in der Elektroindustrie.

MoS_2: Trockenschmierstoff („Molikote™") im Temperaturbereich von ca. $-185°C$ bis $+450°C$ (besitzt ein ähnliches Schichtengitter wie Graphit)

$MoSi_2$: Heizleiterwerkstoff für Heizelemente bis ca. $1800°C$

Mo_2C, MoC, MoB und Mo_2B_5: hochtemperaturbeständige Werkstoffe (vgl. Abschnitt 7.4)

$PbMo_4$: Im Gemisch mit $PbCrO_4$ und $PbSO_4$ als Rotpigment, das zur Substitution des Cadmiumrots (CdSe) in Kunststoffen dient.

MoO_4^{2-}: Wegen der passivierenden Wirkung werden Molybdate vorwiegend beim Korrosionsschutz von Eisen-, Kupfer- und Aluminiumlegierungen verwendet. Sie sind weniger toxisch als die entsprechenden Chromate (CrO_4^{2-}).

3.7.6.2 Wolfram

Vorkommen und Darstellung

Wolfram findet man in der Natur im Wesentlichen in Form von Wolframaten. Die wichtigsten Wolframerze sind Wolframit, ein Mischkristall aus Mangan- und Eisenwolframat, sowie Scheelit (Calciumwolframat, $CaWO_4$).

Zur Darstellung des Metalls werden die Erze meist mit Natronlauge aufgeschlossen, anschließend zur Vorreinigung und Trennung von unerwünschten Begleitsubstanzen in unterschiedlich stark wasserlösliche Verbindungen überführt, um letztlich Wolfram(VI)oxid zu gewinnen, aus dem sich das Wolfram durch Reduktion mit Wasserstoff in ca. 98%iger Reinheit als schwarzgraues Pulver isolieren lässt:

$$\overset{+VI}{W}O_3 \ + \ 3\ \overset{0}{H_2} \ \xrightarrow{\approx 1200°C} \ \overset{0}{W} \ + \ 3\ \overset{+I}{H_2}O$$

Eigenschaften

Das in geschmolzenem Zustand weißlich glänzende Metall zeichnet sich durch den höchsten Schmelzpunkt aller Metalle bei etwa $3415°C$ aus. Wegen der hohen Schmelztemperatur setzt man anstelle von Schmelzprozessen normalerweise bedeutend kostengünstigere pulvermetallurgische Verarbeitungs- und Formgebungsverfahren (z.B. Sintern in Wasserstoffatmosphäre) ein, um das Wolfram zu einer kompakten Masse zu formen. Geringe Verunreinigungen von Sauerstoff und Kohlenstoff im Wolfram bewirken die hohe Härte und Sprödigkeit des Metalls.

Trotz des leicht negativen Standardpotenzials von $E°_{W/W^{3+}} = -0,11V$ ist Wolfram an der Luft beständig, da es mit einer dünnen Oxidschicht passiviert wird. Eine stärkere Oxidation des Metalls durch Sauerstoff tritt erst bei Temperaturen oberhalb von 1000°C ein. Rasche Auflösung erfolgt in einem Gemisch aus Flusssäure und Salpetersäure, während Wolfram gegenüber reiner Salpetersäure, konz. Schwefelsäure und Königswasser relativ inert ist.

Verwendung

Wegen seines hohen Schmelzpunktes ist Wolfram ein idealer Werkstoff für sehr viele Hochtemperaturbereiche. So findet das Metall z.B. Verwendung als Glühfaden, Anodenmaterial in Röntgenröhren, Schweißspitzen, Heizleiter in HT-Öfen, für Raketendüsen und Hitzeschilder von Raumkapseln sowie für Thermoelemente (häufig W/Re) zur Temperaturmessung bis etwa 2400°C.

Als Legierungsbestandteil ist Wolfram in den Schnelldrehstählen („Wolframstahl") für die besonders geringe Verschleißfähigkeit und extreme Härte verantwortlich und sorgt dafür, dass auch bei höheren Gebrauchstemperaturen noch keine Enthärtung stattfindet. Oft wird zur Produktion dieser Spezialstähle das preisgünstigere Ferrowolfram eingesetzt. Mit geringen Mengen Silber, Nickel und Kupfer dient Wolfram als elektrischer Kontaktwerkstoff. Aufgrund der recht hohen Massendichte ($\rho = 19,3$ g/cm^3) des Metalls wird es auch dort als Legierungskomponente verwendet, wo verhältnismäßig große Massen in einem möglichst kleinen Volumen platziert werden müssen (Schwungmassen, Trimmgewichte, Projektilkerne; in Form von W-Platten als Zusatzgewichte in der Formel 1, um das für 2020 vorgeschriebene Mindestgewicht von 746 kg jederzeit zu erreichen).

Durch teilweise Reduktion geschmolzener Natrium- oder Kaliumwolframate mit Wasserstoff, Zink oder auch über elektrolytische Prozesse entstehen chemisch sehr widerstandsfähige, metallisch glänzende und intensiv farbige *Wolframbronzen* z.B. der allgemeinen stöchiometrischen Zusammensetzung Na_xWO_3 mit $0 < x \leq 1$. Je nach dem Wert von x erhält man unterschiedliche Farben. Für x = 0,3 bilden sich blauviolette, für x = 0,9 goldgelbe, elektrisch leitende und korrosionsbeständige Verbindungen.

WC, W_2C, WB und W_2B_5: Hartmetallwerkstoffe (vgl. Abschnitt 7.4)

WS_2: Hochleistungs-Festschmierstoff

WSi_2: hochtemperaturbeständiger keramische Werkstoff als Überzugsmaterial in der Elektronik

WCl_6: Katalysator bei der Kunststoffproduktion nach der Metathese-Reaktion (vgl. Abschnitt 6.3.4.1)

3.7.7 Metalle der VII. Nebengruppe (Mangangruppe)

Zur VII. Nebengruppe zählen die Metalle Mangan, Technetium und Rhenium sowie das künstlich hergestellte, radioaktive Bohrium (Bh), das natürlich keine werkstofftechnische Anwendung findet. Außer dem gemeinsamen Auftreten der Elemente in der höchsten Oxidationsstufe +VII in einigen Verbindungen, z.B. bei $HClO_4$ und $HMnO_4$, existiert kaum eine Verwandtschaft zu den Nichtmetallen der VII. Hauptgruppe. Die Ähnlichkeiten zu den Metallen der benachbarten VI. und VIII. Nebengruppe sind wesentlich ausgeprägter. So zeigt beispielsweise Mangan in seinen chemischen Reaktionen ähnliche Eigenschaften wie Chrom und Eisen. Technetium und Rhenium sind wiederum infolge der Lanthanoidenkontraktion in ihren chemischen Reaktionen sehr verwandt.

In ihren Verbindungen kommen die Metalle der VII. Nebengruppe in allen Oxidationszahlen von 0 bis +VII vor, wobei +II beim Mangan und +VII bei Technetium und Rhenium die beständigsten Oxidationsstufen sind.

Das silberglänzende radioaktive Technetium, das nur in Spuren in der Natur vorkommt und deshalb künstlich durch Kernreaktionen hergestellt wird, hat bislang, außer als ^{99m}Tc-Isotop (m = meta-stabiler Zustand, γ-Strahler) in Form von Natriumpertechnetat (NaTcO$_4$) für die Nuklearmedizin (Szintigraphie) und als möglicher Korrosionsschutzinhibitor für Eisen- und Stahlwerkstoffe in von der Umwelt abgeschlossenen Systemen (Siedewasserreaktoren), noch keine nennenswerte technische Verwendung gefunden und wird deshalb nicht näher besprochen.

3.7.7.1 Mangan

Vorkommen und Darstellung

Mangan ist nach dem Eisen das in der Erdkruste am häufigsten vorhandene Schwermetall. Der bedeutendste Rohstoff zur Gewinnung dieses Metalls ist Braunstein (MnO$_2$). Weitere, weniger wichtige, Manganquellen sind Mn$_2$O$_3$ (Braunit), Mn$_3$O$_4$ (Hausmannit), MnO(OH) (Manganit), MnCO$_3$ (Manganspat) sowie die auf dem Meeresboden der Tiefsee vorhandenen sog. *Mangan-knollen*, die einen Mangangehalt bis zu 34% aufweisen.

Zur Darstellung von reinem Mangan scheidet die Reduktion mit Kohlenstoff wegen der Carbidbildung aus. Daher wird sehr reines Mangan fast ausschließlich durch Elektrolyse aus zuvor besonders gut gereinigten Mangan(II)sulfat-Lösungen gewonnen:

$$\overset{+II}{2\,Mn}{}^{2+} + \overset{-II}{6\,H_2O} \longrightarrow \overset{0}{2\,Mn} + 4\,H_3O^+ + \overset{0}{O_2}$$

Weniger gebräuchlich ist die silicothermische Reduktion der Manganoxide mit Silicium; auch die aluminothermische Reduktion von Braunstein wird heute aus Kostengründen kaum noch praktiziert:

$$\overset{+IV}{3\,MnO_2} + \overset{0}{4\,Al} \overset{\Delta}{\longrightarrow} \overset{0}{3\,Mn} + \overset{+III}{2\,Al_2O_3}$$

Für viele Anwendungsbereiche in der Stahlindustrie begnügt man sich mit der geringeren Reinheit des Mangans in Form von Ferromangan, einer Eisen/Mangan-Legierung, die durch Reduktion von Mangan- und Eisenerzen mit Kohlenstoff herstellbar ist.

Eigenschaften

Das in seinen Eigenschaften dem Eisen stark ähnliche Mangan ist ein silbergraues, hartes, sehr sprödes und relativ unedles (E°$_{Mn/Mn^{2+}}$ = −1,18V) Metall. Analog zum Eisen erfolgt auch beim Mangan keine Ausbildung einer passivierenden Schutzschicht, sondern das Metall löst sich bei RT bereits – wenn auch nur sehr langsam – in Wasser unter Wasserstoffentwicklung und oxidiert an der Luft oberflächlich zu Mn$_3$O$_4$. Mit verdünnten nichtoxidierenden Säuren reagiert es ebenfalls unter Bildung von Wasserstoff. Viele Nichtmetalle, wie z.B. Halogene, Bor, Kohlenstoff, Schwefel, Silicium, Phosphor – jedoch nicht Wasserstoff –, reagieren schon bei RT oder leicht erhöhter Temperatur mit Mangan.

Verwendung

Mangan dient als Legierungselement in der Stahlindustrie besonders bei der Herstellung von Federn, Messern und Stäben zur Erhöhung der Härte und Zähigkeit des Stahls. Den gleichen Zweck erfüllt es auch in seewasserbeständigen Manganbronzen und als Legierungskomponente von Aluminium- und Kupferlegierungen, in denen es zusätzlich noch korrosionshemmend wirkt. In Form der Legierung *Manganin* (83% Cu, 13% Mn, 4% Ni) findet es zur Produktion temperaturunabhängiger elektrischer Präzisionswiderstände Verwendung. Ferner wird es in einigen metallurgischen Prozessen als Desoxidations- und Entschwefelungsmittel eingesetzt.

MnO_2: Depolarisatorwerkstoff in galvanischen Elementen; *Glasmacherseife* (vgl. Abschnitt 8.6.1) zur physikalischen Glasentfärbung; Katalysator für die Sauerstoffübertragung; Braunpigment

Mn_3O_4: zur Produktion von Magnetwerkstoffen (Ferrite)

$KMnO_4$: wichtiges, extrem starkes Oxidationsmittel, z.B. für die Reinigung von Stahloberflächen

3.7.7.2 Rhenium

Vorkommen und Darstellung

Rhenium ist eines der seltensten Elemente in der Erdkruste. Man findet es im Allgemeinen nur in Spuren in bestimmten Erzen angereichert, z.B. im Molybdänglanz (MoS_2), Kupferkies ($CuFeS_2$) und im Zirkon ($ZrSiO_4$). Das meiste Rhenium fällt beim Röstprozess zur Kupfergewinnung in Form von Rhenium(VII)sulfid (Re_2S_7) bzw. Rhenium(VII)oxid (Re_2O_7) an, aus dem sich das Metall durch Reduktion mit Wasserstoff als graues Pulver isolieren lässt:

$$\overset{+VII}{Re_2O_7} + 7\,\overset{0}{H_2} \xrightarrow{\Delta} 2\,\overset{0}{Re} + 7\,\overset{+I}{H_2O}$$

Elektrolytische Darstellungs- und Reinigungsverfahren werden ebenfalls angewandt.

Eigenschaften

Das weißlich glänzende, sehr harte Rhenium besitzt mit etwa 3180°C den zweithöchsten Schmelzpunkt aller Metalle. Wie beim Wolfram erfolgt daher seine Verarbeitung und Formgebung meist durch pulvertechnologische Prozesse. Im Gegensatz zum in der selben Nebengruppe stehenden unedlen Mangan, ist Rhenium mit $E°_{Re/Re^{3+}} = +0{,}30V$ als edles Metall relativ reaktionsträge und in kompakter Form an Luft bis 1000°C beständig. Nichtoxidierende Säuren wie Flusssäure und Salzsäure greifen Rhenium nicht an, dagegen wird es leicht in konz. Salpetersäure gelöst.

Verwendung

Aufgrund seines hohen Schmelzpunktes wird Rhenium als Werkstoff für Glühdrähte, Elektronenröhren, Heizwendeln und hochtemperaturbeständige Elektrokontakte verwendet. Im Vergleich zu Wolfram neigt Rhenium auch im Hochvakuum bei recht hohen Temperaturen nicht so sehr zum Zerstäuben.

Als Legierungskomponente mancher Metalle (z.B. Ni-*Superlegierungen*, aber auch für Eisen, Cobalt, Nickel, Molybdän, Wolfram) erhöht es deren Hitzebeständigkeit und verbessert das korrosive Verhalten gegenüber sauren Medien. Rheniumspiegel, die sich über galvanisch abgeschiedene Re-Überzüge herstellen lassen, zeichnen sich durch ein hohes Reflexionsvermögen und große chemische Resistenz aus. Zur Messung hoher Temperaturen bis ca. 2400°C eignen sich z.B. W/Re- oder Pt/Re-Thermoelemente. Metallisches Rhenium sowie bestimmte Rheniumverbindungen dienen als Katalysatormaterial (insbesondere Pt/Re), das im Gegensatz zu reinen Platinkatalysatoren durch schwefelhaltige Substanzen nicht so leicht vergiftet wird.

3.7.8 Metalle der VIII. Nebengruppe

Neun Metalle (die drei kurzlebigen, radioaktiven Transurane Hassium Hs, Meitnerium Mt und Darmstadtium Ds werden im Folgenden nicht näher betrachtet) bilden zusammen die VIII. Nebengruppe des PSE. Da hier die chemische Verwandtschaft zwischen den drei Metallen innerhalb einer Periode wesentlich ausgeprägter ist als zwischen den drei jeweils vertikal angeordneten Metallen und sich infolge der Lanthanoidenkontraktion die Elemente der 5. und 6. Periode sehr ähneln, aber ihrerseits sich wiederum deutlich von den Metallen der 4. Periode unterscheiden, kann man die insgesamt neun Metalle in die *Eisengruppe* und die sog. *Platingruppenmetalle* unterteilen. Nach der neuen Zählweise der IUPAC (vgl. Einleitung Kap. 3.7) handelt es sich um die 8.-10. Gruppe, die dann als *Eisen-Platin-Gruppe* bezeichnet wird.

Eisengruppe

Zur Eisengruppe gehören nach neuer IUPAC-Nomenklatur die im PSE untereinander stehenden Elemente Eisen, Ruthenium, Osmium und Hassium. Historisch gesehen wurde als Eisengruppe die nebeneinander stehenden Metalle Eisen, Cobalt und Nickel bezeichnet, die sich in ihren chemischen und physikalischen Eigenschaften viel ähnlicher sind, als die untereinander angeordneten Metalle Eisen, Ruthenium und Osmium. So liegen z.B. die jeweiligen Schmelzpunkte, Siedepunkte und Massendichten von Eisen, Cobalt und Nickel nicht sehr weit auseinander, alle drei Metalle weisen nahezu den gleichen Atomradius auf und zeigen ferromagnetisches Verhalten. Aus diesen Gründen werden diese drei Metalle in der Reihenfolge ihrer periodischer Anordnung besprochen.

In ihren Verbindungen treten die Metalle gewöhnlich in den Oxidationsstufen +II und +III auf, wobei die beständigste Stufe meist +II ist.

3.7.8.1 Eisen

Vorkommen

In der Erdkruste ist Eisen das am häufigsten vorkommende Schwermetall. Wegen seines unedlen Charakters findet man es sehr selten gediegen sondern überwiegend in oxidischen Verbindungen.

Die bedeutendsten Eisenerze sind:

- Fe_3O_4:   Magnetit (Magneteisenstein)

- Fe_2O_3:   Hämatit (Roteisenstein)

- $Fe_2O_3 \cdot nH_2O$: Limonit (Brauneisenstein)

- $FeCO_3$:   Siderit (Spateisenstein)

- FeS_2:   Pyrit (Eisenkies)

Darstellung

a) Hochofenprozess

Das wichtigste Verfahren zur Gewinnung von *Roheisen* ist die Reduktion oxidischer Eisenerze mit Koks im kontinuierlichen Hochofenprozess (vgl. Abb. 3.4). Als Rohstoffe werden entweder die geförderten Eisenoxide direkt eingesetzt, oder aber, bei Erzen mit sulfidischen und carbonathaltigen Anteilen, zuvor durch Rösten bzw. Calcinieren in die entsprechenden Oxide überführt:

$$\overset{+II\ -I}{4\,FeS_2} \ + \ \overset{0}{11\,O_2} \ \overset{\Delta}{\longrightarrow} \ \overset{+III\ -II}{2\,Fe_2O_3} \ + \ \overset{+IV\,-II}{8\,SO_2}$$

$$FeCO_3 \ \overset{\Delta}{\longrightarrow} \ FeO \ + \ CO_2$$

Die Edukte zur Roheisendarstellung werden von oben durch die sog. *Gicht* in den Hochofen eingebracht. Dazu beschickt man den Ofen abwechselnd mit Eisenerzen oder auch Eisenschrott, Koks und *Zuschlägen*. Bei den Zuschlägen handelt es sich meist um sauer oder basisch reagierende Stoffe, deren Funktion darin besteht, unschmelzbare Nebenbestandteile der Erze (sog. *Gangart*) in leicht schmelzbare Calciumaluminiumsilicate ($xCaO{\cdot}yAl_2O_3{\cdot}zSiO_2$) umzuwandeln, die auch als Schlacke bezeichnet werden. Besteht die Gangart vornehmlich aus sauren Komponenten, so setzt man kalkhaltige Bestandteile ($CaCO_3$, Dolomit) hinzu; sind die mineralischen Beimengungen überwiegend kalkhaltig, also basischer Natur, dann wird die Gangart durch Zugabe tonerde- und kieselsäurereicher Zuschläge (Al_2O_3 und SiO_2) neutralisiert.

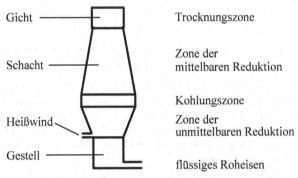

Abb. 3.4: schematische Zoneneinteilung im Hochofen

Da der Hochofen nach dem Gegenstromprinzip arbeitet, werden die oben eingefüllten und allmählich abwärts sinkenden Rohstoffe durch die von unten aufströmenden heißen *Gichtgase* getrocknet und vorgewärmt. Im unteren Teil des Hochofens wird mit Winderhitzern durch Verbrennung der Gichtgase auf etwa 900-1300°C vorgewärmter Heißwind eingeblasen. Dabei reagiert der glühende Koks exotherm mit dem Sauerstoff des Heißwindes zu Kohlenmonoxid, woraus im unteren Bereich des Hochofens ein weiterer Temperaturanstieg auf bis zu 2000°C resultiert:

$$2\,C \ + \ O_2 \ \longrightarrow \ 2\,CO \qquad \Delta H° = -221 \text{ kJ}$$

Im Heißwind vorhandener Wasserdampf kann prinzipiell mit Koks durch den Prozess der *Kohlevergasung* ebenfalls Kohlenmonoxid und zusätzlich noch Wasserstoff bilden, der sich durch einen besonders hohen Heizwert auszeichnet und grundsätzlich auch reduzierende Eigenschaften besitzt:

$$\overset{0}{C} \ + \ \overset{+I}{H_2O} \ \longrightarrow \ \overset{0}{H_2} \ + \ \overset{+II}{CO} \qquad \Delta H° = +131{,}5 \text{ kJ}$$

Das Kohlenmonoxid steigt nach oben und bewirkt eine temperaturabhängige, stufenweise Reduktion der Eisenoxide. Vorwiegend im oberen Teil des Ofens wird zunächst das Eisenerz, das gewöhnlich als Eisen(III)oxid (Fe_2O_3) vorliegt, exotherm zum Fe_3O_4 reduziert:

$$\overset{+III}{3\,Fe_2O_3} \ + \ \overset{+II}{CO} \ \longrightarrow \ \overset{+VIII/3}{2\,Fe_3O_4} \ + \ \overset{+IV}{CO_2} \qquad \Delta H° = -50{,}5 \text{ kJ}$$

Nach unten sinkendes Fe_3O_4 wird in der nunmehr heißeren Zone durch Kohlenmonoxid zum Eisen(II)oxid (FeO) reduziert. Diese Reaktion verläuft endotherm.

$$\overset{+VIII/3}{Fe_3O_4} \ + \ \overset{+II}{CO} \ \longrightarrow \ 3 \, \overset{+II}{FeO} \ + \ \overset{+IV}{CO_2} \qquad \Delta H° = +33{,}8 \, kJ$$

Im heißesten Bereich des Hochofens erfolgt die exotherme Bildung von elementarem Eisen durch Reduktion des abwärts rieselnden Eisen(II)oxids mit Kohlenmonoxid:

$$\overset{+II}{FeO} \ + \ \overset{+II}{CO} \ \longrightarrow \ \overset{0}{Fe} \ + \ \overset{+IV}{CO_2} \qquad \Delta H° = -16{,}5 \, kJ$$

Die Umsetzung der Eisenoxide mit Kohlenmonoxid zu metallischem Eisen bezeichnet man auch als *indirekte* oder *mittelbare Reduktion*. Etwa 60-70% der Eisenerze werden auf diese Art und Weise im Hochofenprozess reduziert. Das dazu notwendige Kohlenmonoxid wird immer wieder über das *Boudouard-Gleichgewicht* aus dem im Verlauf der Reduktionsvorgänge entstehendem Kohlendioxid und dem zwischen den Eisenerzschichten befindlichen heißen Koks im unteren Teil des Ofens nachgeliefert:

$$\overset{0}{C} \ + \ \overset{+IV}{CO_2} \ \rightleftharpoons \ 2 \, \overset{+II}{CO} \qquad \Delta H° = +173 \, kJ$$

Dabei erfolgt formal eine *Synproportionierung* des Kohlenstoffs und Kohlendioxids zu Kohlenmonoxid, das somit als Reduktionsmittel erneut zur Verfügung steht.

In den etwas kälteren Koksschichten des oberen Teils der Reduktionszone findet im Temperaturbereich von etwa 500-700°C zum Teil eine *Disproportionierung* von Kohlenmonoxid zu Kohlenstoff und Kohlendioxid statt, d.h. das Boudouard-Gleichgewicht wird bei tieferen Temperaturen nach links verschoben, so dass sich feinverteilter Kohlenstoff absetzen kann. Im Gegensatz zum nur schwach reduzierend wirkenden groben Koks bewirkt dieser feinkörnige Kohlenstoff eine *direkte* oder *unmittelbare Reduktion* der Eisenoxide, z.B.:

$$\overset{+III}{Fe_2O_3} \ + \ 3 \, \overset{0}{C} \ \longrightarrow \ 2 \, \overset{0}{Fe} \ + \ 3 \, \overset{+II}{CO} \qquad \Delta H° = +490{,}2 \, kJ$$

Der Anteil der direkten Reduktion mit Kohlenstoff beträgt beim Hochofenprozess etwa 30-40%.

Ein Teil des feinverteilten Kohlenstoffs, der nicht zur unmittelbaren Reduktion des Eisenoxids beiträgt, löst sich im Eisen und sorgt in der sog. Kohlungszone für die Bildung von Eisencarbid (Zementit):

$$3 \, Fe \ + \ C \ \longrightarrow \ Fe_3C \qquad \Delta H° = +22 \, kJ$$

Durch diese auch als *Aufkohlung* oder *Carburierung* bezeichnete Kohlenstoffaufnahme erniedrigt sich der Schmelzpunkt des Roheisens je nach Kohlenstoffgehalt, der im Allgemeinen zwischen 2,5 und max. 4,3% liegt, auf 1200°C bis 1050°C gegenüber 1535°C beim Roheisen.

Das flüssige Roheisen sammelt sich gemeinsam mit der ebenfalls flüssigen Schlacke am Boden des Hochofens im sog. *Gestell*. Aufgrund der im Vergleich zum Eisen geringeren Dichte schwimmt die Schlacke auf dem Eisen und schützt so das Metall vor einer Oxidation durch den eingeblasenen Heißwind.

Roheisen und Schlacke werden in bestimmten Zeitintervallen „abgestochen", wobei das Roheisen entweder im flüssigen Aggregatzustand dem Stahlwerk zugeführt oder zunächst zu Roheisenblöcken gegossen wird. Die häufig auch kontinuierlich abfließende Schlacke dient z.B. zur Herstellung von Hochofenzement, Bausteinen, Straßenbaumaterial und Gleisschotter.

Das bis zu 250°C heiße, durch die Gicht des Hochofens entweichende, Gichtgas wird nach Filtration zur Entfernung von Staubpartikeln in den Winderhitzern zum Vorwärmen der eingeblasenen Kaltluft und als Heizgas verwendet. Es enthält ca. 55-60% Stickstoff, 6-12% Kohlendioxid sowie die für seinen Heizwert von etwa 4000 kJ/m^3 verantwortlichen Anteile von bis zu 33% Kohlenmonoxid, 5% Wasserstoff und geringe Mengen Methan.

b) Direktreduktionsverfahren

Neben dem Hochofenprozess zur Herstellung von Roheisen gewinnen die sog. Direktreduktionsverfahren seit einigen Jahren zunehmend an Bedeutung. Als Reduktionsmittel dient ein Gemisch aus Kohlenmonoxid und Wasserstoff, das technisch aus Erdgas und Kohlendioxid synthetisiert wird, z.B. mit Methan als Erdgaskomponente:

$$\overset{-VI+I}{CH_4} \quad + \quad \overset{+IV}{CO_2} \quad \longrightarrow \quad 2\,\overset{+II}{CO} \quad + \quad 2\,\overset{0}{H_2}$$

Die Reduktion der Eisenerze erfolgt in Schachtöfen bei relativ niedrigen Temperaturen bis etwa max. 1100°C, z.B.:

$$\overset{+III}{Fe_2O_3} \quad + \quad 3\,\overset{+II}{CO} \quad \longrightarrow \quad 2\,\overset{0}{Fe} \quad + \quad 3\,\overset{+IV}{CO_2} \qquad \Delta H° = -27{,}3 \text{ kJ}$$

$$\overset{+III}{Fe_2O_3} \quad + \quad 3\,\overset{0}{H_2} \quad \longrightarrow \quad 2\,\overset{0}{Fe} \quad + \quad 3\,\overset{+I}{H_2O} \qquad \Delta H° = +95{,}7 \text{ kJ}$$

Direktreduktionsverfahren lassen sich wirtschaftlich vorteilhaft an den Standorten einsetzen, wo reiche Eisenerz- und günstige Erdgasvorkommen auftreten, es aber keine Koksvorräte gibt. Insbesondere die direkte Reduktion mit Wasserstoff wird in der Klimadiskussion immer aktueller, da sich hierdurch der Ausstoß des klimaschädigenden Kohlendioxids reduzieren lässt.

c) Weißer und schwarzer Temperguss

Der größte Teil des produzierten Roheisens dient zur Stahlerzeugung. Nur ein relativ geringer Anteil des bis zu 4,5% Kohlenstoff enthaltenen Roheisens wird zu *Gusseisen* weiterverarbeitet. Der hohe Kohlenstoffgehalt macht das Roheisen spröde, was beim Erhitzen nicht zu einem allmählichen, sondern zu einem plötzlichen Erweichen führt. Normales Gusseisen ist nicht schmiedbar, d.h. es lässt sich weder walzen noch schweißen und kann zur Formgebung nur gegossen werden. Durch Temperung des Gusseisens erhält man jedoch ein weiches, zähes und schmiedbares Werkstück, dessen Zementitanteil drastisch erniedrigt ist („Entkohlung").

Beim *Weißen Temperguss* sind die aus dem Gusseisen gegossenen Werkstücke einer oxidierenden Atmosphäre ausgesetzt, die meist durch sauerstoffabgebende Substanzen, wie z.B. Eisen(III)oxid (Fe_2O_3) erzeugt wird. Drei- bis viertägiges Glühen des Gusseisens bei ca. 1000°C bewirkt zunächst den Zerfall des Zementits in der oberen Randschicht:

$$Fe_3C \quad + \quad O_2 \quad \longrightarrow \quad 3\,Fe \quad + \quad CO_2$$

Aus dem Innern des Gusseisens diffundiert Kohlenstoff nach, der durch die thermische Zersetzung des Eisencarbids in Eisen und Kohlenstoff (sog. Temperkohle) entsteht und mit dem sich in der Randschicht entwickelnden Kohlendioxid nach dem Boudouard-Gleichgewicht zu Kohlenmonoxid reagiert:

$$CO_2 \quad + \quad C \quad \underset{}{\overset{1000°C}{\rightleftharpoons}} \quad 2\,CO$$

Somit findet eine weitere Verringerung des Kohlenstoffgehalts statt, so dass letztendlich das Guss-stück aus einem relativ harten, kohlenstoffreichen Kern und einer hellen („weißen"), weichen, koh-lenstoffarmen und daher schmiedbaren Oberfläche besteht.

Ohne wesentliche Verminderung des Kohlenstoffgehalts läuft die Bildung des *Schwarzen Temper-gusses* ab. Bei diesem Temperverfahren werden die aus Gusseisen gegossenen Teile in Quarzsand eingebettet, um eine weitgehend sauerstofffreie Umgebung zu erzielen. Der Glühprozess erfolgt un-ter ähnlichen Bedingungen wie beim Weißen Temperguss. Dabei wird ebenfalls der überwiegende Teil des Zementits thermisch in seine Elemente zersetzt:

$$Fe_3C \longrightarrow 3\,Fe + C$$

Diese Umwandlung des Zementits in Eisen mit perlitischem Gefüge und Graphitabscheidungen in Form von fein verteilter „schwarzer" Temperkohle treten an allen Stellen des Gussstücks auf. Somit sind, im Gegensatz zu den nach dem Weißen Temperguss erhaltenen Teilen, die Eigenschaften die-ser Gussstücke nach dem Tempern im Innern und an ihrer Oberfläche gleich. Das gesamte Material ist zäher, etwas weicher und nunmehr schmiedbar geworden.

d) Stahlgewinnung

Der weitaus größte Teil des hergestellten Roheisens wird zu Stahl weiterverarbeitet. In der Form von Stahl lässt sich das Eisen besonders bei höheren Temperaturen hervorragend mechanisch bearbeiten; es ist schmiedbar. Dazu muss vor allem sein Kohlenstoffgehalt auf weniger als 2,1% reduziert werden. Gewöhnliches, über den Hochofenprozess gewonnenes, Roheisen enthält nämlich durchschnittlich 3,5-4,5% Kohlenstoff, 0,5-2% Silicium, 1-6% Mangan, 0,1-2% Phosphor und bis zu 0,005% Schwefel. Diese unerwünschten Begleitelemente können durch Oxidation mit Sauerstoff in die entsprechenden Oxide überführt und sodann aus dem Eisen entfernt werden. Den Raffina-tionsvorgang der Umwandlung von flüssigem Roheisen in flüssigen Rohstahl bezeichnet man als *Frischen.*

Beim modernen *Sauerstoffblasverfahren*, auch *LD-Verfahren* (nach *Linz - Donawitz*) genannt, bläst relativ reiner Sauerstoff (2.8) mit einem Druck bis zu 10 bar auf das flüssige Roheisen und oxidiert in exothermen Reaktionen die Eisenbegleiter:

$$2\,C + O_2 \longrightarrow 2\,CO \qquad \Delta H_f^\circ = -110\;kJ/mol$$

$$Si + O_2 \longrightarrow SiO_2 \qquad \Delta H_f^\circ = -878,2\;kJ/mol$$

$$Mn + O_2 \longrightarrow MnO_2 \qquad \Delta H_f^\circ = -519,7\;kJ/mol$$

$$4\,P + 5\,O_2 \longrightarrow P_4O_{10} \qquad \Delta H_f^\circ = -2986\;kJ/mol$$

$$S + O_2 \longrightarrow SO_2 \qquad \Delta H_f^\circ = -296,9\;kJ/mol$$

Die freiwerdenden Wärmemengen sorgen dafür, dass die durch das Einblasen des kühleren Sauer-stoffs bedingten Wärmeverluste ausgeglichen werden und verhindern somit eine Erstarrung des flüssigen Eisens.

Bei der Entkohlung und Entschwefelung entstehen die gasförmig entweichenden Produkte Kohlen-monoxid und Schwefeldioxid. Sie sind, genau wie die anderen gebildeten Oxide, im flüssigen Eisen praktisch unlöslich. Zur besseren Abscheidung von Siliciumdioxid, Mangandioxid und Phosphor(V)oxid aus dem flüssigen Eisen werden diese Oxide durch Zugabe von Kalk (CaCO$_3$) bzw. gebranntem Kalk (CaO) verschlackt:

$$SiO_2 \ + \ CaO \longrightarrow CaSiO_3$$

$$MnO_2 \ + \ CaO \longrightarrow CaMnO_3$$

$$P_4O_{10} \ + \ 6\,CaO \longrightarrow 2\,Ca_3\,(PO_4)_2$$

Die so entstehenden Calciumsilicate, -manganate und -phosphate ergeben mit in geringen Mengen ebenfalls erzeugtem FeO eine flüssige Schlackenphase, die sich leicht vom flüssigen Metall separieren lässt.

Nach dem Sauerstoffblasverfahren gewonnene Stähle werden meist nicht legiert. Sie finden als sog. *Kohlenstoffstähle* beispielsweise als Bau- und Werkzeugstähle zahlreiche Anwendungen. Hochwertige *legierte Stähle* erhält man hauptsächlich durch Verarbeitung von Schrott in Induktions- oder Lichtbogenöfen. Diesem *Elektrostahl* müssen die noch darin enthaltenen Sauerstoffreste entzogen und durch Zugabe von Legierungsbestandteilen die gewünschten Eigenschaften verliehen werden. Die Entfernung des Sauerstoffs geschieht im Allgemeinen mit dem *Desoxidationsmittel* Aluminium, das mit oxidisch gebundenem oder freiem Sauerstoff zu festem Aluminiumoxid reagiert und als Schlacke ausfällt, z.B.:

$$3\,FeO \ + \ 2\,Al \xrightarrow{\Delta} Al_2O_3 \ + \ 3\,Fe$$

$$bzw. \quad 3\,O_2 \ + \ 4\,Al \xrightarrow{\Delta} 2\,Al_2O_3$$

Häufig fungieren die zugesetzten Substanzen sowohl als Desoxidationsmittel wie auch als Stahlveredler. Besonders zu erwähnen sind hier die Ferrolegierungen (Ferromangan, Ferrosilicium, Ferrotitan, Ferrozirconium, Ferrovanadium etc.).

Gelöster Sauerstoff und besonders der die unerwünschte und gefährliche Versprödung des Stahls verursachende Wasserstoff können auch über eine Vakuumentgasung beseitigt werden.

Die vielen Variationsmöglichkeiten zur Erzielung definierter Eigenschaften des Stahls durch Legieren lassen sich hier nicht ausführlich erörtern und werden daher nur punktuell erwähnt. Wichtige Legierungszusätze in Form ihrer Ferrolegierungen sind z.B. Chrom, Nickel, Wolfram, Cobalt und Silicium. Chrom erhöht die Härte und Korrosionsbeständigkeit, Nickel die Zähigkeit. Wolfram verhindert eine Enthärtung des Stahls bei hohen Temperaturen, Cobalt verbessert die magnetischen Eigenschaften, und Silicium steigert die chemische Resistenz gegenüber Einwirkungen von Säuren.

Weitere Veränderungen der Eigenschaften von Stählen sind z.B. über Methoden der Wärmebehandlung und durch Härtungsprozesse zu erreichen. Durch solche Maßnahmen werden nicht nur mechanische und thermische Eigenschaften des Stahls modifiziert, sondern oft auch die Korrosionsbeständigkeit entscheidend verbessert, so dass nicht immer eine klare Abgrenzung zum im Kapitel 5 behandelten Korrosionsschutz zu treffen ist.

e) Nitridierung von Eisen- und Stahlwerkstoffen

Ein Verfahren zur Härtung von kohlenstoffarmen Eisen- und Stahlwerkstoffen ist das *Nitridieren*, das nach chemischen Kriterien häufig fälschlicherweise auch als „Nitrieren" bezeichnet wird. Bei dieser Methode erfolgt eine Anreicherung von *Nitriden* auf der Werkstoffoberfläche *(„Aufstickung")*. Dabei entstehen extrem harte, bis zu 30 μm dicke, Schichten aus Eisennitriden und den Nitriden der verwendeten Legierungselemente (z.B. Cr, W, V, Ti und Al).

1. Gasnitridieren

Das Gasnitridieren wird im Temperaturbereich von etwa 500-600°C durchgeführt, wobei ein Ammoniakstrom für ca. 20-60 Stunden auf den zu härtenden Stahl einwirkt. Legierungszusätze im Stahl aus Titan und Aluminium führen zu einer besonders starken Erhöhung der Härte durch Bildung von Titannitrid (TiN) und Aluminiumnitrid (AlN).

In etwas vereinfachter Form kann die Bildung der Nitride – hier am Beispiel des Eisennitrids – folgendermaßen dargestellt werden:

$$2 \overset{-III+I}{NH_3} \quad \overset{\Delta}{\longrightarrow} \quad 2 \overset{0}{N} \quad + \quad 3 \overset{0}{H_2}$$

Zunächst entsteht auf der Metalloberfläche atomarer Stickstoff, der anschließend in die äußeren Randschichten des Werkstoffs diffundiert und sich dort mit dem Metall zum Nitrid umsetzt. Als Gesamtgleichung lässt sich formulieren:

$$2 \overset{-III+I}{NH_3} \quad + \quad 4 \overset{0}{Fe} \quad \overset{\Delta}{\longrightarrow} \quad 2 \overset{+III/2\,-III}{Fe_2N} \quad + \quad 3 \overset{0}{H_2}$$

Neben dem Fe_2N wird auch Fe_4N gebildet. Es handelt sich in beiden Fällen um interstitielle Nitride. Der anfallende Wasserstoff wird kontrolliert abgebrannt.

2. Salzbadnitridieren

Beim Salzbadnitridieren wird der in einer Schmelze aus Alkalicyanaten und gegebenenfalls -cyaniden in einem Titantiegel befindliche Werkstoff für etwa ein bis drei Stunden auf 570°C erhitzt und dabei kontinuierlich mit einem Luftstrom durchperlt. Die Nitridierung des Eisens z.B. mit Kaliumcyanat (KOCN) kann vereinfacht durch folgende Reaktion beschrieben werden:

$$8 \overset{0}{Fe} \quad + \quad 4 \overset{}{KOCN} \quad + \quad 3 \overset{0}{O_2} \quad \longrightarrow \quad 4 \overset{+III/2}{Fe_2N} \quad + \quad 2 \overset{}{K_2CO_3} \quad + \quad 2 \overset{-II}{CO_2}$$

Das Kaliumcyanat erfährt während der Umsetzung keine Änderung seiner Oxidationszahlen; es dient lediglich als Stickstofflieferant. Rein formal erfolgt bei dieser Salzbadnitridierung eine Oxidation des Eisens bei gleichzeitiger Reduktion des Sauerstoffs. Der tatsächliche Reaktionsablauf ist jedoch vermutlich wesentlich komplizierter.

f) Hochreines Eisen

Aus dem im Hochofen gewonnenen technischen Eisen lässt sich über verschiedene Verfahren reines bzw. hochreines Eisenpulver herstellen. Man kann z.B. gereinigtes Eisenoxid durch Erwärmen mit Wasserstoff zu elementarem Eisen reduzieren:

$$\overset{+III}{Fe_2O_3} \quad + \quad 3 \overset{0}{H_2} \quad \overset{\Delta}{\longrightarrow} \quad 2 \overset{0}{Fe} \quad + \quad 3 \overset{+I}{H_2O}$$

Die aluminothermische Darstellung von relativ reinem Eisen aus Eisenoxiden findet nur noch in wenigen Spezialfällen Anwendung. Besonders reines Eisen wird durch Elektrolyse von $FeCl_2$-Lösung, und, als sog. *Carbonyleisen*, durch thermische Zersetzung von zuvor destillativ gereinigtem Pentacarbonyleisen(0) gewonnen:

$$[Fe(CO)_5] \xrightarrow{\approx 200°C} Fe + 5\,CO$$

Eigenschaften

Reines Eisen ist ein silberweißes, ziemlich weiches und dehnbares Schwermetall. Es existiert in drei allotropen Modifikationen:

$$\alpha\text{-}Fe \underset{}{\overset{910°C}{\rightleftharpoons}} \gamma\text{-}Fe \underset{}{\overset{1398°C}{\rightleftharpoons}} \delta\text{-}Fe \underset{}{\overset{1535°C}{\rightleftharpoons}} Fe_{(1)}$$

kubisch-   kubisch-   kubisch-
raumzentriert   flächenzentriert   raumzentriert

Bei der Curie-Temperatur von 770°C verliert es seine ferromagnetischen Eigenschaften und wird paramagnetisch.

Aufgrund seines negativen Standardpotenzials von $E°_{Fe/Fe^{2+}} = -0{,}44V$ ist das Metall recht reaktionsfreudig und löst sich unter Wasserstoffbildung leicht in nichtoxidierenden Säuren (Salzsäure, verd. Schwefelsäure). In verd. Salpetersäure löst es sich ebenfalls, jedoch bilden sich bei dieser Redoxreaktion nitrose Gase. Kompaktes Eisen verändert sich nicht an trockener Luft, in luft- und kohlendioxidfreiem Wasser sowie in verdünnten Laugen, da es durch Bildung einer sehr dünnen Oxidschicht passiviert wird. Der gleiche Effekt der Passivierung tritt beim Behandeln des Metalls mit konz. Schwefelsäure oder rauchender Salpetersäure auf. Daher lassen sich diese Säuren problemlos in Stahlgefäßen transportieren. Auch trockenes Chlor reagiert bei RT nicht mit Eisen, weshalb Stahlflaschen zur Aufbewahrung von Chlor geeignet sind.

Allerdings wird Eisen in feuchter Luft oder in kohlendioxid- und lufthaltigem Wasser unter Bildung von Eisenoxidhydraten *("Rost")* angegriffen (vgl. Abschnitt 4.4). Die dabei entstehende Rostschicht bewirkt leider keine Passivierung des Eisens, da es sich um keine festhaftende, zusammenhängende Oxidschicht handelt, sondern um eine spröde und poröse Substanz, die das Eisen nicht vor weiterer Korrosion schützt, so dass der Rostvorgang ins Innere des Metalls bis letztlich zum vollständigen Durchrosten fortschreiten kann.

Kompaktes Eisen reagiert beim Erhitzen mit Wasserdampf im Temperaturbereich von 500-560°C zu Fe_3O_4:

$$3\,\overset{0}{Fe} + 4\,\overset{+I}{H_2}O \xrightarrow{\Delta} \overset{+VIII/3}{Fe_3}O_4 + 4\,\overset{0}{H_2} \qquad \Delta H° = -149{,}1\ kJ$$

Die bei dieser Reaktion gebildete, dünne Eisenoxidschicht ist meist farbig, was auf Interferenzerscheinungen des Lichtes an dieser Schicht zurückzuführen ist. Durch die spezielle Wärmebehandlung des *Anlassens* können beim Stahl und auch bei anderen Metallen, neben der Verbesserung der Bruchfestigkeit und der Erhöhung von Zähigkeit und Elastizität, derartige durchaus sehr unterschiedliche *Anlassfarben* erzeugt werden.

Verwendung

Reines Eisen wird nur in sehr bescheidenen Mengen zur Produktion von elektromagnetischen Werkstoffen (Kerne von Elektromagneten und Induktionsspulen) für die Radio-, Fernseh- und Hochfrequenztechnik sowie in der Pulvermetallurgie verwendet.

Gusseisen dient insbesondere zur Herstellung maßgenauer Formstücke durch den Gießvorgang.

Der größte Teil des technischen Eisens wird als Stahl verarbeitet. Bei keinem anderen Metall lassen sich die Eigenschaften durch Legierungszusätze dermaßen variieren und einem werkstofftechnischen Problem anpassen. Daher ist Eisen das bedeutendste Gebrauchsmetall und in Form seiner unterschiedlichen Stähle als Werkstoff praktisch überall vertreten.

γ-Fe_2O_3: ferromagnetischer Werkstoff für Magnetbänder und Ferrite; rotbraunes Pigment; Poliermittel („Polierrot", „Englischrot") für metallische Werkstoffe und Glas

Fe_3O_4: Schwarzes, ferromagnetisches, elektrisch leitendes und sehr hitzebeständiges Oxid, das infolge dieser Eigenschaften z.B. zur Herstellung von korrosionsbeständigen Elektroden („Magnetitelektroden") dient. Ferner findet es Verwendung als Katalysator, Schwarzpigment und als Bestandteil von Anlassfarben.

$FeCl_3$: Ätzmittel für Metalle, besonders zur Ätzung von Kupferplatinen:

$$Cu \ + \ 2\,Fe^{3+} \ \longrightarrow \ Cu^{2+} \ + \ 2\,Fe^{2+}$$

Inzwischen meist durch Natriumperoxodisulfat ($Na_2S_2O_8$, vgl. Abschnitt 2.4) bzw. Wasserstoffperoxid mit Salzsäure ersetzt:

$$\overset{0}{Cu} \ + \ \overset{-I}{H_2O_2} \ + \ 2\,H_3O^+ \ \longrightarrow \ \overset{+II}{Cu}{}^{2+} \ + \ 4\,\overset{-II}{H_2O}$$

Fe_3C: Härtebildner in Gusseisen- und Stahlwerkstoffen (*Zementit*)

Fe_2N und Fe_4N: durch Nitridieren erzeugte harte Schichten auf Stahloberflächen

Fe_3P: Desoxidationsmittel bei der Gusseisen- und Stahlproduktion; hohe Fe_3P-Anteile bewirken zwar eine größere Härte und bessere Verschleißfestigkeit, andererseits jedoch eine hohe Sprödigkeit des erstarrten Roheisens.

$FeO(OH)$: Gelbpigment (*Ocker*)

$K_4[Fe(CN)_6]$ *gelbes Blutlaugensalz* und $K_3[Fe(CN)_6]$ *rotes Blutlaugensalz*: Härtungsmittel für Stahl; Ausgangsstoffe zur Darstellung von

$\overset{+III}{Fe_4}\,[\overset{+II}{Fe}(CN)_6]_3$ *Berliner Blau*: wichtiges Blaupigment

3.7.8.2 Cobalt

Vorkommen und Darstellung

Cobalt tritt in der Natur meist zusammen mit Nickel als Begleitmetall in Kupfer- und Eisenerzen auf. Man findet es vorwiegend als $CoAsS$, $CoAs_3$, $Co_3(AsO_4)_2 \cdot 8H_2O$, Co_3S_4 sowie in geringen Mengen in den bereits erwähnten marinen *Manganknollen*.

Die technische Darstellung von Cobalt und auch von Nickel ist etwas umständlich, da die Cobalt- und Nickelerze selten rein gewonnen werden können, weil sie so häufig mit Kupfer- und Eisenerzen vergesellschaftet sind. Letztendlich erhält man über unterschiedliche Trenn- und Röstverfahren Co_3O_4, das sich mit Kohle (häufigstes Verfahren) oder auch aluminothermisch reduzieren lässt:

$$\overset{+VIII/3}{Co_3O_4} \quad + \quad \overset{0}{2\,C} \quad \overset{\Delta}{\longrightarrow} \quad \overset{0}{3\,Co} \quad + \quad \overset{+IV}{2\,CO_2}$$

$$\overset{+VIII/3}{3\,Co_3O_4} \quad + \quad \overset{0}{8\,Al} \quad \overset{\Delta}{\longrightarrow} \quad \overset{0}{9\,Co} \quad + \quad \overset{+III}{4\,Al_2O_3}$$

Eigenschaften

Das bläulich-weiß glänzende, sehr harte und außerordentlich zähe Cobalt ist ferromagnetisch und weist mit 1150°C die höchste Curie-Temperatur aller Metalle auf. Es existiert in zwei allotropen Modifikationen, deren Umwandlungstemperatur bei etwa 420°C liegt:

$$\alpha\text{-}Co \quad \overset{\approx 420°C}{\rightleftharpoons} \quad \beta\text{-}Co$$
hexagonal $\qquad\qquad$ kubisch-
$\qquad\qquad\qquad$ flächenzentriert

Trotz seines negativen Standardpotenzials von $E°_{Co/Co^{2+}} = -0,27V$ ist das Schwermetall recht reaktionsträge und löst sich z.B. nur langsam in verd. Schwefelsäure und Salzsäure. Von verd. Salpetersäure wird Cobalt hingegen rasch angegriffen, während mit konz. Salpetersäure analog zum Eisen eine Passivierung des Metalls eintritt. An feuchter Luft und in Wasser ist Cobalt aufgrund der Passivierung bei RT stabil. Erst beim Erhitzen in Luftatmosphäre auf hohe Temperaturen erfolgt Oxidation zum blauschwarzen Co_3O_4. Mit Wasserstoff und Stickstoff tritt selbst bei erhöhter Temperatur keine merkliche Reaktion ein.

Verwendung

Die größte Nachfrage nach Cobalt resultiert aus der steigenden Bedeutung von Lithium-Cobalt(III)-oxid-Ionenakkumulatoren, worin $LiCoO_2$ als Elektrodenmaterial eingesetzt wird.

Cobalt wird des Weiteren zur Herstellung von Legierungen für Düsentriebwerke benötigt, wobei die am stärksten belasteten Teile aus den gegenüber Hochtemperaturkorrosion sehr inerten *Superlegierungen* bestehen. Diese extrem hitzebeständigen Legierungen enthalten bis zu 50% Cobalt.

Bedeutende Mengen des Metalls dienen als Cobaltlegierungen zur Produktion von Hartmetallen und Schneidwerkstoffen (z.B. Stellite®). Auch das pulvermetallurgisch hergestellte Widia® enthält neben der Hauptkomponente Wolframcarbid bis zu 10% elementares Cobalt als Bindemittel.

Ferner ist Cobalt Bestandteil von einigen Permanentmagneten. Insbesondere in Verbindung mit bestimmten Metallen der Lanthanoide entstehen Werkstoffe mit ausgezeichneten magnetischen Eigenschaften (z.B. $SmCo_5$ und Sm_2Co_{17}). Vitallium®, eine Cobaltlegierung mit etwa 64% Co, 30% Cr, 5% Mo und geringen Mengen Eisen, Mangan, Silicium und Kohlenstoff, wird für Zahn- und Hüftprothesen sowie als Implantat in der Knochenchirurgie verwendet.

Zerstörungsfreie Werkstoffprüfungen (Durchstrahlungsprüfungen) lassen sich mit dem Isotop ^{60}Co durchführen. Dieses Cobaltisotop zerfällt unter β^--Strahlung und γ-Strahlung in ein stabiles Nickelisotop, wobei zur Materialprüfung die γ-Strahlung ausschlaggebend ist:

$$^{60}_{27}Co \quad \overset{-\beta^{\ominus}}{\longrightarrow} \quad \left[^{60}_{28}Ni\right]^* \quad \overset{-\gamma}{\longrightarrow} \quad ^{60}_{28}Ni$$

CoO: in Form des Cobalt-Aluminium-Spinells $CoAl_2O_4$ = „$CoO \cdot Al_2O_3$" als sog. *Thenards Blau* oder Cobaltblau ein wichtiges Pigment; CoO ergibt mit geringen Anteilen Zinkoxid (ZnO) eine grüne Verbindung, die häufig fälschlicherweise mit dem Namen *Rinmanns-Grün* bezeichnet und als Spinell $ZnCo_2O_4$ = „$ZnO \cdot Co_2O_3$" eingestuft wird. Die Substanz wird z.B. als Pigment in der Emailindustrie verwendet und auch als möglicher magnetischer Halbleiterspeicher (Spintronik) in Erwägung gezogen.

Co_3O_4: Werkstoff zur Herstellung von Ferriten, Thermistoren und Katalysatoren

$CoCl_2$: blaue Kristalle, die wegen ihres hygroskopischen Charakters in vielen Bereichen als wichtiger Feuchtigkeitsindikator (Blaugel, Silicagel) fungierten; inzwischen als äußerst toxisch eingestufte Verbindung an Bedeutung verloren haben.. Ihre Wirkung beruht auf der mit einer Wasseraufnahme bzw. -abgabe verbundenen Farbänderung. Die wasserfreie Verbindung ist blau, das vollständig hydratisierte Cobaltchlorid hingegen rosa:

$$CoCl_2 \ + \ 6\,H_2O \ \rightleftharpoons \ [\,Co(H_2O)_6\,]Cl_2$$
$$\text{blau} \qquad\qquad\qquad\qquad\qquad \text{rosa}$$

Wie man z.B. durch die Thermogravimetrie beweisen kann, erfolgt die Dehydratation beim Erwärmen des Hexaquacobalt(II)-Komplexes nicht in einem Schritt, sondern in drei Stufen bei etwa 40°C, 130°C und 165°C, und zwar durch Abspaltung von zunächst vier und anschließend von zweimal jeweils einem Molekül Wasser (vgl. auch Abschnitt 3.7.1.1).

$LiCoO_2$: Kathodenwerkstoff in Li-Ionen-Akkus (s.o.)

3.7.8.3 Nickel

Vorkommen und Darstellung

Normalerweise steigt mit zunehmender Ordnungszahl, also Protonenzahl bzw. Elektronenzahl, die relative atomare Masse eines Elements an. Obwohl das Element Nickel mit 28 ($_{28}$Ni) die höhere Protonen- bzw. Elektronenzahl aufweist als das im PSE davor stehende Cobalt mit entsprechend 27 Elektronen resp. Protonen ($_{27}$Co), hat natürlich vorkommendes Nickel mit 58,69 eine geringere relative Atommasse als natürlich vorkommendes Cobalt mit 58,93. Diese Besonderheit ist im PSE unter den Metallen mit werkstoffrelevanten Anwendungen einzigartig.

In der Erdkruste ist Nickel häufig in Kupfer- und Eisenerzen anzutreffen, besonders im Magnetkies FeS. Man findet es fast ausschließlich in Form seiner Verbindungen z.B. als NiS, NiSbS, NiAs, $(Ni,Mg)_6[(OH)_8Si_4O_{10}]$ und mit einem Gehalt von bis zu 2% in den marinen Manganknollen.

Durch Abtrennung der störenden Kupfer- und Eisensulfide und der in geringen Mengen als Begleiter vorhandenen Cobaltmineralien wird zunächst Nickelsulfid (NiS) gewonnen, das sich durch den Röstprozess ins Oxid überführen lässt, welches anschließend mit Kohlenstoff zum Rohnickel reduziert wird:

$$2\,\overset{-II}{Ni}\overset{}{S} \ + \ 3\,\overset{0}{O_2} \ \overset{\Delta}{\longrightarrow} \ 2\,\overset{-II}{Ni}O \ + \ 2\,\overset{+IV-II}{S}O_2$$

$$2\,\overset{+II}{Ni}O \ + \ \overset{0}{C} \ \overset{\Delta}{\longrightarrow} \ 2\,\overset{0}{Ni} \ + \ \overset{+IV}{C}O_2$$

In vielen Bereichen, in denen man Nickel als Legierungsbestandteil verwendet, ist eine Reinigung des Metalls oft nicht erforderlich, so dass bereits Ferronickel (max. 90% Ni) und *Monelmetall* (ca. 70% Ni und 30% Cu – lässt sich unmittelbar aus sulfidischen Ni- und Cu-Erzen gewinnen) zur Legierungsbildung eingesetzt werden können.

Relativ reines Nickel mit einem Gehalt von ca. 99,5% Ni erhält man durch elektrolytische Raffination des Rohnickels.

Hochreines, bis zu 99,99%iges Nickel wird nach dem *Mond-Verfahren* hergestellt. Dazu setzt man das Rohmetall mit Kohlenmonoxid zum Tetracarbonylnickel(0) um. Gleichzeitig werden die im Rohmetall enthaltenen Eisen- und Cobaltverunreinigungen in die Carbonylkomplexe $[Fe(CO)_5]$ und $[Co(CO)_4]$ überführt. Nach Trennung der Metallcarbonyle durch fraktionierte Destillation lässt sich bei höheren Temperaturen das Kohlenmonoxid wieder abspalten, und man erhält sehr reines Nickel:

$$Ni_{(roh)} + 4\,CO \xrightarrow{50\text{-}60°C} [\,Ni(CO)_4\,] \xrightarrow[-\,4\,CO]{\approx 200°C} Ni_{(rein)}$$

Eigenschaften

Nickel ist ein silberweiß glänzendes, zähes und mechanisch gut verformbares Metall. Es besitzt relativ hohe thermische und elektrische Leitfähigkeiten und zeigt bis zur Curie-Temperatur von 358°C schwach ferromagnetisches Verhalten.

Infolge seiner Passivierung ist das an sich unedle Metall $(E°_{Ni/Ni2+} = -0,25V)$ bei RT in kompaktem Zustand völlig inert gegenüber Luft, Wasser und Alkalihydroxiden. Von nichtoxidierenden Säuren wird Nickel nur sehr langsam bei RT gelöst. In verd. Salpetersäure erfolgt allerdings rasche Auflösung, während es von konz. Salpetersäure wegen Passivierung nicht angegriffen wird.

Verwendung

Etwa 80% des produzierten Nickels wird in der Stahlindustrie als wichtiger Legierungsbestandteil zur Erhöhung von Härte, Zähigkeit, Wärme- und Korrosionsbeständigkeit des Stahls eingesetzt. Hier sind insbesondere Edelstähle, V-Stähle sowie die *Superlegierungen* mit einem Nickelgehalt bis zu 30% zu nennen. *Monelmetall* (66% Ni, 33% Cu, 1% Fe) ist eine äußerst korrosionsbeständige Legierung, die von Säuren, Laugen und Halogenen – selbst vom Fluor – nicht angegriffen wird (z.B. Elektrodenwerkstoff bei der Herstellung von Fluor). *Mu-Metall* (auch als *μ-Metall* oder *Permalloy* bezeichnet) ist eine weichmagnetische Ni-Fe-Legierung, die etwa 70-81% Ni enthält und sich durch eine hohe magnetische Permeabilität auszeichnet. Mit Kupfer als Hauptlegierungskomponente werden *Konstantan* (54% Cu, 45% Ni, 1% Mn), *Nickelbronzen* (Cu/Ni) und *Neusilber* (Cu/Zn/Ni) hergestellt.

Bestimmte Nickel-Titan-Legierungen bzw. Ni/Ti/Cu-Legierungen, die sog. *Nitinole*, besitzen die besondere Eigenschaft eines „Formgedächtnisses". Verformt man beispielsweise bei RT einen geraden Nitinol-Draht durch Biegen, Knäueln etc. und erwärmt anschließend diesen veränderten Draht, so nimmt er seine ursprüngliche Gestalt wieder an. Dieser *Memoryeffekt* beruht auf der temperaturabhängigen Kristallgitterumwandlung der *austenitischen* HT-Struktur in die *martensitische* Niedertemperaturstruktur des *Memorymetalls*. Bereits vor 50 Jahren wurden *Formgedächtnis*-Legierungen (*FGL*) technisch beim Hydrauliksystem des Ultraschallkampfjets F-15 von Grumman genutzt. Inzwischen finden FGL Anwendung z.B. in der Kfz-Industrie als pneumatische Ventile, in der Weltraumtechnik zur Entfaltung von Sonnensegeln usw. sowie als Stents, Okkluder (insbesondere wegen der Superelastizität) und miniaturisierte Pumpen in der Medizintechnik.

Für viele technische Produktionsbereiche ist metallisches Nickel – häufig als *Raney-Nickel* (Ni/Al-Legierung mit poröser Struktur) – ein geeigneter Katalysator. Relativ reines Nickel dient als Korrosionsschutz für zahlreiche Gebrauchsgegenstände und Werkstoffe in Form von dünnen, galvanisch oder stromlos („chemisch") abgeschiedenen Nickelüberzügen. Nickel ist als Elektrodenmaterial in den inzwischen verbotenen Nickel/Cadmium-Akkumulatoren enthalten, und wird ferner für Zündkerzendrähte und als Bestandteil von Thermoelementen (NiCr, CuNi) eingesetzt.

$NiCl_2 \cdot 6H_2O$ und $NiSO_4 \cdot 6H_2O$: wesentliche Komponenten der Vernickelungsbäder

NiO: gelb-braunes Pigment in der Glas- und Emailproduktion

$LaNi_5$: Werkstoff mit hoher Speicherkapazität für Wasserstoff in Ni-Metallhydrid-Akkus (NiMH)

Platingruppenmetalle

Die *Platingruppenmetalle (PGM)*, neuerdings auch kurz Platinmetalle bzw. Platinoide genannt, sind die sechs Schwermetalle Ruthenium, Osmium, Rhodium, Iridium, Palladium und Platin, wobei die jeweils untereinander angeordneten Elemente Ru/Os, Rh/Ir und Pd/Pt sich in ihren chemischen Eigenschaften stark ähneln.

Die PGM sind meist stahlgraue bis silberweiße Metalle, die ausnahmslos recht gute katalytische Fähigkeiten zeigen. Zusammen mit Silber und Gold (manchmal werden auch noch Quecksilber und Rhenium hinzugerechnet) bilden sie die *acht Edelmetalle* des PSE. Edelmetalle sind nicht nur durch ein positives Standardpotenzial gekennzeichnet, sondern müssen ferner als weiteres notwendiges Kriterium eine besonders hohe Oxidationsbeständigkeit bei RT gegenüber Luftsauerstoff und -feuchtigkeit aufweisen. Andere Definitionen für Edelmetalle verlangen zusätzlich, dass ein Edelmetall inert gegen schwefelhaltige Gase in der Atmosphäre ist. Diese Bedingung erscheint jedoch etwas fragwürdig, wenn man die Reaktion des Silbers mit Schwefelwasserstoff in Luft betrachtet (vgl. Abschnitt 3.7.1.2).

Der edle Charakter der PGM ist die einzige Gemeinsamkeit dieser Elemente der VIII. Nebengruppe mit den ebenfalls sehr inerten *Edelgasen* der VIII. Hauptgruppe des PSE, die sich ansonsten als gasförmige Nichtmetalle signifikant von den festen PGM unterscheiden.

Die Platingruppenmetalle kommen sehr selten in der Natur vor. Man findet sie vorwiegend gediegen, und zwar meist nicht einzeln, sondern als Legierungen der anderen PGM mit Platin. PGM-haltige Mineralien sind z.B. PtS, $PtAs_2$, $PtSb_2$, RuS_2 und $PdBi_3$. Eine weitere wichtige Quelle zur Gewinnung dieser Edelmetalle ist der bei den elektrolytischen Kupfer-, Silber- und Goldraffinationen anfallende Anodenschlamm.

Die Trennung und Raffination der einzelnen Metalle ist ein äußerst komplizierter und zeitaufwendiger Vorgang, auf dessen ausführliche Beschreibung an dieser Stelle verzichtet wird. Es sei lediglich angemerkt, dass man zur Darstellung der Platingruppenmetalle vor allem Unterschiede in der Oxidierbarkeit der Metalle bei höheren Temperaturen, Differenzen in der Löslichkeit einiger Chlorkomplexe sowie die unterschiedliche Beständigkeit einiger PGM-Verbindungen in bestimmten Oxidationsstufen ausnutzt. Solche Prozesse der Aufarbeitung von edelmetallhaltigen Erzen und natürlich besonders auch das Recycling von Edelmetallabfällen werden von sog. *Scheideanstalten* durchgeführt, z.B. von der Evonik-*Degussa* GmbH (*D*eutsche *G*old- *u*nd *S*ilber-*S*cheide*a*nstalt).

3.7.8.4 Ruthenium

Ruthenium, das seltenste Element der Platingruppenmetalle, ist silbergrau glänzend und bleibt selbst bei hohen Temperaturen bis ca. 1500°C noch sehr hart und spröde. Merkliche Oxidation mit Luftsauerstoff erfolgt erst ab 800°C.

Elementares Ruthenium dient zur Härtung von Platin- und Palladiumwerkstoffen, insbesondere zur Erzeugung sehr harter und abriebfester Legierungen z.B. für elektrische Kontakte. Im Bereich der Elektronik wird es bei der Datenspeicherung auf Festplatten eingesetzt (Perpendicular Recording). Als Katalysatormaterial (Fischer-Tropsch-Synthese von Kohlenwasserstoffen aus Kohle) sowie in Form von RuO_2 als Beschichtungswerkstoff für Titananoden (Chloralkali- und andere Elektrolysen) findet Ruthenium weitere technische Verwendung.

3.7.8.5 Osmium

Von allen Elementen besitzt Osmium mit 22,59 g/cm^3 die größte Massendichte. Das bläulich-grau glänzende, äußerst harte und spröde Edelmetall weist mit Abstand den höchsten Schmelzpunkt aller PGM von 3045°C auf. In seinen Eigenschaften ähnelt es sehr dem im PSE direkt darüber angeordneten Ruthenium. Das kompakte Metall ist bis etwa 400°C in Luftatmosphäre beständig und reagiert erst bei höheren Temperaturen allmählich zu Osmiumtetraoxid (OsO_4).

Als Werkstoff hat Osmium nur geringe Bedeutung. Es wird als Legierungsbestandteil zur Erhöhung der Härte und Abriebfestigkeit von anderen PGM eingesetzt, z.B. für elektrische Kontakte und Füllfederhalterspitzen. OsO_4 weist eine gewisse Bedeutung als Katalysator für stereospezifische Hydroxylierungen von Alkenen zu *cis*-Diolen auf.

3.7.8.6 Rhodium

Das silberweiße, zähe und dehnbare Rhodium ist äußerst widerstandsfähig gegenüber chemischen Einflüssen; keine Säure vermag das Metall in kompaktem Zustand anzugreifen. Selbst Chlor als extrem starkes Oxidationsmittel reagiert mit Rhodium erst oberhalb von 600°C zu Rhodiumtrichlorid ($RhCl_3$), das als Katalysator bei einigen chemischen Reaktionen Anwendung findet.

Die wohl größte Bedeutung besitzt Rhodium zusammen mit Platin bzw. Palladium als Werkstoff für Dreiwegekatalysatoren. In diesen vornehmlich zur Reinigung von Kfz-Abgasen eingesetzten Katalysatoren bewirkt der Rhodiumanteil die Umwandlung der toxischen Stickstoffoxide in unschädlichen Stickstoff und Sauerstoff:

$$2\,NO_x \xrightarrow{\text{Rh}} N_2 \;+\; x\,O_2$$

Durch galvanisches Rhodinieren – häufig mit Rhodium(III)sulfat ($Rh_2(SO_4)_3$) – entstehen auf einem Basiswerkstoff äußerst harte und sehr stark reflektierende Überzüge, die sich durch hervorragende Korrosions- und Hitzebeständigkeit sowie Abriebfestigkeit auszeichnen. Derartige, aus reinem Rhodiummetall aufgebaute Schichten werden für Gewichtssätze, Reflektoren, elektrische Kontakte (Reed-Relais) und ähnliche hochwertige Materialien eingesetzt. Im HT-Bereich dient Rhodiumdraht als Heizwicklung in Öfen bis ca. 1800°C; Pt/Rh-Legierungen verwendet man für Thermoelemente zur Temperaturmessung bis etwa 1700°C.

3.7.8.7 Iridium

Iridium ist ein silber-weißes, äußerst hartes und sprödes Edelmetall, das bei RT eine extrem hohe chemische Resistenz aufweist und allgemein als das reaktionsträgste Metall gilt. Nach Osmium besitzt es mit 22,56 g/cm^3 die zweithöchste Massendichte aller Elemente.

Seine größte Bedeutung hat Iridium als Legierungselement des Platins. Pt/Ir-Legierungen werden zur Produktion von Kontaktwerkstoffen und Bauelementen für elektronische Schaltungen, für Thermoelemente bis zu Temperaturen von ca. 2100°C sowie für hochbeanspruchbare Injektionsnadeln, Füllfederhalterspitzen und Schmuck (Hochzeitsringe) verwendet. Erwähnt seien auch das in Sèvres bei Paris aufbewahrte *Urmeter* und das *Urkilogramm*, die aus einer Platin-Iridium-Legierung mit 90% Pt und 10% Ir bestehen und bis 1960 bzw. 2019 als internationale Eichstandards dienten.

Da geringe Iridiumanteile die Festigkeit von Goldlegierungen erhöhen, findet dieses PGM auch in der Dentaltechnik Verwendung.

Reines Iridium wird bei hochwertigen Zündkerzen eingesetzt und dient zur Herstellung von Schalen sowie Schmelztiegeln für den HT-Bereich, insbesondere zur Züchtung von sehr reinen und fehlerfreien Einkristallen.

3.7.8.8 Palladium

Neben Platin ist Palladium das wichtigste Metall der PGM. Palladium glänzt grauweiß, erweicht beim Erhitzen bereits vor dem Erreichen seines Schmelzpunktes von 1552°C und ist daher schmiedbar. Von den PGM ist es das unedelste Metall; bereits bei leichtem Erwärmen löst es sich in konz. Salpetersäure auf. Palladium reagiert bei höheren Temperaturen mit vielen Elementen, wie z.B. Silicium, Blei, Phosphor, Arsen, Antimon und Schwefel.

Mit Abstand wird das meiste Palladium für Abgaskatalysatoren in der Kfz-Industrie gebraucht. Bei den Dreiwegekatalysatoren beschleunigt das Edelmetall die Oxidation des stark toxischen Kohlenstoffmonoxids mit Sauerstoff zum weniger schädlichen Kohlenstoffdioxid sowie die vollständige Verbrennung der Kohlenwasserstoffe des Kraftstoffs zu Kohlendioxid und Wasser, hier exemplarisch am Beispiel der Oxidation von Oktan dargestellt:

$$\overset{-XVIII/8}{2\,C_8H_{18}} \;+\; \overset{0}{25\,O_2} \;\xrightarrow{\;Pd\;}\; \overset{+IV-II}{16\,CO_2} \;+\; \overset{-II}{18\,H_2O}$$

Ein Teil des Palladiumverbrauchs entfällt auf die Elektro- und Elektronikindustrie. Als Ersatzwerkstoff für das wesentlich teurere Gold dient es dort vorwiegend zur Fertigung von Kontaktelementen für Relais und Mikroschalter, die häufig aus Palladium-Kupfer-Legierungen bestehen. Aus dem gleichen Grund wird es als kostengünstige Alternative zum Gold für Dentallegierungen verwendet, die einen Anteil von etwa 10% des gesamten Palladiumbedarfs ausmachen. Im *Weißgold* führt Palladium als Legierungselement zur Entfärbung der typisch gelb-goldenen Farbe, so dass Weißgold insbesondere in der Schmuckindustrie somit als kostengünstiger Ersatz für farblich ähnlich aussehenden Platinschmuck in Frage kommt.

Weitere Anwendung findet das Edelmetall als Werkstoff zur Produktion von Spinndüsen für die Textilindustrie, in Brennstoffzellen als Elektrodenmaterial sowie als Katalysator in der chemischen Großindustrie. Auch bei der Produktion von *Metallischen Gläsern* wird Palladium neuerdings eingesetzt. Hier verringert das Metall die Sprödigkeit des Werkstoffs.

Die Herstellung von hochreinem Wasserstoff ist ebenfalls ein wichtiger Einsatzbereich. Sie erfolgt mittels dünner, erhitzter Palladiumbleche, die zur Stabilisierung oft mit wenig Silber legiert sind. Im Unterschied zu allen anderen Gasen diffundieren die vergleichsweise kleinen Wasserstoffmoleküle sehr leicht durch die als Trennzelle angeordneten Pd-Bleche.

Eine andere charakteristische Eigenschaft des Palladiums ist dessen hohes Absorptionsvermögen für Wasserstoff, das sich zur Speicherung dieses Gases ausnutzen lässt.

Beim Galvanisieren von Kunststoffen (meist ABS und SAN) kann man die zu beschichtende Oberfläche durch Erzeugung von Palladiumkeimen aktivieren. Dies geschieht mit Sn^{2+}-Ionen, die die eingesetzten Pd^{2+}-Ionen zu elementarem Palladium reduzieren, das anschließend relativ leicht von der Kunststoffoberfläche adsorbiert wird:

$$Pd^{2+} + Sn^{2+} \longrightarrow Pd + Sn^{4+}$$

3.7.8.9 Platin

Platin ist das am häufigsten vorkommende und gleichzeitig auch werkstofftechnisch vielseitigste Platingruppenmetall. Das silberweiß glänzende Edelmetall ist verhältnismäßig zäh und lässt sich bei höheren Temperaturen verformen. Wegen seiner geringen Härte wird es in vielen technischen Anwendungsbereichen mit anderen PGM, vorwiegend mit Iridium, aber auch mit Kupfer, Gold, Silber, Cobalt, Nickel und Wolfram legiert.

Kompaktes Platin ist schon bei RT in Königswasser löslich, sogar von Salzsäure wird das Metall in Gegenwart von Luftsauerstoff allmählich angegriffen. Bei diesen chemischen Reaktionen bilden sich die Chloridoplatinat-Komplexe $[PtCl_6]^{2-}$ bzw. $[PtCl_4]^{2-}$. Mit einigen Metallen und auch Nichtmetallen, wie z.B. Blei, Zinn, Arsen, Silicium, Phosphor und Schwefel, reagiert Platin ebenfalls bei erhöhten Temperaturen, wobei tiefschmelzende Legierungen entstehen, die als sog. *Katalysatorgifte* in vielen Fällen unerwünscht sind.

Platin und Pt-Legierungen finden als Werkstoff vielfältige Anwendung. Bei der Besprechung der übrigen PGM wurden bereits einige Einsatzgebiete des Platins näher erläutert und bedürfen somit nur noch der Aufzählung: Thermoelemente, Implantate in der Dentaltechnik, Schmuck, elektrische Kontakte, Spinndüsen (Pt/Au-Leg.) für Faserwerkstoffe, hochwertige chemische Geräte (Tiegel, Schalen, Elektroden) und chirurgische Instrumente, Widerstandsheizdrähte für Hochtemperaturöfen, ehemalige Eichmaße (Urkilogramm und Urmeter) sowie Katalysatoren, insbesondere Abgaskatalysatoren in Verbrennungsmotoren. Da der thermische Ausdehnungskoeffizient von Platin in etwa dem von Kieselglas entspricht, kann Platindraht in Kieselglas eingeschmolzen und dieser „Verbundwerkstoff" zu Messzwecken durchaus größeren Temperaturänderungen ausgesetzt werden.

$K_2[Pt(NO_2)_4]$ und $Na_2[Pt(OH)_6]$: Bäder für galvanische Platinierungen

4 Korrosion von Metallen

4.1 Einführung

Unter Korrosion (lat.: corrodere = zernagen, zerfressen) versteht man ganz allgemein das Auftreten von qualitätsmindernden Veränderungen bei Werkstoffen durch Reaktionen mit ihrer Umgebung, die bis zur vollständigen Zerstörung der Werkstoffe und damit zum totalen Ausfall entsprechend konstruierter Geräte, Apparate, Anlagen etc. führen können.

Bei den *metallischen Korrosionsvorgängen* handelt es sich meist um heterogene chemische Reaktionen, die an der Phasengrenzfläche zwischen dem Metall und einem flüssigen oder gasförmigen aggressiven Agens stattfinden. Als Primärreaktion erfolgt dabei in allen Fällen die *Oxidation des betreffenden Metalls* zu Metallionen:

$$Me \longrightarrow Me^{n+} + n\,e^-$$

Diese Metallionen können anschließend unterschiedliche Folgereaktionen eingehen, so dass letztendlich die Bildung verschiedenartiger Korrosionsprodukte möglich ist.

Wie im Abschnitt 3.5.2 ausführlich beschrieben, werden die Metalle im Allgemeinen durch Reduktionsprozesse aus ihren Erzen unter Zuführung von Energie gewonnen. Die *Ursache der Korrosion* ist die höhere *thermodynamische* Stabilität des korrodierten Zustand der Metalle im Vergleich zu ihrem elementaren Zustand. Somit handelt es sich beim Korrosionsprozess um eine *exergonische Zustandsänderung*, die unter *Abnahme der freien Enthalpie ΔG* verläuft.

4.2 Chemische Korrosion

Als chemische Korrosion bezeichnet man die *direkte chemische Reaktion* von Metallen mit oxidierenden Gasen oder Flüssigkeiten, z.B. Oxidbildung in sauerstoffhaltiger Atmosphäre, Sulfid- bzw. Halogenidbildung mit Schwefelwasserstoff resp. Halogenen (Anlaufen von Silber bzw. Entstehung von Patina beim Kupfer) oder Nitridbildung mit Stickstoff (häufig bei Al/Mg-Legierungen).

Bei diesen Korrosionsvorgängen bildet sich auf dem Metall allmählich eine Deckschicht aus, wobei die Metalloberfläche als Anode und die Grenzfläche zwischen der entstehenden Deckschicht und der entsprechenden Gas- oder Flüssigkeitsphase als Kathode wirken.

Die chemische Korrosion ist stark *ortsgebunden*, d.h. die Oxidation eines Metallatoms fällt lokal mit der Reduktion eines angreifenden Gas- oder Flüssigkeitsmoleküls zusammen, es gilt beispielsweise:

$$2\,Me + O_2 \longrightarrow 2\,MeO$$

Die Eigenschaften der sich bildenden Deckschicht (im betrachteten Beispiel MeO) sind letztendlich dafür ausschlaggebend, ob der begonnene Korrosionsprozess fortschreitet oder zum Stillstand kommt. Falls die Deckschicht sehr locker, porös und somit gas- bzw. flüssigkeitsdurchlässig ausfällt, kann die Korrosion sehr tief in das Metall eindringen, während bei der Entstehung einer kompakten und auf dem Metall gut festhaftenden Deckschicht das Metall gegenüber weiterer Korrosion *passiviert* wird.

© Der/die Autor(en), exklusiv lizenziert durch
Springer-Verlag GmbH, DE, ein Teil von Springer Nature 2021
H. Briehl, *Chemie der Werkstoffe*,
https://doi.org/10.1007/978-3-662-63297-0_4

4.3   Elektrochemische Korrosion

Charakteristisch für die elektrochemische Korrosion ist ein meist wässriger Elektrolyt, in dem zwei, in der Regel voneinander abhängige, allerdings an *lokal unterschiedlichen Stellen* des Metalls stattfindende Elektrodenreaktionen ablaufen:

a) anodische Oxidation* des Metalls zu Metallkationen

$$Me \longrightarrow Me^{n+} + ne^-$$

b) kathodische Reduktion* des aggressiven Agens

$$X + ne^- \longrightarrow X^{n-}$$

Die räumliche Trennung der anodischen Oxidation von der kathodischen Reduktion ist aufgrund der *Ionenleitfähigkeit des Elektrolyten* und der *Elektronenleitfähigkeit des Metalls* möglich. Durch die Kompensation der anodischen und kathodischen Teilströme erscheint das System nach außen hin stromlos.

Je nach speziellen Reaktionsbedingungen lassen sich für den *kathodischen Teilprozess* unterschiedliche Reduktionsvorgänge formulieren, die meist in Kurzform als *Sauerstoffkorrosion* sowie *Säure-* oder *Wasserstoffkorrosion* bezeichnet werden.

4.3.1   Sauerstoffkorrosion

Unter Sauerstoffkorrosion versteht man die Oxidation des Metalls durch Sauerstoff in vorwiegend neutralen oder schwach alkalischen Lösungen, wobei der gelöste Sauerstoff unter Bildung von Hydroxidionen reduziert wird:

$$\overset{0}{O_2} + 2\,H_2O + 4\,e^- \longrightarrow 4\,\overset{-II}{O}H^-$$

4.3.2   Säure- oder Wasserstoffkorrosion

Die sogenannte Säure- oder Wasserstoffkorrosion erfolgt gewöhnlich in sauren Lösungen. Bei diesem kathodischen Teilprozess entsteht aus den Oxonium-Ionen durch Elektronenaufnahme Wasserstoff:

$$2\,\overset{+I}{H_3}O^+ + 2\,e^- \longrightarrow \overset{0}{H_2} + 2\,H_2O$$

Wasserstoffkorrosion wird ebenso in neutralen und schwach alkalischen Elektrolyten beobachtet, wenn Sauerstoffmangel vorliegt:

$$2\,\overset{+I}{H_2}O + 2\,e^- \longrightarrow \overset{0}{H_2} + 2\,OH^-$$

Welcher der angeführten kathodischen Teilvorgänge auftritt, hängt nicht ausschließlich vom pH-Wert des Elektrolyten ab, sondern auch von den Standardpotenzialen der betreffenden Metalle.

---

*Anmerkung: Die in der Literatur sehr häufig verwendeten Begriffe „anodische Oxidation" und „kathodische Reduktion" sind streng genommen pleonastische Ausdrücke, wie z.B. „weißer Schimmel", da Oxidationsvorgänge immer an der Anode und Reduktionen stets an der Kathode erfolgen.

Das Vorhandensein von Lokalelementen wirkt sich auf die elektrochemische Korrosion beschleunigend aus. Unter einem *Lokalelement* versteht man ein sehr kleines, kurzgeschlossenes galvanisches Element, das durch die Berührung zweier Metalle mit unterschiedlichen Standardpotenzialen gebildet wird, wenn die Berührungsstelle in eine Elektrolytlösung eintaucht. Dabei erfolgt allmählich die Auflösung des Metalls mit dem negativeren Standardpotenzial, d.h. dieses Metall korrodiert („Lokalanode"), während das Metall mit dem vergleichsweise positiveren Potenzial als „Lokalkathode" fungiert. Insbesondere recht unedle metallische Werkstoffe, wie zum Beispiel das Magnesium mit $E^°_{Mg/Mg^{2+}} = -2,40V$ oder das Aluminium mit $E^°_{Al/Al^{3+}} = -1,67V$ neigen zur Bildung derartiger Korrosionselemente. Bereits geringere Verunreinigungen der Metalloberfläche durch edlere Metallpartikel können die Bildung von Lokalelementen verursachen. Aus diesem Grund sollte der direkte Kontakt dieser unedlen Leichtmetallwerkstoffe durch Berührung, Verschraubung oder Vernietung mit edleren Werkstoffteilen, wie z.B. Kupfer und Messing, unbedingt vermieden werden.

Auch bei ein und demselben Metall kann es zur Entstehung von Lokalelementen kommen, wenn sich unedlere Fremdatome im Metallgitter befinden, die Oberflächenbeschaffenheit uneinheitlich ist und unterschiedliche mechanische Spannungen im Metall auftreten (vgl. ebenso Abschnitt 4.6.6). Selbst leicht differierende Temperaturen innerhalb des Elektrolyten oder geringe lokale Abweichungen seiner Konzentration verursachen nach der *Nernstschen Gleichung*

$$E = E^° + \frac{R \cdot T}{n \cdot F} \cdot \ln \frac{[\,Ox\,]}{[\,Red\,]}$$

Veränderungen des Redoxpotenzials E.

4.3.3 Kontaktkorrosion

Alle sehr reinen unedlen Metalle (z.B. Zink, Aluminium, Eisen) sollten wegen ihres negativen Standardpotenzials in Säuren der Stoffmengenkonzentration von 1 mol/l bei RT unter Wasserstoffentwicklung oxidiert werden (Säurekorrosion). Die Bildung von Wasserstoff ist jedoch bei den meisten Metallen durch auftretende *Überspannungen* kinetisch stark gehemmt, da die bei der Lösung des Metalls freigesetzten Elektronen häufig nicht abgeführt werden können und daher das Metall negativ aufladen, was eine Fixierung der erzeugten positiven Metallionen an der Metalloberfläche bewirkt. Die Annäherung und die Entladung der ebenfalls positiven Oxonium-Ionen werden somit stark erschwert.

Kontaktiert man jedoch diese Metalle mit einem edleren Metall, dann wird ein Lokalelement gebildet, so dass die Elektronen zum edleren Metall abfließen und dort die H_3O^+-Ionen zu Wasserstoff reduzieren können. Am unedleren Metall findet also die Korrosion statt, und gleichzeitig entwickelt sich Wasserstoff am edleren Metall:

$$Me \longrightarrow Me^{n+} + n\,e^- \quad \text{(anodische Oxidation)}$$

$$2\,\overset{+I}{H_2}O + 2\,e^- \longrightarrow \overset{0}{H_2} + 2\,OH^- \quad \begin{matrix} \text{(kathodische Reduktion;} \\ \text{Säure- bzw. Wasserstoffkorrosion)} \end{matrix}$$

Die Intensität der H_2-Entwicklung ist um so ausgeprägter, je geringer die Überspannung für Wasserstoff am edleren Metall ist. Für platiniertes (elektrolytisch abgeschiedenes, fein verteiltes Pt) Platin beträgt die Überspannung für Wasserstoff null Volt, woraus seine Verwendung als Bezugselektrode *(Standardwasserstoffelektrode)* resultiert.

Als Werkstoffe eingesetzte unedlere Metalle enthalten meist gewisse Verunreinigungen von edleren Metallen. Je geringer die Reinheit dieser Metalle ist, desto stärker erhöht sich die Reaktionsgeschwindigkeit des Korrosionsprozesses. Auch eine anfangs verhältnismäßig niedrige Reaktionsgeschwindigkeit steigt mit der Zeit stark an, da durch die allmähliche Auflösung des unedleren Metalls auch immer mehr edlere Verunreinigungen freigesetzt werden, die dann als Lokalkathode fungieren und somit zur Entstehung eines Lokalelements führen.

Zusammenfassend lässt sich feststellen, dass die gemeinsamen Voraussetzungen einer elektrochemischen Korrosion im Wesentlichen lokal voneinander getrennte, anodisch und kathodisch wirksame Metallflächen sind, die elektrisch leitend miteinander verbunden und zur Schließung des Stromkreises mit einem Eletrolyten bedeckt sein müssen.

4.4 Korrosion von Eisen (Rostvorgang)

Das Korrosionsverhalten eines Metalls lässt sich durch sein Potenzial-Diagramm (sog. *Pourbaix-Diagramm*) veranschaulichen. In derartigen Korrosionsdiagrammen ist das Redoxpotenzial eines Metalls in Abhängigkeit vom pH-Wert des umgebenden Elektrolyten dargestellt, und es sind die Bereiche angegeben, in denen sich das Metall *immun, passiv* oder *korrosiv* verhält (vgl. Abbildung 4.1). Hierbei handelt es um thermodynamische Stabilitätsgrenzen, die allerdings häufig durch kinetische Hemmungserscheinungen verschoben sind.

Abbildung 4.1 zeigt das Korrosionsdiagramm von Eisen. Der *Immunitätsbereich* des Eisens, in dem das Metall vollkommen korrosionsbeständig ist, liegt bei negativen Redoxpotenzialen kleiner ca. – 1,1V und zwar fast unabhängig vom pH-Wert des Elektrolyten.

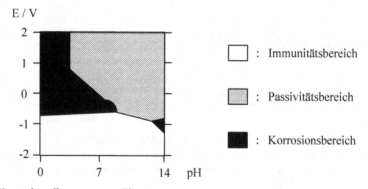

Abb. 4.1: Korrosionsdiagramm von Eisen

Bei einem pH-Wert ≤ 8 und $E \geq -0,6$V befindet sich ein größerer Teil des *Korrosionsbereiches*. Das kleine Gebiet der Eisenkorrosion in stark alkalischen Lösungen bei pH > 12,5 und E = – 1V resultiert aus der Bildung von Ferraten(VI) FeO_4^{2-}, während in weniger stark alkalischen Lösungen Passivität durch Bildung einer dünnen γ-Fe_2O_3-Schicht aus dem Eisen und im Wasser gelösten Sauerstoff eintritt. Eine Erhöhung des Redoxpotenzials auf ca. E > + 0,9V bewirkt gleichzeitig eine Vergrößerung des *Passivitätsbereichs* auf einen pH-Wert von etwa 2 bis 3. In diesem Passivitätsbereich ist das Eisen durch Desaktivierungsreaktionen des Elektrolyten mit der Metalloberfläche ebenfalls vor einem korrosiven Angriff geschützt.

Beim ungeschützten Eisen und bei bestimmten Stahlwerkstoffen können sowohl chemische als auch elektrochemische Korrosionsprozesse auftreten. Der verbreitetste Korrosionsvorgang ist die *Sauerstoffkorrosion*, das sogenannte *Rosten* des Eisens. Für den Rostprozess sind die Gegenwart von Wasser als Elektrolyt und Sauerstoff (z.B. in H_2O gelöster Luftsauerstoff) als Oxidationsmittel erforderlich.

Maßgeblich für die Sauerstoffkorrosion des Eisens sind folgende Standardpotenziale:

$E°_{Fe/Fe^{2+}} = -0,44V$

$E°_{Fe + 2OH^-/Fe(OH)_2} = -0,88V$

$E°_{4OH^-/O_2 +2H_2O} = +0,82V$ (bei pH = 7) und

$E°_{Fe(OH)_2 + OH^-/Fe(OH)_3} = -0,75V$.

Der Rostvorgang lässt sich vereinfacht durch die nachfolgenden chemischen Reaktionsgleichungen ausdrücken:

1. Primäroxidation des Eisens an einer Lokalanode

$$2\,Fe \longrightarrow 2\,Fe^{2+} + 4\,e^-$$

2. Reduktion des Sauerstoffs *(Sauerstoffkorrosion)* an einer Lokalkathode

$$\overset{0}{O_2} + 2\,H_2O + 4\,e^- \longrightarrow 4\,\overset{-II}{O}H^-$$

Als Summe der beiden Teilreaktionen ergibt sich:

$$2\,Fe + O_2 + 2\,H_2O \longrightarrow 2\,Fe^{2+} + 4\,OH^-$$

Die Hydroxidionen entstehen dabei vornehmlich in einer äußeren und damit sauerstoffreicheren Randzone des Elektrolyten, während die Fe^{2+}-Ionen bevorzugt in der Nähe des Metalls im Inneren der Elektrolytlösung gebildet werden.

3. Diffusionsvorgänge bewirken allmählich ein Aufeinandertreffen der Fe^{2+}- und OH^--Ionen, so dass am Ort ihrer Begegnung ein poröser und schwer löslicher Niederschlag von Eisenhydroxid ausfällt:

$$2\,Fe^{2+} + 4\,OH^- \longrightarrow 2\,Fe(OH)_2 \qquad pL_{Fe(OH)_2} = 15$$

4. Das Eisen(II)hydroxid wird durch Luftsauerstoff zu wasserhaltigem Eisen(III)oxidhydrat oxidiert:

$$4\,\overset{+II}{Fe}(OH)_2 + \overset{0}{O_2} \longrightarrow 4\,\overset{+III}{Fe}O\overset{-II}{(OH)} + 2\,H_2O$$

5. Bei dieser Reaktion entstehen auch Gemische unterschiedlicher Eisenoxide mit verschiedenen Hydratwassergehalten, die man als *Eisenrost* oder kurz *Rost* bezeichnet, z.B.:

$$2\,FeO(OH) \longrightarrow \text{"}Fe_2O_3 \cdot H_2O\text{"} \text{ (Rost)}$$
$$\text{rotbraun}$$

6. Der Anteil des Wassers im Rost ist variabel und hängt von den Bedingungen seiner Bildungsreaktion ab. Somit lässt sich keine genaue Stöchiometrie des Rostes angeben, d.h. die Zusammensetzung eines Rostflecks kann von einer Stelle zur anderen variieren.

Bei einem Sauerstoffmangel erfolgt zum Beispiel keine vollständige Oxidation des $Fe(OH)_2$ zu $FeO(OH)$, sondern es bilden sich die Zwischenprodukte Magnetithydrat $Fe_3O_4 \cdot H_2O$ (grün) sowie Magnetit Fe_3O_4 (schwarz):

$$\overset{+II}{6\,Fe(OH)_2} + \overset{0}{O_2} \longrightarrow \underset{grün}{2\,\overset{VIII/3}{Fe_3}O_4 \cdot \overset{-II}{H_2O}} + 4\,H_2O$$

$$2\,Fe_3O_4 \cdot H_2O \longrightarrow \underset{schwarz}{2\,Fe_3O_4} + 2\,H_2O$$

Diese Effekte äußern sich beim Eisen häufig im Auftreten von schwarzem Rost als innere Korrosionsschicht und grünem sowie rotbraunem Rost als äußere Korrosionsschicht.

Die gebildete Rostschicht bewirkt beim Eisen keine Passivierung, da die Stelle, an der das Eisen oxidiert wird, räumlich nicht mit dem Ort der Rostbildung zusammenfällt, so dass kein wirksamer Schutz des Metalls vor weiterer Korrosion eintritt. Außerdem ist die Rostschicht ziemlich spröde und porös und haftet kaum auf dem Eisen, was ein weiteres Eindringen der Elektrolytflüssigkeit (H_2O) ermöglicht und schließlich ein vollständiges Durchrosten des Metalls zur Folge haben kann.

Der Korrosionsprozess wird durch das Vorhandensein von gelösten Salzen im Elektrolyten stark beschleunigt, da sich die Leitfähigkeit der Elektrolytlösung wesentlich erhöht und der Ladungstransport über größere Distanzen möglich ist. Besonders korrosiv wirken Chlorid-Ionen (z.B. Cl^--Ionen vom Salzstreuen oder aus dem Meerwasser), da sie das Rosten des Eisens zusätzlich katalysieren und außerdem mit den entstandenen Fe^{3+}-Ionen lösliche Chloridoferrat(III)-Komplexe, z.B. $[FeCl_4]^-$ und $[FeCl_6]^{3-}$ bilden, und dadurch (Gleichgewichtsverschiebung!) eine weitere Oxidation des Eisens begünstigen.

Ist jedoch die Sauerstoffzufuhr unterbunden, z.B. sind in Zentralheizungsrohren aufgrund der relativ hohen Wassertemperaturen nur geringe Mengen Luftsauerstoff im Wasser gelöst, so findet auch über eine längere Zeitspanne kaum eine merkliche Korrosion des Eisens statt.

4.5   Hochtemperaturkorrosion (HTK) metallischer Werkstoffe

Unter HTK versteht man ganz allgemein die chemische Reaktion von Metallen mit einer umgebenden Atmosphäre bei höherer Temperatur, die jedoch ohne die Einwirkung eines wässrigen Elektrolyten erfolgt. Die HTK kann in vielfältiger Weise an metallischen Werkstoffen auftreten, die hohen Temperaturen ausgesetzt und gleichzeitig von einem korrosiven Medium umgeben sind, wie z.B. in Gasturbinen, Flugtriebwerksturbinen, Kohlevergasungs- und Dampferzeugungsanlagen.

4.5.1   Ursachen der Hochtemperaturkorrosion

Hervorgerufen wird die HTK häufig durch oxidierende Gase. Insbesondere Sauerstoff, Schwefeldioxid, Halogene, Ammoniak, aber auch heißer Wasserdampf sind zu nennen. Neben der bereits bei RT stattfindenden Schädigung metallischer Werkstoffe durch die sog. *Wasserstoffversprödung* kann Wasserstoff ebenfalls Hochtemperaturkorrosionseffekte bewirken. Verunreinigungen im Brennstoff oder z.B. bei Flugtriebwerken in der angesaugten Verbrennungsluft fördern gleichermaßen die HTK. So enthalten Schweröle z.B. Alkali- und Erdalkalisulfate sowie bis zu 0,1% das korrosionsfördernde Vanadium und Industrieluft etwa $5 \cdot 10^{-4}$ % Natrium in Form von NaCl.

4.5.2 Auswirkungen der Hochtemperaturkorrosion

a) Verzunderung

Bei höheren Temperaturen (T > 500°C), z.B. während der Verarbeitung von Eisen- und Stahlwerkstoffen durch Schmiede-, Walz- und Härteprozesse, kann Luftsauerstoff mit Eisen unter Bildung einer dünnen, vorwiegend aus Fe_3O_4 bestehenden Oxidschicht reagieren:

$$3\,Fe \; + \; 2\,O_2 \; \xrightarrow{\;\Delta\;} \; Fe_3O_4$$

Derartig entstandene wasserfreie Korrosionsprodukte werden im Gegensatz zum Rost als *Zunder* bezeichnet. Die Zunderschicht haftet bei nicht zunderfesten Stählen kaum auf der Metalloberfläche, sondern blättert relativ leicht ab, was zur Folge hat, dass weiteres blankes Metall zum Vorschein kommt und erneut dem Verzunderungsprozess unterliegt. Somit entstehen mit fortschreitender Hochtemperaturkorrosion Zunderverluste, die bei der Stahlproduktion bis zu 4% betragen können. Für Zunder wird häufig auch der Begriff *Hammerschlag* verwendet, da historisch gesehen bei der formgebenden Bearbeitung des glühenden Eisens mit Hammerschlägen von der Eisenoberfläche abplatzende Eisenpartikel an der Luft spontan zu Fe_3O_4 oxidieren.

Zunderfeste Stähle erhält man insbesondere bei der Verwendung der Legierungskomponenten Nickel, Chrom und Aluminium. Solche Stahlwerkstoffe bilden verhältnismäßig festhaftende Zunderschichten aus und verhindern weitgehend das Fortschreiten dieser HTK.

b) Aufkohlung

Bei nichtrostenden und säurebeständigen Chrom-Nickel-Stählen kann es z.B. durch niedrigen Sauerstoffgehalt in einer umgebenden Verbrennungsluft bei hohen Temperaturen zu einer unerwünschten *Aufkohlung (Carburieren)* des Werkstoffs kommen:

$$3\,Fe \; + \; C \; \xrightarrow{\;\Delta\;} \; Fe_3C$$

Der Einbau von Kohlenstoff in das Metallgefüge durch Bildung von Eisencarbid (Zementit) bewirkt in diesem Fall meist eine Verringerung der Korrosionsbeständigkeit des Stahls, was sich bei dieser HTK in gewissen Versprödungserscheinungen, erhöhter Zunderanfälligkeit sowie stärkerer Neigung zur *interkristallinen Korrosion* (vgl. auch Abschnitt 4.6.4) äußert.

c) Einwirkung von Wasserstoff

Der schädigende Einfluss von Wasserstoff auf unlegierte und legierte Stähle kann schon bei RT erfolgen. Durch Aufnahme von Wasserstoff in das Werkstoffgefüge entstehen mit einigen Übergangsmetallen *interstitielle Hydride*, die eine Aufweitung des Kristallgitters verursachen und zur Versprödung des Werkstoffs *(Wasserstoffversprödung)* führen. Häufig reichen bereits geringe Mengen Wasserstoff aus, um eine Beeinträchtigung der Festigkeit und des Bruchverhaltens beim Werkstoff zu bewirken.

So kann sich z.B. aus H_2O bzw. H_3O^+ bei galvanischen Beschichtungsvorgängen am Werkstück bei kleiner H_2-Überspannung Wasserstoff bilden, im Verlauf der elektrochemischen Korrosion Wasserstoff über die Säure- bzw. Wasserstoffkorrosion entstehen, oder aber aus anderen wasserstoffhaltigen Verbindungen (H_2S, NH_3, Kohlenwasserstoffe) das Gas unter bestimmten Reaktionsbedingungen freigesetzt werden.

In allen Fällen der Wasserstoffversprödung tritt zunächst an der entsprechenden Metalloberfläche eine katalytische Spaltung der Wasserstoffmoleküle in atomaren Wasserstoff auf:

$$H_2 \xrightarrow{\text{Kat.}} 2\,H$$

Die einzelnen Wasserstoffatome dringen anschließend in das Metallgitter ein und bilden mit dem Metall meist nichtstöchiometrisch zusammengesetzte, sog. legierungsartige oder interstitielle Hydride. Diese Verbindungen sind recht spröde und im Endeffekt verantwortlich für die Wasserstoffversprödung des Werkstoffs.

Hochtemperaturkorrosion infolge der Einwirkung von Wasserstoff beobachtet man vorwiegend an Stahlwerkstoffen in Hochdrucksyntheseanlagen, in denen Wasserstoff bei höheren Temperaturen (T > 250°C) und erhöhtem Druck umgesetzt wird, z.B. in der Petrochemie bei der Hydrierung ungesättigter Kohlenwasserstoffe, der Methanolerzeugung und der Ammoniaksynthese. Ein werkstoffschädigender Effekt ist dabei die Zersetzung des im Stahl vorhandenen Zementits unter Bildung von Methan:

$$Fe_3C \;+\; 2\,H_2 \xrightarrow{p,T} 3\,Fe \;+\; CH_4$$

Bestimmte Kupfersorten, die noch geringe Mengen an Kupfer(I)oxid enthalten und bei Schweiß- oder Lötarbeiten auf über 500°C aufgeheizt werden, können dabei mit Wasserstoff bzw. wasserstoffhaltigen Verbindungen zu elementarem Kupfer und Wasserdampf reagieren:

$$Cu_2O \;+\; H_2 \xrightarrow{500°C} 2\,Cu \;+\; H_2O$$

Der entstehende Wasserdampf verursacht werkstoffschädigende Risse und Hohlräume im Metallgefüge. Diese Art der Wasserstoffversprödung bezeichnet man auch als *Wasserstoffkrankheit* des Kupfers.

d) Bildung leichtflüchtiger Zersetzungsprodukte des Eisens

Kohlenmonoxid ist in vielen technischen Syntheseprozessen eine wichtige Ausgangsverbindung, die häufig bei erhöhtem Druck eingesetzt wird. Unter bestimmten Reaktionsbedingungen können Hochtemperaturkorrosionserscheinungen durch Kohlenmonoxid an niedrig legierten Stählen auftreten, indem eine teilweise Umsetzung des Eisens mit dem Kohlenmonoxid unter Komplexbildung zum leichtflüchtigen Pentacarbonyleisen(0) erfolgt:

$$Fe \;+\; 5\,CO \xrightarrow{p,T} [\,Fe(CO)_5\,]$$

e) Sulfatinduzierte Hochtemperaturkorrosion

Die sulfatinduzierte HTK findet im Wesentlichen im Temperaturbereich zwischen etwa 700°C und 950°C an warmfesten metallischen Werkstoffen (sog. Superlegierungen) bei der Verbrennung fossiler Brennstoffe durch die Bildung flüssiger Sulfate statt. Besonders in Gasturbinen, Flugtriebwerksturbinen und Kohlevergasungsanlagen erfolgt die korrosive Wirkung durch die Kondensation von Alkali- und Erdalkalimetallsulfaten auf den heißen Werkstoffoberflächen. Diese thermodynamisch stabilen Alkali- und Erdalkalisulfate kommen entweder direkt als Verunreinigungen in den fossilen Brennstoffen vor oder entstehen im Verlauf des Verbrennungsprozesses aus natrium- und schwefelhaltigen Brennstoffen. So kann z.B. das bei 884°C recht tiefschmelzende Natriumsulfat aus geringen Mengen Natriumoxid oder Natriumchlorid im Brennstoff und kleinen Schwefeldioxidkonzentrationen in der Verbrennungsluft durch den katalytischen Einfluss des als winzige Verunreinigung im Brennstoff enthaltenen Vanadiumpentoxids gebildet werden:

$$2 \overset{+IV}{SO_2} + \overset{0}{O_2} \xrightarrow{V_2O_5} 2 \overset{+VI\,-II}{SO_3}$$

$$Na_2O + SO_3 \longrightarrow Na_2SO_4$$

$$2 NaCl + SO_3 + H_2O \longrightarrow Na_2SO_4 + 2 HCl$$

Das Natriumsulfat kondensiert bei Temperaturen unterhalb von 950°C auf dem Werkstoff und führt dort zur Entstehung eines tiefschmelzenden Eutektikums, so dass die Festigkeit des Werkstoffs drastisch gesenkt wird, was letztlich den totalen Ausfall des entsprechenden Werkstücks bedeuten kann. Diese, auch als „katastrophale Hochtemperaturkorrosion" bezeichnete Erscheinung lässt sich vermeiden durch das Aufbringen geeigneter Schutzschichten, z.B. Siliciumbeschichtungen, bei Werkstoffen auf der Basis von Nickellegierungen.

4.6 Erscheinungsformen der Korrosion

Je nach verwendetem Werkstoff und speziellen Korrosionsbedingungen können die Erscheinungsformen der Korrosion sehr vielfältig sein und in Abhängigkeit vom Werkstofftyp, Gefügeaufbau, Passivierung, speziellem Korrosionsmedium, zusätzlichen mechanischen Beanspruchungen etc. stark variieren. Im folgenden werden die bedeutendsten Erscheinungsformen der Korrosion kurz vorgestellt.

4.6.1 Ebenmäßige Korrosion

Die normalerweise unschädlichste Erscheinungsform der Korrosion ist die ebenmäßige Korrosion oder Flächenkorrosion (vgl. Abbildung 4.2), bei der parallel zur Metalloberfläche der Werkstoff fast gleichmäßig abgetragen wird.

gleichmäßige Abtragung

Abb. 4.2: ebenmäßige Korrosion

4.6.2 Lochfraßkorrosion

Wesentlich gefährlicher als die ebene Korrosion ist die Lochfraßkorrosion, die zu meist kraterförmigen Aushöhlungen und nadelstichartigen Vertiefungen im Werkstoff führt (vgl. Abbildung 4.3), so dass im Endzustand der Korrosion eine Durchlöcherung des Werkstoffs eintritt.

Abb. 4.3: Lochfraßkorrosion

Die vorwiegend lokal auftretende Lochfraßkorrosion ist gekennzeichnet durch hohe Korrosionsge-schwindigkeiten und große Stromdichten an den sich bildenden Lokalanoden. Verstärkt wird diese Korrosionsart besonders durch das Vorhandensein von Chlorid- oder Bromidionen im Elektrolyten. Häufig ist das Ausmaß der Korrosion auf den ersten Blick nicht bemerkbar, da oft die entstandenen Löcher zunächst mit den Korrosionsprodukten verstopft sind.

4.6.3 Spaltkorrosion

Unter Spaltkorrosion versteht man das Auftreten von Korrosionsprozessen in Spalten, die bereits in einem Werkstoff vorliegen oder auch von zwei verschiedenen metallischen Werkstoffen gebildet werden. Hervorgerufen wird diese Erscheinungsform der Korrosion durch mangelnden Stoffaus-tausch im Spalt, d.h. durch behinderte Diffusionsvorgänge entsteht ein sog. *Konzentrationselement* oder *Belüftungselement*. Unterschiedliche Belüftung kann im Elektrolyten lokale Konzentrations-differenzen zur Folge haben. So stellt die gut belüftete Seite des Spalts die Lokalkathode dar, an der die Reduktion des Sauerstoffs *(Sauerstoffkorrosion)* stattfindet, und somit der Elektrolyt dort schwach alkalisch wird:

$$O_2 \;+\; 2\,H_2O \;+\; 4\,e^- \;\longrightarrow\; 4\,OH^-$$

Im Innern des Spalts ist die Zufuhr von Sauerstoff erschwert. Hier bildet sich die Lokalanode aus, an der die Oxidation des metallischen Werkstoffs erfolgt, z.B. beim Eisen:

$$Fe \;\longrightarrow\; Fe^{2+} \;+\; 2\,e^-$$

Die entstandenen Fe^{2+}-Ionen hydratisieren zunächst zum $[Fe(H_2O)_6]^{2+}$-Komplex, der anschließend durch Hydrolyse weiterreagiert und durch die Erzeugung von Oxonium-Ionen den pH-Wert des Elektrolyten lokal erniedrigt:

$$Fe^{2+} \;+\; 6\,H_2O \;\rightleftharpoons\; [\,Fe(H_2O)_6\,]^{2+}$$

$$[\,Fe(H_2O)_6\,]^{2+} \;+\; H_2O \;\rightleftharpoons\; [\,Fe(H_2O)_5OH\,]^+ \;+\; H_3O^+$$

Die chemischen Korrosionsvorgänge bei der Lochfraßkorrosion laufen im Prinzip analog zur hier erörterten Spaltkorrosion ab.

4.6.4 Interkristalline Korrosion

Die interkristalline Korrosion ist vorwiegend bei passivierenden Legierungen verbreitet und tritt be-vorzugt im Bereich der Korngrenzen des Werkstoffgefüges auf. Inhomogenitäten im Werkstoffge-füge führen dort zu Lokalelementen und bewirken eine Auflockerung des Gefüges und somit einen größeren Festigkeitsverlust des Metalls. Ursachen der interkristallinen Korrosion sind häufig zu hohe Wärmeeinwirkungen bei bestimmten Bearbeitungsschritten, wie z.B. beim Schweißen oder bei Warmverformungsverfahren.

In Form der *Zinkpest* tritt die interkristalline Korrosion insbesondere bei Zinkdruckgusswerkstoffen auf. Häufig sind die Auslöser hierfür zusätzliche, aber verunreinigte, Legierungsmischungen. Neben größeren Anlagen, Maschinen und Motorteilen waren vor einigen Jahren sogar Modelleisenbahnen und -autos der Firma Märklin betroffen[87].

4.6.5 Selektive Korrosion

Als besondere Erscheinungsformen der interkristallinen Korrosion gelten die selektiven Korrosionen, bei denen im Korngrenzenbereich von Legierungen ganz bestimmte Gefügebestandteile, und zwar jeweils immer die unedlere metallische Komponente (Anode), aus dem Verbund in Lösung gehen. Das edlere Legierungselement wirkt somit als Kathode und bleibt in der Regel in schwammförmiger Konsistenz zurück. Oft wird dieser Korrosionsvorgang auch ganz allgemein als *Entmetallisierung* bezeichnet.

Spezielle Korrosionsformen von metallischen Werkstoffen sind z.B. die *Entzinkung* des Messings (Cu/Zn-Leg.) in chloridhaltigen wässrigen Lösungen, die *Entaluminierung* von Aluminiumbronzen (Cu/Al-Leg.) in konz. Schwefelsäure und die *Entnickelung* von Cu/Ni-Legierungen in lufthaltiger Flusssäure.

Eine weitere selektive Korrosionsart ist die sog. *Spongiose*, die beim Grauguss in wässrigen Lösungen auftreten kann. Dabei werden dessen Gefügebestandteile Ferrit und Perlit herausgelöst, und es bleibt nach dieser „Enteisung" ein relativ weiches, hauptsächlich aus Graphit bestehendes, zum ursprünglichen Werkstoff formgleiches Gerüst zurück.

4.6.6 Spannungsrisskorrosion

Erfolgt die Zerstörung eines Werkstoffes in Form von Rissbildung unter Einwirkung eines korrosiven Mediums bei gleichzeitiger mechanischer Beanspruchung des Werkstoffs durch *statische Zugspannungen*, so spricht man von Spannungsrisskorrosion. Je nachdem, ob die entstandenen Risse entlang der Korngrenzen oder quer durch die Kristallite des Gefüges verlaufen, wird zwischen der *interkristallinen* und *transkristallinen* Spannungsrisskorrosion unterschieden.

4.6.7 Schwingungsrisskorrosion

Wirkt neben dem korrosiven Agens zugleich eine *dynamische Zugspannung* (Schwingungsbeanspruchung) auf den Werkstoff ein, dann kann es zur Schwingungsrisskorrosion kommen, die sich, unabhängig vom eingesetzten Werkstoff, immer in einem transkristallinen Verlauf der Korrosionsrisse senkrecht zur Hauptspannungsrichtung bemerkbar macht.

Wie schon bei der Lochfraßkorrosion erwähnt, sind auch bei der Schwingungsriss- und Spannungsrisskorrosion die gebildeten Korrosionsrisse häufig mit Korrosionsprodukten gefüllt bzw. die Risse dermaßen fein, dass sie nur sehr schwer mit dem bloßen Auge auf der Werkstoffoberfläche erkannt werden können.

4.6.8 Verschleißkorrosion

Als Verschleißkorrosion bezeichnet man Abnutzungs- und Zerstörungsvorgänge an Werkstoffen durch korrosive Beanspruchung und gleichzeitige Verschleißeinwirkung.

In Abhängigkeit von der speziellen Art des mechanischen Verschleißes differenziert man z.B. zwischen *Tribokorrosion* (Verschleißkorrosion), *Erosionskorrosion* (Abtrag auf Werkstoffoberflächen durch in schnell strömenden gasförmigen oder flüssigen Medien enthaltene feste Partikel) und *Kavitationskorrosion* (Hohlraumbildung in Werkstoffen durch strömende korrosive Medien).

4.6.9 Mikrobiologisch induzierte Korrosion

Bei der mikrobiologisch induzierten Korrosion (MIC) treten werkstoffschädigende Reaktionen auf, die aus den Stoffwechselvorgängen von Mikroorganismen resultieren. Vereinfacht ausgedrückt besitzen gewisse Mikroorganismen, z.B. Viren, Bakterien, Pilze und Algen, die Eigenschaft, Enzyme zu produzieren, die in der Lage sind, bestimmte chemische Reaktionen, z.B. Oxidations- und Hydrolysevorgänge zu katalysieren und somit Korrosionsprozesse am Werkstoff einzuleiten. So kennt man bei der anaeroben Biokorrosion sulfatreduzierende Bakterien, die eine Reduktion von im Mikroklima (z.B. Oberflächenwasser) gelöstem Sulfat in Hydrogensulfid (HS⁻) bzw. Sulfid (S²⁻) bewirken. Dabei kann elementares Eisen zu Eisen(II) oxidiert und somit ein Korrosionsvorgang herbeigeführt werden. Die Sulfidanionen reagieren mit den Eisen(II)kationen zum schwarzen Korrosionsprodukt Eisensulfid (FeS).

Zum Teil ist die mikrobiologische Korrosion aber auch sehr erwünscht, denkt man nur an die riesigen Mengen anfallender ausgedienter Kunststoffe, die sich außer durch Pyrolyse oder Verbrennung in einigen Fällen ebenso durch *Verrottung* zersetzen lassen.

Ein wirksamer Schutz des Werkstoffs gegenüber mikrobiologischer Korrosion kann durch Behandlung seiner Oberfläche je nach angreifendem Mikroorganismus z.B. mit Viruziden, Bakteriziden, Fungiziden oder Algiziden erreicht werden.

4.7 Korrosionsprodukte

Die Produkte der Korrosionsvorgänge an metallischen Werkstoffen sind naturgemäß recht mannigfaltig und in vielen Fällen nicht nur vom jeweiligen Werkstoff, sondern insbesondere vom angreifenden korrosiven Medium, vom pH-Wert eines umgebenden Elektrolyten sowie physikalischen Parametern, wie z.B. Temperatur, Druck und Dauer der Einwirkung, abhängig.

Unter normalen Reaktionsbedingungen ist als wichtigstes Korrosionsprodukt von Eisen- und Stahlwerkstoffen der *Rost* zu nennen, dessen Bildung im Abschnitt 4.4 beschrieben wurde. Hochtemperaturkorrosion führt zur Entstehung einer vorwiegend aus Fe_3O_4 bestehenden Schicht, die man als *Zunder* bezeichnet. Die Gegenwart von Kohlenmonoxid und gleichzeitige hohe Druckeinwirkung kann hingegen die Bildung des leichtflüchtigen *Pentacarbonyleisen(0)s* [Fe(CO)₅] als Korrosionsprodukt begünstigen. Bei der selektiven Korrosion durch *Spongiose* von grauem Gusseisen bleibt ein hauptsächlich aus Graphit bestehendes Korrosionsprodukt zurück.

Weißrost ist das Produkt der Korrosion, der unter bestimmten Bedingungen auf Zink oder verzinkten Werkstoffen entsteht. Die wasserunlösliche und passivierende Schutzschicht des Zinks (vgl. Abschnitt 3.7.2.1) kann sich in Gegenwart von störenden Chlorid- und Sulfationen in geringen CO_2-Konzentrationen nicht vollständig ausbilden bzw. wird verletzt, so dass sich, insbesondere bei hoher Luftfeuchtigkeit, andere Überzüge auf der Werkstoffoberfläche bilden können. Diese als Weißrost bezeichneten Produkte bestehen im Wesentlichen aus $Zn(OH)_2$ und basische Zinksalzen, die jedoch wegen ihrer geringen Haftfestigkeit keinen permanenten passivierenden Korrosionsschutz bieten.

Edelrost oder *Patina* wird das grünliche Korrosionsprodukt des Kupfers genannt, dessen chemische Zusammensetzung in Abhängigkeit vom angreifenden korrosiven Agens variiert. Die wichtigsten Komponenten von Patina sind: $CuSO_4 \cdot Cu(OH)_2$, $CuCl_2 \cdot 3Cu(OH)_2$ sowie $CuCO_3 \cdot Cu(OH)_2$ (vgl. Abschnitt 3.7.1.1). Im Gegensatz zu den bisher aufgeführten Korrosionsprodukten haftet der schwerlösliche Patinaüberzug relativ gut auf der Metalloberfläche und schützt so das darunter liegende Kupfer vor weiterer Korrosion.

Im Prinzip kann auch das schwarze Silbersulfid (Ag_2S) als Korrosionsprodukt des Silbers angesehen werden. Die chemische Reaktion zur Bildung dieser sehr schwerlöslichen (pL = 50), dünnen, dunklen Schicht auf dem metallischen Silber wurde bereits im Abschnitt 3.7.1.2 unter „Anlaufen" des Silbers beschrieben.

5 Korrosionsschutz

Bei den Methoden und Maßnahmen zur Vermeidung von Korrosionsschäden am Werkstoff unterscheidet man im Allgemeinen zwischen *passivem* und *aktivem Korrosionsschutz*.

5.1 Passiver Korrosionsschutz

Die grundlegende Idee des passiven Korrosionsschutzes ist die räumliche Trennung des Werkstoffs vom aggressiven Medium durch die Fixierung eines schützenden Überzugs auf der Werkstoffoberfläche. Zur Erzielung einer effektiven und längerfristigen Schutzwirkung muss dabei selbstverständlich die aufzubringende Schutzschicht gegenüber dem korrosiven Agens erheblich korrosionsbeständiger sein als der eigentliche Werkstoff.

Beim passiven Korrosionsschutz metallischer Werkstoffe können prinzipiell metallische, nichtmetallisch anorganische und organische Schutzschichten verwendet werden. In allen Fällen ist eine gute Haftfestigkeit der Schutzschicht auf der Metalloberfläche wichtige Voraussetzung für einen effizienten Korrosionsschutz.

5.1.1 Metallische Schutzschichten

Es gibt zahlreiche *Metallisierungsverfahren*, um auf ein zu schützendes Grundmetall sowohl edlere als auch unedlere metallische Oberflächenschutzschichten aufzubringen. Hervorzuheben sind insbesondere die *galvanischen Beschichtungstechniken*, bei denen die Metallabscheidungen auf *elektrolytischem* Wege erfolgen. Dazu wird das zu beschichtende Werkstück als Kathode geschaltet und in ein sog. galvanisches Bad gehängt, in dem ein Salz der abzuscheidenden Metallionen gelöst ist (vgl. Abb. 5.1).

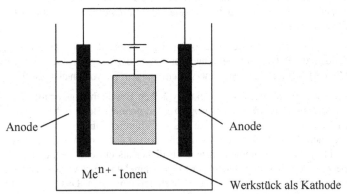

Anode — Anode

Me^{n+}- Ionen — Werkstück als Kathode

Abb. 5.1: galvanisches Beschichten

Als Anoden dienen meist Elektroden aus dem betreffenden Metall, das als Schutzschicht galvanisch auf dem Werkstück aufgebracht werden soll. Durch das allmähliche Auflösen des Anodenmaterials bleibt die Konzentration der Metallkationen im Elektrolyten einigermaßen konstant. Somit laufen während der galvanischen Beschichtung die folgenden allgemeinen Elektrodenvorgänge ab:

Anode: $\quad Me \longrightarrow Me^{n+} + n\,e^-$

Kathode (Werkstück): $Me^{n+} + n\,e^- \longrightarrow Me$

© Der/die Autor(en), exklusiv lizenziert durch
Springer-Verlag GmbH, DE, ein Teil von Springer Nature 2021
H. Briehl, *Chemie der Werkstoffe*,
https://doi.org/10.1007/978-3-662-63297-0_5

Zur Erzielung festhaftender und gleichmäßiger Schutzschichten darf die Metallabscheidung nicht zu schnell erfolgen. Daher setzt man der Elektrolytlösung häufig bestimmte Komplexbildner hinzu, die mit dem entsprechenden Metallkation einen stabilen Metallkomplex bilden und dadurch die Konzentration an freien Metallkationen herabsetzen. Bei der cyanidischen Verkupferung entsteht somit der Tetracyanidocuprat(I)-Komplex:

$$Cu^+ \ + \ 4\,CN^- \ \rightleftharpoons \ [Cu(CN)_4]^{3-}$$

Ferner enthalten galvanische Bäder oft noch Puffersubstanzen zur Konstanthaltung eines optimalen pH-Werts, Leitsalze zur Erhöhung der Ionenleitfähigkeit des Elektrolyten, Netzmittel, die im Falle gleichzeitiger Wasserstoffentwicklung an der Kathode Störungen bei der Metallabscheidung verhindern, sowie Glanzbildner, um einen besonders dekorativen Effekt zu erreichen.

Recht gleichmäßige Schichtdicken sowie gute Innenmetallisierungen werden mit den *stromlosen* oder *„chemischen" Beschichtungstechniken* erzielt, bei denen das Werkstück in eine wässrige Metallsalzlösung eintaucht, die neben den abzuscheidenden Metallkationen noch zusätzliche Reduktionsmittel enthalten. Denn im Gegensatz zur galvanischen Beschichtung liegt beim stromlosen Verfahren am Werkstück überall die gleiche „Spannung" an, während für die Stärke der galvanischen Metallabscheidung der Abstand zwischen dem Werkstück bzw. einzelnen Oberflächenbereichen des Werkstücks und den Anoden von großer Bedeutung ist.

Das *Vernickeln* zählt zu den am häufigsten angewendeten Metallisierungsverfahren. Viele metallische Werkstoffe lassen sich direkt vernickeln; trotzdem wird zur Erzielung gut haftender und glänzender Schichten der Werkstoff oft zunächst einer vorhergehenden *Verkupferung* unterzogen. Andererseits dient Nickel auch als Zwischenschicht z.B. für *Verchromungen* (vgl. Abschnitt 3.7.6.1). Weitere bedeutende Korrosionsschutzschichten werden durch *Vergolden, Versilbern, Verzinnen* und *Verzinken* abgeschieden, während z.B. dem *Verbleien* und *Cadmieren* von Werkstoffen nur eine untergeordnete Rolle zukommt.

In vielen Fällen stellt die aufgebrachte Schutzschicht gegenüber dem Werkstoff das edlere Metall dar. Dieses hat jedoch zur Folge, dass bei einer Verletzung der Korrosionsschutzschicht das darunter liegende unedlere Metall anschließend einer beschleunigten Korrosion ausgesetzt ist.

Neben den galvanischen bzw. stromlosen elektrolytischen Beschichtungstechniken sind ferner die *Schmelztauchmethoden* und die *Metallspritzverfahren* zu nennen. Beim Schmelztauchen erhält das Werkstück durch Eintauchen in die Schmelze des betreffenden Überzugmetalls eine Korrosionsschutzschicht. Die nach der Entnahme aus dem Schmelzbad auf dem Werkstoff erstarrende metallische Schutzschicht ist im Allgemeinen wesentlich dicker als ein entsprechend galvanisch hergestellter Metallüberzug. Aus Kostengründen wird das Schmelztauchen vorwiegend für Korrosionsschutzschichten aus relativ niedrig schmelzenden Metallen eingesetzt. Das gebräuchlichste Verfahren ist die sog. *Feuerverzinkung*, die besonders für Außenanlagen aus Stahlwerkstoffen Anwendung findet. Aber auch die *Feuerverzinnung* und *Feueraluminierung* (z.B. von Auspuffrohren) kommen gelegentlich zum Einsatz. Bei den Metallspritzverfahren wird das als Korrosionsschutzschicht aufzubringende Metall z.B. als Pulver *(Pulverspritzverfahren)* oder als Draht *(Drahtspritzverfahren)* einer Spritzpistole zugeführt, in der es geschmolzen, unter hohem Druck zerstäubt und anschließend auf den zu beschichtenden Werkstoff gespritzt wird.

Spezielle Verfahren zur Erzeugung metallischer Schutzschichten, insbesondere auf Stahl und Gusseisen, sind z.B. das *Sherardisieren* und das *Alitieren*. Beide Methoden beruhen auf der Bildung von, insbesondere gegenüber Wasserstoffversprödung, korrosionsunempfindlichen Mischkristallen und intermetallischen Phasen bei erhöhter Temperatur durch Diffusionsvorgänge zwischen der Oberfläche des zu beschichtenden Werkstoffs und dem Überzugsmetall beim Glühen des Werkstoffs im meist pulverförmig vorliegenden Beschichtungsmaterial. Das Sherardisieren dient zum Verzinken, das Alitieren zur Aufbringung einer Aluminiumschicht.

Stähle mit einem Kohlenstoffgehalt unter 0,1% können durch die Abscheidung von Chrom aus leichtflüchtigen Chromhalogeniden bei etwa 1000°C sowohl in ihrer Korrosionsbeständigkeit als auch in Bezug auf Härte, Verschleißfestigkeit und Zunderbeständigkeit wesentlich verbessert werden, z.B.:

$$Fe \ + \ CrCl_2 \ \xrightarrow[Ar]{1000°C} \ Cr \ + \ FeCl_2$$

Bei diesem als *Inchromieren* bezeichnetem Metallisierungsverfahren erfolgt ebenfalls über Diffusionsprozesse ein Austausch eines Teils der Eisenatome gegen Chromatome.

Unter *Plattieren* versteht man die Kombination von einem metallischen Basiswerkstoff mit einer oder mehreren metallischen Schutzschichten zu Verbundwerkstoffen durch sehr unterschiedliche, vorwiegend mechanische Verfahrenstechniken, die im Allgemeinen bei erhöhter Temperatur und häufig auch unter Anwendung von Druck durchgeführt werden (Walzplattieren, Schweißplattieren, Pressplattieren, Elektroplattieren, Spreng- oder Explosionsplattieren etc.). Derartige Beschichtungen lassen sich kostengünstig nur für recht einfache Bauteilgeometrien anwenden.

5.1.2 Nichtmetallische Schutzschichten

Nichtmetallische korrosionsbeständige Schutzschichten lassen sich in *anorganische* und *organische Beschichtungsmaterialien* unterteilen. Organische Überzüge erhält man z.B. beim Behandeln des Werkstoffs mit Ölfarben, Kunstharzen und Lacken.

Zu den wichtigsten anorganischen Schutzschichten zählen die *natürlichen Oxidschichten*, die bei vielen unedlen Metallen (Aluminium, Chrom, Nickel) eine hervorragende *Passivierung* des Werkstoffs bewirken. In diesem passivierten Zustand weisen die entsprechenden metallischen Werkstoffe eine sehr gute Korrosionsbeständigkeit auf, die mit der chemischen Resistenz von Edelmetallen vergleichbar ist. So steigt z.B. das Standardpotenzial von passiviertem Chrom auf +1,3V an, während nicht passiviertes Chrom ein deutlich negatives Standardpotenzial aufweist ($E°_{Cr/Cr^{3+}} = -0,74V$). Die Passivierung wird hervorgerufen durch die Bildung einer äußerst dünnen, fest haftenden und zusammenhängenden Oxidschicht (teilweise auch Nitridschicht) auf der Metalloberfläche, die den darunter liegenden Werkstoff vor weiterer Korrosion schützt. Diese Oxidschicht ist in vielen Fällen transparent, so dass der metallische Glanz erhalten bleibt. Als Kriterium für die Stabilität der Oxidschicht kann häufig das hier nicht näher erläuterte *Pilling-Bedworth-Verhältnis* herangezogen werden.

Aluminium, mit einem Standardpotenzial von $E°_{Al/Al^{3+}} = -1,69V$ ein recht unedles Metall, wird an der Luft im pH-Wertbereich von etwa 4,5 bis 8,5 durch Bildung einer ca. 5-10 nm dünnen γ-Al_2O_3-Schicht passiviert. Zur Erhöhung der Korrosionsbeständigkeit und auch zur Verbesserung der mechanischen Verschleißfestigkeit des Werkstoffs können die natürlich gebildeten Oxidschichten, insbesondere bei Leichtmetallen, durch *anodische Oxidationsprozesse* wesentlich verstärkt werden. Von enormer Bedeutung ist dieses sog. *Anodisieren* beim Aluminium bzw. dessen Legierungen. Der unter dem Begriff *Eloxal®-Verfahren* (*el*ektrolytisch *ox*idiertes *Al*uminium) bekannte Prozess ermöglicht beim Aluminium die Erzeugung einer zusätzlichen, 10-30 µm dicken, Al_2O_3-Schutzschicht auf der bereits vorhandenen dünnen natürlichen Oxidschicht. Hierzu wird das Werkstück mit einer *G*leichspannungsquelle als Anode geschaltet und in eine wässrige Elektrolytlösung ge-hängt, die verd. *Schwefelsäure (GS-Verfahren)* oder zusätzlich noch Oxalsäure *(GSX-Verfahren)* enthält (vgl. Abbildung 5.2). Als Kathode werden meist Elektroden aus Blei oder Aluminium eingesetzt.

Die Elektrolyse wird bei Gleichspannungen zwischen 10 und 25V und bei Anodenstromdichten von etwa 50 bis 250 A/m^2 durchgeführt. An der bzw. den Kathoden entwickelt sich Wasserstoff, während die elektrolytischen Vorgänge an der Anode und im Elektrolyten etwas komplizierter sind. Vereinfacht dargestellt, entstehen an der Anode durch Oxidation Al^{3+}-Ionen, die durch feine Poren in der natürlichen Al$_2$O$_3$-Schicht zum Elektrolyten wandern und dort Al$_2$O$_3$ bilden.

$$\text{Kathode:} \qquad 2\,H_3O^+ \;+\; 2\,e^- \longrightarrow 2\,H_2O \;+\; H_2$$

$$\text{Anode (Werkstück):}\; Al \longrightarrow Al^{3+} \;+\; 3\,e^-$$

$$\text{Elektrolyt:} \qquad 2\,Al^{3+} \;+\; 9\,H_2O \longrightarrow Al_2O_3 \;+\; 6\,H_3O^+$$

Aus diesen drei Teilgleichungen ergibt sich für die Gesamtreaktion rein formal die folgende, sehr einfache, Redoxgleichung:

$$2\,Al \;+\; 3\,H_2O \longrightarrow Al_2O_3 \;+\; 3\,H_2$$

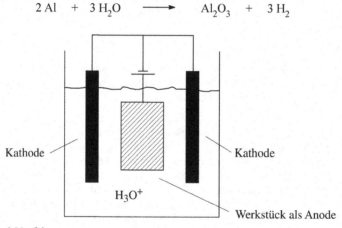

Abb. 5.2: Eloxal-Verfahren

Weil an der Al-Anode zunächst Elektrodenmaterial in Lösung geht, kann das entstehende Al$_2$O$_3$ gleichzeitig in das Aluminium hineinwachsen. Es erfolgt insgesamt eine Zunahme der Schichtdicke, weil die Bildung des Aluminiumoxids mit einer Volumenvergrößerung verbunden ist. Setzt man Schwefelsäure als Elektrolyt ein, so wird die Al$_2$O$_3$-Schicht teilweise wieder aufgelöst und es entstehen sehr feine Poren in der Schutzschicht, während die Verwendung von schwächeren Säuren als Elektrolyt (z.B. Oxalsäure) die Bildung von kompakteren Schichten zur Folge hat.

Die erzeugten mikroporösen Al$_2$O$_3$-Schichten müssen anschließend durch Einwirkung von siedendem Wasser bzw. heißem Wasserdampf verdichtet werden *(Sealing)*. Dabei bilden sich in den Poren kleine γ-AlO(OH)-Kristalle (Böhmit), die durch Quellung bei etwa 100°C die Poren verschließen. Zur Herstellung von gefärbten Eloxalschutzschichten können vor der Nachverdichtung organische Farbstoffe in die Poren der Oxidschicht eingelagert werden, was zu sehr witterungsbeständigen und verschleißfesten Farben (Eloxalfarben) führt. Es lässt sich auch mit Wechselspannung eloxieren, wenn beide Elektroden aus einem Aluminiumwerkstück bestehen.

Die Korrosionsbeständigkeit der Oberfläche von Stahlwerkstoffen sowie ihr dekorativer Charakter lassen sich durch *Brünieren*, auch *Schwarzoxidieren* genannt, wesentlich verbessern. Bei diesem Verfahren wird das Werkstück in eine heiße, alkalische, hochkonzentrierte wässrige Salzlösung aus NaOH, $NaNO_3$ und verschiedenen Additiven getaucht, was die Bildung einer etwa 1μm dünnen, festhaftenden, dunkelbraunen bis schwarzen Oxidschicht zur Folge hat, z.B.:

$$3 \overset{0}{Fe} + 4 \overset{+V}{NO_3^-} \xrightarrow{\Delta} \overset{+VIII/3}{Fe_3O_4} + 4 \overset{+III}{NO_2^-}$$

Da die Dicke dieser Konversionsschicht sehr gering ist, bleibt die Maßhaltigkeit des betreffenden Werkstücks weitgehend bestehen.

Behandelt man Stahloberflächen mit ca. 500°C heißem Wasserdampf, so entstehen ebenfalls schützende Oxidschichten auf der Werkstoffoberfläche, z.B.:

$$3 \overset{0}{Fe} + 4 \overset{+I}{H_2O} \xrightarrow{500\text{-}560°C} \overset{+VIII/3}{Fe_3O_4} + 4 \overset{0}{H_2}$$

Dieses auch als *Bläuen* bezeichnete Oberflächenbehandlungsverfahren dient insbesondere auch dekorativen Zwecken, da durch Interferenzerscheinungen des Lichtes an den dünnen Oxidschichten blaue Farbtöne auftreten.. In ähnlicher Weise werden auch die sog. *Anlassfarben* beim Vergüten von Stahlwerkstoffen erzielt.

Zu den nichtmetallischen anorganischen Schutzschichten zählen ebenfalls die Phosphatschichten, die vorwiegend als primärer Korrosionsschutz für Stahl, aber auch für andere metallische Werkstoffe, wie Zink, Aluminium und Magnesium, Verwendung finden. Das *Phosphatieren* (ebenso unter der Markenbezeichnung *Bondern*® bekannt) erfolgt häufig mit phosphorsauren Zinkphosphatlösungen, wobei auf der Werkstoffoberfläche gut haftende, in Wasser schwer lösliche und bis ca. 200°C temperaturbeständige Phosphatschichten aufgebaut werden, die aufgrund ihrer porösen Struktur für sich allein zwar keinen dauerhaften Korrosionsschutz bieten, jedoch als hervorragendes Grundierungsmittel *(Primer)* für nachfolgende Lackschichten geeignet sind.

Auf unverzinkten Eisen- und Stahlwerkstoffen entsteht bei der *Zinkphosphatierung* vornehmlich $Zn_2Fe(PO_4)_2 \cdot 4H_2O$ (Phosphophyllit), während auf einem zuvor verzinktem Material fast ausschließlich $Zn_3(PO_4)_2 \cdot 4H_2O$ (Hopeit) gebildet wird. Die chemischen Vorgänge der Zn-Phosphatierung von verzinktem Stahlblech, das z.B. verstärkt in Automobilkarosserien eingesetzt wird, lassen sich vereinfacht durch einige Löslichkeits-, Protolyse- und Redoxgleichgewichtsreaktionen erklären.

Beabsichtigt ist die Bildung der Hopeit-Phosphatschicht auf dem Werkstoff durch Reaktion von Zinkkationen und Phosphatanionen aus dem Phosphatierbad:

$$3 Zn^{2+} + 2 PO_4^{3-} + 4 H_2O \rightleftharpoons Zn_3(PO_4)_2 \cdot 4 H_2O$$
$$\text{Hopeit}$$

Damit die schwer wasserlöslichen Hopeitkristalle nicht schon im Phosphatierbad ausfallen, hält man die Konzentration an freien PO_4^{3-}-Ionen durch einen Überschuss an Phosphorsäure niedrig, d.h. das folgende Protolysegleichgewicht wird durch die Zugabe von Phosphorsäure zugunsten der Bildung von Dihydrogenphosphationen $H_2PO_4^-$ nach rechts verschoben:

$$PO_4^{3-} + 2 H_3PO_4 \rightleftharpoons 3 H_2PO_4^-$$

Um eine Abscheidung der Hopeitschicht auf dem Werkstoff zu erreichen, muss hingegen auf dem Stahlblech der Karosserie dieses Protolysegleichgewicht wieder stark nach links in Richtung der PO_4^{3-}-Ionen gedrückt werden. Dieser Vorgang würde automatisch über die sog. „Beizreaktion" erfolgen, bei der unter Entwicklung von Wasserstoff elementares Zink vom verzinkten Stahlblech in Lösung geht:

$$\overset{0}{Zn} \ + \ \overset{+I}{H_2PO_4^-} \longrightarrow \ \overset{+II}{Zn}^{2+} \ + \ PO_4^{3-} \ + \ \overset{0}{H_2}$$

Da aus sicherheitstechnischen Gründen die Bildung von Wasserstoff jedoch unerwünscht ist, unterdrückt man diese Reaktion durch Zugabe von sog. Beschleunigern zum Phosphatierbad (z.B. Chlorate, Nitrate oder Nitrite). Diese Additive sind stärkere Oxidationsmittel als die aus $H_2PO_4^-$ erzeugten und für die Auflösung des Zinks wirksamen H_3O^+-Ionen, so dass die Oxidation des Metalls von der gleichzeitigen Reduktion der Beschleuniger begleitet ist und somit die H_2-Entwicklung unterbunden wird. Bei der Verwendung von Chlorationen als Beschleuniger erfolgt deren Reduktion zu Chloritionen, z.B.:

$$\overset{0}{Zn} \ + \ H_2PO_4^- \ + \ \overset{+V}{ClO_3^-} \longrightarrow \ \overset{+II}{Zn}^{2+} + \ PO_4^{3-} \ + \ \overset{+III}{ClO_2^-} \ + \ H_2O$$

Das Phosphatieren von unverzinktem Stahl führt in analoger Reaktion zur Bildung von Fe^{2+}-Ionen, die dann zusammen mit aus dem Phosphatierbad stammenden Zn^{2+}-Ionen das Wachstum einer Phosphophyllitschicht verursachen:

$$2\,Zn^{2+} + \ Fe^{2+} + \ 2\,PO_4^{3-} \ + \ 4\,H_2O \longrightarrow \ Zn_2Fe(PO_4)_2 \cdot 4\,H_2O$$
$$\text{Phosphophyllit}$$

Überschüssige Fe^{2+}-Ionen, die sich beim Schichtaufbau nachteilig auswirken können, werden vom Beschleuniger zu Fe^{3+}-Ionen oxidiert und aus dem Phosphatierbad durch Bildung des schwerlöslichen Eisen(III)phosphats als sog. „Phosphatierschlamm" ausgefällt:

$$2\,\overset{+II}{Fe}^{2+} + \ \overset{+V}{ClO_3^-} \ + \ 2\,H_3O^+ \longrightarrow \ 2\,\overset{+III}{Fe}^{3+} + \ \overset{+III}{ClO_2^-} \ + \ 3\,H_2O$$

$$Fe^{3+} \ + \ PO_4^{3-} \longrightarrow \ FePO_4$$

Auf der Bildung von $FePO_4$ beruht im Prinzip auch die Anwendung von *Rostumwandlern*, die im Wesentlichen aus einem Gemisch von Phosphorsäure mit verschiedenen Additiven zur Reinigung und Entfettung sowie zur anschließenden Passivierung der Metalloberfläche zusammengesetzt sind. Dabei erfolgt nach der direkten Auftragung des Rostumwandlers auf rostige Stellen einer Stahloberfläche die Reaktion des Rostes mit der Phosphorsäure unter Bildung einer passivierend wirkenden Schutzschicht aus Eisen(III)phosphat:

$$\text{"}Fe_2O_3 \cdot H_2O\text{"} \ + \ 2\,H_3PO_4 \longrightarrow \ 2\,FePO_4 \ + \ 4\,H_2O$$
$$\text{Rost}$$

Ein weiteres Korrosionsschutzverfahren zur Erzeugung nichtmetallischer anorganischer Schichten ist das *Chromatieren*. Durch Einwirkung meist schwefelsaurer aber auch alkalischer Chromatlösungen auf metallische Werkstoffe, insbesondere bei Zink, Aluminium und Magnesium, werden auf der Metalloberfläche schwerlösliche chromat- und dichromathaltige Schutzschichten auf der Basis von z.B. $ZnCrO_4$ bzw. $ZnCrO_4 \cdot 4Zn(OH)_2$ oder $ZnCr_2O_7 \cdot 3H_2O$ gebildet, in denen, besonders im Bereich der metallischen Grenzschicht, auch Kationen des zu schützenden Metalls eingebaut sind. Wegen der erheblichen Gesundheitsgefährdung durch die als karzinogen geltenden Chromate und die als toxisch eingestuften Cr(III)-Verbindungen hat die Bedeutung der Chromatierverfahren für den Korrosionsschutz in jüngster Zeit stark abgenommen.

Bei der *Emaillierung* wird ein glasartiger, spröder, chemisch sehr resistenter Überzug auf eine metallische Werkstoffoberfläche aufgebracht. Die Emailschicht ist aus einem Mehrkomponenten-system zusammengesetzt, dessen Hauptbestandteile im Allgemeinen Quarz (SiO_2), Borax ($Na_2B_4O_7$ $\cdot 10H_2O$), Kalkstein ($CaCO_3$), Soda (Na_2CO_3), Flussspat (CaF_2), Aluminiumoxide und -hydroxide sind. Das Gemisch wird bei etwa 1000-1200°C geschmolzen und durch unterschiedliche Verfahrenstechniken als dünne Korrosionsschutzschichten auf die entsprechenden Metalloberflächen aufgetragen. Die Emaillierung findet meist zur Beschichtung von Eisenwerkstoffen Anwendung. Nachteilig an den Emailschichten ist, dass die Schichten wegen ihrer Sprödigkeit ziemlich stoß- und schlagempfindlich sind, und daher bei nicht sachgemäßem Umgang leicht abplatzen können.

Das rote, wasserunlösliche Blei(II,IV)oxid, Pb_3O_4, im normalen Sprachgebrauch als *Bleimennige* oder einfach nur *Mennige* bezeichnete, *Korrosionsschutzpigment* diente bis vor wenigen Jahren als wichtiger Bestandteil von Grundanstrichstoffen zum Rostschutz von Eisen- und Stahloberflächen.

Hierbei wirkt die Mennige nicht nur passiv, indem durch die gebildete Deckschicht eine räumliche Trennung von korrosionsgefährdetem Metall und angreifendem Agens stattfindet, sondern sie nimmt zum Teil aktiv am Chemismus des Korrosionsvorgangs teil, so dass durch diese direkte Beeinflussung die Rostbildung weitgehend verhindert wird.

Die Wirkungsweise von Mennige, in der das Blei in den formalen Oxidationsstufen +II und +IV auftritt ($Pb_3O_4 = 2PbO \cdot PbO_2$), lässt sich über kathodische und anodische Teilvorgänge sowie weitere chemische Folgereaktionen erklären. Die korrosionshemmende Wirkung beruht darauf, dass bei der Existenz eines Lokalelements zum einen an der Lokalkathode durch Säure- oder Wasserstoffkorrosion primär erzeugter Wasserstoff durch das Blei(IV)oxid zu Wasser oxidiert wird, wobei Blei(II)oxid entsteht, das auf der Eisenoberfläche eine schwerlösliche und gut haftende Schutzschicht bildet, die auch Anteile von $Pb(OH)_2$ enthalten kann:

$$\overset{0}{H_2} + \overset{+IV}{PbO_2} \longrightarrow \overset{+II}{PbO} + \overset{+I}{H_2O}$$

Zum anderen können die im Umfeld einer Lokalanode z.B. bei Sauerstoffkorrosion vorhandenen Eisen(II)hydroxide ebenfalls durch die PbO_2-haltigen Komponenten der Mennige oxidiert werden, wodurch ein Gemisch schwerlöslicher Deckschichten aus Oxiden und Hydroxiden des Eisens und Bleis entstehen, z.B.:

$$2\,\overset{+II}{Fe(OH)_2} + \overset{+IV}{PbO_2} \longrightarrow \overset{+III}{Fe(OH)_3} + \overset{+III}{FeO(OH)} + \overset{+II}{PbO}$$

Ferner bietet Mennige auch Schutz gegenüber der Einwirkung schwefeldioxidhaltiger Gase durch Bildung einer schwerlöslichen Bleisulfatschicht ($pL_{PbSO_4} = 8$):

$$\overset{+IV}{PbO_2} + \overset{+IV}{SO_2} \longrightarrow \overset{+II+VI}{PbSO_4}$$

Besondere Bedeutung haben einige spezielle Beschichtungstechniken, wie z.B. die *CVD*- und *PVD*-*Verfahren* (chemical- bzw. *physical vapor deposition*) erlangt, bei denen jedoch nicht unbedingt der Korrosionsschutz sondern die Herstellung extrem verschleißresistenter Werkstoffe im Vordergrund steht. Vor allem bei der Beschichtung von Hartmetallen spielt die Erzeugung von abriebfesten, dünnen Überzügen auf der Basis von vorwiegend Übergangsmetallnitriden, -carbiden und -boriden, z.B. TiN, TiC, TiB_2, eine bedeutende Rolle (vgl. auch Kapitel 7.4).

5.2   Aktiver Korrosionsschutz

Unter aktivem Korrosionsschutz versteht man die Anwendung von Methoden und Verfahren auf eine chemische oder elektrochemische Korrosionsreaktion, die gezielt in das korrodierende System eingreifen. Hierzu zählen z.B. alle Maßnahmen, die durch *Zulegieren* bestimmter passivierender Metalle die Korrosionsbeständigkeit von Stahlwerkstoffen erhöhen. So erhält man bei einem Legierungsanteil von über 12,5% des passivierend wirkenden Chroms nichtrostende Stähle (Edelstähle, V-Stähle), die zur Erhöhung ihrer Festigkeit meist zusätzlich noch mit Nickel legiert sind. Weitere *Stahlveredler* sind beispielsweise Cobalt, Kupfer, Aluminium, Mangan, Silicium, Molybdän, Vanadium und Titan.

Ferner werden die *konstruktiven Möglichkeiten*, die z.B. eine Akkumulation von korrosionsbegünstigenden Agenzien verhindern oder die Entstehung von Konzentrationselementen unterbinden, sowie Maßnahmen bei der *Werkstoffauswahl*, z.B. Anwendung von Werkstoffkombinationen, die keine Korrosion zulassen etc., ebenfalls zur Kategorie des aktiven Korrosionsschutzes gerechnet.

5.2.1   Kathodischer Korrosionsschutz

Direkten Einfluss auf den Werkstoff übt man beim *kathodischen Korrosionsschutz* aus. Durch den Aufbau eines *künstlichen Lokalelements* wird der zu schützende Werkstoff als Kathode geschaltet, während, je nach spezieller Methode, die Anode aus einem unedleren Metall oder einer sog. unangreifbaren Elektrode besteht.

a) Opferanode

Besonders für den Korrosionsschutz von Eisen- und Stahlwerkstoffen, wie z.B. von Schiffsaußenwänden gegen Seewasser, zum Innenschutz von Tanks sowie für Pipelines, Wasserversorgungsanlagen, Schleusen, Brücken etc. verwendet man als Anoden meist Zink- oder Magnesiumelektroden *(Opferanoden)*, die mit dem metallischen Bauteil leitend verbunden werden (vgl. Abbildung 5.3). Vorhandene Bodenfeuchtigkeit reicht dabei vollkommen zur Bildung des erforderlichen Elektrolyten aus.

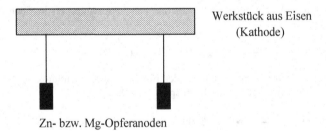

Werkstück aus Eisen
(Kathode)

Zn- bzw. Mg-Opferanoden

Abb. 5.3: kathodischer Korrosionsschutz durch Opferanoden

Da im Vergleich zum Eisen ($E°_{Fe/Fe^{2+}} = -0,44V$) Zink und Magnesium unedler sind ($E°_{Zn/Zn^{2+}} = -0,76V$, $E°_{Mg/Mg^{2+}} = -2,40V$), wirken diese Metalle als Anode und werden bevorzugt oxidiert („geopfert"), während das Werkstück in diesem künstlichen Lokalelement als das edlere Metall vor der Korrosion geschützt ist. Die Opferanoden müssen selbstverständlich nach bestimmten Zeit-spannen ersetzt werden; ein zu schneller Verbrauch lässt sich durch den Einbau geeigneter elektrischer Widerstände oder Beschichten ihrer Oberfläche mit Materialien von hohen Ohmschen Widerständen vermeiden.

b) Fremdstrom

Den gleichen Effekt wie mit Opferanoden kann man auch durch den Einsatz von *Fremdstrom* erzie-len. Hierbei wird das zu schützende Werkstück mit dem Minuspol (Anode) einer Gleichspannungs-quelle verbunden, während der positive Pol (Kathode) aus einer chemisch sehr inerten, sog. unan-greifbaren oder unauflöslichen Elektrode besteht. Derartige Elektroden können z.B. auf der Basis von siliciumreichem Gusseisen, Magnetit (Fe_3O_4) oder Graphit aufgebaut sein, oder sich aus den Metallen Titan, Niob und Tantal zusammensetzen, die mit einem dünnen Edelmetallüberzug aus Platin oder Iridium beschichtet sind.

Diese elektrische Schaltung bewirkt, dass das Werkstück über den Minuspol der Spannungsquelle Elektronen aufnimmt, wodurch sich der Primärschritt jeder metallischen Korrosion, nämlich die Abgabe von Elektronen durch Oxidation des betreffenden Metalls, unterdrücken lässt. Damit wird das Werkstück zur Kathode und die inerte Elektrode zur Anode (vgl. Abbildung 5.4), an der im Ge-gensatz zum kathodischen Korrosionsschutz kein Materialverlust durch Opferanoden auftritt.

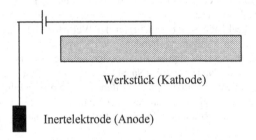

Werkstück (Kathode)

Inertelektrode (Anode)

Abb. 5.4: kathodischer Korrosionsschutz durch Fremdstrom

5.2.2 Inhibitoren

Die Korrosion von Metallen, insbesondere von Eisen- und Stahlwerkstoffen, kann auch gehemmt oder vollständig unterbunden werden, wenn man durch Zugabe von *Inhibitoren* zum angreifenden Agens chemische oder physikalische Veränderungen im korrosiven Medium vornimmt, die den elektrochemischen Korrosionsvorgang direkt beeinflussen.

Physikalische Inhibitoren sind oberflächenaktive Substanzen, die vom Werkstoff absorbiert wer-den und so eine räumliche Trennung von Metall und korrosionsverursachenden Medium bewirken. Zu den physikalischen Inhibitoren gehören z.B. zahlreiche stickstoffhaltige organische Verbindun-gen, wie aliphatische und aromatische Amine, Aminosäuren, Imidazole **1**, Triazole **2**, Chinoline **3**, Nicotinsäure **4** sowie verschiedene Thioharnstoffderivate, beispielsweise **5**:

Je nach der speziell ablaufenden chemischen Reaktion lassen sich die **chemischen Inhibitoren** in *Passivatoren, Deckschichtbildner* und *Destimulatoren* einteilen. In Abhängigkeit von der Teilreaktion, deren Korrosionsgeschwindigkeit durch den Zusatz eines Inhibitors stark verringert wird, unterscheidet man zwischen *kathodischen* und *anodischen Inhibitoren.*

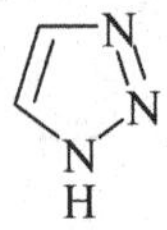

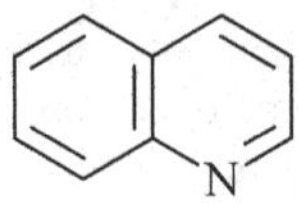

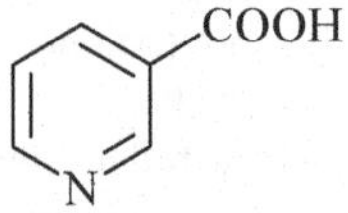

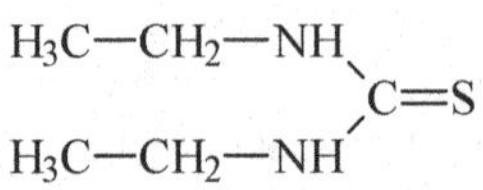

Passivatoren (z.B. Chromate und bestimmte Schwermetallhalogenide) sorgen für die Entstehung einer dünnen, zusammenhängenden, passivierenden Oxidschicht auf der Metalloberfläche; *Deckschichtbildner* (z.B. Phosphate, Silicate und Borate) fällen schwerlösliche Verbindungen aus, die im Idealfall als gleichmäßig deckende Schutzschicht auf der Werkstoffoberfläche anwachsen, während *Destimulatoren* im korrosiven Medium vorhandene, den Korrosionsprozess beschleunigende Substanzen unschädlich machen. So lässt sich im Elektrolyten gelöster Sauerstoff durch Destimulatoren wie z.B. Hydrazin (N_2H_4) oder Natriumsulfit (Na_2SO_3) entfernen. Diese Methode des aktiven Korrosionsschutzes wird vor allem in Heizungskreisläufen und Dampfkesseln angewendet. Die Wirkung des toxikologisch als sehr bedenklich eingestuften Hydrazins (hat sich im Tierversuch als kanzerogen erwiesen) beruht auf der Reduktion des Sauerstoffs und gleichzeitiger Stickstoffbildung:

$$\overset{0}{O_2} \ + \ \overset{-II}{N_2H_4} \ \longrightarrow \ 2\,\overset{-II}{H_2O} \ + \ \overset{0}{N_2}$$

Auch bei der sogenannten „Sulfitentgasung" mit Natriumsulfit wird der Sauerstoff reduziert. Als Reduktionsmittel fungieren die Sulfitionen, die bei dieser Reaktion zum Sulfat oxidiert werden:

$$\overset{0}{O_2} \ + \ 2\,\overset{+IV}{Na_2SO_3} \ \longrightarrow \ 2\,\overset{+VI}{Na_2SO_4}$$

Von Nachteil ist die Aufsalzung des Wassers durch Natriumsulfat beim Einsatz von Natriumsulfit als Destimulator, während bei der Verwendung von Hydrazin keine unerwünschten Reaktionsprodukte entstehen.

Die oben angeführten Destimulatoren fallen in die Kategorie der *kathodischen Inhibitoren*, da sie die Reduktionsvorgänge von Sauerstoff-, Wasserstoff- bzw. Säurekorrosion erschweren. Zu den *anodischen Inhibitoren* zählen z.B. die erwähnten Passivatoren und Deckschichtbildner, die den anodischen Teilprozess der Oxidation des metallischen Werkstoffs verhindern. Ferner üben einige der als anodisch aktiv eingestuften Inhibitoren auch einen Einfluss auf die Kathodenreaktion aus, indem sie in wässriger Lösung alkalisch reagieren, wie z.B. Phosphate oder auch Benzoate (Salze der Benzoesäure):

$$PO_4{}^{3-} + H_2O \rightleftharpoons HPO_4{}^{2-} + OH^-$$

Infolge der Erhöhung der OH⁻-Konzentration kommt es zu einer Unterdrückung der Sauerstoffkorrosion, weil durch die zusätzlich gebildeten OH⁻-Ionen das chemische Gleichgewicht dieser Reaktion in Richtung der Edukte verschoben wird:

$$\overset{0}{O_2} + 2\,H_2O + 4\,e^- \leftarrow\rightleftharpoons 4\,\overset{-II}{O}H^-$$

Für den *temporären Korrosionsschutz* eignet sich das *VCI-Verfahren* (*v*olatile *c*orrosion *i*nhibitor). Sollen Apparaturen und Gegenstände aus Eisen- und Stahlwerkstoffen, aber auch auf der Basis von Chrom, Nickel, Aluminium, Zink und Zinn, – beispielsweise für eine Stilllegung, Lagerung oder einen Seetransport – einen zeitlich begrenzten Korrosionsschutz erhalten, so kommen häufig die sog. *Dampfphaseninhibitoren* zum Einsatz. Es handelt sich dabei um leichtflüchtige, passivierend wirkende Substanzen, wie z.B. das oft verwendete *Di*cyclo*h*exyl*am*monium*n*itrit, das unter der abgekürzten Bezeichnung „*Dichan*" vermarktet wird.

"Dichan"

Die Applikation des Inhibitors ist recht einfach und geschieht durch Imprägnieren von Papier, das als Verpackungsmittel für das zu konservierende Material dient, oder über die direkte Einlagerung des Pulvers – meist zusammen mit einem Trockenmittel – in den entsprechenden Aufbewahrungsbehälter. Wegen seines hohen Dampfdrucks gelangt der Inhibitor auf die zu schützenden Metalloberflächen und bewahrt diese weitgehend vor Korrosion. Die Effizienz des Verfahrens ist am höchsten in dicht verschlossenen Aufbewahrungssystemen, die ein Entweichen des Dampfphaseninhibitors weitgehend verhindern. Nach dem Auspacken ist keine weitere Reinigung des Werkstücks mehr erforderlich, da sich der Inhibitor anschließend meist in kurzer Zeit vollständig verflüchtigt.

Nachteilig wirkt sich jedoch die Anwendung von „Dichan" auf einige Nichteisenmetalle bzw. Legierungen (Magnesium, Silber, Kupfer, Messing) und Kunststoffe aus, die dadurch sogar einer beschleunigten Korrosion unterliegen können.

6 Kunststoffe

6.1 Einführung – wichtige Begriffe und Definitionen

Unter der Bezeichnung Kunststoffe versteht man im Allgemeinen halb- oder vollsynthetisch herge-stellte *makromolekulare Werkstoffe.*

Zur Herstellung der *halbsynthetischen Kunststoffe* dienen als Rohstoffe makromolekulare Natur-produkte, die durch chemische Reaktionen leicht abgewandelt werden. So lassen sich z.B. aus der Cellulose durch entsprechende Modifizierungen Celluloseester und Celluloseether produzieren, die unter anderem als Folien, dünne Filme, Fasern (Kunstseiden), Lacke und Klebstoffe Verwendung finden. Weitere Beispiele zur Darstellung halbsynthetischer Kunststoffe sind die Aufbereitung von natürlichem Latex zu Naturkautschuk und anschließender Herstellung von Elastomeren sowie die Verarbeitung von Leinöl zu Linoleum.

Im Gegensatz dazu werden als Rohstoffe für die Gewinnung der *vollsynthetischen Kunststoffe* praktisch nur niedermolekulare Verbindungen, sogenannte *Monomere,* eingesetzt, die sich über be-stimmte *Polyreaktionen* zu Makromolekülen umsetzen lassen.

Sowohl die natürlichen Makromoleküle *(Biopolymere),* wie z.B. Proteine, Polysaccharide und Nuk-leinsäuren, bzw. durch Abwandlung von Naturprodukten erhaltene halbsynthetische Kunststoffe, als auch die vollsynthetischen Makromoleküle werden *Polymere* (griech.: sinngemäß für „viele Teil-chen") genannt, wenn diese aus vielen gleichartigen Baueinheiten bestehen, die in regelmäßiger Weise angeordnet sind.

In den folgenden Abschnitten wollen wir uns im Wesentlichen mit der Chemie der Herstellung von vollsynthetischen Kunststoffen, mit ihren charakteristischen Eigenschaften und den daraus resultie-renden Anwendungen als Werkstoffe beschäftigen.

Ergänzend sei erwähnt, dass zur Kategorie der Kunststoffe in der Regel noch die *Klebstoffe* und synthetischen *Lacke* gehören, während zumindest die Wirtschaftsstatistik die *Elastomere* und *Che-miefasern* nicht zu den Kunststoffen zählt.

Wie bereits angedeutet, erfolgt die Verknüpfung der Monomeren zu den Polymeren über unter-schiedliche chemische Reaktionen, die man ganz allgemein und durchaus sinnig als *Polyreaktionen* bezeichnen kann.

Die kleinste, sich ständig wiederholende Einheit eines Polymeren wird *Strukturelement* oder *konsti-tutionelle Einheit* genannt. Es handelt sich dabei um immer wiederkehrende gleiche Atomgruppie-rungen, z.B. im Polypropylen (PP) um das Strukturelement

$$\text{\Large $\mathsf{\sim\!\!\sim\!\!CH\!-\!\!CH_2\!\sim\!\!\sim}$} \atop \text{\Large $\mathsf{\ \ \ \ \ CH_3}$}$$

Es sei angemerkt, dass die Benennung des Polymers sich i.a. durch den Herkunftsnamen des ein-gesetzten Monomers (hier Propylen bzw. Propen) ergibt[117].

Die makromolekulare Verbindung – in diesem Fall Polypropylen – wird dabei im Allgemeinen durch Einfügen des Strukturelements in eckige Klammern gekennzeichnet, wobei die endständigen Bindungen des Strukturelements jeweils durch diese Klammern zu zeichnen sind und ein kleiner,

---

Die Originalversion dieses Kapitels wurde revidiert. Ein Erratum ist verfügbar unter
http://doi.org/10.1007/978-3-662-63297-0_9

tiefgestellter lateinischer Buchstabe – meist verwendet man das *n* – die Anzahl der gleichartigen Strukturelemente indiziert:

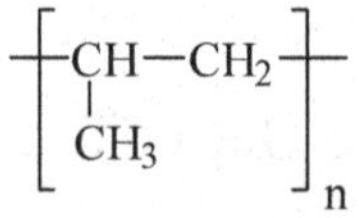

$$\left[\begin{array}{c} CH-CH_2 \\ | \\ CH_3 \end{array} \right]_n$$

Hieraus leitet sich auch der *Polymerisationsgrad* eines Polymers ab. Der Polymerisationsgrad *eines polymeren Moleküls* ist definiert als die Anzahl der monomeren Einheiten in *einem* separaten Makromolekül. Da die einzelnen Makromoleküle eines Polymers nicht von gleicher Länge bzw. Größe sind und jeweils eine unterschiedliche Anzahl von solchen Grundbausteinen enthalten, gibt man den mittleren oder durchschnittlichen Polymerisationsgrad des Polymers an.

Niedermolekulare Verbindungen mit n < 100 nennt man *Oligomere*, bei extrem niedrigen Ziffern, wie z.B. n = 2 oder n = 3 heißen die entsprechenden Stoffe *Dimere* bzw. *Trimere*. Erst für n > 1000 wird der Begriff hochpolymere Verbindung oder einfacher das Wort *Polymer* benutzt. Allerdings sind die Grenzen für derartige Definitionen fließend. Legt man z.B. die relative molare Masse für diese Einteilung zugrunde, so spricht man bei etwa RMM > 10 000 von einem Polymer.

Unter *Homopolymeren* versteht man Makromoleküle, die aus nur einer Art von Monomeren entstanden sind. Es lässt sich bei kettenförmigen Anordnungen ganz allgemein zwischen *linearen* und *verzweigten* Homopolymeren unterscheiden, z.B.:

$$\text{\textasciitilde A—A—A—A—A—A\textasciitilde} \qquad \text{\textasciitilde A—A—A} \begin{array}{c} \text{A—A—A\textasciitilde} \\ [A] \\ \text{A—A—A\textasciitilde} \end{array}$$

lineares Homopolymer   verzweigtes Homopolymer

wobei A ein Strukturelement symbolisiert und [A] eine Verzweigungsstelle innerhalb der Kette darstellt.

Copolymere hingegen sind Makromoleküle, die durch chemische Reaktionen aus zwei oder mehr verschiedenartigen Monomeren synthetisiert werden. Ist das entsprechende Makromolekül aus zwei Arten von Monomeren entstanden, so spricht man von einem *Bipolymer*. Je nach Verknüpfung der einzelnen unterschiedlichen Strukturelemente A und B differenziert man zwischen *alternierenden* und *statistischen* Bipolymeren:

$$\text{\textasciitilde A—B—A—B} (\text{A—B})_n \text{A—B—A—B\textasciitilde}$$

alternierendes Bipolymer (z.B. Styrol/Acrylnitril)

$$\text{\textasciitilde A—B—A—A—B—A—B—B—B—A\textasciitilde}$$

statistisches Bipolymer (z.B. Butadien/Styrol)

Neben den aufgeführten linearen Kettenanordnungen sind bei den Bipolymeren natürlich auch Verzweigungen in der Kette möglich.

Als *Terpolymere* bezeichnet man konsequenterweise solche Copolymere, die aus drei verschiedenen Monomeren erzeugt werden, z.B. Acrylnitril-Butadien-Styrol (ABS). Analog zu den Bipolymeren lässt sich ebenfalls eine Einteilung in alternierende und statistische Terpolymere treffen, die auch jeweils wieder in Form von linearen oder verzweigten Ketten vorliegen können:

$$\text{\small www}A-B-C-A-B-C-\!\!\left(\!A-B-C\!\right)_{\!n}\!\!A-B-C-A-B-C\text{\small www}$$

lineares alternierendes Terpolymer

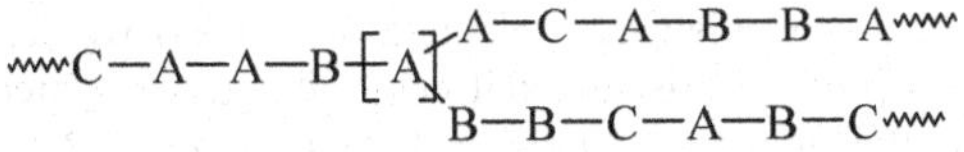

$$\text{\small www}C-A-A-B-\!\!\left[\!A\!\right]\!\!\begin{array}{l}A-C-A-B-B-A\text{\small www}\\B-B-C-A-B-C\text{\small www}\end{array}$$

verzweigtes statistisches Terpolymer

Des Weiteren unterscheidet man zwischen *Blockcopolymeren* und *Pfropfcopolymeren*. Ein Blockcopolymer ist ein Makromolekül, dessen Kette aus linear verknüpften Blöcken, also Abschnitten mit mehreren gleichen konstitutionellen Einheiten, verschiedener Homopolymeren besteht, z.B.:

$$\text{\small www}A-A-A-A-A-A-B-B-B-B-B-B-B-B-A-A-A-A-A-A\text{\small www}$$

Blockcopolymer

Sind diese Blöcke als Seitenkette mit der Hauptkette verbunden („aufgepfropft"), so handelt es sich um Pfropfcopolymere, z.B.:

$$\text{\small www}A-A-A-A-A-\!\!\left[\!A\!\right]\!\!-A-A-A-A-A-A-A-\!\!\left[\!A\!\right]\!\!-A-A-A-A-A-A\text{\small www}$$

$$\begin{array}{cc}B & B\\ B & B\\ B & B\\ B & B\end{array}$$

Pfropfcopolymer

Das bereits bei den Terpolymeren angeführte Acrylnitril-Butadien-Styrol (ABS) zählt zur Gruppe der Pfropfcopolymere, bei dem auf einer Polybutadien-Hauptkette Polystyrol- und Polyacrylnitril-Seitenketten angebracht sind.

Häufig wird bei den kettenförmigen Makromolekülen zwischen *Isoketten* und *Heteroketten* differenziert. Besteht das Rückgrat der Kette aus gleichen Atomen (normalerweise Kohlenstoffatome), dann handelt es sich um eine Isokette:

$$\text{\small www}C-C-C-C-C-C-C-C-C-C-C-C-C-C\text{\small www}$$

Isokette

Beispielsweise besitzen Polyethylen (PE), Polypropylen (PP) und Polystyrol (PS) Kohlenstoff-Isoketten; beim bereits mehrfach erwähnten Acrylnitril-Butadien-Styrol (ABS) stellt das Rückgrat die Kohlenstoffkette des Polybutadiens dar. Von einer Heterokette spricht man, wenn das Rückgrat der Kette auch andere Atome (Heteroatome) aufweist, wie dies z.B. beim Polyoxymethylen (POM) der Fall ist:

$$\text{wwwC—O—C—O—C—O—C—O—C—O—C—O—C—O—C ww}$$

Heterokette

Von den Copolymeren grenzen sich die *„Polymer-Legierungen"* oder *Polymer-Blends* ab. Analog zur Legierungsbildung bei den Metallen können bestimmte Eigenschaften polymerer Werkstoffe ebenfalls durch „Vermischen" verschiedener Polymere modifiziert werden. Wichtigste Voraussetzung dazu ist natürlich eine gewisse Mischbarkeit der beteiligten Polymere. So lässt sich z.B. die hohe Wasseraufnahme von Polyamiden (PA) durch Beimischung von Polyethylen (PE) reduzieren. Bei diesen sog. *inter*penetrierenden Polymer*netz*werken *(IPN)* handelt es sich um Polymersysteme, die zwar sehr innig untereinander vermischt und verflochten werden können und sich somit gegenseitig durchdringen, jedoch nicht über kovalente chemische Bindungen direkt miteinander verknüpft sind.

6.2   Herausragende Eigenschaften von Kunststoffen

Der Einsatz von Kunststoffen als Werkstoffe beruht auf einer Vielzahl von günstigen Eigenschaften, weshalb die Kunststoffe in zahlreichen Anwendungsbereichen anderen Materialien vorgezogen werden. Von den vielen vorteilhaften Eigenschaften der Kunststoffe sind die folgenden besonders erwähnenswert:

- *geringe Massendichte*

  Im Vergleich zum Beispiel zu den metallischen Werkstoffen sind Kunststoffe recht leicht. Die Massendichten der meisten Kunststoffe liegen im Bereich von $0,8 \text{ g/cm}^3 \leq \rho \leq 2,2 \text{ g/cm}^3$ (z.B. $\rho = 0,83 \text{ g/cm}^3$ für Poly-4-methylpent-1-en und $\rho = 2,20 \text{ g/cm}^3$ für Polytetrafluorethylen). Bei den Schaumstoffen erreicht man Werte von $\rho \approx 0,01 \text{ g/cm}^3$.

- *große Korrosionsbeständigkeit*

  Kunststoffe weisen eine sehr hohe Beständigkeit gegenüber den meisten Chemikalien auf. In der Regel werden sie von Säuren, Laugen und wässrigen Salzlösungen kaum angegriffen. Allerdings können bestimmte organische LM einige Kunststoffe relativ leicht lösen.

- *flexible Elastizitätsmoduln und Zugfestigkeiten*

  In Abhängigkeit vom verwendeten Kunststoff oder von der Kombination verschiedener Kunststoffe lässt sich prinzipiell ein gummi- bis stahlelastisches Verhalten erzeugen. Eine weitere Modifikation durch den zusätzlichen Einbau von Füllstoffen oder durch Faserverstärkung ist möglich.

- *niedrige Verarbeitungstemperaturen*

  Die Verarbeitung der Kunststoffe und die entsprechenden Formgebungsverfahren sind meist einfach und vor allem bei relativ niedrigen Temperaturen durchführbar. Während für die Eisen- und Stahlproduktion hohe Temperaturen notwendig sind, liegen die Verarbeitungstemperaturen für Kunststoffe im Bereich von RT bis etwa 250°C, nur in Ausnahmefällen sind Temperaturen bis maximal 400°C erforderlich. Aufgrund dieser energiesparenden und wirtschaftlichen Herstellungsprozesse stellen Kunststoffe den idealen Werkstoff zur Anfertigung von Massenprodukten dar.

- *geringe thermische und elektrische Leitfähigkeiten*

  Wegen ihrer im Allgemeinen geringen thermischen und elektrischen Leitfähigkeiten eignen sich Kunststoffe hervorragend als Wärmeisolationsmaterialien und elektrische Isolatorwerkstoffe. Andererseits lassen sich jedoch auch gut leitfähige Kunststoffe (z.B. Polypyrrol, Polyacetylen) erzeugen, die für spezielle Anwendungszwecke benötigt werden.

Neben den hier angeführten vorteilhaften Eigenschaften gibt es sicherlich noch weitere Gründe, in bestimmten Bereichen Kunststoffe als Werkstoffe einzusetzen. Es soll allerdings auch nicht verschwiegen werden, dass die Verwendung von Kunststoffen eine Reihe von Nachteilen zur Folge hat. Hier ist in erster Linie die Problematik der Abfallbeseitigung und des Recyclings zu nennen. Geht man bei den gebräuchlichen Standardkunststoffen zur Vereinfachung von einer durchschnittlichen Massendichte von ca. 1 g/cm^3 aus, dann bedeutet dies, dass im Vergleich z.B. zu Eisen- und Stahlwerkstoffen bei gleichen Massen des jeweiligen Materials die Kunststoffe bei der ökologisch und ökonomisch sicherlich fragwürdigen Entsorgung durch Deponie ein etwa siebenfach größeres Volumen einnehmen.

6.3 Chemie der Herstellung von Kunststoffen - Polyreaktionen

Die Synthese von Polymeren aus Monomeren verläuft ganz allgemein ausgedrückt über exotherme chemische *Polyreaktionen.* Im deutschen Sprachgebrauch wird das Wort Polyreaktion als Oberbegriff für verschiedene Synthesereaktionen zur Herstellung von makromolekularen Substanzen verwendet. Nicht völlig im Einklang mit den neuesten IUPAC-Regeln, erfolgt in diesem Buch im Wesentlichen die klassische Unterteilung in

- *Polymerisationen*

- *Polykondensationen*

- *Polyadditionen*

- *spezielle Polyreaktionen*

6.3.1 Polymerisationen

Unter Polymerisation versteht man diejenigen chemischen Polyreaktionen, bei denen gleiche monomere Ausgangsstoffe mit reaktionsfähigen Doppelbindungen (meist C=C) oder Ringstrukturen (z.B. Epoxide) ohne Wanderung, Umlagerung oder Austritt irgendwelcher Molekülbestandteile Polymere bilden. Je nach chemischem Mechanismus klassifiziert man die Polymerisationsreaktionen in

- *radikalische Polymerisationen*

- *koordinative Polymerisationen*

- *kationische Polymerisationen*

- *anionische Polymerisationen*

6.3.1.1 Radikalische Polymerisationen

Die radikalischen Polymerisationen zählen zu den technisch am häufigsten verwendeten Methoden zur Synthese von Kunststoffen. Grundsätzlich lässt sich bei allen Polymerisationsreaktionen zwischen den Teilvorgängen des *Kettenstarts*, des *Kettenwachstums* und des *Kettenabbruchs* unterscheiden.

a) Kettenstart

Der Kettenstart wird z.B. ausgelöst durch die Zugabe geeigneter *Initiatoren* (Startersubstanzen), die man in geringen Mengen von etwa 0,1% bis 1% dem Monomer zufügt, und durch die Einwirkung von Wärme oder elektromagnetischer Strahlung.

Beim Kettenstart erfolgt in den Initiatormolekülen in der Regel eine *homolytische Bindungsspaltung*, die *Radikale* (Teilchen mit einem ungepaarten Elektron) liefert; d.h. die kovalente Bindung des Initiators A-B wird durch Energieeinwirkung E unter Bildung von zwei Radikalen A und B aufgebrochen:

$$A-B \xrightarrow{E} A\bullet \ + \ \bullet B$$

Erzeugung von Radikalen

Prinzipiell stehen eine ganze Reihe von unterschiedlichen Methoden zur Erzeugung von Radikalen zur Verfügung, von denen im Folgenden die wichtigsten erläutert werden.

1) Thermolyse

Initiatoren, die chemische Bindungen mit niedrigen Bindungsenergien enthalten, lassen sich relativ einfach bei leicht erhöhten Temperaturen in Radikale spalten. Zu den gängigsten thermolytischen Initiatoren zählen vor allem Peroxide und aliphatische Azoverbindungen.

In der Gruppe der Peroxide stellt das Wasserstoffperoxid H_2O_2 **6** die strukturell einfachste Verbindung dar. Die Zufuhr von Wärme bewirkt die Aufspaltung der Bindung zwischen den beiden Sauerstoffatomen und Bildung der zwei Hydroxyradikale **7**:

$$H-O-O-H \xrightarrow{\Delta} 2 \ H-O\bullet$$
$$\textbf{6} \qquad\qquad\qquad \textbf{7}$$

Ein bedeutender Radikalstarter ist das Dibenzoylperoxid **8**. Auch bei diesem Molekül erfolgt durch Wärmeeinwirkung zunächst die Spaltung der Peroxidbindung, wobei primär zwei Benzoylradikale **9** entstehen, die in einem weiteren Reaktionsschritt unter Decarboxylierung in Phenylradikale **10** übergehen können:

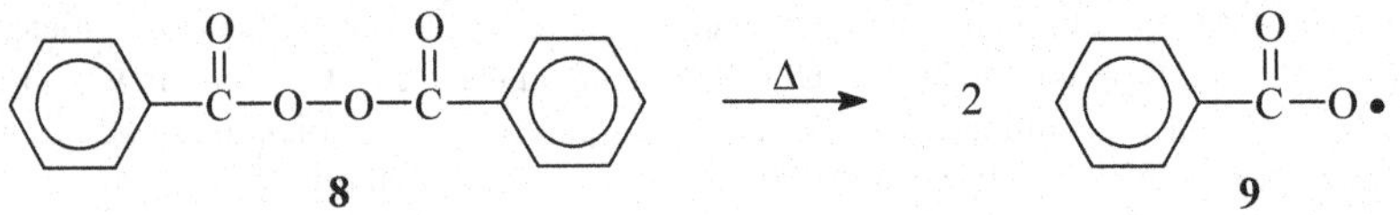

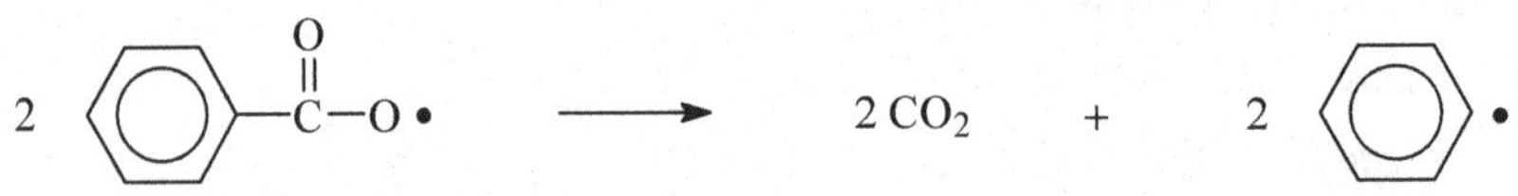

In ähnlicher Weise reagiert Di-*tert.*-butylperoxid **11**, das via Zwischenstufe **12** letztendlich Aceton **13** und Methylradikale **14** bildet:

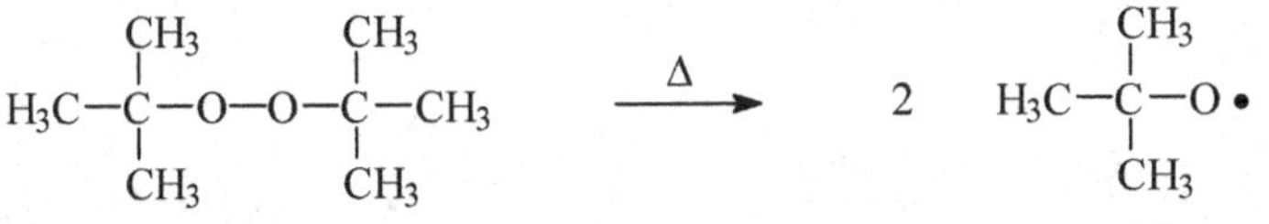

$$
\begin{array}{c}
\underset{\textbf{11}}{H_3C-\underset{\underset{CH_3}{|}}{\overset{\overset{CH_3}{|}}{C}}-O-O-\underset{\underset{CH_3}{|}}{\overset{\overset{CH_3}{|}}{C}}-CH_3}
\quad\xrightarrow{\Delta}\quad
2\quad \underset{\textbf{12}}{H_3C-\underset{\underset{CH_3}{|}}{\overset{\overset{CH_3}{|}}{C}}-O\bullet}
\end{array}
$$

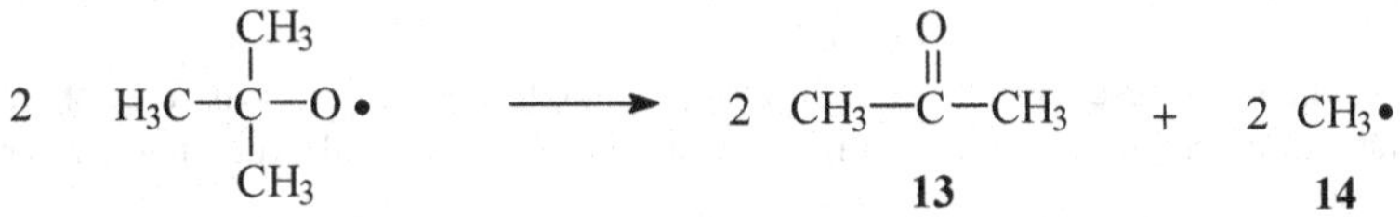

$$
2\quad \underset{\textbf{12}}{H_3C-\underset{\underset{CH_3}{|}}{\overset{\overset{CH_3}{|}}{C}}-O\bullet}
\quad\longrightarrow\quad
2\quad \underset{\textbf{13}}{CH_3-\overset{\overset{O}{\|}}{C}-CH_3}
\quad+\quad 2\ \underset{\textbf{14}}{CH_3\bullet}
$$

Als Beispiel für einen inzwischen nicht mehr großtechnisch genutzten Initiator mit einer Azobindung sei das *Azobisisobutyronitril (AIBN)* **15** genannt. Diese Azoverbindung **15** reagiert unter Abspaltung von Stickstoff zum resonanzstabilisierten Isobutyronitrilradikal **15a**:

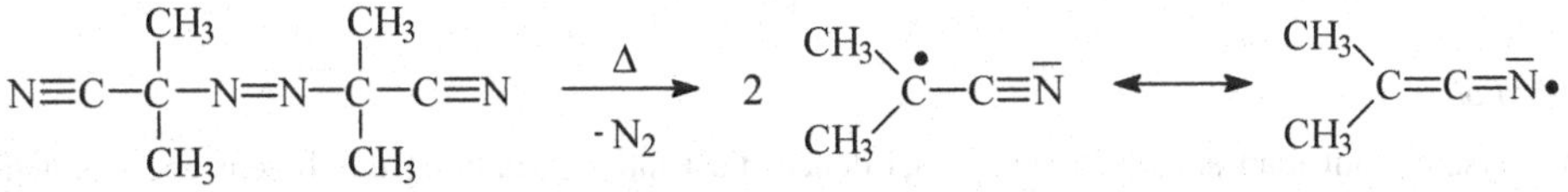

$$
\underset{\textbf{15}}{N\equiv C-\underset{\underset{CH_3}{|}}{\overset{\overset{CH_3}{|}}{C}}-N=N-\underset{\underset{CH_3}{|}}{\overset{\overset{CH_3}{|}}{C}}-C\equiv N}
\quad\xrightarrow[-N_2]{\Delta}\quad
2\quad \overset{CH_3}{\underset{CH_3}{}}C-C\equiv \bar{N}\quad\longleftrightarrow\quad \overset{CH_3}{\underset{CH_3}{}}C=C=\bar{N}\bullet \qquad \textbf{15a}
$$

2) Photolyse

Als photolytische Bindungsspaltungen bezeichnet man im Allgemeinen alle diejenigen Vorgänge, bei denen eine geeignete Startersubstanz durch Absorption von elektromagnetischer Strahlung der Wellenlänge von etwa 100 nm (Ultraviolett) bis 1000 nm (Infrarot) homolytisch in Radikale gespalten wird.

So lassen sich z.B. aus Aceton **13** durch Bestrahlung mit UV-Licht Methylradikale **14** erzeugen. Diese Reaktion verläuft über das als Zwischenprodukt entstehende Acetylradikal **16**, welches anschließend Kohlenmonoxid abspaltet und ein weiteres Methylradikal **14** bildet:

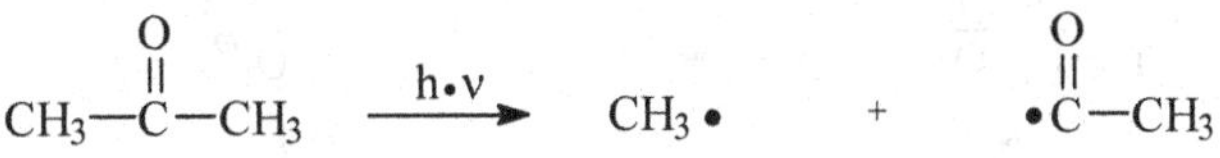

$$
\underset{\textbf{13}}{CH_3-\overset{\overset{O}{\|}}{C}-CH_3}
\quad\xrightarrow{h\bullet v}\quad
\underset{\textbf{14}}{CH_3\bullet}
\quad+\quad
\underset{\textbf{16}}{\bullet\overset{\overset{O}{\|}}{C}-CH_3}
$$

$$
\underset{\textbf{16}}{\bullet\overset{\overset{O}{\|}}{C}-CH_3}
\quad\longrightarrow\quad CO\quad+\quad \underset{\textbf{14}}{\bullet CH_3}
$$

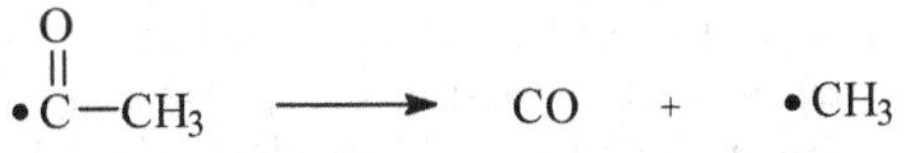

Zur radikalischen Polymerisation von Kunststoffen im Bereich der Dentaltechnik wird z.B. Benzo-inmethylether **17** eingesetzt, der bei Bestrahlung als Primärradikale zunächst das Benzoylradikal **9** und das Methoxybenzylradikal **17a** liefert:

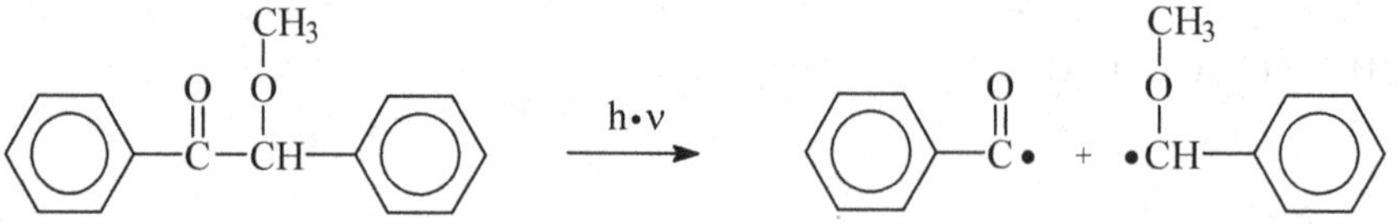

Der inzwischen für diese Zwecke am häufigsten genutzte Photoinitiator ist Campherchinon **18**, das zusammen mit einem aliphatischen Amin als Coinitiator zur Radikalerzeugung verwendet wird:

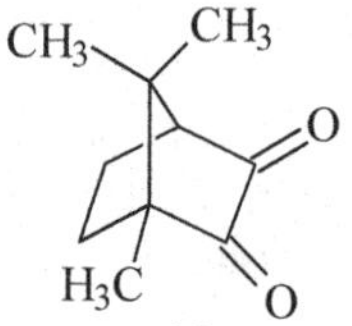

3) Radiolyse

Radiolysen nennt man solche Prozesse, bei denen die Bindungsspaltung durch sehr energiereiche Strahlung erfolgt, z.B. durch Röntgen-, γ- oder Elektronenstrahlen (β-Strahlung). Allerdings wendet man diese Methode zur Initiierung von Radikalen weniger häufig an, da wegen der stark ionisierend wirkenden Strahlung nicht nur radikalische Produkte entstehen.

4) Redoxprozesse

Bei den bisher besprochenen Methoden zur Erzeugung von Radikalen wurde die Bindungsspaltung durch die Zuführung von Wärme- oder Strahlungsenergie ausgelöst. Radikale können aber auch durch „elektrochemische Energie" aus Redoxprozessen erzeugt werden. Die Verwendung der sog. *Fentonschen Lösung*, ein Gemisch aus Eisen(II)sulfat und Wasserstoffperoxid **6**, führt zur Bildung von Hydroxyradikalen **7** und Hydroxidionen **19** bei gleichzeitiger Oxidation der Fe^{2+}-Ionen zu Fe^{3+}- Ionen:

5) Elektrolyse

Radikale lassen sich weiterhin nach dem als *Kolbe-Synthese* bekannten Verfahren durch Elektrolyse von Carbonsäuresalzen herstellen. Dabei werden durch Anlegen einer Gleichspannung die Carboxylatanionen **20** an der Anode zunächst zu Carboxylradikalen **21** oxidiert, die anschließend decarboxylieren und die Radikale R· liefern:

$$R-COO^{\ominus} \xrightarrow[-e^{\ominus}]{\text{Anode}} R-COO\bullet \xrightarrow{-CO_2} R\bullet$$

$$\quad\;\; \mathbf{20} \qquad\qquad\qquad\qquad \mathbf{21}$$

6) Mechanische Energie

Auch die Zuführung von mechanischer Energie kann in manchen Fällen die Bildung von Radikalen bewirken *(Mechanochemie)*. So ist es z.B. möglich, durch Behandlung mit Ultraschallwellen oder durch sehr schnelles Verrühren des Reaktionsansatzes eine homolytische Bindungstrennung zu erreichen.

Nachdem nun verschiedene Methoden zur Erzeugung der für die radikalische Polymerisation benötigten Startradikale (Initiatoren) beschrieben wurden, können wir uns jetzt näher mit dem chemischen Mechanismus der Kettenstartreaktion befassen.

Im Folgenden wird das jeweils verwendete Radikal unabhängig von seiner speziellen Struktur zur Vereinfachung universell mit R· abgekürzt.

Da bei den Radikalen im Allgemeinen der elektrophile Charakter dominiert, greifen sie bevorzugt elektronenreiche Bindungen anderer Moleküle oder Teilchen an. Insbesondere reagieren sie z.B. mit C=C-Doppelbindungen, durch die bekanntlich die chemische Stoffgruppe der Alkene charakterisiert ist.

Bezeichnet man ganz allgemein ein monomeres Alken mit der Formel $H_2C=CHR'$, wobei R' zunächst ein beliebiger Substituent sein soll, dann lässt sich die **Kettenstartreaktion** des Startradikals R· mit dem Monomer über folgende Reaktionsgleichung formulieren:

$$R\bullet \quad + \quad \underset{\underset{R'}{|}}{H_2C=CH} \quad \longrightarrow \quad \underset{\underset{R'}{|}}{R-CH_2-\overset{\bullet}{C}H}$$

$$\mathbf{22}$$

Das Startradikal R· greift die im Vergleich zur σ-Bindung schwächere π-Bindung vorzugsweise am unsubstituierten Kohlenstoffatom des Alkens an. Dieses selektive Verhalten beruht im Wesentlichen auf zwei Effekten. Zum einen verursacht der Substituent R' an dem C-Atom, an das er gebunden ist, eine sterische Abschirmung und damit eine geringere Reaktivität. Andererseits üben die bei einigen Standardkunststoffen häufig vorkommenden Substituenten, wie Alkyl- oder Phenylgruppen, einen +I-Effekt aus, der eine Erhöhung der Elektronendichte am substituierten Kohlenstoffatom bewirkt und somit für eine bessere Stabilisierung des einsamen Elektrons an diesem C-Atom sorgt.

Aus den genannten Gründen bildet sich bei der Kettenstartreaktion vorwiegend das neue Radikal **22**, bei dem der radikalische Initiator R an das unsubstituierte Kohlenstoffatom gebunden ist, während sich das einsame Elektron vorwiegend im Bereich des substituierten C-Atoms aufhält (*anti-Markownikow-Addition*).

Allerdings ist die radikalische Polymerisation bei allylischen Monomeren (Propen, Isobuten, höhere 1-Olefine) erschwert bzw. praktisch nicht durchführbar. Hier kommt es statt zur Addition eines Radikals an eine C=C-Doppelbindung bevorzugt zu einer Substitutionsreaktion, bei der das resonanz-stabilisierte Allylradikal **22a** gebildet wird:

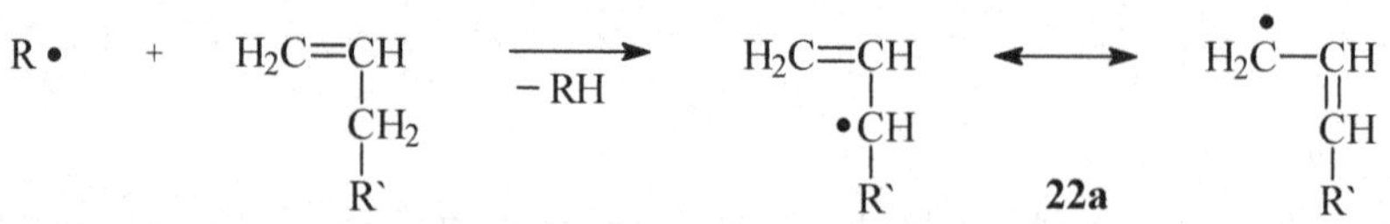

$$R\bullet \quad + \quad H_2C{=}CH \overset{-RH}{\longrightarrow} H_2C{=}CH \longleftrightarrow H_2\overset{\bullet}{C}{-}CH$$

Somit müssen die entsprechenden Kunststoffe über andere chemische Reaktionsmechanismen her-gestellt werden (vgl. Abschnitte 6.3.1.2 und 6.3.1.3).

b) Kettenpropagation

Das über die Kettenstartreaktion erzeugte Radikal **22** kann nun seinerseits in gleicher Weise, wie bei der Startreaktion beschrieben, mit einem Alkenmolekül unter Bildung des größeren Radikals **23** re-agieren:

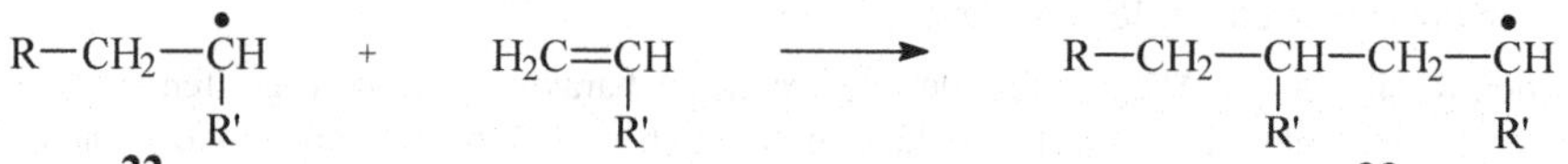

$$R{-}CH_2{-}\overset{\bullet}{C}H \quad + \quad H_2C{=}CH \longrightarrow R{-}CH_2{-}CH{-}CH_2{-}\overset{\bullet}{C}H$$

Dieses Radikal **23** lagert sich an ein weiteres Alkenmolekül an, wobei ein Radikal mit noch höherer molarer Masse entsteht. Der Vorgang des Kettenwachstums (Kettenpropagation) wiederholt sich – wenn keine Abbruchreaktionen stattfinden – vielfach (n-fach) bis schließlich das Makroradikal **24** aufgebaut ist. Zusammenfassend kann somit für die Kettenfortpflanzung der radikalischen Polyme-risation vom Startradikal **22** bis zum Makroradikal **24** die folgende vereinfachte Reaktionsglei-chung formuliert werden:

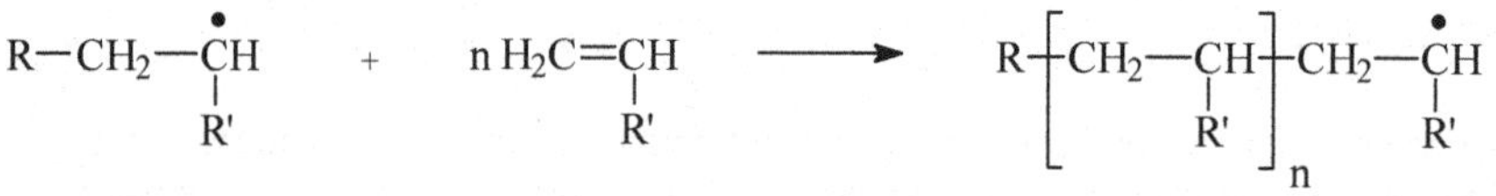

$$R{-}CH_2{-}\overset{\bullet}{C}H \quad + \quad n\,H_2C{=}CH \longrightarrow R{-}\!\left[CH_2{-}CH\right]_n\!CH_2{-}\overset{\bullet}{C}H$$

Nach diesem radikalischen Mechanismus können unter anderem z.B. Polyethylen (R' = H), Poly-vinylchlorid (R' = Cl), Polystyrol (R' = C_6H_5), Polyvinylacetat (R' = O–CO–CH$_3$) und Polyacryl-nitril (R' = CN) technisch hergestellt werden.

c) Kettenabbruch

Erfolgt keine Regeneration der Startradikale, so wird die radikalische Kettenreaktion zum Aufbau des Polymers in dem Moment beendet, in dem alle Startradikale und wachsenden Radikale ver-braucht sind. Denn die Anzahl der vorhandenen Radikale erniedrigt sich durch Vereinigung von jeweils zwei Radikalen unter Ausbildung einer kovalenten Bindung. Prinzipiell lässt sich zwischen drei Reaktionen des Kettenabbruchs (Kettentermination) unterscheiden:

1. Kombination zweier wachsender Radikalketten **24** und **25** zum Makromolekül **26**:

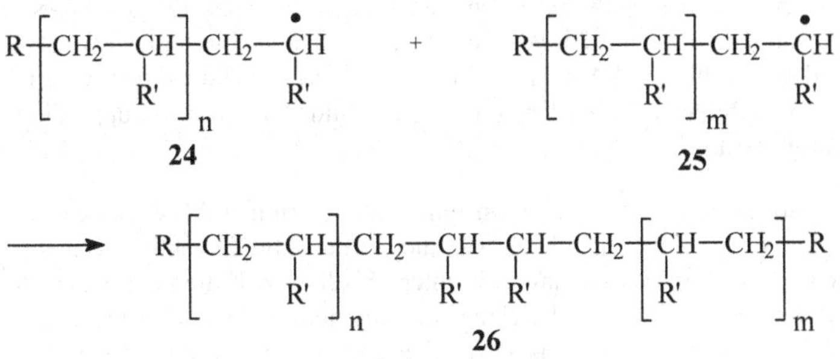

$$R\text{---}[CH_2\text{---}\underset{R'}{CH}]_n CH_2\text{---}\overset{\bullet}{\underset{R'}{CH}} \quad + \quad R\text{---}[CH_2\text{---}\underset{R'}{CH}]_m CH_2\text{---}\overset{\bullet}{\underset{R'}{CH}}$$

24   **25**

$$\longrightarrow \quad R\text{---}[CH_2\text{---}\underset{R'}{CH}]_n CH_2\text{---}\underset{R'}{CH}\text{---}\underset{R'}{CH}\text{---}CH_2\text{---}[\underset{R'}{CH}\text{---}CH_2]_m\text{---}R$$

26

2. Einfang eines Initiatorradikals von einer wachsenden Kette **24**:

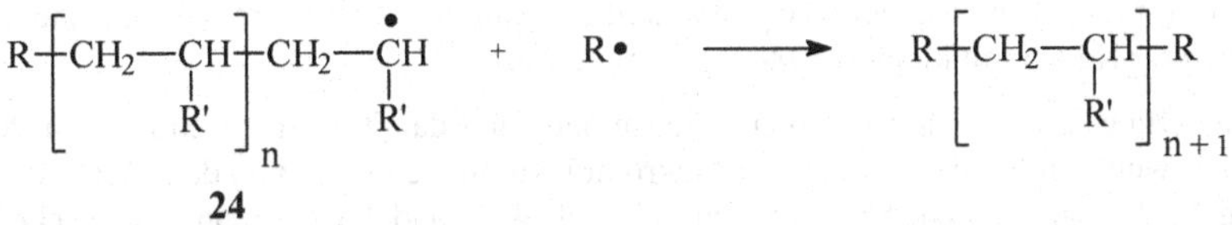

$$R\text{---}[CH_2\text{---}\underset{R'}{CH}]_n CH_2\text{---}\overset{\bullet}{\underset{R'}{CH}} \quad + \quad R\bullet \quad \longrightarrow \quad R\text{---}[CH_2\text{---}\underset{R'}{CH}]_{n+1}\text{---}R$$

24

In Umkehrung ihrer Erzeugung ist auch die Rekombination von zwei Startradikalen zum entsprechenden Initiatormolekül möglich (*„Käfigeffekt"*):

$$R\bullet \quad + \quad R\bullet \quad \longrightarrow \quad R\text{---}R$$

3. Disproportionierung zweier Radikale

Definitionsgemäß müssen bei der speziellen Redoxreaktion der Disproportionierung zwei gleiche Atome mit mittlerer Oxidationszahl in je ein Atom mit höherer und niedrigerer Oxidationszahl übergehen. Wendet man dieses Modell auf die gekennzeichneten Atome der beiden wachsenden Makroradikale **24** und **25** an, so lässt sich die Disproportionierung folgendermaßen beschreiben:

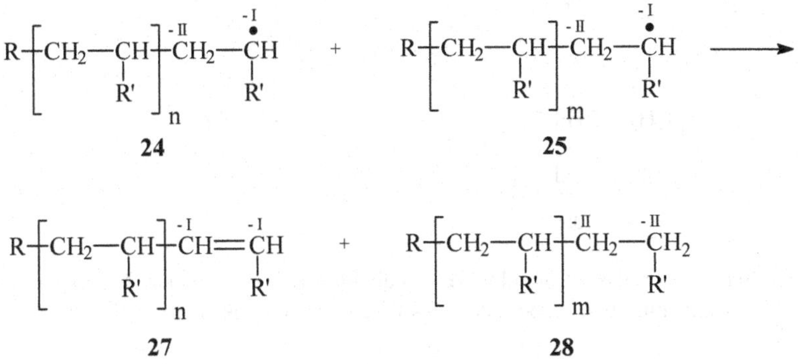

$$R\text{---}[CH_2\text{---}\underset{R'}{CH}]_n \overset{-II}{CH_2}\text{---}\overset{-I}{\overset{\bullet}{\underset{R'}{CH}}} \quad + \quad R\text{---}[CH_2\text{---}\underset{R'}{CH}]_m \overset{-II}{CH_2}\text{---}\overset{-I}{\overset{\bullet}{\underset{R'}{CH}}} \quad \longrightarrow$$

24   **25**

$$R\text{---}[CH_2\text{---}\underset{R'}{CH}]_n \overset{-I}{CH}=\overset{-I}{\underset{R'}{CH}} \quad + \quad R\text{---}[CH_2\text{---}\underset{R'}{CH}]_m \overset{-II}{CH_2}\text{---}\overset{-II}{CH_2}$$

27   **28**

Die Kohlenstoffatome der zwei Makroradikale **24** und **25**, an denen sich jeweils das einsame Elektron befindet, besitzen beide die formale Oxidationszahl -I, die C-Atome der benachbarten CH_2-Gruppe jeweils -II. Aus **24** und **25** entstehen durch Wanderung eines Wasserstoffatoms die beiden Makromoleküle **27** und **28**, von denen **27** eine Doppelbindung aufweist. Deshalb erhöht sich die Oxidationszahl des C-Atoms der CH-Gruppe auf -I, während durch die Übertragung des H-Atoms auf das Polymer **28** an der nunmehr vorhandenen CH_2R'-Gruppe die Oxidationszahl zu -II erniedrigt wird.

Bei einem Kunststoff, der aus sehr vielen einzelnen kettenförmigen Makromolekülen aufgebaut ist, sind deren Ketten nicht einheitlich lang. Da die Kettenabbruchreaktionen mehr oder weniger zufällig erfolgen, kommt es zur Bildung von unterschiedlichen Kettenlängen und folglich zu verschiedenen relativen molaren Massen der einzelnen Polymermoleküle. Durch diese statistischen Abbruchreaktionen erhält man für den Kunststoff daher eine mittlere relative molare Masse bzw. einen mittleren Polymerisationsgrad, der sich z.B. über die Häufigkeit der Kettenabbrüche steuern lässt. So begünstigt eine geringe Menge Initiator und eine niedrigere Polymerisationstemperatur die Entstehung von langen Ketten mit entsprechend hoher molarer Masse, während umgekehrt höhere Initiatorkonzentrationen und höhere Temperaturen zu häufigen Abbruchreaktionen und damit zur Bildung kürzerer Ketten mit kleineren Molmassen führen.

Zur Verminderung des mittleren Polymerisationsgrades und damit zur Herstellung von Polymeren mit vergleichsweise einheitlichen relativen Makromolekülmassen setzt man dem Reaktionsgemisch sogenannte *Regler* oder Kettenübertragungsmittel zu. Dabei handelt es sich um organische Substanzen wie z.B. Thiole (R-SH), Aldehyde (R-CHO) oder Halogenmethane, die bei einer radikalischen Polymerisation den Kettenabbruch beschleunigen und gleichzeitig durch erneute Radikalbildung weitere Kettenstarts auslösen, ohne die Polymerisationsgeschwindigkeit wesentlich zu verlangsamen.

Das Makroradikal **24** reagiert unter Abstraktion eines Wasserstoffatoms mit dem als Regler fungierenden Thiol **29** (R" = Alkylgruppe), was zum Abbruch der Kettenfortpflanzung durch Bildung des Makromoleküls **30** und zur Entstehung des Thioradikals **31** führt:

$$R\!\!\left[CH_2\!\!-\!\!\underset{R'}{CH}\right]_n\!\!\!CH_2\!\!-\!\!\overset{\bullet}{\underset{R'}{CH}} \quad + \quad R''\!\!-\!\!SH \quad \longrightarrow$$

$$\textbf{24} \qquad\qquad\qquad\qquad\qquad \textbf{29}$$

$$R\!\!\left[CH_2\!\!-\!\!\underset{R'}{CH}\right]_n\!\!\!CH_2\!\!-\!\!\overset{H}{\underset{R'}{CH}} \quad + \quad R''\!\!-\!\!S\,\bullet$$

$$\textbf{30} \qquad\qquad\qquad\qquad\qquad \textbf{31}$$

Im nächsten Schritt kann das Thioradikal **31** nun als Startradikal mit einem Monomermolekül einen erneuten Kettenstart initiieren, wobei als erstes Glied der neu anwachsenden Kette das Radikal **32** erhalten wird:

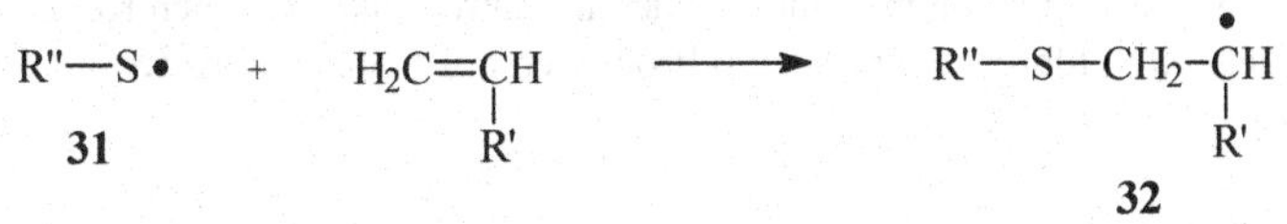

$$R''{-}S\bullet \quad + \quad H_2C{=}CH \quad \longrightarrow \quad R''{-}S{-}CH_2{-}\overset{\bullet}{C}H$$

31   R'   R'

32

Durch diese vom Regler bewirkte Reaktionsfolge des häufigen Kettenabbruchs und erneuten Kettenstarts erhält man Polymere mit kürzeren Ketten.

Findet die (radikalische) Polymerisation in einem Lösungsmittel (z.B. CCl_4) statt, das gleichzeitig ein ausgezeichneter Regler ist und als schneller Radikalüberträger wirkt, und infolgedessen Fragmente vom LM als Anfangs- und Endgruppe mit in das betreffende Polymer eingebaut werden, so nennt man diese, meist sehr kurzkettigen, Produkte *Telomere*.

Zu den Radikalüberträgern können auch die *Inhibitoren* gerechnet werden. Die Inhibitoren wirken als *Radikalfänger*, d.h. sie wandeln sehr reaktive Radikale in weniger reaktionsfreudige Spezies um. Meist werden dazu Derivate des Phenols verwendet, die nach Anlagerung der Radikale durch Resonanzeffekte das einsame Radikalelektron stabilisieren (vgl. auch Abschnitt 6.6.3). Zur Vermeidung spontaner vorzeitiger radikalischer Polymerisationen setzt man häufig bestimmten Monomeren (z.B. Styrol, Methacrylsäuremethylester) Inhibitoren zu, die allerdings vor der beabsichtigten Polymerisation, z.B. durch Destillation der Monomeren, wieder aus diesen entfernt werden müssen.

d) Kettenverzweigungen

Ein weiterer Vorteil des Einsatzes von Reglern ist die Reduzierung der meist unerwünschten Verzweigungsreaktionen unter Bildung von Seitenketten. Wie bereits angedeutet, besitzen Radikale die Fähigkeit, Wasserstoffatome von anderen Molekülen oder auch z.B. von weiteren Makroradikalen zu abstrahieren.

Zur Veranschaulichung betrachten wir wieder das Makroradikal **24**, das dem benachbarten Makromolekül **33** in diesem Fall kein endständiges, sondern ein H-Atom aus dem Innern der Kette entzieht, wobei neben dem Makromolekül **30** ein neues und zwar ein tertiäres (wenn R' ≠ H) Makroradikal **34** entsteht:

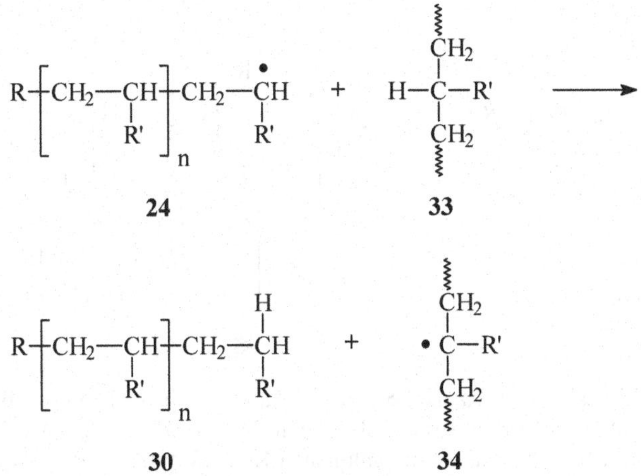

$$R{-}\Big[CH_2{-}\underset{R'}{CH}\Big]_n CH_2{-}\overset{\bullet}{C}H \quad + \quad H{-}\overset{\displaystyle CH_2}{\underset{\displaystyle CH_2}{C}}{-}R' \quad \longrightarrow$$

24   33

$$R{-}\Big[CH_2{-}\underset{R'}{CH}\Big]_n CH_2{-}\underset{R'}{\overset{H}{C}}H \quad + \quad \bullet\overset{\displaystyle CH_2}{\underset{\displaystyle CH_2}{C}}{-}R'$$

30   34

Das so erzeugte Makroradikal **34** kann nun mit weiterem Monomer einen neuen Kettenstart hervorrufen oder aber durch Kombination mit einem anderen Makroradikal **25** einen Kettenabbruch bewirken. Beide Möglichkeiten führen zu polymeren Produkten mit Seitenketten (**35** und **36**):

$$R'\!-\!\overset{\overset{\displaystyle CH_2}{|}}{\underset{\underset{\displaystyle CH_2}{|}}{C}}\!\bullet \quad + \quad p\ H_2C\!=\!\overset{}{\underset{\displaystyle R'}{CH}} \quad \longrightarrow \quad R'\!-\!\overset{\overset{\displaystyle CH_2}{|}}{\underset{\underset{\displaystyle CH_2}{|}}{C}}\!\!\left[CH_2\!-\!\underset{\displaystyle R'}{CH}\right]_{p-1}\!\!CH_2\!-\!\overset{\displaystyle \bullet}{\underset{\displaystyle R'}{CH}}$$

34   35

$$R\!\!\left[CH_2\!-\!\underset{\displaystyle R'}{CH}\right]_{m}\!\!CH_2\!-\!\overset{\displaystyle \bullet}{\underset{\displaystyle R'}{CH}} \quad + \quad \bullet\,\overset{\overset{\displaystyle CH_2}{|}}{\underset{\underset{\displaystyle CH_2}{|}}{C}}\!-\!R' \quad \longrightarrow \quad R\!\!\left[CH_2\!-\!\underset{\displaystyle R'}{CH}\right]_{m}\!\!CH_2\!-\!\overset{}{\underset{\displaystyle R'}{CH}}\!-\!\overset{\overset{\displaystyle CH_2}{|}}{\underset{\underset{\displaystyle CH_2}{|}}{C}}\!-\!R'$$

25   34   36

Langkettenverzweigungen

Erfolgt bei der Abstraktion des Wasserstoffatoms die Radikalübertragung wie im oben angeführten Beispiel auf ein innenständiges Kohlenstoffatom eines anderen Polymermoleküls, dann wird durch diese *inter*molekulare (zwischenmolekulare) Reaktion die Bildung von Langkettenverzweigungen begünstigt. Dieser Sachverhalt sei noch einmal anhand der folgenden Reaktionsgleichung erläutert:

$$R\!\!\left[CH_2\!-\!\underset{\displaystyle R'}{CH}\right]_{n}\!\!CH_2\!-\!\overset{\overset{\displaystyle R'}{|}}{\underset{\displaystyle \bullet}{C}}\!\!\left[CH_2\!-\!\underset{\displaystyle R'}{CH}\right]_{m}\!\!R \quad + \quad p\ H_2C\!=\!\underset{\displaystyle R'}{CH}$$

37

$$\longrightarrow \quad R\!\!\left[CH_2\!-\!\underset{\displaystyle R'}{CH}\right]_{n}\!\!CH_2\!-\!\overset{\overset{\displaystyle R'}{|}}{C}\!\!\left[CH_2\!-\!\underset{\displaystyle R'}{CH}\right]_{m}\!\!R$$

$$\left[CH_2\!-\!\underset{\displaystyle R'}{CH}\right]_{p-1}\!\!CH_2\!-\!\overset{\displaystyle \bullet}{\underset{\displaystyle R'}{CH}}$$

38

Das Makroradikal **37** besitzt vom Radikal-Kohlenstoffatom aus betrachtet zwei lineare Ketten mit der jeweiligen Anzahl von n und m Strukturelementen. Initiiert **37** mit dem Monomer $H_2C\!=\!CHR'$ einen neuen Kettenstart und kommt es zu zahlreichen Kettenfortpflanzungsreaktionen, so entsteht

das Makroradikal **38**, das gegenüber **37** eine weitere lange Kette mit p - 1 Strukturelementen aufweist. Man spricht im Allgemeinen dann von einer Langkettenverzweigung, wenn innerhalb der
Verzweigung mindestens 10 (also p ≥ 11) gleichartige Strukturelemente eingebaut sind. Die Langkettenverzweigungen der Kunststoffe sind bei den Verarbeitungs- und Formgebungsverfahren von
Bedeutung, da sie insbesondere Einfluss auf das rheologische Verhalten des Polymers ausüben.

Kurzkettenverzweigungen

Kettenverzweigungen mit weniger als zehn Strukturelementen pro Verzweigung bezeichnet man als
Kurzkettenverzweigungen. Sie werden durch *intra*molekulare (innerhalb desselben Moleküls) Radi-
kalübertragungsreaktionen verursacht. Die Bildung der Kurzkettenverzweigungen verdeutlicht die
nachfolgende Reaktionsfolge **39** bis **41**:

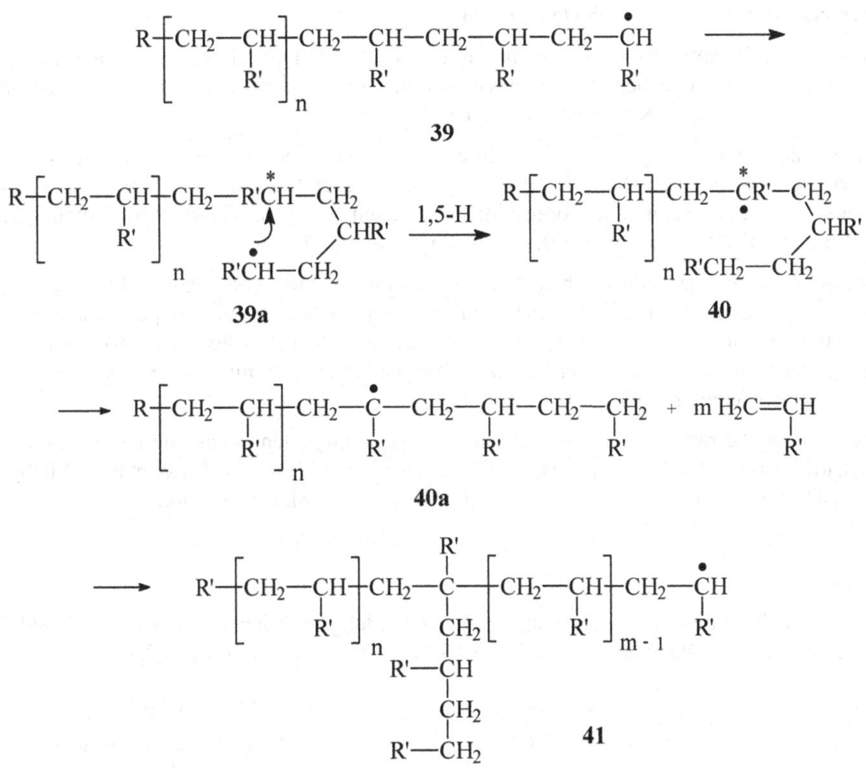

$$R\left[CH_2-\underset{R'}{CH}\right]_n CH_2-\underset{R'}{CH}-CH_2-\underset{R'}{CH}-CH_2-\underset{R'}{\overset{\bullet}{CH}} \longrightarrow$$

$$\textbf{39}$$

$$R\left[CH_2-\underset{R'}{CH}\right]_n CH_2-\overset{*}{R'CH}-\underset{\underset{R'CH-CH_2}{\overset{\bullet}{\curvearrowleft}}}{CH_2}CHR' \xrightarrow{\text{1,5-H}} R\left[CH_2-\underset{R'}{CH}\right]_n CH_2-\overset{*}{\underset{\bullet}{CR'}}-\underset{R'CH_2-CH_2}{CH_2}CHR'$$

$$\textbf{39a} \qquad\qquad\qquad\qquad\qquad \textbf{40}$$

$$\longrightarrow R\left[CH_2-\underset{R'}{CH}\right]_n CH_2-\overset{\bullet}{\underset{R'}{C}}-CH_2-\underset{R'}{CH}-CH_2-\underset{R'}{CH_2} + m\ H_2C=\underset{R'}{CH}$$

$$\textbf{40a}$$

$$\longrightarrow R'\left[CH_2-\underset{R'}{CH}\right]_n CH_2-\underset{\underset{\underset{R'-CH}{\overset{|}{CH_2}}}{\overset{|}{\underset{R'-CH}{CH}}}}{C}\left[CH_2-\underset{R'}{CH}\right]_{m-1}CH_2-\overset{\bullet}{\underset{R'}{CH}}$$

$$\textbf{41}$$

Die Makroverbindung **39** mit der endständigen Radikalfunktion lässt sich auch in der räumlichen
Anordnung **39a** aufzeichnen, in der das radikalische Kettenende in etwa die Form eines Sechsrings
einnimmt. Solche cyclischen Übergangszustände sind besonders für fünf- und sechsgliedrige Systeme energetisch begünstigt. Nun wandert ein Wasserstoffatom vom markierten Kohlenstoffatom
zum endständigen C-Atom, was somit zur Lokalisation des ungepaarten Elektrons am markierten
Kohlenstoffatom führt. Man spricht in diesem Fall von einer 1,5-Verschiebung, da das H-Atom

bzw. das Elektron rein formal über fünf Bindungen verschoben wurde. Derartige 1,5-Verschiebungen sind ebenso wie 1,4-Verschiebungen bei intramolekularen Radikalreaktionen recht häufig anzutreffen.

Zum einfacheren Verständnis der vorstehenden Reaktion ist das neu entstandene Radikal **40** in der bisher gewöhnten linearen Struktur **40a** aufgezeichnet. Es reagiert mit weiterem Monomer nach dem bekannten Mechanismus der radikalischen Kettenfortpflanzung, wobei das mit einer kurzen Seitenkette versehene Makroradikal **41** entsteht. Der Vergleich der beiden Makroradikale **38** und **41** zeigt sehr anschaulich den Unterschied zwischen der Langkettenverzweigung in **38** und der Kurzkettenverzweigung in **41**. Das Kristallisationsverhalten der Kunststoffe wird unter anderem vom Ausmaß dieser Kurzkettenverzweigungen geprägt. So führen zahlreiche Kurzkettenverzweigungen zu einer geringeren Kristallinität und einer Erniedrigung des Schmelzbereichs.

e) Polymerisationen von konjugierten Dienen

Die radikalische Polymerisation von Dienen mit konjugierten Doppelbindungen kann analog zur Polymerisation eines einfachen Alkens durch Addition eines Startradikals an eine C=C-Doppelbindung und anschließende Kettenpropagation beschrieben werden.

Gegenüber monomeren Ausgangssubstanzen mit jeweils nur einer Doppelbindung besteht bei dem Polymerisationsvorgang der Diene jedoch ein grundsätzlicher Unterschied, da nun im gebildeten Polymer pro Strukturelement eine Doppelbindung erhalten bleibt. An dieser Doppelbindung lassen sich weitere chemische Reaktionen, z.B. Vernetzungen, durchführen.

Allerdings können bei der radikalischen Polymerisation von Dienen verschiedene Reaktionsprodukte entstehen, je nachdem, ob beide Doppelbindungen oder jeweils nur eine Doppelbindung direkt an der Reaktion beteiligt sind. In Abhängigkeit von den speziellen Polymerisationsbedingungen und den eingesetzten Startradikalen bekommt man ein Polymergemisch mit unterschiedlichen Anteilen der einzelnen isomeren Produkte.

Als Beispiel für die radikalische Polymerisation eines konjugierten Diens und das Auftreten verschiedenartiger Reaktionsprodukte betrachten wir die Polymerisation des Isoprens (2-Methylbut-1,3-dien) **42**. Zur besseren Veranschaulichung der Vorgänge werden die C-Atome der längsten Kohlenstoffkette von 1 bis 4 durchnummeriert.

1,2-Addition

Erfolgt die Addition des Startradikals an die Doppelbindung zwischen den C-Atomen 1 und 2, so bildet sich zunächst bei der Kettenstartreaktion das Isoprenradikal **43** mit der Endgruppe R:

$$R\bullet \quad + \quad \overset{1}{H_2}\overset{CH_3}{\underset{|}{C}}=\overset{2}{C}-\overset{3}{CH}=\overset{4}{CH_2} \quad \longrightarrow \quad R-CH_2-\underset{\bullet}{\overset{CH_3}{\underset{|}{C}}}-CH=CH_2$$

$$\textbf{42} \qquad\qquad\qquad\qquad \textbf{43}$$

Das Radikal **43** reagiert mit weiterem Monomer **42** völlig analog dem bei der Polymerisation der Alkene (vgl. z.B. Reaktionsfolge der Formeln **22** bis **24**, R' = CH=CH$_2$) beschriebenen Mechanismus zum Makroradikal **44**:

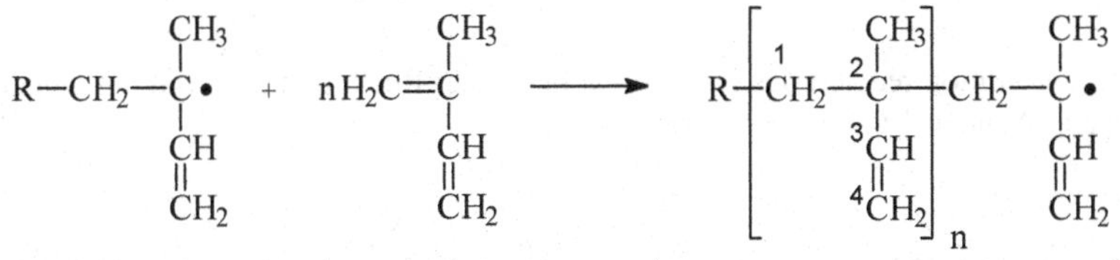

$$R-CH_2-\underset{\underset{CH_2}{\overset{|}{\underset{\|}{CH}}}}{\overset{CH_3}{\overset{|}{C}}}\bullet \;+\; n\,H_2C=\underset{\underset{CH_2}{\overset{|}{\underset{\|}{CH}}}}{\overset{CH_3}{\overset{|}{C}}} \longrightarrow \left[R-\overset{1}{CH_2}-\underset{\underset{4}{\overset{3}{\underset{\|}{CH}}}}{\overset{CH_3}{\underset{2}{\overset{|}{C}}}}-CH_2-\underset{\underset{CH_2}{\overset{|}{\underset{\|}{CH}}}}{\overset{CH_3}{\overset{|}{C}}}\bullet\right]_n$$

43	**42**	**44**

Bei dem so erhaltenen Polymer handelt es sich um das 1,2-Polyisopren **45**, weil die einzelne Strukturelemente über die mit 1 und 2 gekennzeichneten Kohlenstoffatome verknüpft wurden.

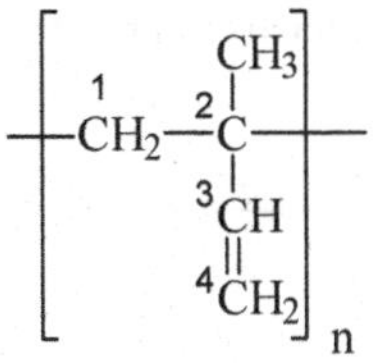

$$\left[\overset{1}{-CH_2}-\underset{\underset{4}{\overset{3}{\underset{\|}{CH}}}}{\underset{2}{\overset{CH_3}{\overset{|}{C}}}}-\right]_n$$

1,2-Polyisopren **45**

3,4-Addition

Nach dem gleichen Prinzip, wie bei der 1,2-Addition beschrieben, verläuft auch die radikalische Polymerisation von Isopren **42** zum entsprechenden 3,4-Polyisopren. Allerdings greifen bei dieser Reaktion die Startradikale und die nachfolgend gebildeten Radikale und Makroradikale (z.B. **46** oder **47**) vorwiegend die Doppelbindung zwischen den beiden C-Atomen 3 und 4 im Monomer an:

$$R\bullet \;+\; \underset{4}{H_2C}=\underset{3}{CH}-\underset{2}{\overset{CH_3}{\overset{|}{C}}}=\underset{1}{CH_2} \longrightarrow R-CH_2-\overset{\bullet}{CH}-\overset{CH_3}{\overset{|}{C}}=CH_2$$

42	**46**

$$R-CH_2-\underset{\underset{CH_2}{\overset{|}{\underset{\|}{C}}}}{\overset{\bullet}{CH}}\; +\; n\;\underset{4}{H_2C}=\underset{\underset{1}{\overset{3}{\underset{\|}{CH}}}}{\underset{2}{\overset{|}{C}}}-H_3C \longrightarrow \left[R-\overset{4}{CH_2}-\underset{\underset{1}{\overset{3}{\underset{\|}{CH_2}}}}{\overset{|}{\underset{2}{C}}-H_3C}\right]_n CH_2-\underset{\underset{CH_2}{\overset{|}{\underset{\|}{C}}}}{\overset{\bullet}{CH}}$$

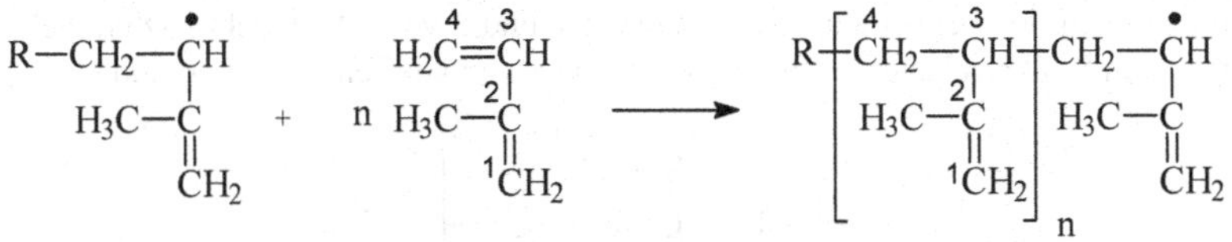

46	**42**	**47**

Da bei dieser Reaktionsfolge die Verknüpfung über die Kohlenstoffatome 3 und 4 erfolgt, erhält man via Makroradikal **47** somit das 3,4-Polyisopren **48**.

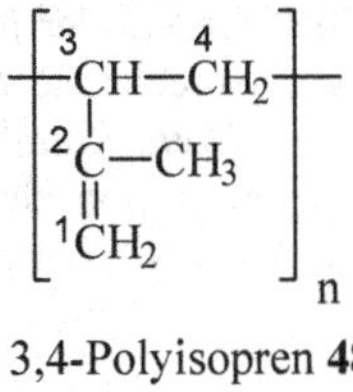

$$\left[\underset{\underset{1}{\overset{2}{\underset{\|}{C}-CH_3}}}{\overset{3}{CH}}-\overset{4}{CH_2}\right]_n$$

3,4-Polyisopren **48**

1,4-Addition

Analog zur 1,2-Addition reagiert das Startradikal bei dieser Reaktion zuerst mit der Doppelbindung zwischen den C-Atomen 1 und 2 des Monomers **42**:

$$\text{R}\bullet \quad + \quad \underset{1}{\text{H}_2\text{C}}=\underset{2}{\overset{\overset{\displaystyle\text{CH}_3}{|}}{\text{C}}}-\underset{3}{\text{CH}}=\underset{4}{\text{CH}_2} \quad \longrightarrow \quad \text{R}-\text{CH}_2-\underset{\bullet}{\overset{\overset{\displaystyle\text{CH}_3}{|}}{\text{C}}}-\text{CH}=\text{CH}_2$$

42   **43**

Das dabei gebildete Radikal **43** lässt sich in den beiden Resonanzstrukturen **43** und **43a** aufzeichnen, wobei das tertiäre Radikal **43** im Vergleich zum primären Radikal **43a** etwas stabiler ist.

$$\text{R}-\text{CH}_2-\underset{\bullet}{\overset{\overset{\displaystyle\text{CH}_3}{|}}{\text{C}}}-\text{CH}=\text{CH}_2 \quad \longleftrightarrow \quad \text{R}-\text{CH}_2-\overset{\overset{\displaystyle\text{CH}_3}{|}}{\text{C}}=\text{CH}-\underset{\bullet}{\text{CH}_2}$$

43   **43a**

Formuliert man nun die erste Stufe der Kettenfortpflanzung mit der Resonanzstruktur **43a**, dann wird ein weiteres Radikal erzeugt, das durch die Resonanzstrukturen **49** und **49a** beschrieben werden kann:

$$\text{R}-\text{CH}_2-\overset{\overset{\displaystyle\text{CH}_3}{|}}{\text{C}}=\text{CH}-\underset{\bullet}{\text{CH}_2} \quad + \quad \underset{1}{\text{H}_2\text{C}}=\underset{2}{\overset{\overset{\displaystyle\text{CH}_3}{|}}{\text{C}}}-\underset{3}{\text{CH}}=\underset{4}{\text{CH}_2} \quad \longrightarrow$$

43a   **42**

$$\text{R}-\text{CH}_2-\overset{\overset{\displaystyle\text{CH}_3}{|}}{\text{C}}=\text{CH}-\text{CH}_2-\text{CH}_2-\underset{\bullet}{\overset{\overset{\displaystyle\text{CH}_3}{|}}{\text{C}}}-\text{CH}=\text{CH}_2 \quad \longleftrightarrow \quad \text{R}-\text{CH}_2-\overset{\overset{\displaystyle\text{CH}_3}{|}}{\text{C}}=\text{CH}-\text{CH}_2-\text{CH}_2-\overset{\overset{\displaystyle\text{CH}_3}{|}}{\text{C}}=\text{CH}-\underset{\bullet}{\text{CH}_2}$$

49   **49a**

Beim weiteren kontinuierlichen Ablauf dieser Reaktionsfolge und jeweiliger Addition an die Doppelbindung zwischen den beiden Kohlenstoffatomen 1 und 2 von **42** entsteht letztendlich 1,4-Polyisopren **50**, dessen Strukturelemente über die C-Atome 1 und 4 miteinander verbunden sind.

$$\left[\underset{1}{\text{CH}_2}-\underset{2}{\overset{\overset{\displaystyle\text{CH}_3}{|}}{\text{C}}}=\underset{3}{\text{CH}}-\underset{4}{\text{CH}_2} \right]_n$$

1,4-Polyisopren **50**

Vom 1,4-Polyisopren **50** können *cis*- und *trans*-Isomere auftreten. Diese Tatsache spielt für die Produktion von Synthesekautschuk eine große Rolle, da der *Naturkautschuk* praktisch ausschließlich aus *cis*-1,4-Polyisopren aufgebaut ist; das entsprechende *trans*-Produkt kommt in der Natur als *Guttapercha* vor. Die Verwendung von *Ziegler-Natta-Katalysatoren* (vgl. Abschnitt 6.3.1.2) ermöglicht es jedoch, durch stereospezifische Polymerisation ein 1,4-Polyisopren herzustellen, das von seiner Konfiguration her als fast identisch mit dem Naturkautschuk angesehen werden kann.

f) Stereoisomerie von Makromolekülen

Stereoisomere sind definitionsgemäß Verbindungen gleicher *Konstitution*, d.h. die Art und Reihenfolge der in einem Molekül existierenden Bindungen und Valenzelektronen sind festgelegt, nicht jedoch die Möglichkeiten der unterschiedlichen räumlichen Orientierung. Im vorherigen Abschnitt (s.o.) begegnete uns die *cis/trans*-Isomerie an Doppelbindungen beim 1,4-Polyisopren.

Bei der radikalischen Polymerisation von gleichartigen Monomeren mit nur einer Doppelbindung zur Darstellung von Homopolymeren (vgl. Formeln **22** bis **24**) können bereits verschiedene *Konstitutionsisomere* entstehen, je nachdem, in welcher Art und Weise die einzelnen Monomereinheiten im Makromolekül miteinander verknüpft sind. Bezeichnet man den Substituenten R' als Kopf und die beiden C-Atome mit der Doppelbindung als Schwanz des Monomers, so sind prinzipiell folgende Konstitutionsisomere im Makromolekül möglich:

1. Kopf-Schwanz-Verknüpfungen:

$$\text{\textasciitilde CH}_2\text{—CH—CH}_2\text{—CH\textasciitilde}$$
$$\qquad\quad\overset{|}{\text{R'}}\qquad\quad\overset{|}{\text{R'}}$$

2. Kopf-Kopf-Verknüpfungen:

$$\text{\textasciitilde CH}_2\text{—CH—CH—CH}_2\text{\textasciitilde}$$
$$\qquad\quad\overset{|}{\text{R'}}\ \ \overset{|}{\text{R'}}$$

3. Schwanz-Schwanz-Verknüpfungen:

$$\text{\textasciitilde CH—CH}_2\text{—CH}_2\text{—CH\textasciitilde}$$
$$\quad\overset{|}{\text{R'}}\qquad\qquad\overset{|}{\text{R'}}$$

Die beiden letztgenannten Verknüpfungen treten besonders dann auf, wenn der Substituent R' nur recht schwache sterische Effekte ausübt und geringe Resonanzstabilisierungen bewirkt. Kopf-Kopf-Verknüpfungen erfolgen z.B. als Kettenabbruchreaktionen durch Kombination zweier wachsender Radikalketten, wie beispielsweise bei der Bildung des Makromoleküls **26**.

Auch beim Vorliegen eines definierten Konstitutionsisomeren, z.B. einer Polymerkette, die sich ausschließlich über regelmäßige Kopf-Schwanz-Verknüpfungen aufbaut, existieren verschiedene *Konfigurationsisomere*. Die Konfigurationsisomere unterscheiden sich durch die räumliche Anordnung ihrer Atome oder Atomgruppen um einen starren Teil der betroffenen Moleküle. Aufgrund der polymeren Struktur ist die freie Drehbarkeit um die C–C-Bindungen gehindert, und die einzelnen Isomere sind nicht ineinander überführbar. Zur Veranschaulichung dieses Sachverhalts betrachten wir ein Polymer mit der allgemeinen Struktur **51**, wobei der Substituent R' mit Ausnahme von R' = H im Prinzip beliebig sein kann.

$$\left[\begin{array}{c}\text{CH—CH}_2\\[-2pt]\overset{|}{\text{R'}}\end{array}\right]_n$$

51

Bildet man einen Ausschnitt dieser regelmäßigen Kette von **51** ab, und legt dazu die C–C-Haupt-kette in die Papierebene (vgl. **51a** bis **51c**), dann ergeben sich die nachfolgend beschriebenen Mög-lichkeiten für die räumliche Ausrichtung der anderen Atome.

1. *Isotaktische Struktur* **51a**

    Wenn alle Substituenten R' in gleicher Richtung aus der Papierebene herausragen, wird diese Konfiguration als isotaktisch bezeichnet.

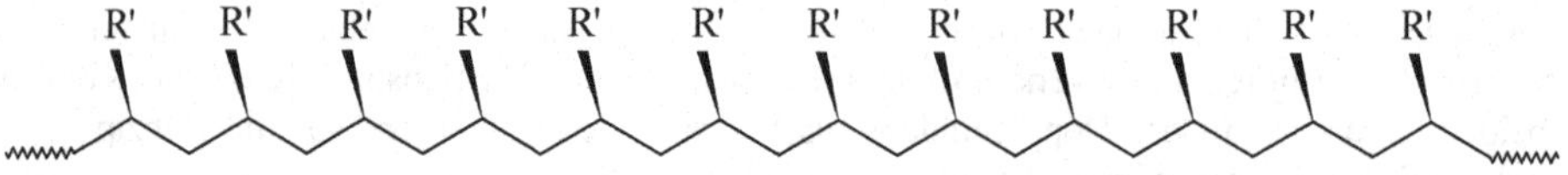

51a

2. *Syndiotaktische Struktur* **51b**

    Sind die Substituenten R' alternierend ober- und unterhalb der C–C-Kette angeordnet, so handelt es sich um ein syndiotaktisches Polymer.

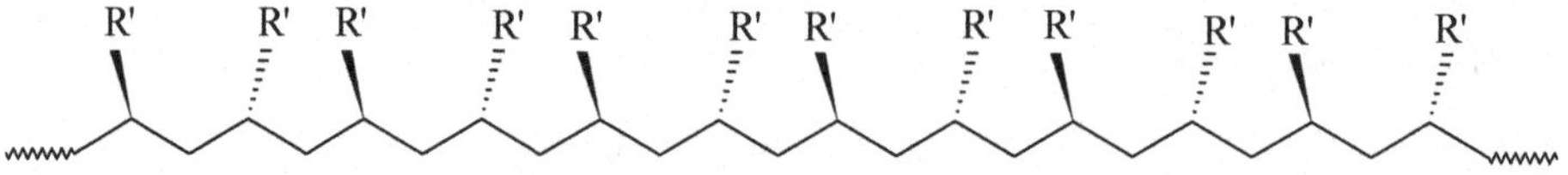

51b

3. *Ataktische Struktur* **51c**

    Bei einer völlig regellosen räumlichen Anordnung der Substituenten R' um die C–C-Kette erhält man die ataktische Struktur.

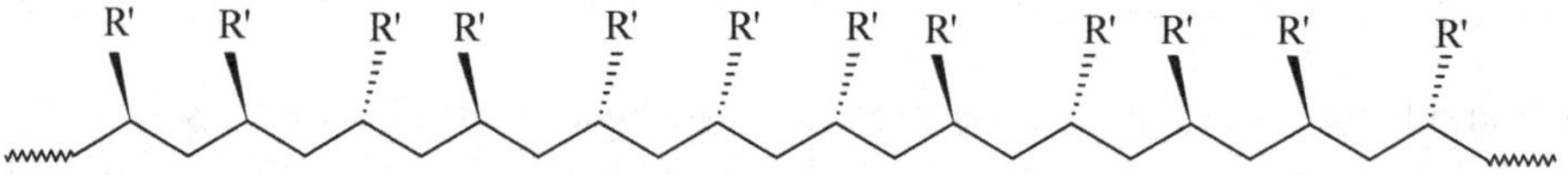

51c

Die drei Konfigurationsisomere unterscheiden sich teilweise beträchtlich in ihrem physikalischen Verhalten. Beim Polypropylen (R' = CH_3) ist das ataktische Produkt (aPP) vorwiegend amorph und besitzt eine ölige und klebrige Konsistenz sowie einen vergleichsweise niedrigen Schmelzbereich von ca. 120-130°C. Das im Temperaturbereich von etwa 165-175°C schmelzende isotaktische Poly-propylen (iPP) weist wegen seiner regelmäßigen räumlichen Struktur die geringste Massendichte und einen sehr hohen kristallinen Anteil (60-70%) auf, während syndiotaktisches Polypropylen (sPP) eine geringere Kristallinität und einen tieferen Schmelzbereich (ca. 155-160°C) hat.

Technisches PP enthält alle drei Konfigurationsisomere nebeneinander; die stereospezifische Syn-these des als Werkstoff bevorzugten iPP gelingt z.B. unter Verwendung der im nächsten Abschnitt näher beschriebenen *Ziegler-Natta-Katalysatoren*.

6.3.1.2 Koordinative Polymerisation (Polyinsertion)

Stereospezifische Polymerisationen von Alkenen lassen sich durch den Einsatz von *Ziegler-Natta-Katalysatoren* realisieren. Es handelt sich dabei um sogenannte Mischkatalysatoren, die aus einer metallorganischen Verbindung und einer Komplexverbindung von Nebengruppenelementen zusammengesetzt sind. Häufig werden aluminium-organische Komponenten, z.B. Triethylaluminium **52**, und Halogenide der Übergangsmetalle, z.B. Titantetrachlorid **53**, verwendet. Der von *Cossée* und *Arlman* hierfür vorgeschlagene Reaktionsmechanismus verläuft für den oben als Beispiel genannten Ziegler-Natta-Katalysator im Wesentlichen nach dem folgenden Schema:

1. Übertragung einer Ethylgruppe von **52** auf das $TiCl_4$ unter Bildung des Komplexes **54**, bei dem das Al-Atom über eine Dreizentrenbindung mit dem Ti-Zentralteilchen verbunden ist:

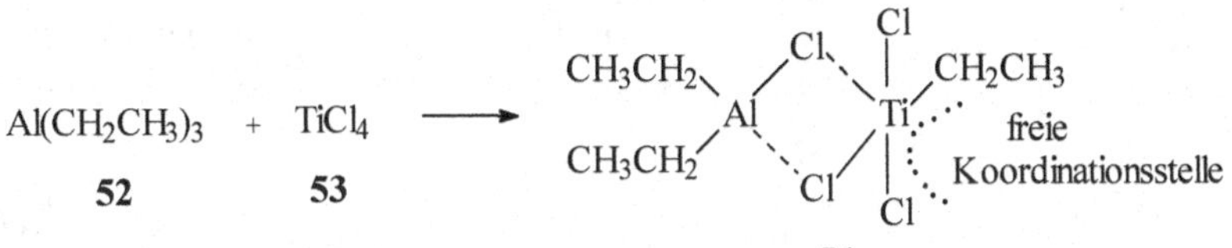

$$Al(CH_2CH_3)_3 \ + \ TiCl_4 \longrightarrow$$

$$\mathbf{52} \qquad\qquad \mathbf{53}$$

54 (Komplex mit freier Koordinationsstelle)

2. Anlagerung eines monomeren Alkens an die freie Koordinationsstelle des oktaedrisch koordinierten Komplexes **54** und Bildung des intermediären π-Komplexes **55**:

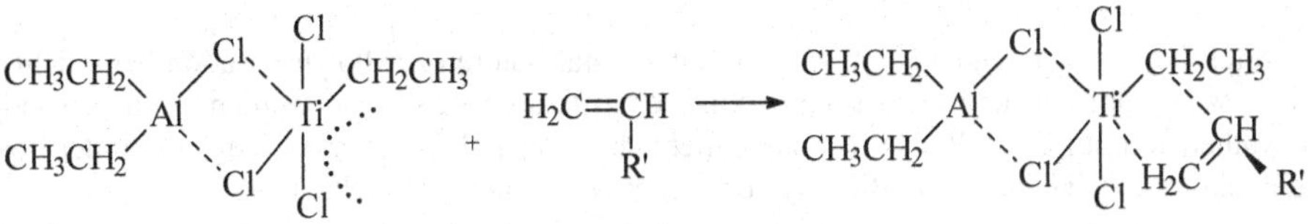

54 $+ \ H_2C{=}CH{-}R' \longrightarrow$ **55**

3. Vollständige Einschiebung (Insertion) des Monomers in die Ti–C-Bindung führt zu Komplex **56**, der wiederum eine freie Koordinationsstelle aufweist:

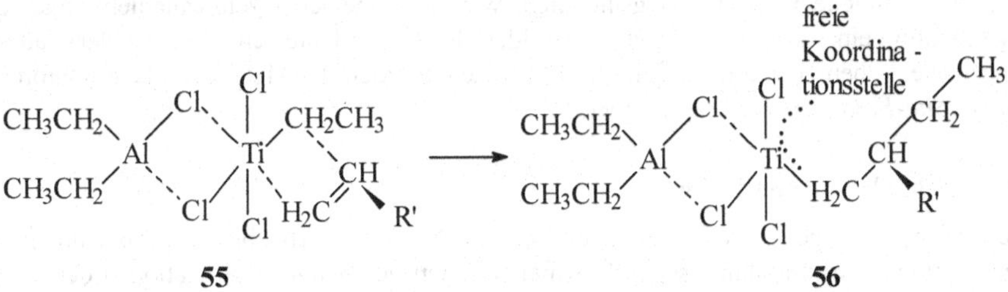

55 $\longrightarrow$ **56** (freie Koordinationsstelle)

4. Stereospezifische Polymerisation durch fortwährende Insertion eines Monomeren in die Bindung zwischen dem Titanatom und der wachsenden Kohlenstoffkette ergibt die Makroverbindung **57**:

$$\mathbf{56} \ + \ n\ H_2C{=}CH{-}R' \longrightarrow$$

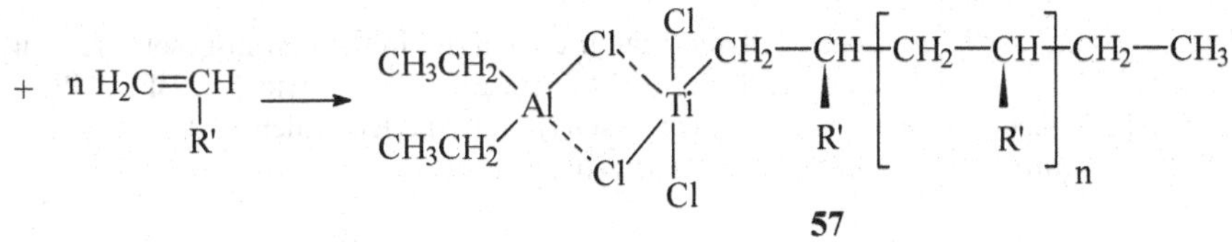

57

5. Kettenabbruchreaktionen werden im Allgemeinen durch die Zugabe von wasserstoffaktiven Substanzen wie Alkoholen (R-OH) oder Säuren initiiert, und so erhält man unter Abspaltung des gegenüber der Ausgangskomponente **54** leicht modifizierten Mischkatalysators **59** letztlich das isotaktische Makromolekül **58**:

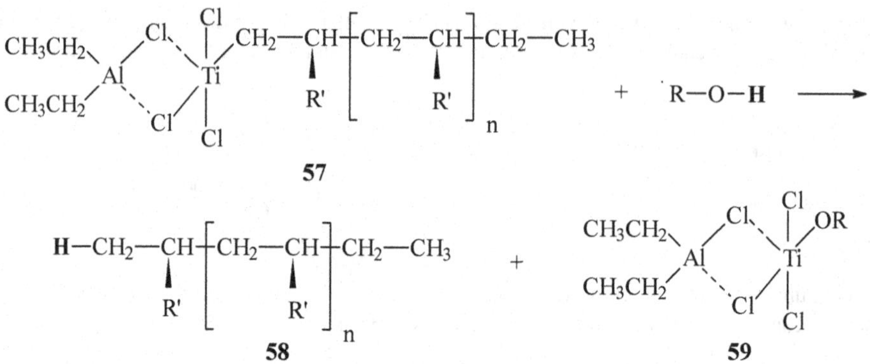

57

58   **59**

Der Vorteil bei der Verwendung von Ziegler-Natta-Katalysatoren zur Polymerisation liegt nicht nur darin, dass isotaktische und auch syndiotaktische Strukturen gewonnen werden können, sondern man synthetisiert auf diese Weise fast ausschließlich linear polymerisierte Produkte, da der postulierte Reaktionsmechanismus die Bildung von Kettenverzweigungen nicht zulässt.

Seit ungefähr drei Jahrzehnten setzt man bei der Polymerisation von Olefinen auch neu entwickelte stereospezifisch wirkende *Metallocen-Katalysatoren* ein, die insbesondere die Synthese von Kunststoffen mit definierten Seitenketten ermöglichen, deren Länge genau einstellbar ist und somit die Synthese von Kunststoffen „nach Maß" gelingt. Meist handelt es sich dabei z.B. um Bis(η^5-cyclopentadienyl)-Komplexe von Übergangsmetallen, wobei die beiden Cyclopentadienylliganden mit dem Metallkation eine *Sandwich-Struktur* ausbilden. Da sie im Unterschied zu Ziegler-Natta-Katalysatoren nur ein chemisch aktives Zentrum aufweisen, werden die Metallocen-Katalysatoren auch als „*Single-Site-Katalysatoren*" bezeichnet.

6.3.1.3 Ionische Polymerisationen

Polymerisationsvorgänge können auch über ionische Mechanismen ablaufen. Man unterscheidet zwischen kationischen und anionischen Polymerisationen, je nachdem, ob Kationen oder Anionen als Initiatoren eingesetzt werden. Die Tendenz eines monomeren Alkens zur ionischen Polymerisation wird entscheidend von den elektronischen Effekten des Substituenten an der Doppelbindung sowie auch von der Polarität des eingesetzten Lösungsmittels beeinflusst.

a) Kationische Polymerisation

Zur Auslösung der kationischen Polymerisation dienen als Initiatoren insbesondere *Lewis-Säuren* (Teilchen mit einer Elektronenpaarlücke, Elektronenpaarakzeptor) wie z.B. BF_3, AlF_3 und $TiCl_4$, die durch Zugabe von Wasser, Alkoholen (R-OH) und Alkylchloriden (R-Cl) entweder Protonen oder *Carbokationen (Carbeniumionen)* freisetzen, z.B.:

$$BF_3 \;+\; H_2O \;\longrightarrow\; H^\oplus \;+\; BF_3OH^\ominus$$

$$AlCl_3 \;+\; R{-}OH \;\longrightarrow\; H^\oplus \;+\; AlCl_3OR^\ominus$$

$$TiCl_4 \;+\; R{-}Cl \;\longrightarrow\; R^\oplus \;+\; TiCl_5^\ominus$$

Als wesentliche Voraussetzung für die kationische Polymerisation muss der Substituent R' an der Doppelbindung des Monomers *elektronendrückend* sein, d.h. einen *+I-Effekt* ausüben (in der Reaktionsgleichung angedeutet durch den Pfeil zwischen C-Atom und R'). Dazu kommen für R' vorzugsweise Alkyl- und Phenylgruppen in Frage, da sie die positive Ladung des bei der Kettenstartreaktion entstehenden Carbeniumions **60** wirkungsvoll stabilisieren können (zur besseren Veranschaulichung ist das Gegenanion z.B. BF₃OH⁻ im folgenden nicht berücksichtigt):

Kettenstart:

$$H_2C{=}CH \;+\; H^\oplus \;\longrightarrow\; H_3C{-}CH$$

60

Aus diesem Grund wird das Proton an das endständige Kohlenstoffatom addiert und nicht an das zum Substituenten R' direkt benachbarte C-Atom (*Markownikow-Addition*).

Kettenpropagation:

Das Kettenwachstum erfolgt analog zur bei der radikalischen Polymerisation beschriebenen Fortpflanzung, allerdings wird nun statt eines Makroradikals das Makrokation **61** gebildet:

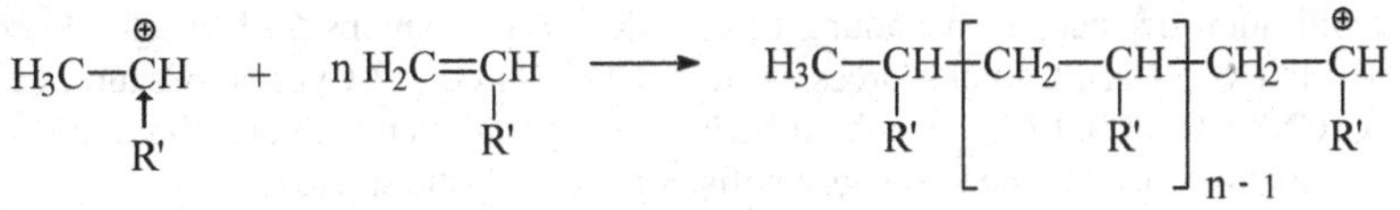

$$H_3C{-}CH \;+\; n\,H_2C{=}CH \;\longrightarrow\; H_3C{-}CH{\Big[}CH_2{-}CH{\Big]}CH_2{-}CH$$

60   **61**

Kettenabbruch:

Den Kettenabbruch kann man durch Zugabe einer starken Base, wie z.B. Hydroxidionen, bewirken, wodurch das Makrokation **61** in das Makromolekül **62** überführt wird:

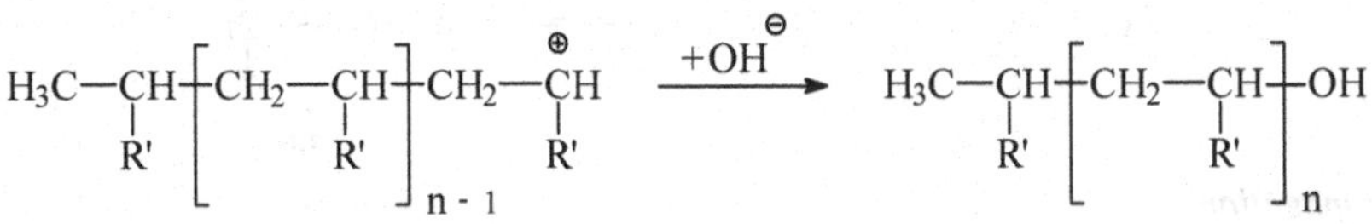

$$H_3C{-}CH{\Big[}CH_2{-}CH{\Big]}CH_2{-}CH \;\xrightarrow{\;+OH^\ominus\;}\; H_3C{-}CH{\Big[}CH_2{-}CH{\Big]}OH$$

61   **62**

In ähnlicher Weise sind zum Teil auch Abbruchreaktionen mit den bereits vorhandenen Anionen, z.B. BF₃OH⁻, AlCl₃OR⁻ und TiCl₅⁻, möglich, die bei der Freisetzung der Protonen und Carbokationen erzeugt wurden.

Ferner können Kettenabbruchreaktionen durch die Abspaltung eines Protons vom Makrokation **61** unter Bildung des Makromoleküls **63** mit einer endständigen Doppelbindung auftreten:

$$H_3C-\underset{R'}{CH}\!\!\left[\!CH_2-\underset{R'}{CH}\!\right]_{n-1}\!\!CH_2-\overset{\oplus}{CH} \quad \xrightarrow{-H^{\oplus}} \quad H_3C-\underset{R'}{CH}\!\!\left[\!CH_2-\underset{R'}{CH}\!\right]_{n-1}\!\!CH=\underset{R'}{CH}$$

$$\textbf{61} \qquad\qquad\qquad\qquad\qquad \textbf{63}$$

Die Verbindung **63** kann allerdings wegen ihrer Doppelbindung mit einem Startkation **60** oder einem wachsenden Makrokation **61** reagieren und ein weiteres Kettenwachstum verursachen.

Technische Anwendung findet die kationische Polymerisation z.B. zur Herstellung von Polyvinylethern sowie zur Produktion des sehr oxidationsbeständigen Synthesekautschuks Polyisobutylen (PIB) **65** aus Isobuten **64** mit $AlCl_3$ oder BF_3 als Initiator:

$$n\ H_2C{=}C\!\!\begin{array}{c}{\scriptstyle CH_3}\\[-2pt]\end{array}\!\!\begin{array}{c}\\[-4pt]{\scriptstyle CH_3}\end{array} \quad \xrightarrow[-40\ \text{bis}\ -100°C]{BF_3} \quad \left[\!CH_2-C(CH_3)_2\!\right]_n$$

$$\textbf{64} \qquad\qquad\qquad\qquad\qquad \textbf{65}$$

b) Anionische Polymerisation

Als Initiatoren für die anionische Polymerisation kommen in erster Linie Substanzen mit basischen Eigenschaften, wie z.B. Hydroxidionen, Alkoholate, Alkaliamide ($MeNH_2$) sowie Alkalimetalle und metallorganische Verbindungen (n-Butyllithium) in Frage, die wir in den nachstehenden Reaktionsgleichungen ganz allgemein mit B^- bezeichnen.

Die anionische Polymerisation wird dann begünstigt, wenn das entsprechende Monomer einen (oder mehrere) Substituenten R' mit *elektronenziehenden* Eigenschaften, also einen *–I-Effekt*, aufweist, was zur Stabilisation der negativen Ladung des gebildeten Carbanions **66** beiträgt. Hierzu eignen sich z.B. Nitrile (R' = CN), Carbonsäureester (R' = COOR") oder 2-Cyanoacrylsäureester (Monomer: $H_2C=C(CN)-COOR"$). Es ist jedoch zu berücksichtigen, dass nicht nur induktive Effekte sondern auch Resonanzeffekte für die Ladungsstabilisierung eine Rolle spielen.

Anionische Polymerisationen lassen sich analog zur kationischen Polymerisation durch die bereits dort ausführlich erläuterte Reaktionsfolge von Kettenstart, Kettenpropagation und Kettenabbruch beschreiben.

Kettenstart:

$$\underset{\delta^{\ominus}\downarrow R'}{\overset{\delta^{\oplus}}{H_2C{=}CH}} \quad + \quad |B^{\ominus} \quad \longrightarrow \quad B-CH_2-\underset{R'}{\overset{\ominus}{CH}}$$

$$\textbf{66}$$

Kettenpropagation:

$$B-CH_2-\underset{R'}{\overset{\ominus}{CH}} + n\ H_2C{=}\underset{R'}{CH} \longrightarrow B-CH_2-\underset{R'}{CH}\!\!\left[\!CH_2-\underset{R'}{CH}\!\right]_{n-1}\!\!CH_2-\underset{R'}{\overset{\ominus}{CH}}$$

$$\textbf{66} \qquad\qquad\qquad\qquad\qquad \textbf{67}$$

Kettenabbruch:

Die wichtigste Reaktion, die unter Bildung des Makromoleküls **68** zum Kettenabbruch führt, ist die Protonierung des Makroanions **67** (z.B. durch Zugabe von Säuren):

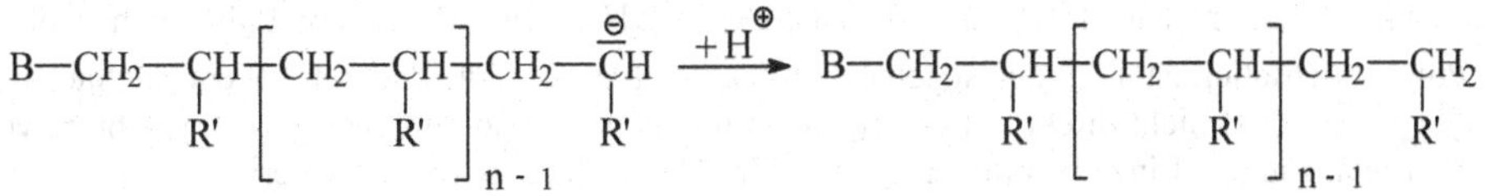

$$B-CH_2-\underset{R'}{CH}\left[CH_2-\underset{R'}{CH}\right]_{n-1}CH_2-\underset{R'}{\overset{\ominus}{CH}} \xrightarrow{+H^{\oplus}} B-CH_2-\underset{R'}{CH}\left[CH_2-\underset{R'}{CH}\right]_{n-1}CH_2-\underset{R'}{CH_2}$$

$$\textbf{67} \qquad\qquad\qquad\qquad \textbf{68}$$

Als Beispiel für eine werkstofftechnisch relevante anionische Polymerisation wird hier die Härtung der Einkomponentenklebstoffe auf der Basis von 2-Cyanoacrylsäureestern **69** angeführt, wobei die Polycyanoacrylate **70** entstehen. Zur Auslösung der Polymerisation genügen minimale Konzentrationen an Hydroxidionen, die schon aufgrund der sehr geringen Eigendissoziation des Wasser bereits in der Luftfeuchtigkeit in ausreichender Menge enthalten sind.

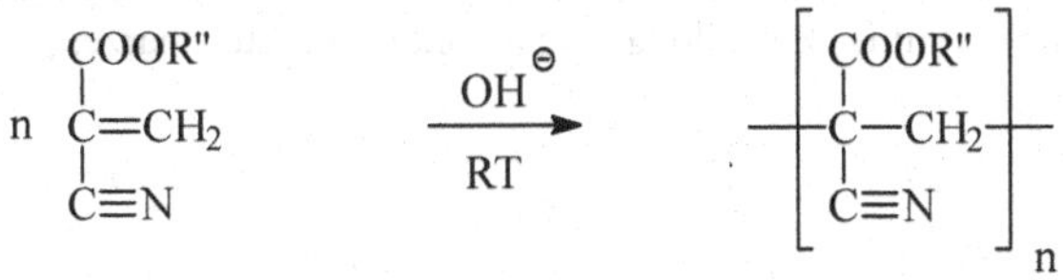

$$n \; \underset{C\equiv N}{\overset{COOR''}{\underset{|}{\overset{|}{C}}=CH_2}} \xrightarrow[RT]{OH^{\ominus}} \left[\underset{C\equiv N}{\overset{COOR''}{\underset{|}{\overset{|}{C}}-CH_2}}\right]_n$$

$$\textbf{69} \qquad\qquad\qquad\qquad \textbf{70}$$

$$R'' = CH_3,\; C_2H_5,\; n\text{-}C_3H_7,\; \text{Allyl}$$

Zum Abschluss der Betrachtungen über ionische Polymerisationen sei ein entscheidender Vorteil dieses Reaktionstyps im Vergleich zur radikalischen Polymerisation erwähnt. Im Gegensatz zur radikalischen Polymerisation kann als Kettenabbruchreaktion keine Kombination zweier wachsender Ketten stattfinden, da sich die beiden elektrisch gleichnamig geladenen Kettenenden abstoßen.
Auch Übertragungsreaktionen von Ladungen auf andere eventuell als Verunreinigungen vorhandene Moleküle sind höchst selten. Arbeitet man mit sehr sauberen Edukten und unter optimalen Polymerisationsbedingungen, so lassen sich jegliche Kettenabbruchreaktionen fast völlig ausschließen. Dies führt dazu, dass die Polymerisation erst dann beendet wird, wenn sämtliches Monomer verbraucht ist. Aber auch in diesem Fall existiert die Kette für einige Zeit – vor allem, wenn sie tiefen Temperaturen ausgesetzt ist – noch in Form ihres Makroions. Man nennt solche Molekülketten, die nach wie vor aktive Endgruppen besitzen, *„lebende Polymere"*, da die ionische Polymerisation durch die Zugabe von weiterem bzw. anderem Monomer erneut gestartet werden kann. Dies bietet, insbesondere über die anionische Polymerisation, eine vorzügliche Möglichkeit, Blockcopolymere zu synthetisieren und gleichzeitig einen Einfluss auf die relative molare Masse des entsprechenden Polymers auszuüben.

Selbstverständlich sind die lebenden Polymere nicht der Unsterblichkeit ausgesetzt, sondern sie können durch Zuführung von Protonen bzw. Hydroxidionen nach den angegebenen Reaktionsgleichungen für den Kettenabbruch **67** bis **68** bzw. **61** bis **62** „getötet" werden.

Die technische Durchführung von Polymerisationen erlaubt, je nach konkreter Problemstellung, die Anwendung verschiedener Herstellungsverfahren, auf die im Einzelnen hier nicht näher eingegangen werden soll. Man unterscheidet dabei im Wesentlichen zwischen Substanz-, Emulsions-, Suspensions-, Lösungsmittel- und Fällungspolymerisation sowie einigen weiteren speziellen Ausführungsformen.

6.3.2 Polykondensationen

Als Polykondensation bezeichnet man im deutschen Sprachgebrauch alle diejenigen Polyreaktionen, bei denen durch wiederholte Vereinigung von bi- oder polyfunktionellen Monomeren und unter Abspaltung kleiner, einfacher Moleküle (z.B. H_2O, CH_3OH, HCl) die Bildung von Polymeren erfolgt.

Die Polykondensation zählt zu den sogenannten *Stufenreaktionen*, die dadurch gekennzeichnet sind, dass ihr Endprodukt nicht direkt mittels Elementarreaktionen, sondern über eine oder mehrere voneinander unabhängige Einzelreaktionen entsteht. Im Unterschied zu den Polymerisationen, die zwar grundsätzlich auch als Stufenreaktionen angesehen werden könnten, jedoch im Allgemeinen wegen der Unmöglichkeit, die einzelnen Stufen zu unterscheiden, nicht dazu gerechnet werden, kann man im Verlauf von Polykondensationen die Reaktion beliebig unterbrechen und anschließend erneut fortsetzen.

In Abhängigkeit vom eingesetzten Monomeren und den speziellen Versuchsbedingungen ist im Verlauf einer Polykondensation die Bildung von linearen, verzweigten oder vernetzten Polymeren möglich. Viele Kunststoffe, die als Werkstoffe eine breite Verwendung gefunden haben, wie z.B. Polyamide, Polyester, Polyimide, Polysiloxane (Silicone) und Kunstharze, lassen sich durch Polykondensation herstellen.

6.3.2.1 Polyamide

a) Polyamid 6,6

Bekanntlich reagieren Carbonsäuren mit Aminen zu Amiden (R–(CO)–NH–R). Enthält nun sowohl die Carbonsäure (R-COOH) als auch das eingesetzte Amin (R-NH$_2$) anstelle von nur einer funktionellen Gruppe jeweils mindestens zwei dieser Gruppen, so kann sich über die oben erwähnte Stufenreaktion ein Makromolekül – in diesem Beispiel ein Polyamid – aufbauen.

Als konkretes Beispiel betrachten wir die Polykondensation von 1,6-Diaminohexan **71** (auch Hexamethylendiamin genannt) mit Hexandisäure (Adipinsäure) **72**. Wegen seines nucleophilen Charakters greift ein Stickstoffatom des Diamins **71** am positivierten Kohlenstoffatom der Carbonylgruppe von **72** an. Unter Abspaltung (Kondensation) von einem Molekül Wasser entsteht als Zwischenprodukt ein Amid, das an jedem Molekülende jeweils noch eine reaktionsfähige Gruppe trägt, die zur weiteren Reaktion mit den Ausgangsstoffen befähigt ist. Damit ergibt sich für den gesamten Vorgang der Polykondensation die nachstehende Reaktionsgleichung:

$$n\ H_2N-(CH_2)_6-NH_2\ +\ n\ HO-\overset{\overset{\oplus}{\delta}}{\underset{\underset{\ominus}{\delta}}{\underset{\parallel}{C}}}-(CH_2)_4-\overset{\overset{\oplus}{\delta}}{\underset{\underset{\ominus}{\delta}}{\underset{\parallel}{C}}}-OH$$

71   **72**

$$\xrightarrow[-2n\,H_2O]{}\quad \left[NH-(CH_2)_6-NH-\underset{\underset{O}{\parallel}}{C}-(CH_2)_4-\underset{\underset{O}{\parallel}}{C}\right]_n$$

73

Für den vollständigen Ablauf dieser Reaktion ist es erforderlich, dass das freiwerdende Wasser kontinuierlich aus dem Reaktionsgemisch entfernt wird, was nach dem Prinzip von LeChatelier eine Verschiebung des Gleichgewichts in Richtung des Polyamids **73** zur Folge hat. Die technische Darstellung erfolgt normalerweise nicht direkt aus **71** und **72**, sondern aus dem wesentlich beständigeren *AH-Salz* (Salz der *A*dipinsäure mit 1,6-*H*exandiamin).

Bei dem hier synthetisierten Polyamid **73** handelt es sich um die Spezies PA 6,6 (*Nylon 6,6*), die aufgrund der Bezeichnung durch die mit einem Komma (oder Punkt) getrennten Ziffern eindeutig von anderen linearen, aliphatischen Polyamiden unterschieden werden kann. Die erste Ziffer gibt dabei die Anzahl der Kohlenstoffatome des verwendeten Diamins, die zweite Ziffer die Anzahl der C-Atome der eingesetzten Dicarbonsäure (C-Atome der Carbonylgruppen sind mitzuzählen!) an.

Neben PA 6,6 (**73**) gibt es im Wesentlichen noch drei weitere aliphatische Polyamide die aus den entsprechenden Diaminen und Dicarbonsäuren zugänglich und von werkstofftechnischer Relevanz sind, nämlich PA 4,6 (**74**), PA 6,10 (**75**) und PA 6,12 (**76**) der allgemeinen Formel:

$$\left[NH-(CH_2)_x-NH-\underset{O}{\overset{\|}{C}}-(CH_2)_y-\underset{O}{\overset{\|}{C}}\right]_n$$

mit x = 4, y = 4: PA 4,6 (**74**); x = 6, y = 8: PA 6,10 (**75**); x = 6, y = 10: PA 6,12 (**76**)

Werden in dieser Formel die Methylengruppen teilweise oder vollständig durch Aromaten ersetzt, dann kommt man zu den teil- oder vollaromatischen Polyamiden (vgl. Abschnitt 6.3.3.1c).

b) Polyamid 6

In den gerade betrachteten Beispielen besitzen die beiden Edukte jeweils zwei gleiche funktionelle Gruppen. Es existieren aber auch Monomere mit zwei verschiedenen reaktiven Gruppen, die unter bestimmten Reaktionsbedingungen Polykondensationen eingehen können.

So wird z.B. zur technischen Herstellung von Polyamid 6 als Edukt ε-Caprolactam **77** verwendet. Bei diesem cyclischen Amid **77** lässt sich durch die Zugabe von katalytischen Mengen Wasser eine Ringöffnung bewirken, die zur ε-Aminocapronsäure **78** führt. Dabei wird die Öffnung des Siebenrings von dem am C-Atom der Carbonylgruppe des ε-Caprolactams nucleophil angreifenden Sauerstoffatom des Wassers ausgelöst:

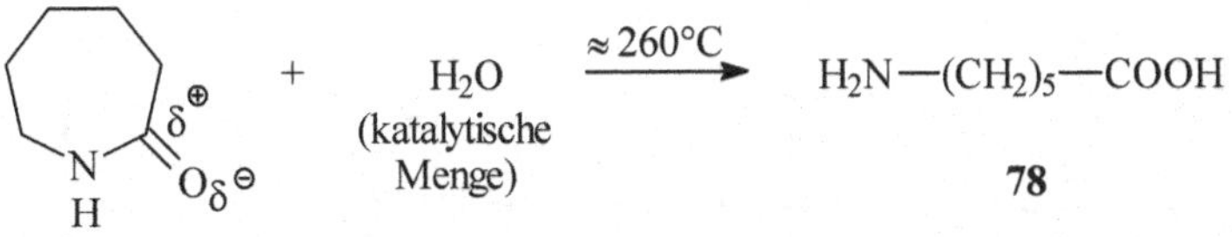

Die ε-Aminocapronsäure **78** entsteht nur als Zwischenstufe, da die Reaktion weiterläuft und unter Wasserabspaltung mehrere Moleküle **78** schließlich zum Polyamid **79** kondensieren:

Das hier in jeder einzelnen Kondensationsreaktion freigesetzte Wasser spaltet anschließend weiteres ε-Caprolactam zur ε-Aminocapronsäure usw., d.h. das Wasser fungiert lediglich als Katalysator.

Im Gegensatz zu den Polyamiden **73** bis **76** ist das Polyamid **79** aus nur einer Art von Monomeren aufgebaut. Daraus resultiert für die Anzahl der Kohlenstoffatome auch nur eine Ziffer zur genauen Identifikation des Polymers **79**. Im vorliegenden Beispiel lautet also die korrekte Bezeichnung Polyamid 6. Diese Substanz ist unter dem Warenzeichen *Perlon*® bekannt und wird auch Poly-ε-caprolactam genannt.

Ebenfalls aus nur einem Edukt und nach demselben Prinzip lassen sich die aliphatischen Polyamide PA 11 (**80**) und PA 12 (**81**) synthetisieren, die sich als Werkstoffe insbesondere durch ihre geringe Feuchtigkeitsaufnahme auszeichnen:

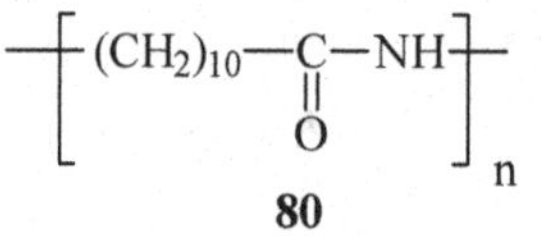

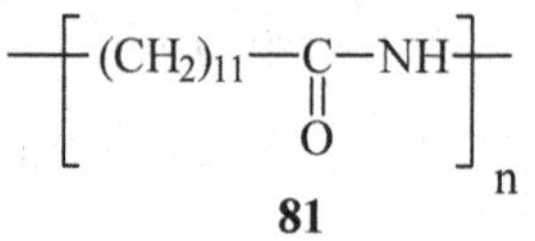

6.3.2.2 Polyester

Polykondensationen dienen ferner zur Synthese von verschiedenen Polyestern. Das als Werkstoff bedeutende *Polyethylenterephthalat* (PET) **84** lässt sich z.B. unter Abspaltung von Methanol aus Terephthalsäuredimethylester **82** und Ethylenglykol (1,2-Ethandiol) **83** herstellen.

Bei dieser Umsetzung erfolgt analog zur Herstellung von PA 6,6 (**73**) ein nucleophiler Angriff der Hydroxylgruppen des Alkohols **83** auf die positivierten Kohlenstoffatome des Edukts **82**. Auch die direkte Veresterung der Terephthalsäure (Benzol-1,4-dicarbonsäure) mit Ethylenglykol ist möglich und wird inzwischen sehr häufig technisch durchgeführt.

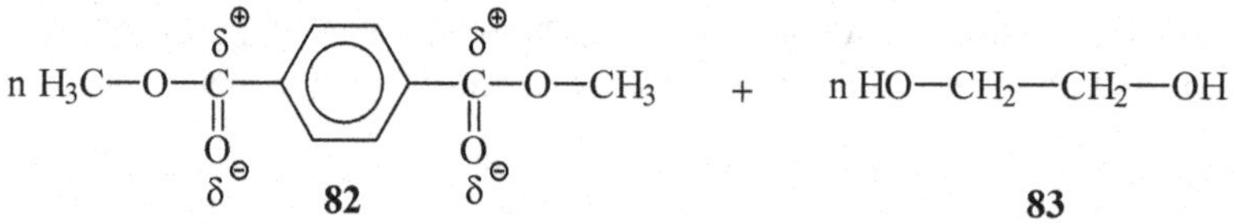

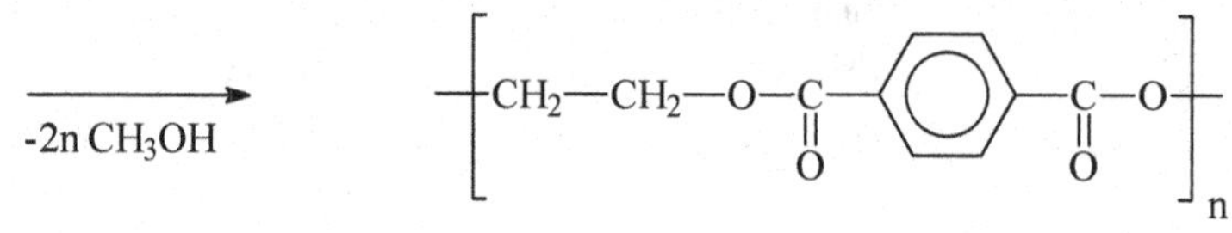

In Analogie zur Herstellung von PA 6 (**79**) aus einem cyclischen Amid (ε-Caprolactam **77**) lässt sich der Polyester **85** aus dem cylischen ε-Caprolacton **85a** synthetisieren:

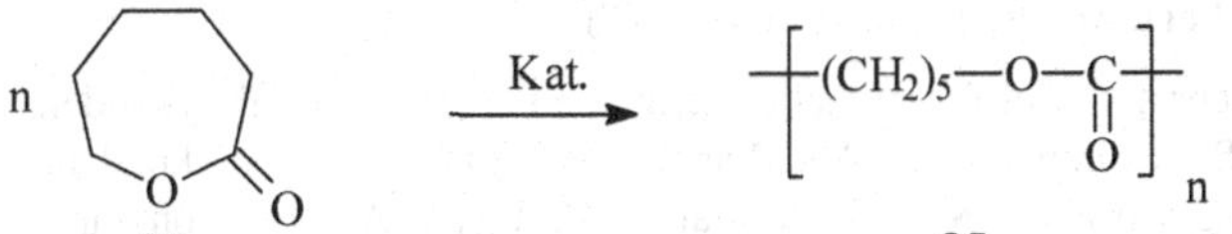

$$n \quad \text{(85a)} \quad \xrightarrow{\text{Kat.}} \quad \left[\!\!-(CH_2)_5-O-\!\!\underset{\underset{O}{\|}}{C}-\!\!\right]_n \quad \text{85}$$

Dieses Poly-ε-caprolacton (PCL) ist biologisch abbaubar und findet zunehmend in verschiedenen Bereichen der Medizintechnik Verwendung.

6.3.2.3 Polysiloxane (Silicone)

Die unter dem geläufigeren Begriff Silicone als Siliconöle, -kautschuke und -harze bekannten Polyorganosiloxane werden nach der sogenannten *Müller-Rochow-Synthese* ebenfalls über Polykondensationsreaktionen hergestellt. Dazu setzt man zuvor aus Siliciumdioxid (Quarz) gewonnenes Silicium bei etwa 300°C z.B. mit Methylchlorid in Gegenwart von Kupfer als Katalysator zum Dichlordimethylsilan **86** (in der Praxis entsteht ein Gemisch verschiedenen Chlormethylsilane) um, das sich anschließend durch Hydrolyse in das entsprechende Dimethylsilandiol **87** überführen lässt, was in einer Polykondensation unter Abspaltung von Wasser letztendlich das Polydimethylsiloxan **88** ergibt:

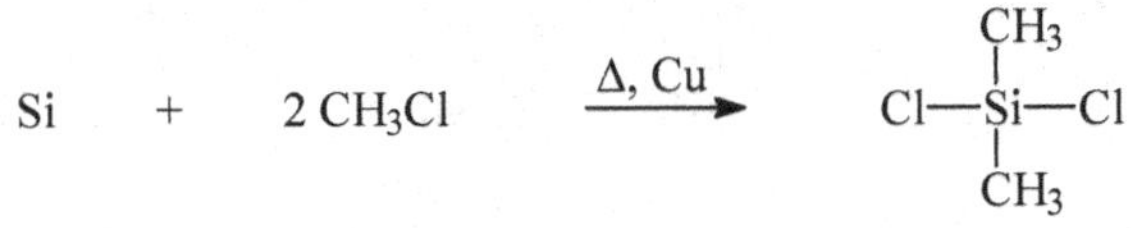

$$Si \quad + \quad 2\, CH_3Cl \quad \xrightarrow{\Delta,\ Cu} \quad Cl-\!\!\underset{\underset{CH_3}{|}}{\overset{\overset{CH_3}{|}}{Si}}\!\!-Cl$$

86

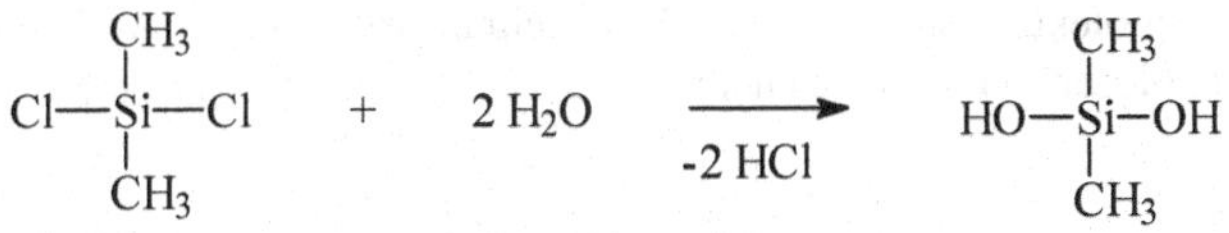

$$Cl-\!\!\underset{\underset{CH_3}{|}}{\overset{\overset{CH_3}{|}}{Si}}\!\!-Cl \quad + \quad 2\, H_2O \quad \xrightarrow[-2\ HCl]{} \quad HO-\!\!\underset{\underset{CH_3}{|}}{\overset{\overset{CH_3}{|}}{Si}}\!\!-OH$$

86 **87**

$$n\, HO-\!\!\underset{\underset{CH_3}{|}}{\overset{\overset{CH_3}{|}}{Si}}\!\!-OH \quad \xrightarrow[-n\ H_2O]{\Delta} \quad \left[\!\!-\underset{\underset{CH_3}{|}}{\overset{\overset{CH_3}{|}}{Si}}\!\!-O-\!\!\right]_n$$

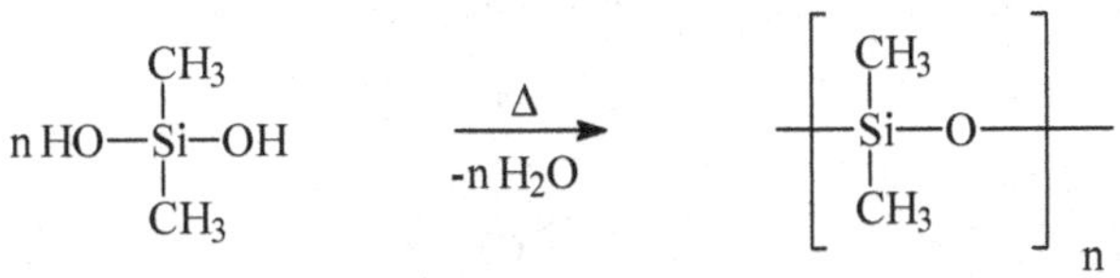

87 **88**

Die kettenförmigen Polyorganosiloxane stellen ein Beispiel für ein Polymer dar, dessen Rückgrat eine „anorganische Heterokette" aufweist. Es sei angemerkt, dass alle kettenförmigen Polymere, die über Polykondensationsreaktionen synthetisiert werden, als Rückgrat grundsätzlich eine – normalerweise organische – Heterokette besitzen. Die bei den Polysiloxanen vorhandene anorganische Heterokette verleiht dem Polymer aufgrund der hohen Stabilität der Si-O-Bindung (464 kJ/mol Bindungsenergie gegenüber 348 kJ/mol für eine C-C-Einfachbindung) eine beachtenswerte Temperaturbeständigkeit sowie ein gutes Korrosionsverhalten gegenüber schwachen Säuren und Basen, während die organischen Substituenten als Seitenketten den stark hydrophoben Charakter dieses Stoffes verursachen.

6.3.2.4 Melamin-Formaldehyd-Kunstharze (MF)

Monomere mit mehr als zwei funktionellen Gruppen können durch Polykondensationen dreidimensional vernetzte Strukturen bilden. Als Beispiel wählen wir die Polykondensation von Melamin (2,4,6-Triamino-1,3,5-triazin) **89** mit Formaldehyd. Unter Austritt von einem Molekül Wasser werden über hier nicht näher formulierte Zwischenstufen zunächst zwei Moleküle Melamin durch eine Methylenbrücke miteinander zum primären Kondensationsprodukt **90** verknüpft:

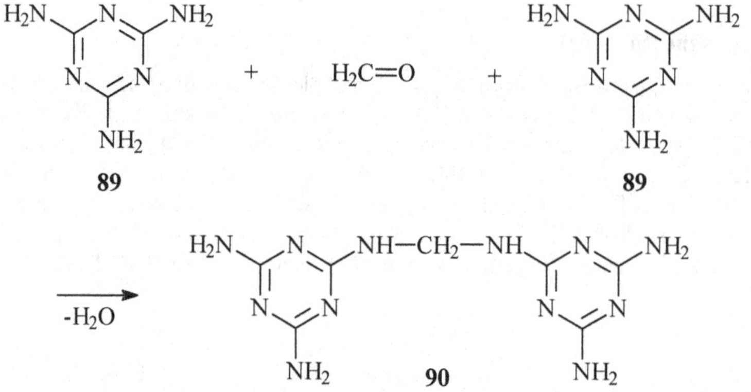

Nun verfügt jeder der beiden heterocyclischen Ringe von **90** an den Aminogruppen noch über fünf Wasserstoffatome, die prinzipiell alle zur Reaktion mit weiterem Formaldehyd befähigt sind, so dass für ein Melaminmolekül insgesamt sechs Verzweigungsstellen zum Aufbau eines engmaschig vernetzten Polymers **91** zur Verfügung stehen:

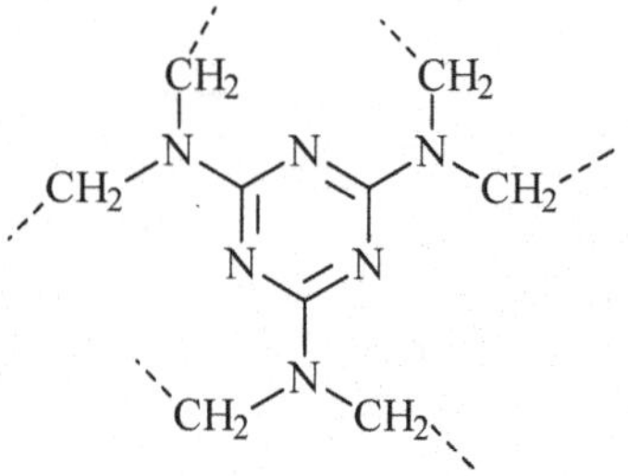

Im Allgemeinen erfolgen diese Polykondensationen stufenweise unter Bildung von nicht vollständig durchpolykondensierten Zwischenprodukten, so dass erst im Verlauf der oder im Anschluss an die jeweiligen Formgebungsverfahren durch Hitzehärtung die endgültige Vernetzung des Werkstücks vorgenommen wird. Dabei treten neben den Verknüpfungen über Methylenbrücken auch Dimethylenetherbrücken auf, wenn man die Polykondensation statt im sauren pH-Wert-Bereich im alkalischen Milieu durchführt.

Die Melamin-Formaldehyd-Kunstharze (MF) zählen zur Gruppe der härtbaren *Aminoplaste*, zu denen man des Weiteren z.B. Harnstoff-Formaldehyd (UF)-, Anilinharze sowie die Kondensationsprodukte des Thioharnstoffs **94** mit Formaldehyd rechnet:

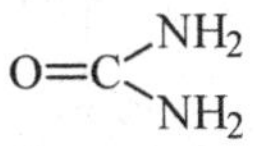

Harnstoff **92**    Anilin **93** 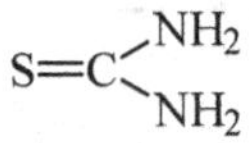   Thioharnstoff **94**

Die aus Anilin **93** hergestellten Aminoplaste haben inzwischen keine werkstofftechnische Bedeutung mehr, und Thioharnstoffharze werden lediglich zur Modifizierung einiger Eigenschaften gegenüber reinen UF- und MF-Harzen verwendet.

6.3.2.5 Phenol-Formaldehyd-Kunstharze (PF)

In ähnlichen stufenweisen Polykondensationsreaktionen, wie beim MF beschrieben, werden auch die werkstofftechnisch sehr bedeutenden Phenol-Formaldehyd-Kunstharze (PF, früher als *Bakelite* bezeichnet) aus Phenol **95** und $H_2C=O$ in Gegenwart von Säuren oder Laugen hergestellt. Je nachdem, ob die Vorkondensation zu **96** in saurer oder alkalischer Lösung erfolgt, unterscheidet man zwischen den nicht selbsthärtenden *Novolaken* und den selbsthärtenden *Resolen*. Das noch lösliche, schmelzbare und somit verarbeitbare primäre Kondensationsprodukt **96** kann anschließend mit weiteren Phenol- und Formaldehydmolekülen bzw. mit zusätzlich eingebrachtem Härter und/oder durch Erhitzen reagieren und über Methylen- und Dimethylenetherbrücken, die bevorzugt in *ortho*- und *para*-Stellung zur OH-Gruppe des Phenylrings angeordnet sind, ein dreidimensionales Netzwerk ausbilden, von dessen möglicher Struktur in **97** ein Ausschnitt abgebildet ist:

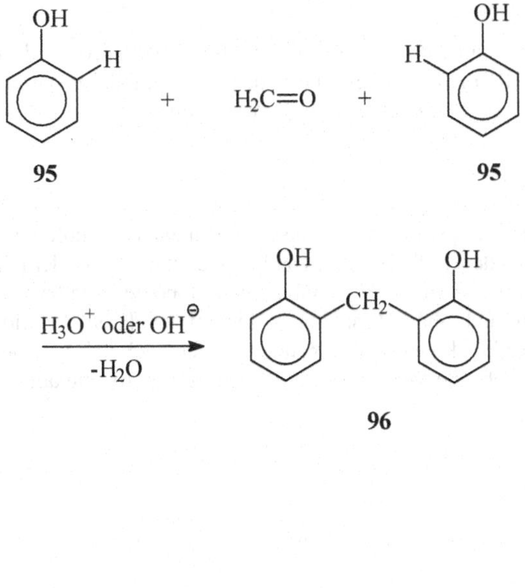

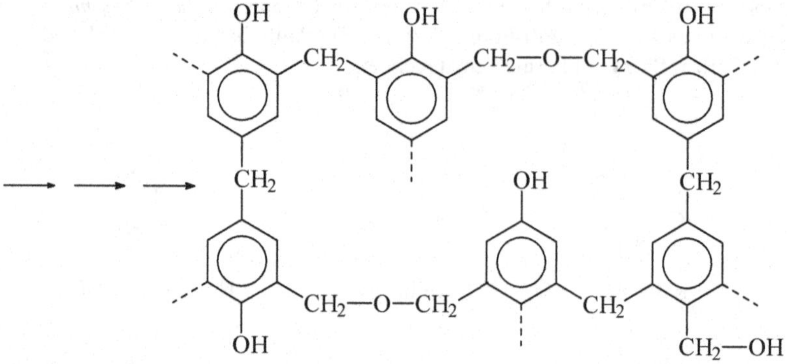

97

Bei den Novolaken erfolgt die Verknüpfung der Phenolringe ausschließlich über Methylenbrücken, während die Resole zusätzlich durch Etherbrücken verbunden sind, wobei der Phenolring hier auch noch freie Hydroxymethylgruppen besitzen kann.

Anstelle von Phenol **95** werden als Edukte häufig auch die wesentlich reaktiveren Phenolderivate Kresol (Methylphenol) **98**, Xylenol (Dimethylphenol) **99** und Resorcin (1,3-Dihydroxybenzol) **100** eingesetzt, z.B.:

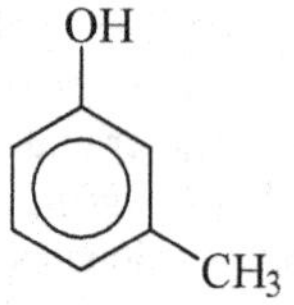

| **98** | **99** | **100** |
| (*m*-Kresol) | (3,5-Dimethylphenol) | |

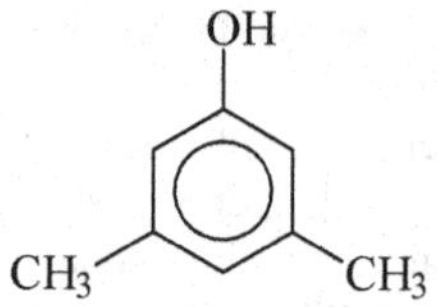

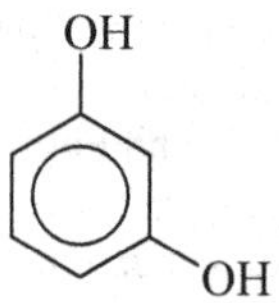

Auf diese Weise gelangt man zu den Kresol-Formaldehyd (CF)-, Xylenol-Formaldehyd (XF)- und Resorcin-Formaldehyd (RF)-Kunstharzen, die neben PF ebenfalls in die Gruppe der *Phenoplaste* – oder ebenso als *Phenolharze* bezeichnet – einzuordnen sind.

6.3.3 Polyadditionen

Die Bezeichnung Polyaddition wird in der deutschsprachigen Terminologie für all diejenigen Polyreaktionen verwendet, bei denen die Bildung von Polymeren durch wiederholte Additionsreaktionen von zwei verschiedenartigen bi- oder polyfunktionellen Monomeren unter gleichzeitiger Wanderung von Wasserstoffatomen und ohne Abspaltung niedermolekularer Reaktionsprodukte vonstatten geht. Ebenso wie bei der Polykondensation handelt es sich auch bei der Polyaddition um eine Stufenreaktion, und das entstehende Makromolekül weist eine Heterokette auf.

Polyadditionen treten insbesondere dann auf, wenn ein Monomer mit C=C-Doppelbindungen oder C≡C-Dreifachbindungen mit einem zweiten Monomer, das OH- oder NH-Gruppen aufweist, umgesetzt wird.

Von großer werkstofftechnischer Bedeutung sind die Polyurethane (PUR) und die Epoxide (EP). Beide Kunststoffe werden über Polyadditionsreaktionen hergestellt, deren Chemismus nun etwas näher erläutert werden soll.

6.3.3.1 Polyurethane (PUR)

Bevor wir uns mit der Synthese von Polyurethanen aus bifunktionellen Diolen und Diisocyanaten durch die Methode der Polyaddition beschäftigen, soll zunächst der Reaktionsmechanismus der Addition eines monofunktionellen Alkohols an ein Monoisocyanat betrachtet werden.

Wegen seines nucleophilen Charakters greift der Alkohol **101** mit seinem Sauerstoffatom am positivierten Kohlenstoffatom des Isocyanats **102** an und wird dort addiert. Die dabei erzeugte intermediäre Verbindung **103** lagert sich durch 1,3-H-Wanderung in den unbeständigen Imidokohlensäureester **104** um, der sich über eine weitere 1,3-H-Verschiebung schließlich zum Endprodukt Urethan **105** stabilisiert:

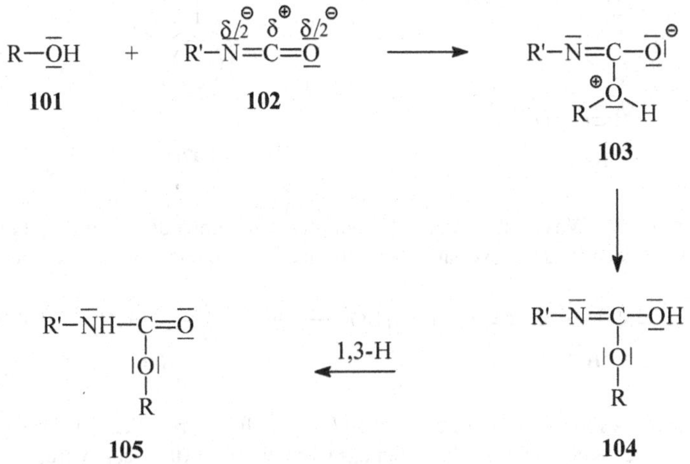

Die Additionsreaktion eines Diols **106** mit einem Diisocyanat **107** erfolgt in gleicher Weise, allerdings ist wegen des bifunktionellen Charakters der Edukte nun der Aufbau einer linearen Kette von Polyurethan (PUR) **108** möglich:

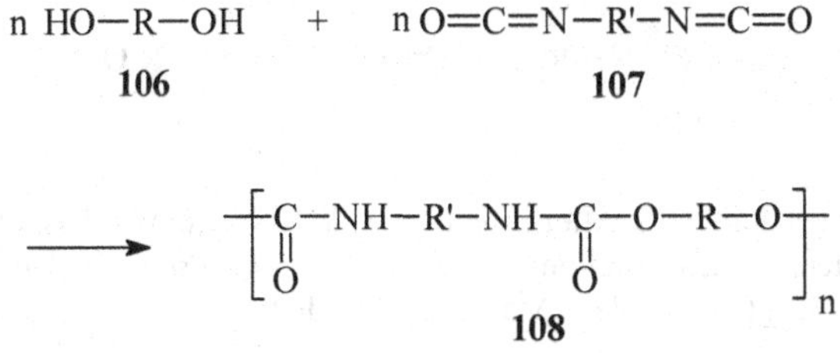

Als Diisocyanat **107** wird meist 4,4′-*M*ethylen*di*(phenyl*i*socyanat) (MDI) **107a** (ebenso Diphenyl-methan-4,4′-diisocyanat genannt) verarbeitet:

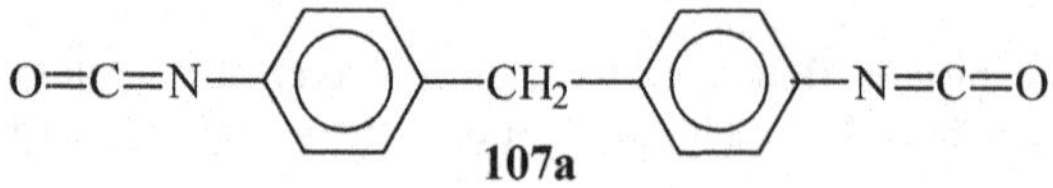

$$O=C=N-\!\!\!\bigcirc\!\!\!-CH_2-\!\!\!\bigcirc\!\!\!-N=C=O$$
107a

Werden z.B. anstelle von Diisocyanaten **107** Polyisocyanate eingesetzt oder statt Diole **106** höherwertige Alkohole, z.B. Glycerin (Propan-1,2,3-triol) verwendet, dann erzielt man beim Additionsprodukt PUR auch räumlich vernetzte Strukturen. Je nach Höhe des Vernetzungsgrades und spezieller Herstellungsbedingungen lassen sich Polyurethane mit sehr unterschiedlichen physikalischen Eigenschaften produzieren. Für PUR-Hartschaumstoffe findet als Diisocyanat das erwähnte MDI **107a** Verwendung, während für PUR-Weichschaumstoffe vornehmlich Toluol-2,4-diisocyanat (TDI) **107b** und Toluol-2,6-diisocyanat (TDI) **107c** bzw. ein Gemisch beider Isomeren zum Einsatz kommt.

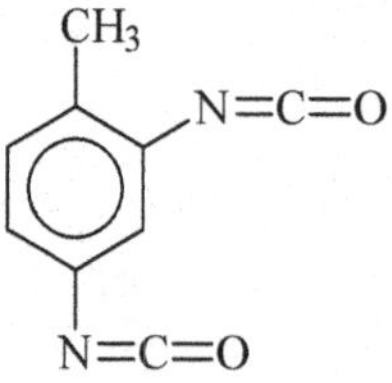

107b 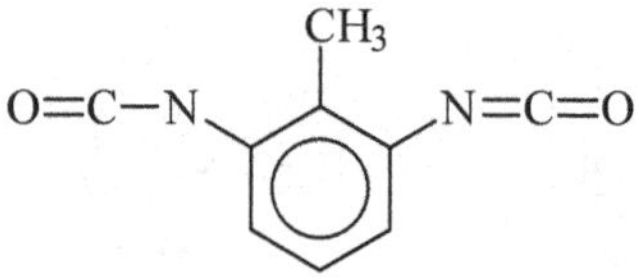   **107c**

Das Vorhandensein von Wasser führt unter Abspaltung von Kohlendioxid zur Bildung von Diaminen **109**, die im weiteren Reaktionsverlauf ebenfalls eine Vernetzung bewirken können:

$$O=C=N-R'-N=C=O \ + \ 2\,H_2O \ \longrightarrow \ H_2N-R'-NH_2 \ + \ 2\,CO_2$$
$$\textbf{107} \hspace{5cm} \textbf{109}$$

Auch die direkte Reaktion zweier Diisocyanate **107** ist möglich. Unter dem Einfluss geeigneter Katalysatoren spaltet sich Kohlendioxid ab, wobei das Carbodiimid **110** erzeugt wird:

$$O=C=N-R'-N=C=O \quad + \quad O=C=N-R'-N=C=O \quad \xrightarrow{\text{Kat.}}$$
$$\textbf{107} \hspace{4cm} \textbf{107}$$

$$O=C=N-R'-N=C=N-R'-N=C=O \quad + \quad CO_2$$
$$\textbf{110}$$

Das oben in den beiden letztgenannten Reaktionen entstehende Kohlendioxid besitzt blähende und schaumbildende Eigenschaften, so dass man auf diese Art der *„chemischen Schäummethode"* zu Polyurethanschaumstoffen gelangt. In großem Maßstab wird dieses Verfahren bei der sog. *RIM-*

Technik (*r*eaction *i*njection *m*olding = Reaktionsspritzguss) angewendet, bei der die Edukte nach rascher und präziser maschineller Dosierung und Vermischung durch Spritzverfahren in die entsprechende Form injiziert werden, wo sie dann relativ schnell aushärten.

Die *„chemische Schäummethode"* dient dabei vor allem zur Herstellung von Polyurethan-Weich-schaumstoffen, während PUR-Hartschaumstoffe häufig über die *„physikalische Schäummethode"* produziert werden, bei der früher sehr oft Fluorchlorkohlenwasserstoffe (FCKW) als Treibmittel fungierten. Wegen der Bildung des Ozonlochs kommen inzwischen meist halogenfreie Ersatzstoffe (z.B. *n*-Pentan, Cyclopentan, Stickstoff) mit jedoch teilweise geringeren Dämmeigenschaften zum Einsatz. Gerade die Verwendung der FCKWs erhöht wegen ihrer niedrigen thermischen Leitfähig-keit die Wärmedämmung des Schaumstoffs, da das entsprechende Treibgas in Form von kleinen geschlossenen Poren in das Material eingebaut wird.

Während der Polyaddition entstehende (**109**) oder separat zugeführte mehrwertige Amine **109a** rea-gieren in analoger Weise mit vorhandenen mehrwertigen Isocyanaten **107** zu Polyharnstoffen (PUA) **111**:

$$\text{n } H_2N-R''-NH_2 \quad + \quad \text{n } O{=}C{=}N-R'-N{=}C{=}O$$

109a   **107**

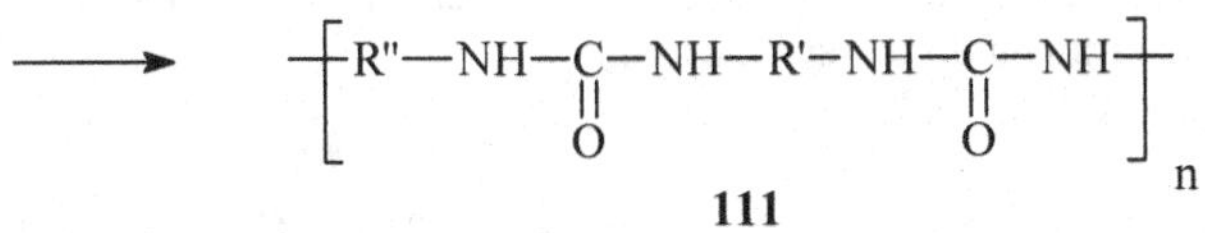

$$\longrightarrow \quad \left[R''-NH-\underset{\underset{O}{\|}}{C}-NH-R'-NH-\underset{\underset{O}{\|}}{C}-NH \right]_n$$

111

Somit bilden sich bei den Herstellungsreaktionen für PUR-Schaumstoffe häufig gar keine „reinen" Polyurethane, sondern es können Copolymere mit Urethan- und Harnstoffgruppen in der Hauptkette des Makromoleküls entstehen, so dass man in diesem Fall von einem Polyurethanpolyharnstoff spricht. Da Isocyanate auch mit sich selbst unter Trimerisation zu Isocyanuraten reagieren können, lassen sich MDI (**107a**) und zusätzlich zugefügte Polyole zu hochverzweigten Polyisocyanuraten (PIR) **111a** umsetzen:

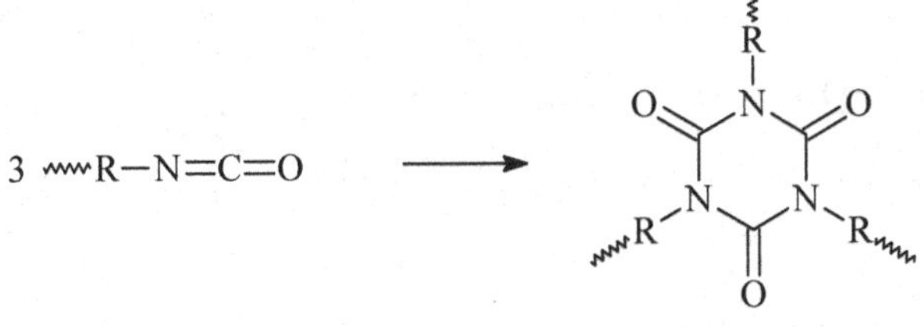

$$3 \text{ \textasciitilde\textasciitilde\textasciitilde} R-N{=}C{=}O \quad \longrightarrow$$

111a

Durch die im Vergleich zu normalen Polyurethanen **108** stärkere Quervernetzung über die Isocya-natringe entstehen chemisch und thermisch sehr stabile PUR-Hartschaumstoffe, die wegen ihrer nie-drigen Wärmeleitfähigkeit als Hartschaumplatten insbesondere zur Wärmedämmung Verwendung finden.

6.3.3.2 Epoxidharze (EP)

Der weitaus überwiegende Anteil der produzierten Epoxidharze (EP) wird aus nur zwei Ausgangs-verbindungen über Polyadditionsreaktionen hergestellt, nämlich aus Epichlorhydrin **112** und Bis-phenol A **113**, wobei letztere Substanz auch als Beschichtungsmaterial in Thermopapieren für Kassenbons bekannt und umstritten ist.

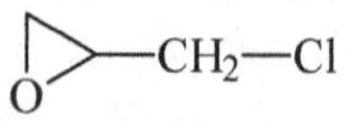

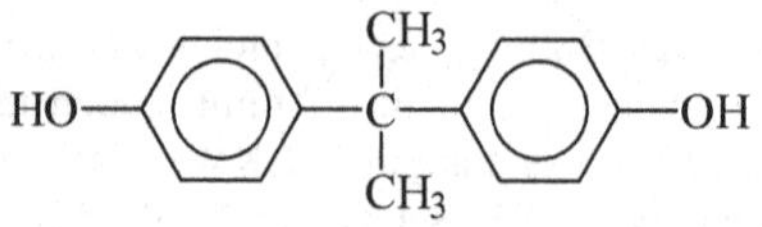

112   **113**

Bevor wir uns den dabei entstehenden komplizierteren Molekülstrukturen zuwenden, sollen zum besseren Verständnis notwendige Reaktionsmechanismen zunächst an ähnlichen, d.h. die gleiche funktionelle Gruppe besitzenden, aber überschaubareren Verbindungen diskutiert werden.

Bekanntlich weisen Dreiringe eine vergleichsweise hohe Ringspannung auf. Enthalten diese Ringe ferner noch ein Heteroatom wie z.B. den Sauerstoff im Oxiran **114**, dann lässt sich durch die kata-lytische Wirkung einer Base besonders leicht eine Ringöffnung herbeiführen. So kann z.B. das stark basische Phenolation **115** den Dreiring **114** an einem der beiden partiell positivierten C-Atome an-greifen und dadurch die Öffnung des Rings bewirken:

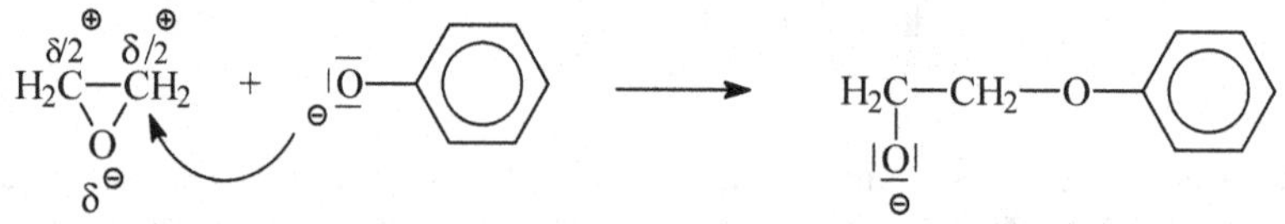

114   **115**   **116**

Das intermediär gebildete Anion **116** setzt sich mit bereits vorhandenem Phenol **95** in einer Säure-Base-Reaktion zur Verbindung **117** um, wobei gleichzeitig das Phenolation **115** frei wird und somit wieder als Katalysator zur Verfügung steht:

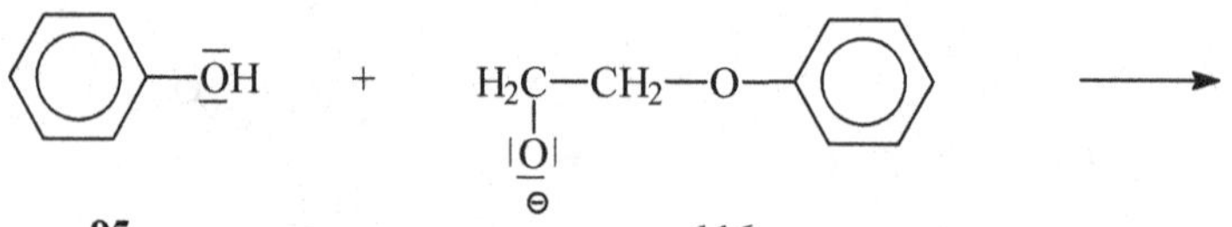

95   **116**

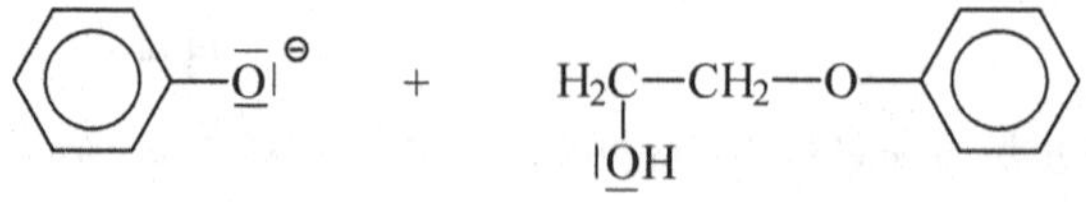

115   **117**

Neben dieser basenkatalysierten Ringöffnung finden während der Polyaddition zum Epoxidharz auch nucleophile Substitutionen statt, die zunächst wiederum exemplarisch an einem einfachen Schema veranschaulicht werden.

2-Chlorethanol (Ethylenchlorhydrin) **118** reagiert mit starken Basen, wie z.B. Hydroxidionen, zum entsprechenden Anion **119**. Das negativ geladene und somit stark nucleophile Sauerstoffatom von **119** greift nun intramolekular das aufgrund des –I-Effekts des Cl-Substituenten positivierte Kohlenstoffatom an. Durch Abspaltung eines Chloridions und gleichzeitigen Ringschluss entsteht nun das Oxiran **114**; d.h. das Cl-Atom ist durch die Knüpfung der neuen C–O-Bindung am Kohlenstoffatom substituiert worden:

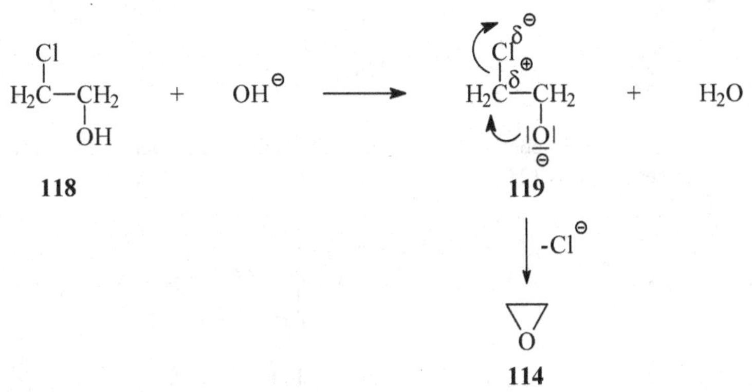

Wie bereits erwähnt, erfolgt die Herstellung der Epoxidharze durch Polyaddition von Epichlorhydrin (1-Chlor-2,3-epoxypropan) **112** und Bisphenol A (2,2-Bis(4-hydroxyphenyl)propan) **113**. Die Verbindung **112** unterscheidet sich vom Oxiran **114** lediglich durch eine zusätzliche chlorsubstituierte Methylgruppe. Trotzdem wird es nach der Nomenklatur nicht als Oxiranderivat sondern als Epoxid benannt bzw. mit dem Präfix Epoxy versehen, wobei beides gleichbedeutend für einen Dreiring ist, der aus zwei Kohlenstoffatomen und einem Sauerstoffatom besteht.

Das Bisphenol A **113** besitzt, wie schon sein Trivialname verrät, zwei Phenylsubstituenten, die durch Zugabe einer Base in Phenolationen überführt werden können (bifunktioneller Charakter) und somit dem Anion **115** entsprechen, welches die basenkatalysierte Ringöffnung des Oxirans **114** auslöste.

Kommen wir nun zu den chemischen Reaktionen zur Herstellung der Epoxidharze. Ein Molekül Bisphenol A **113** ist durch seine zwei OH-Gruppen befähigt, unter Einwirkung einer Base an zwei Molekülen Epichlorhydrin **112** eine Ringöffnung zu initiieren, wobei zunächst das Additionsprodukt **120** entsteht:

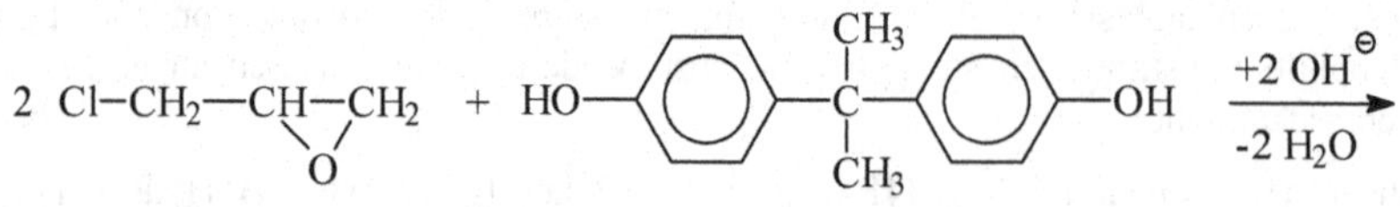

$$2 \ Cl-CH_2-CH-CH_2 \quad + \quad HO-\langle\bigcirc\rangle-\underset{\underset{CH_3}{|}}{\overset{\overset{CH_3}{|}}{C}}-\langle\bigcirc\rangle-OH \quad \xrightarrow[-2\,H_2O]{+2\,OH^{\ominus}}$$

112   **113**

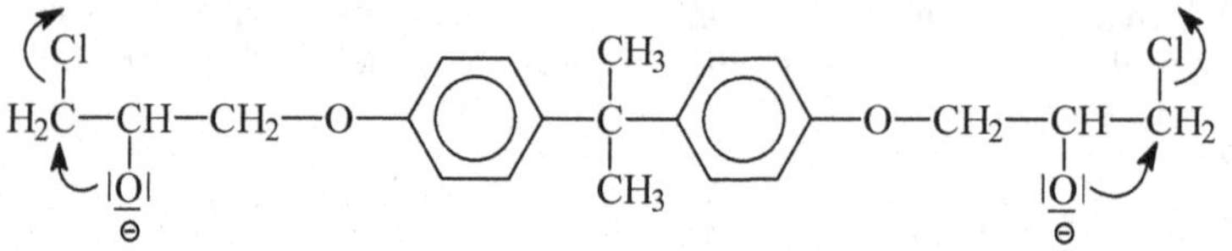

$$\underset{\overset{|}{\underset{\ominus}{|O|}}}{\overset{(Cl}{\underset{|}{H_2C}}-CH-CH_2}-O-\langle\bigcirc\rangle-\underset{\underset{CH_3}{|}}{\overset{\overset{CH_3}{|}}{C}}-\langle\bigcirc\rangle-O-CH_2-CH-\underset{\overset{|}{\underset{\ominus}{|O|}}}{\overset{Cl)}{CH_2}}$$

120

Das Dianion **120** reagiert anschließend durch nucleophile Substitution der Chloratome unter Ring-schluss und Bildung des Epoxids **121**:

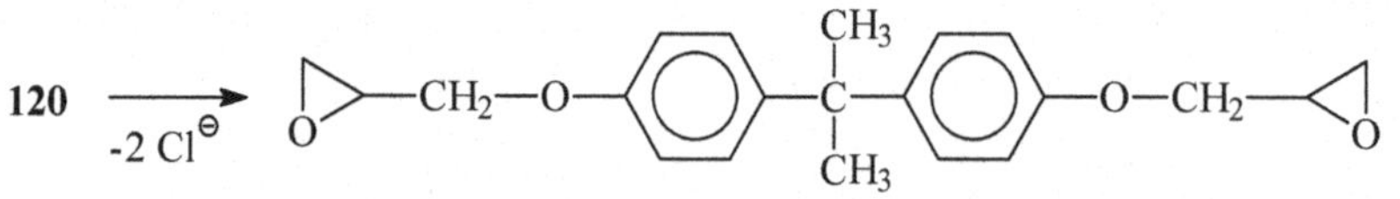

$$\textbf{120} \quad \xrightarrow[-2\,Cl^{\ominus}]{} \quad \triangleleft_O\!\!-CH_2-O-\langle\bigcirc\rangle-\underset{\underset{CH_3}{|}}{\overset{\overset{CH_3}{|}}{C}}-\langle\bigcirc\rangle-O-CH_2\!\!-\triangleright_O$$

121

In Abhängigkeit von dem gewählten Mengenverhältnis der Ausgangsverbindungen **112** und **113** las-sen sich über weitere Additionen Epoxidmoleküle **122** mit leicht unterschiedlichem Molekülaufbau und verschiedenen relativen molaren Massen erzeugen, z.B.:

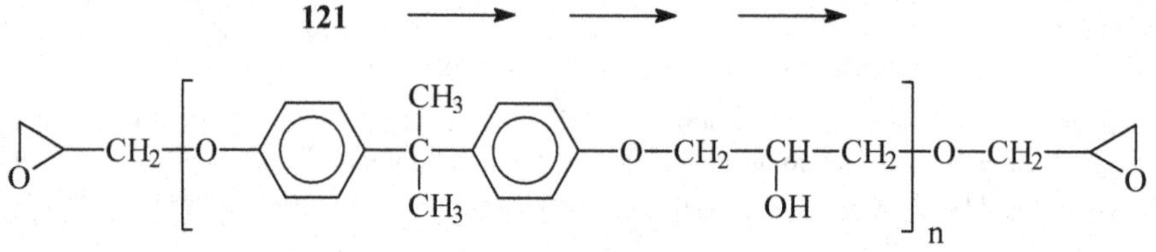

121 $\longrightarrow$ $\longrightarrow$ $\longrightarrow$

$$\triangleleft_O\!\!-CH_2\!\!-\!\!\left[O-\langle\bigcirc\rangle-\underset{\underset{CH_3}{|}}{\overset{\overset{CH_3}{|}}{C}}-\langle\bigcirc\rangle-O-CH_2-\underset{\underset{OH}{|}}{CH}-CH_2\right]_n\!\!-O-CH_2\!\!-\triangleright_O$$

122

So bewirkt ein sehr geringer Überschuss des Epichlorhydrins **112** die Ausbildung von Polyether-ketten mit endständigen Epoxidgruppen, wie z.B. in der Formel **122** angegeben.

Bei einem größeren Überschuss an Bisphenol A **113** erhält man – ähnlich wie in **122** – zusätzlich noch OH-Gruppen im Molekül, die durch den nucleophilen Angriff der phenolischen OH-Gruppe von **113**, z.B. auf das Zwischenprodukt **120a**, im Folgeprodukt **123** erhalten bleiben:

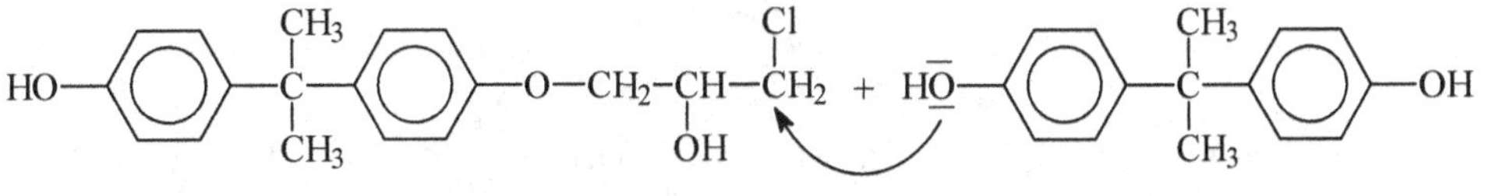

120a   **113**

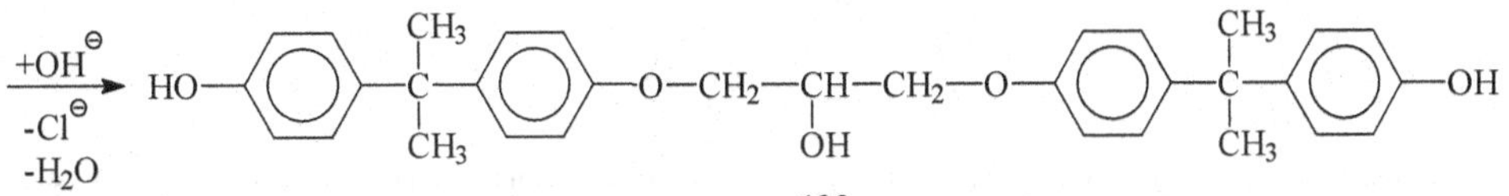

123

Andererseits führt ein großer Überschuss an Epichlorhydrin **112** zur Bildung von monomerem Bisphenol-A-diglycidylether **121** oder von Epoxidharzen **122** mit sehr kurzen Ketten (kleines n).

Die mengenmäßige Zusammensetzung der Ausgangsstoffe beeinflusst somit maßgeblich den Kettenaufbau, die Kettenlänge sowie die Bildung von Hydroxylgruppen, was wiederum Auswirkungen auf die Eigenschaften und werkstofftechnische Anwendung der synthetisierten Epoxidharze hat. Es lassen sich flüssige Produkte unterschiedlicher Viskosität oder auch feste Epoxidharze gewinnen. Weitere Modifikationen sind durch die Verwendung chemisch leicht veränderter Edukte möglich. Setzt man statt Bisphenol A beispielsweise Dicarbonsäuren ein, so entstehen im Makromolekül anstelle der Glycidetherverknüpfungen entsprechende Estergruppierungen. Synthesen mit dem bromhaltigen Ausgangsstoff Tetrabrombisphenol A (2,2-Bis(3,5-dibrom-4-hydroxyphenyl)propan) **113a** mindern die Entflamm- und Brennbarkeit von Epoxidharzen.

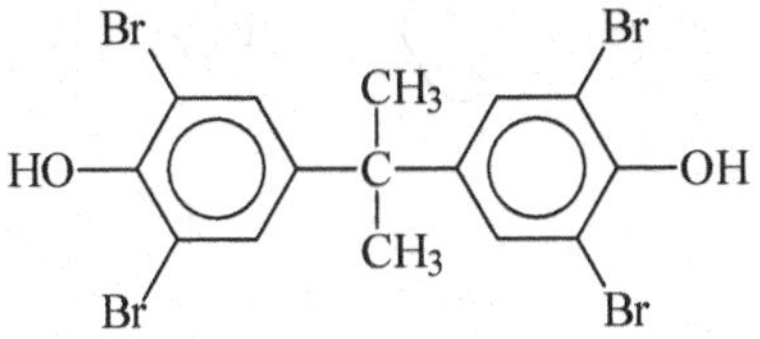

113a

Ferner können die endständigen Hydroxylgruppen durch verschiedene chemische Härtungsmittel vernetzt werden. In Frage kommen dafür hauptsächlich bi- oder polyfunktionelle Substanzen, wie z.B. Phthalsäure (1,2-Benzoldicarbonsäure), Anhydride, Isocyanate, aliphatische und aromatische Di- oder Polyamine bzw. Polyamide.

Die *Härtung* mit Phthalsäure **124** erfolgt unter Ringöffnung und Addition der Phthalsäure an die zwei endständigen Epoxidgruppen des Makromoleküls **122**, wobei eine Veresterung dieser Dicarbonsäure eintritt und gleichzeitig weitere Hydroxylgruppen im Produkt **125** gebildet werden, z.B.:

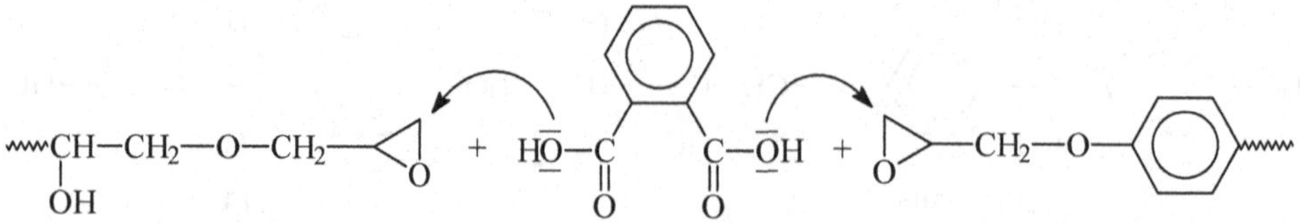

Ausschnitt **122**   **124**   Ausschnitt **122**

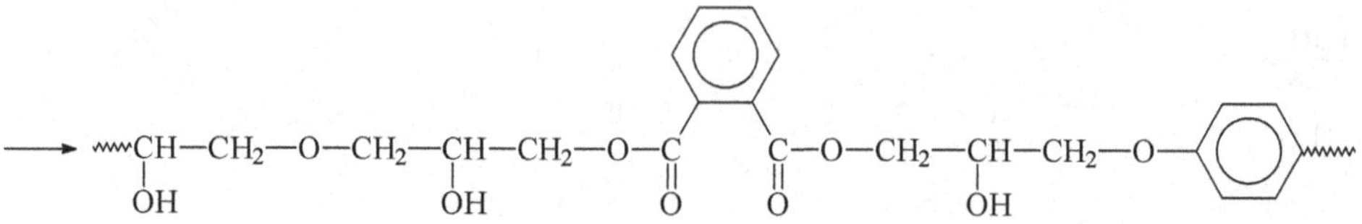

125

Anhydride bewirken eine Vernetzung der seitenständigen Hydroxylgruppen. So kann beispielsweise Cyclohexan-1,2-dicarbonsäureanhydrid oder Phthalsäureanhydrid **126** an im Makromolekül **122** vorhandene Hydroxylgruppen angreifen und sich dort ebenfalls unter Veresterung addieren, z.B.:

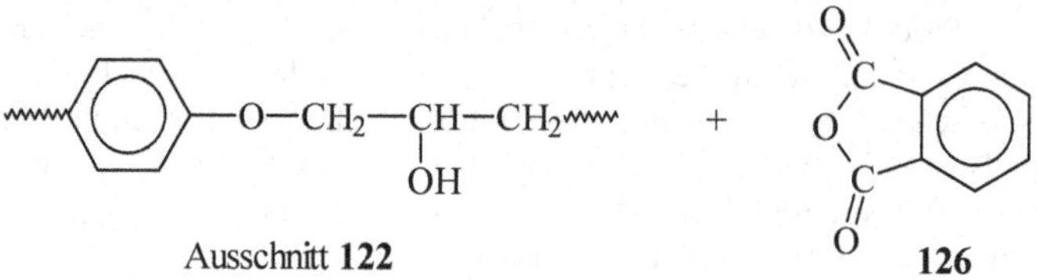

Ausschnitt **122**   **126**

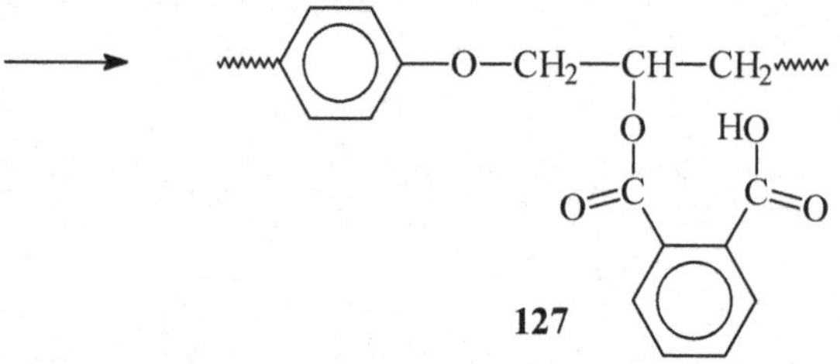

127

Die im primären Vernetzungsprodukt **127** neu entstandene Carboxylgruppe ist nun wiederum befähigt, Verknüpfungen mit endständigen Epoxidgruppen analog der Umsetzung von **122** nach **125** einzugehen.

6.3.4 Spezielle Polyreaktionen

Zur Synthese bestimmter Polymere werden neben den bislang diskutierten Polymerisationen, Polykondensationen und Polyadditionen auch viele spezielle Polyreaktionen angewendet, die sich innerhalb dieses Buches nicht erschöpfend behandeln lassen. Stellvertretend für diese Gruppe sei die in den letzten Jahren verstärkt zum Einsatz kommende Methode der *ring*öffnenden *m*etathetischen *P*olyreaktion (*„ROMP-Reaktion"*) angeführt.

6.3.4.1 Ringöffnende metathetische Polyreaktion („ROMP-Reaktion")

Das Prinzip einer Olefin-Metathese-Reaktion beruht auf der Umstellung von isolierten Doppelbindungen zwischen zwei Alkenen **128** und **129** mit Hilfe von Katalysatoren, wie z.B. Molybdän(VI)- oder Wolfram(VI)oxid, WCl_6, Diethylaluminiumchlorid sowie Ziegler-Natta-Katalysatoren, was die Bildung der im Vergleich zu **128** und **129** unterschiedlich substituierten Alkene **130** zur Folge hat:

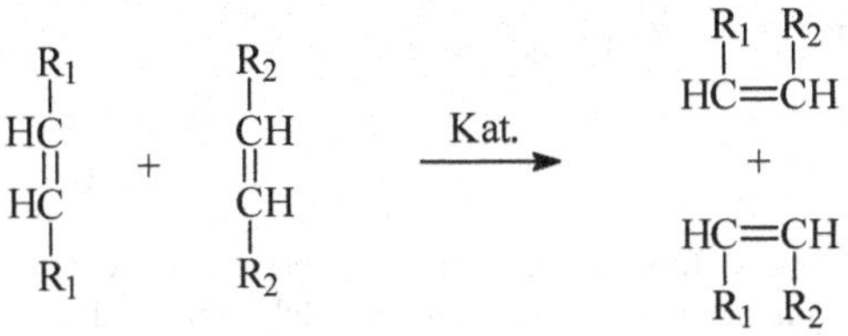

Geht man bei den verwendeten Alkenen zu Ringsystemen über, so erfolgt über die ROMP-Reaktion zunächst die Spaltung der Ringe und anschließend eine Ringerweiterung. Auf diese Art und Weise können aus kleinen Cycloalkenen große ungesättigte Makrocyclen, die sog. *Polyalkenamere*, aufgebaut werden.

Als Beispiel betrachten wir die ROMP-Reaktion an Cyclopenten **131**. Zwei Moleküle **131** bilden durch Umstellung der Doppelbindungen als Primärprodukt das Cyclodeca-1,6-dien **132**, welches mit weiterem Cyclopenten im nächsten Schritt zum Cyclopentadeca-1,6,11-trien **133** reagiert. Triebkraft dieser ringöffnenden Reaktion ist die durch den Abbau der Ringspannung bei den Monomeren **131** freiwerdende Energie. Verschiedene, teilweise noch nicht vollständig erklärbare, Einflüsse bewirken im Verlauf dieser Polyreaktion Ringöffnungen, so dass das entstandene Polypentenamer (Poly-1-penten-1,5-diyl) **134** nicht beliebig wachsen kann.

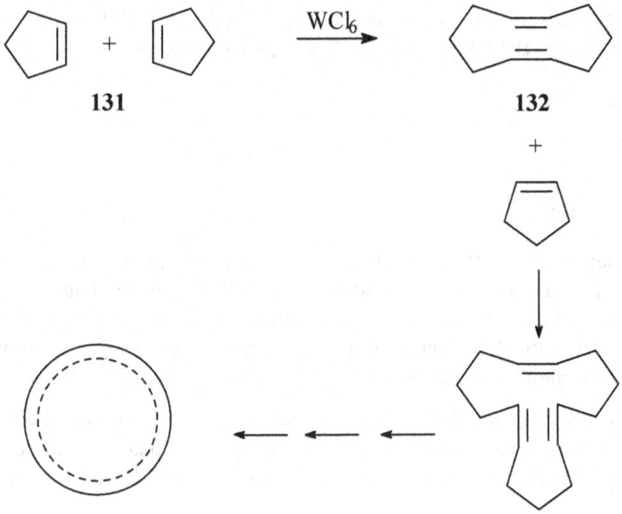

Die Ringgröße lässt sich ferner über Abbruchreaktionen steuern; z.B. wird die Öffnung des Rings **134** durch die Zugabe kleiner Mengen von offenkettigen Alkenen sofort unter Bildung der Verbindung **134a** initiiert:

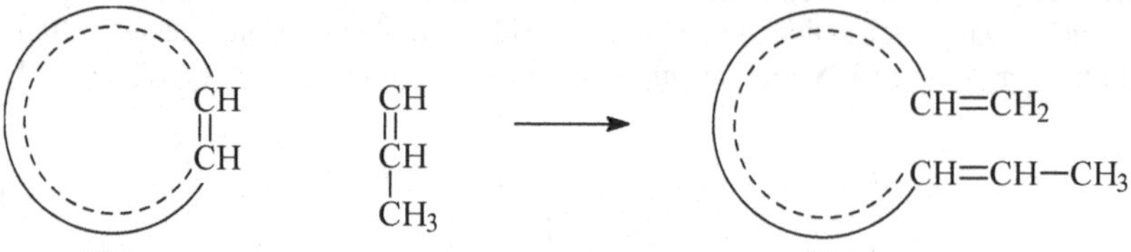

Nicht nur die Polypentenamere **134**, sondern auch andere Polyalkenamere stellen wichtige Ausgangsstoffe zur Synthese von Elastomeren dar. Die im Makromolekül vorhanden Doppelbindungen sind zur Durchführung von Vernetzungsreaktionen bestens geeignet.

Nach dem gleichen Mechanismus kann über die ROMP-Reaktion im letzten Reaktionsschritt einer mehrstufigen Synthese aus Cycloocten der *trans*-Polycyclooctenamer-**R**ubber (TOR) **135** hergestellt werden:

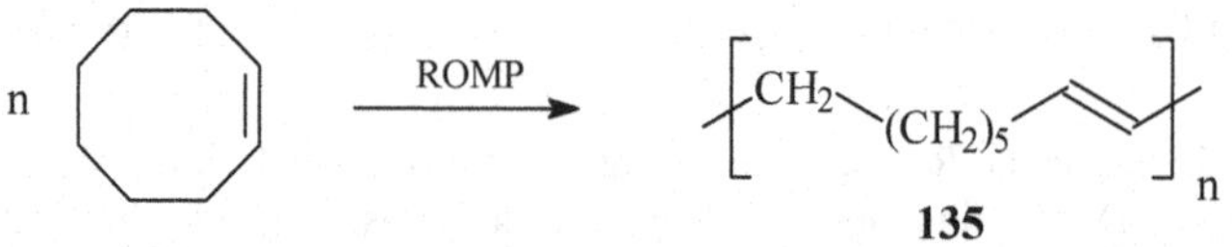

Das unter dem Warenzeichen Vestenamer® käufliche Produkt (Polyoctenamer) besteht sowohl aus linearen als auch aus cyclischen Polymereinheiten. Der kristalline Anteil dieses Synthesekautschuks wird bestimmt über das *cis/trans*-Verhältnis der Makromoleküle, das sich über die Polymerisationsbedingungen steuern lässt. **135** dient z.B. als wichtiges Hilfsmittel in der Technologie zur Herstellung anderer Elastomere.

Ebenfalls nach dem Mechanismus der ROMP-Reaktion wird auch Polynorbornen (PNB) **137** aus dem Monomer Norbornen (Bicyclo[2.2.1]hept-2-en) **136** hergestellt.

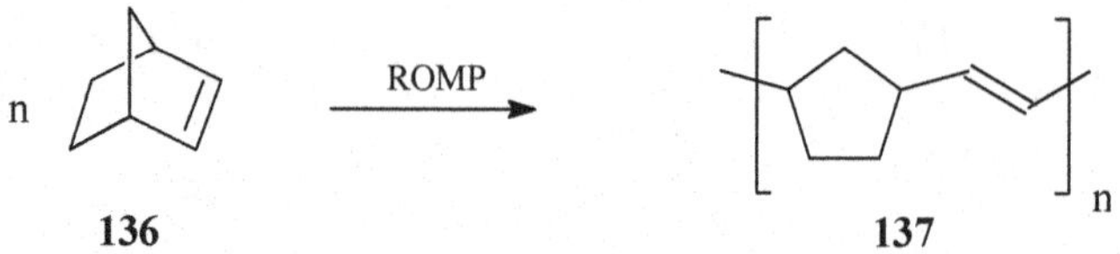

Vernetztes PNB (häufig auch mit PNR abgekürzt) findet z.B. in der Bauindustrie und im Kfz-Bereich Verwendung, während das nichtvulkanisierte Polymer in der Lage ist, größere Mineralölmengen zu binden und aus diesem Grund als chemisches Mittel zur Bekämpfung der Ölpest bei entsprechenden Havarien dient. Ferner ist Polynorbornen als Kunststoff mit Formgedächtniseffekt für die Materialwissenschaft von Interesse.

Norbornen **136** bildet meist auch die Basis einer relativ neuen Klasse von Kunststoffen, die ganz allgemein aus Cycloolefinen und kettenförmigen α-Olefinen aufgebaut sind. In der Regel wird dabei Norbornen als Cycloolefinkomponente verwendet, während es sich beim zweiten Edukt häufig um Ethylen handelt.

$$\left[CH_2{-}CH_2\right]_n \cdots\cdots \left[\text{(bicyclic ring)}\right]_m$$

138

Diese über Metallocen-Katalyse zugänglichen Cycloolefin-Copolymere (COC) **138** sind amorph und glasklar, weisen eine außerordentlich große Sperrwirkung gegen Wasserdampf auf, besitzen eine vergleichsweise niedrige Massendichte ($\rho = 1{,}02$ g/cm^3), eine hohe Festigkeit sowie Härte und sind sowohl chemisch als auch thermisch recht beständig. Ihre maximale Gebrauchstemperatur liegt bei etwa 170°C. Unter dem Markennamen *Topas*® (*T*hermoplastic *O*lefin *P*olymers of *A*morphous *S*tructure) werden die sterilisierbaren Copolymere z.B. in der Medizintechnik (Einwegspritzen), in der Verpackungsindustrie (Blisterverpackungen für Tabletten, Folien für Lebensmittel) sowie für optische Datenspeicher (CD-ROM) und optische Bauteile (Linsen, LEDs) eingesetzt.

6.4 Struktureller Aufbau und allgemeine Eigenschaften

Im vorherigen Abschnitt haben wir uns eingehend mit den chemischen Reaktionen zur Synthese von Kunststoffen auseinandergesetzt, jedoch – abgesehen von wenigen Ausnahmen – ohne den Einfluss der chemischen Struktur sowie die Auswirkungen unterschiedlicher konstitutioneller und konfigurativer Makromolekülanordnungen auf bestimmte Eigenschaften des Polymers näher zu erörtern.

Der nun folgende Abschnitt wird sich im Wesentlichen mit der Untersuchung der Faktoren beschäftigen, die wichtige physikalische Eigenschaften der Kunststoffe nachdrücklich prägen.

6.4.1 Kristallinitätsgrad

Makromoleküle besitzen je nach Anzahl ihrer Strukturelemente bzw. ihres Polymerisationsgrades (der Begriff Polymerisationsgrad wird nicht nur für Polymere verwendet, die nach den Methoden der Polymerisation synthetisiert wurden, sondern allgemein und unabhängig von der zugrunde liegenden Polyreaktion benutzt) eine im Vergleich zu monomeren Substanzen verhältnismäßig große Ausdehnung. Handelt es sich um kettenförmige Makromoleküle, so kann man sich leicht vorstellen, dass diese langen, teilweise ineinander verschlungenen und zusammengeknäuelten Moleküle die allergrößten Probleme haben, ein Kristallgitter zu bilden. Aus diesem Grund besitzen die Kunststoffe nie den maximalen theoretischen Kristallinitätsgrad von 100%, sondern allenfalls einen kristallinen Anteil von höchstens ca. 85%. Derartige *teilkristalline* Polymere zeichnen sich durch kristalline Bereiche (sog. *Mizellen*) innerhalb einer ansonsten *amorphen* Molekülanordnung aus. Der Kristallinitätsgrad ist im Allgemeinen volumenbezogen und gibt somit den prozentualen Anteil des kristallisierten Volumens vom Gesamtvolumen an.

Thermodynamisch betrachtet ist die Entropie ΔS bei einem vollständig amorphen Kunststoff wegen seiner regellosen Konformation am größten, d.h. die Freie Enthalpie ΔG nimmt in diesem Fall nach der *Gibbs-Helmholtz-Gleichung* $\Delta G = \Delta H - T\Delta S$ einen günstigen, d.h. minimalen Wert an. Andererseits bewirkt eine regelmäßige und weitgehend kristalline Anordnung der Makromoleküle eine Verringerung der Enthalpie ΔH, was ebenfalls eine Abnahme der Freien Enthalpie ΔG zur Folge hat.

Es liegt auf der Hand, dass stark verzweigte und sehr unregelmäßig aufgebaute Makromoleküle (z.B. unterschiedliche Kopf-Schwanz- und Kopf-Kopf-Verknüpfungen, ataktische Strukturen) zu einem vorwiegend amorphen Produkt mit niedrigem Kristallinitätsgrad führen, während umgekehrt unverzweigte oder nur gering verzweigte Ketten, deren einzelne monomere Bausteine ferner noch regelmäßig angeordnet sind (z.B. nur Kopf-Schwanz-Verbindungen, isotaktische Strukturen), eine hohe Kristallinität erwarten lassen. Besonders erschwert ist die Kristallisation bei den ataktischen Kunststoffen, die in der Regel nur dann teilkristallin vorliegen, wenn der Substituent R' in der allgemeinen Formel **51** sehr klein ist (vgl. Abschnitt 6.3.1.1.f). Dies ist beispielsweise der Fall bei R' = F oder R' = OH, also bei den später angeführten Polyvinylfluorid (PVF) **148** und Polyvinylalkohol (PVAL) **149**.

Regelmäßige Strukturen werden insbesondere dann ausgebildet, wenn zwischen den einzelnen, möglichst wenig verzweigten, kettenförmigen Makromolekülen intermolekulare Kräfte auftreten, die einen engen Zusammenhalt der Moleküle begünstigen. Hier kommen in erster Linie *Wasserstoffbrückenbindungen* in Frage, wie sie z.B. bei Polyamiden auftreten (vgl. Abbildung 6.1):

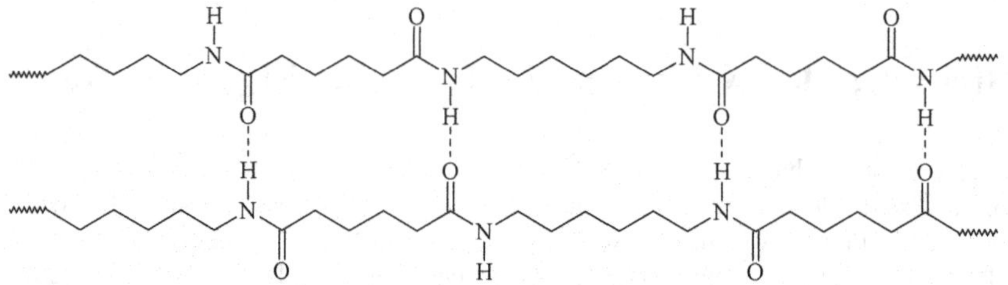

Abb. 6.1: Wasserstoffbrückenbindungen zwischen zwei Ketten aus Polyamid 6,6 (**73**)

Des Weiteren wird die Kristallinität auch positiv von *Dipol-Dipol-Wechselwirkungen* und *van-der-Waals-Kräften* beeinflusst. Die intermolekularen Kräfte zwischen Makromolekülen, die z.B. Carboxylgruppen besitzen, können durch den zusätzlichen Einbau von Metallkationen (z.B. Mg^{2+}- oder Zn^{2+}-Ionen) noch weiter erhöht werden. Dadurch entstehen Ionenbindungen (vgl. Abbildung 6.2), die in der Regel bei RT sehr fest sind, jedoch bei höheren Temperaturen sich allmählich etwas lockern, so dass sich solche, auch als *Ionomere* bezeichnete, Kunststoffe über die in der Kunststofftechnik gängigen Formgebungsverfahren für Thermoplaste verarbeiten lassen.

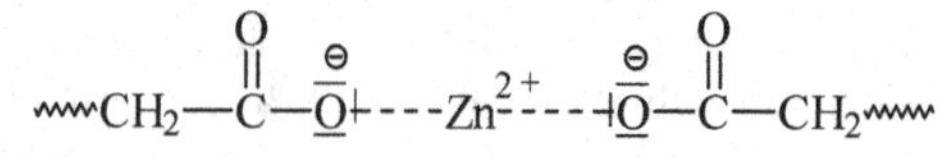

Abb. 6.2: ionische Verknüpfung zweier Polymere mit Carboxylendgruppen über ein Zn^{2+}-Kation

Bei den Ionomeren handelt es sich meist um lineare Copolymere mit einer vorwiegend unpolaren Hauptkette, die nur sehr wenige Verzweigungen aufweist, an denen die zur Ionenbindung befähigte funktionelle Gruppe (i.a. die Carboxylgruppe) sitzt. Häufig setzt man hierzu Ethylen-Acrylsäure-Copolymere ein. Neben besseren elastischen Eigenschaften, einer höheren Glastemperatur und einer größeren Korrosionsbeständigkeit wird über diese zusätzlichen Ionenbindungen bei teilkristallinen Kunststoffen im Wesentlichen eine höhere Transparenz erzielt.

6.4.2 Temperatureinfluss

Wird ein teilkristalliner Kunststoff erhitzt, so unterscheidet man im Allgemeinen zwischen drei charakteristischen Temperaturen, bei denen der Kunststoff eine wesentliche Veränderung seines strukturellen Aufbaus erfährt. Es sind dies die *Glasübergangstemperatur T_g*, die *Schmelztemperatur T_m* und die *Zersetzungstemperatur T_z*.

6.4.2.1 Glasübergangstemperatur T_g

Als *Glasübergangstemperatur* oder auch *Glasumwandlungstemperatur*, meist jedoch kurz *Glastemperatur T_g* benannt, bezeichnet man diejenige Temperatur bzw. den Temperaturbereich, bei der amorphe Polymere bzw. amorphe Anteile teilkristalliner Polymere im Verlauf einer Temperaturerhöhung vom glasartig harten und spröden in einen weichen, hochviskosen und plastischen Zustand übergehen. Die Umkehrung des Vorgangs durch Temperaturerniedrigung wird mit denselben angeführten Bezeichnungen für T_g benannt. Da beim Abkühlen unterhalb T_g die gegenseitige Beweglichkeit und freie Drehbarkeit der Makromoleküle stark eingeschränkt und praktisch eingefroren wird, spricht man auch von *Einfriertemperatur*.

6.4.2.2 Schmelztemperatur T_m

Im Gegensatz zu monomeren Substanzen, die normalerweise einen scharfen Schmelzpunkt aufweisen, erfolgt das Schmelzen der kristallinen Gebiete eines teilkristallinen Polymers über ein breites Temperaturintervall. Dies liegt zum einen an der uneinheitlichen Länge der Makromoleküle, die sich in einem mittleren Polymerisationsgrad repräsentiert, andererseits verlieren die intermolekularen Kräfte durch das Ansteigen der Temperatur nach und nach an Wirksamkeit, was zu einer allmählichen Erweichung der kristallinen Bereiche führt. Aus diesem Grund sollte man besser nicht von dem Schmelzpunkt T_m oder der Schmelztemperatur eines Polymeren sprechen, sondern stattdessen den treffenderen Ausdruck *Schmelzbereich T_m* verwenden.

Im Allgemeinen schmelzen die kristallinen Gebiete eines teilkristallinen Kunststoffs um so höher, je größer der Kristallinitätgrad ist. Sowohl T_m als auch die Glasübergangstemperatur T_g hängen sehr stark vom strukturellen Aufbau des entsprechenden Polymers ab. Zwischen dem Schmelzbereich T_m und der Glasübergangstemperatur T_g besteht für einigermaßen symmetrische Polymere nach der *Beaman-Bayer-Regel* in etwa der folgende empirische Zusammenhang:

$$\frac{T_g}{T_m} \approx \frac{2}{3} \qquad \text{mit } [T] = K$$

6.4.2.3 Zersetzungstemperatur T_z

Die Zersetzungstemperatur T_z ist trivialerweise diejenige Temperatur, bei der die thermische Zersetzung des Polymers eintritt, d.h. es erfolgen chemische Veränderungen im Aufbau des Makromoleküls, die meistens durch das Aufbrechen kovalenter Bindungen hervorgerufen werden. Die Zersetzungstemperatur kann, insbesondere bei stark vernetzten Polymeren, unterhalb des – hypothetischen – Schmelzbereichs T_m liegen, so dass sich derartige Kunststoffe nicht ohne Zersetzungsreaktionen schmelzen lassen.

6.4.3   Einfluss der chemischen Struktur auf einige physikalische Eigenschaften ausgewählter Kunststoffe

Die Möglichkeiten der Einflussnahme auf bestimmte physikalische Eigenschaften von Kunststoffen durch eine gezielte Synthese des Polymers sind vielschichtig und von unterschiedlichen Faktoren abhängig. Wie wir bereits wissen, hat die Regelmäßigkeit des Aufbaus einer Makromolekülkette entscheidenden Einfluss auf den Kristallinitätsgrad. Regelmäßige Anordnungen der Makromoleküle werden begünstigt, wenn in der Hauptkette oder in einer Verzweigung funktionelle Gruppen existieren, die zur Ausbildung von Wasserstoffbrückenbindungen oder zu anderen Dipol-Dipol-Wechselwirkungen neigen. Andererseits können vergleichsweise große und sperrige Substituenten zu einer sterischen Hinderung führen, wodurch eine gewisse freie Drehbarkeit der Hauptkette erschwert oder ganz unterbunden wird und deshalb ein regelmäßiger Kettenaufbau nicht gewährleistet ist. Selbstverständlich wirkt sich auch die nach erfolgter Polymersynthese angewendete Methode der Abkühlung auf den Kristallinitätsgrad aus. Rasch abgeschreckte Polymere sind vorwiegend amorph und besitzen einen geringen kristallinen Anteil, während man bei langsam abgekühltem Material eine hohe Kristallinität erreicht.

Im Folgenden soll exemplarisch an einigen Beispielen gezeigt werden, inwiefern bestimmte chemische Strukturen gewisse physikalische Eigenschaften bei den betreffenden Kunststoffen beeinflussen und verändern.

6.4.3.1 PE-LD und PE-HD

Polyethylen (PE) **139** lässt sich in Abhängigkeit von den speziellen Herstellungsbedingungen sowohl in Form von nahezu vollständig linearen Polymerketten als auch mit stark verzweigten Ketten synthetisieren.

$$\left[CH_2 - CH_2 \right]_n$$
139

Man unterscheidet dabei im Wesentlichen zwischen PE-LD und PE-HD.

a) PE-LD

Stark verzweigtes Polyethylen (ca. 40-50 Verzweigungen pro 1000 C-Atome) besitzt wegen seiner sperrigen Molekülstruktur eine vergleichsweise geringe Massendichte von etwa 0,915-0,940 g/cm^3 und wird deshalb als PE-LD (PE-*Low Density*) bezeichnet. Durch die zahlreichen Verzweigungen weist die Substanz nur eine geringe Kristallinität von etwa 40-55% auf. Der Kunststoff ist daher relativ weich (Weich-PE), transparent und durch eine nicht allzu hohe Zugfestigkeit gekennzeichnet. Das Maximum des Schmelzbereichs T_m der kristallinen Anteile liegt bei etwa 110°C.

Die Herstellung erfolgt durch radikalische Hochdruckpolymerisation des Ethylens bei einem Druck von ca. 1500-3000 bar und einer Temperatur zwischen 150°C und 300°C. Es werden stark verzweigte und verhältnismäßig kurze Ketten erhalten, wobei sich die Anzahl gleichartiger Strukturelemente n ungefähr zwischen 500 und 1500 bewegt.

b) PE-HD

Lineares Polyethylen mit einer relativ hohen Massendichte von ca. 0,940-0,965 g/cm^3 – PE-HD (PE-*High Density*) – wird nach dem Niederdruckverfahren bei einem Druck von p < 60 bar im Temperaturbereich von etwa 50-250°C unter Verwendung geeigneter Katalysatoren, z.B. Ziegler-Natta-Katalysatoren, aus Ethylen polymerisiert. Nach dieser Methode hergestellte Makromoleküle sind kaum verzweigt (ca. 2-5 Verzweigungen pro 1000 C-Atome) und können somit eine dicht gepackte Struktur einnehmen, woraus die größere Massendichte und die höhere Kristallinität von etwa 75-80% resultiert, was wiederum ein Ansteigen der Härte (Hart-PE) und der Zugfestigkeit des Kunststoffs verglichen mit PE-LD zur Folge hat. Auf Grund der größeren Härte, Steifigkeit und Festigkeit gegenüber PE-LD knistern und rascheln Folien, Tüten etc. aus PE-HD beim Biegen und Knicken vergleichsweise wesentlich stärker.

Die Anzahl der Strukturelemente liegt etwa in der Größenordnung zwischen 1500 und 100 000. Das Maximum des Schmelzbereichs T_m der kristallinen Bezirke verschiebt sich gegenüber PE-LD um ca. +25°C auf 135°C, die Glasumwandlungstemperatur T_g beträgt ungefähr –125°C.

6.4.3.2 Polypropylen (PP)

Im chemischen Aufbau unterscheidet sich Polypropylen (PP) **140** vom Polyethylen durch den Ersatz eines Wasserstoffatoms durch eine Methylgruppe pro Strukturelement:

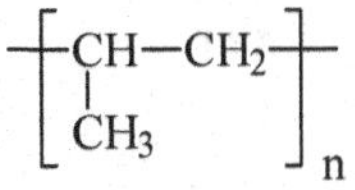

$$\left[\begin{array}{c} CH-CH_2 \\ | \\ CH_3 \end{array}\right]_n$$

140

Infolge der etwas sperrigen Methylgruppe steigt im Vergleich zu PE die Glasübergangstemperatur T_g beim isotaktischen PP relativ stark auf etwa –15°C an, das Maximum des Schmelzbereichs T_m erhöht sich auf ca. 170°C. Ferner bewirken die Methylgruppen gegenüber PE wegen ihres größeren Volumenbedarfs eine Erniedrigung der Massendichte auf etwa 0,896-0,907 g/cm^3. Der Einfluss von ataktischer, syndiotaktischer und isotaktischer Struktur auf die Kristallinität des Polypropylens wurde bereits im Abschnitt 6.3.1.1 erläutert.

6.4.3.3 Polystyrol (PS)

Beim Polystyrol (PS) **141** ist der Einfluss der sterischen Hinderung noch ausgeprägter. Verglichen mit der Größe der CH–CH$_2$-Gruppierung in der Isokette benötigt der Phenylring erheblich mehr Platz:

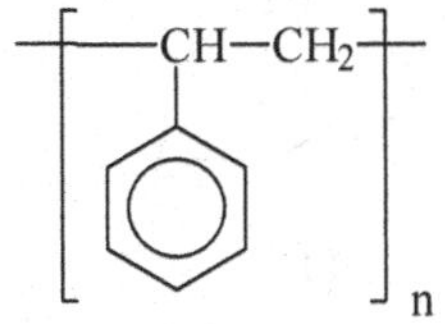

$$\left[\begin{array}{c} CH-CH_2 \\ | \\ C_6H_5 \end{array}\right]_n$$

141

Dies hat eine Erhöhung der Glasübergangstemperatur auf +100°C zur Folge. Der glasklare ataktische Kunststoff besitzt eine hochgradig amorphe Struktur, beim teilkristallinen isotaktischen PS schmelzen die Kristallite bei ungefähr T_m = 240°C, allerdings kristallisiert iPS extrem langsam, so dass lediglich das über Metallocen-Katalysatoren herstellbare syndiotaktische Produkt wegen seines hohen Schmelzbereichs von T_m = 270°C spezielle Anwendungen findet.

6.4.3.4 *cis*- und *trans*-1,4-Polybutadiene (BR)

Aus Buta-1,3-dien **142** können durch Polymerisationsreaktionen drei verschiedene Polymere herge-stellt werden. Je nach Wahl des Katalysators und der speziellen Reaktionsbedingungen entstehen 1,2-Polybuta-1,3-dien **143**, *cis*-1,4-Polybuta-1,3-dien **144** oder *trans*-1,4-Polybuta-1,3-dien **145**:

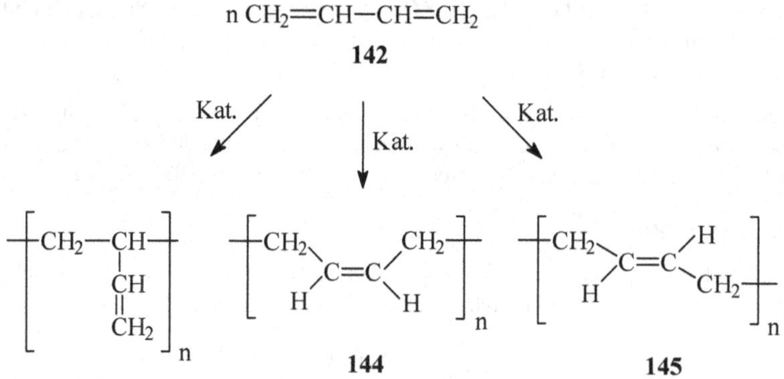

$$n\ CH_2{=}CH{-}CH{=}CH_2$$

142

143   **144**   **145**

Von werkstofftechnischer Relevanz ist eigentlich nur das *cis*-Produkt **144**, das als Polybutadien-kautschuk (BR = *B*utadien *R*ubber) neben dem *cis*-1,4-Polyisopren **50** zu den wichtigsten Synthese-kautschuken zählt.

Die beiden *cis/trans*-Isomere **144** und **145** unterscheiden sich deutlich in ihrer strukturellen Anord-nung, was wiederum Auswirkungen auf ihre physikalischen Eigenschaften hat. In der *trans*-Stellung **145a** ist eine regelmäßige Anordnung der Makromolekülketten möglich, so dass die dadurch her-vorgerufene Teilkristallinität zu einem vergleichsweise festen und unelastischen Zusammenhalt der Ketten führt. Bei der *cis*-Konfiguration **144a** wird der Kristallinitätsgrad wegen der räumlich un-günstigeren Konstellation der Doppelbindungen erniedrigt, was ein Ansteigen des in diesem Fall ge-wünschten elastischen Verhaltens zur Folge hat.

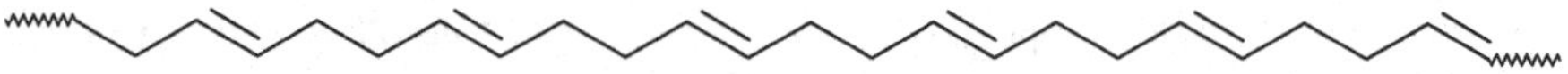

145a

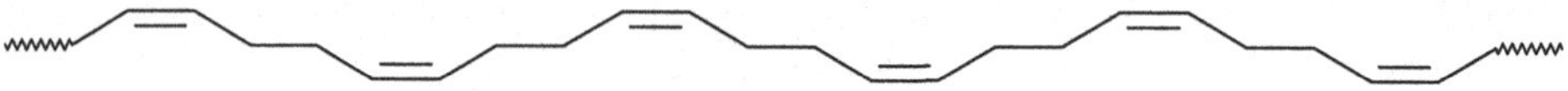

144a

Auch die Glasübergangstemperaturen der beiden Isomere unterscheiden sich merklich. Das *cis*-Isomer **144** besitzt eine T_g von etwa $-100°C$, während die *trans*-Verbindung **145** eine um ca. $45°C$ höhere T_g von ungefähr $-55°C$ zeigt.

6.4.3.5 Polyamide (PA)

Wie bereits in Abschnitt 6.4.1 andiskutiert, sind insbesondere Polyamide befähigt, starke Wasser-stoffbrückenbindungen zwischen ihren NH- und CO-Gruppen auszubilden. Die Stärke dieser Bindung hängt von der chemischen Struktur des einzelnen Polyamids ab und hat unter anderem Auswirkungen auf den Schmelzbereich und die Wasseraufnahme des Kunststoffs. Betrachtet man die auftretenden Wasserstoffbrückenbindungen, die ohne Deformation der Makroketten bei den Polyamiden PA 6,6, PA 5,7 und PA 6 möglich sind, so ergeben sich bei jeweils gleicher makromolekularer Summenformel $(C_{12}H_{22}N_2O_2)_n$ z.B. folgende *Konstitutionsisomere* (vgl. Abbildung 6.3).

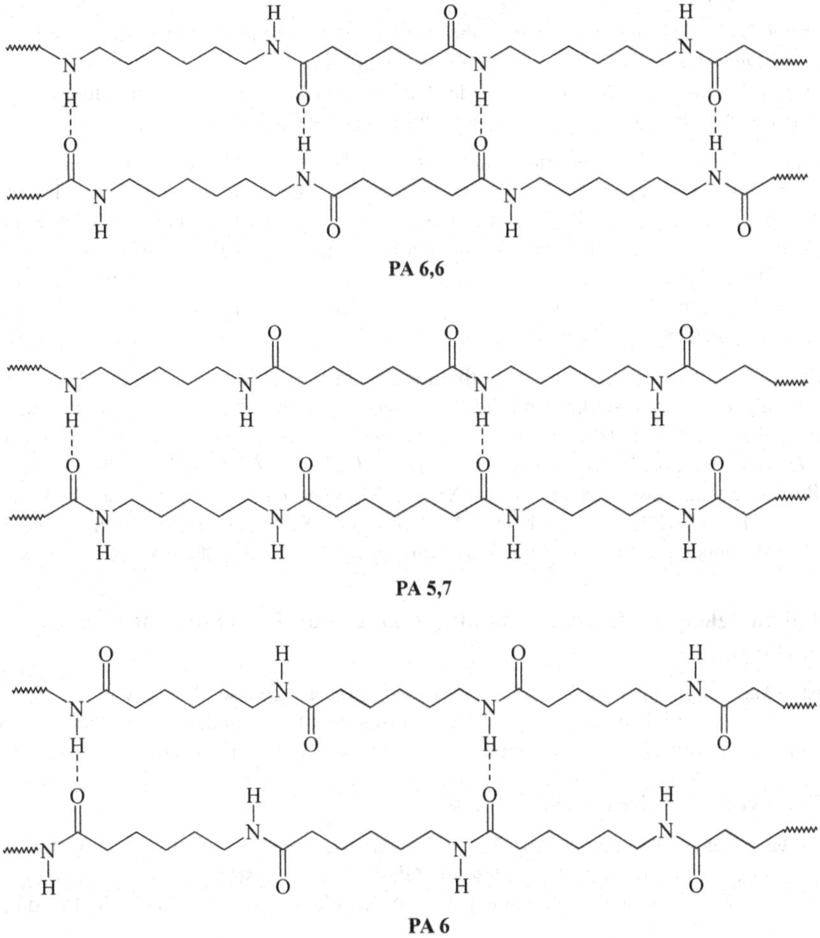

PA 6,6

PA 5,7

PA 6

Abb. 6.3: Wasserstoffbrückenbindungen zwischen Ketten aus PA 6,6, PA 5,7 und PA 6

Im Vergleich zum geradzahligen PA 6,6 können sich beim ungeradzahligen PA 5,7 wesentlich weniger Wasserstoffbrückenbindungen ausbilden, was zu einer niedrigeren Kristallinität und einer geringeren Härte führt. Dieser Effekt ist ganz allgemein zu beobachten, so dass aus Diaminen und Dicarbonsäuren hergestellte ungeradzahlige Polyamide als Werkstoff keine nennenswerte Rolle spielen.

Der hohe Anteil von Wasserstoffbrückenbindungen im PA 6,6 äußert sich auch im relativ hohen Schmelzbereich mit einem Maximum von T_m = 265°C. Stellt man die Molekülketten von PA 6,6 und PA 6 gegenüber, dann ist zu erkennen, dass auch in diesem Fall beim PA 6,6 die doppelte Anzahl von Wasserstoffbrückenbindungen pro Kettenpaar auftritt. Dies hat einen niedrigeren Schmelzbereich von T_m = 225°C sowie eine größere Wasseraufnahmefähigkeit durch die vielen „freien" Amidgruppen des PA 6 zur Folge.

Trotz der durch die zahlreichen Wasserstoffbrückenbindungen beim PA 6,6 bedingten besseren mechanischen Eigenschaften, wie z.B. Festigkeit und Steifigkeit, ist PA 6 ein ebenfalls für viele Anwendungszwecke sehr gefragter Werkstoff, da sich PA 6 im Vergleich zu PA 6,6 durch eine höhere Dauertemperaturbeständigkeit und Witterungsstabilität auszeichnet.

Eine starke Reduzierung der Wasseraufnahme lässt sich bei Polyamiden dadurch erreichen, dass die Anzahl der Methylengruppen im Verhältnis zu den Amidgruppen heraufgesetzt wird. Je mehr CH_2-Gruppen auf eine CONH-Gruppe entfallen, desto geringer ist die Fähigkeit des Kunststoffs Feuchtigkeit aufzunehmen. So beträgt z.B. die Wasseraufnahme von PA 12 (**81**) bei 20°C und 65% relativer Luftfeuchtigkeit nur ca. 1%, während PA 4,6 (**74**) unter gleichen Bedingungen etwa 4% Wasser enthalten kann. Durch die Verringerung der intermolekularen Kräfte verschlechtern sich andererseits Härte, Steifigkeit und Zugfestigkeit des PA 12.

Umgekehrt gilt natürlich, je kleiner das Verhältnis der im Polyamid vorhandenen CH_2-Gruppen zu den Amidgruppen ist, umso stärker sind die Wasserstoffbrückenbindungen ausgeprägt, und dementsprechend steigen die Schmelzbereiche für T_m z.B. in der Reihenfolge PA 6,12 (**76**), PA 6,10 (**75**), PA 6,6 (**73**) und PA 4,6 (**74**) von etwa 210°C über 220°C und 265°C auf ca. 290°C an. Analoges gilt für Polyamide, die jeweils aus nur einer Art von Monomeren synthetisiert wurden. Vom PA 12 (**81**) mit T_m = 178°C erhöht sich T_m beim PA 11 (**80**) auf 185°C und erreicht beim PA 6 (**79**), das nur fünf CH_2-Gruppen pro Strukturelement aufweist, mit 222°C den größten Wert.

6.4.4 Abhängigkeit der Glasumwandlungstemperatur T_g von der chemischen Struktur

Die Glasumwandlungtemperatur T_g eines Polymers hängt in gewisser Weise von der chemischen Struktur und der räumlichen Orientierung der Makromoleküle ab; andererseits können jedoch bestimmte auf die T_g einwirkende Effekte nicht vollständig und befriedigend erklärt werden.

6.4.4.1 Einfluss der relativen molaren Masse

Hohe relative molare Massen eines Polymers verringern die freie Beweglichkeit der Makromolekülketten und führen somit zu einer Erhöhung der Glasumwandlungstemperatur T_g. Im Allgemeinen besteht ein linearer Zusammenhang zwischen T_g und der relativen molaren Masse RMM, d.h.:

$$T_g \sim RMM$$

6.4.4.2 Einfluss der Größe des Substituenten

Ersetzt man Wasserstoffatome durch andere, größere Atome oder Atomgruppierungen im Makromolekül, so bewirken diese Substituenten normalerweise eine Erhöhung der Glasübergangstemperatur, da hierdurch die Beweglichkeit der Makromoleküle vermindert wird.

Wie zum Teil im Abschnitt 6.4.3 bereits erwähnt, nimmt z.B. in der Reihenfolge vom unsubstituierten Polyethylen **139** über das Polypropylen **140**, Polyvinylchlorid (PVC) **146** zum Polystyrol **141** die Glasumwandlungstemperatur zu:

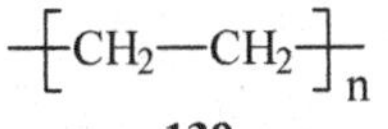

$$\left[CH_2-CH_2\right]_n \qquad \left[\begin{array}{c}CH-CH_2\\ \mid \\ CH_3\end{array}\right]_n \qquad \left[\begin{array}{c}CH-CH_2\\ \mid \\ Cl\end{array}\right]_n \qquad \left[\begin{array}{c}CH-CH_2\\ \mid \\ \bigcirc\end{array}\right]_n$$

$$\textbf{139} \qquad\qquad \textbf{140} \qquad\qquad \textbf{146} \qquad\qquad \textbf{141}$$

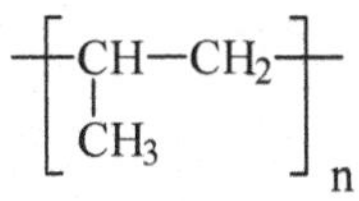

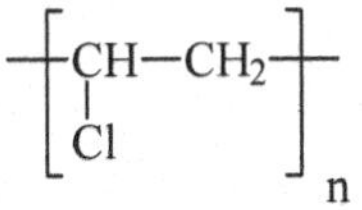

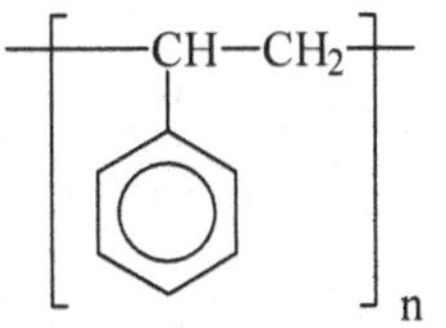

$$T_g = -125\,°C \qquad T_g = -15\,°C \qquad T_g = +80\,°C \qquad T_g = +100\,°C$$

Diese T_g-Erhöhung wird bei den oben angeführten Polymeren vorwiegend durch die immer sperrigeren Substituenten verursacht. Daneben spielen aber auch die Polarität des Substituenten sowie die Kettensteifigkeit eine Rolle.

Tauscht man jedoch am selben Kohlenstoffatom zwei H-Atome gegen gleiche Substituenten aus, dann lässt sich häufig kein so besonders ausgeprägter Anstieg der Glasumwandlungstemperatur beobachten, wie die folgende Reihe vom PE über das Polyisobutylen (PIB) **65** zum Polyvinylidenchlorid (PVDC) **147** zeigt:

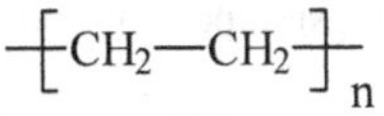

$$\left[CH_2-CH_2\right]_n \qquad \left[\begin{array}{c}CH_3\\ \mid \\ C-CH_2\\ \mid \\ CH_3\end{array}\right]_n \qquad \left[\begin{array}{c}Cl\\ \mid \\ C-CH_2\\ \mid \\ Cl\end{array}\right]_n$$

$$\textbf{139} \qquad\qquad \textbf{65} \qquad\qquad \textbf{147}$$

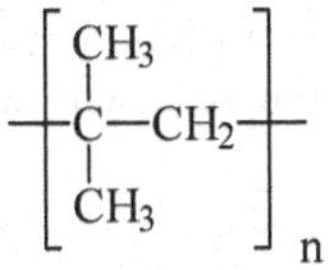

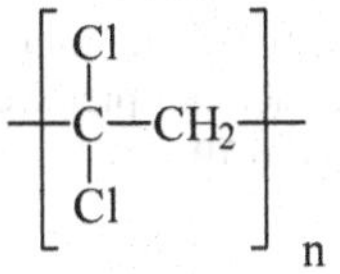

$$T_g = -125\,°C \qquad T_g = -73\,°C \qquad T_g = -19\,°C$$

6.4.4.3 Einfluss der Polarität des Substituenten

Polare Substituenten führen zum Auftreten intermolekularer Wechselwirkungen, so dass eine Zunahme der Polarität des Substituenten im Allgemeinen mit einer Erhöhung der Glasumwandlungstemperatur des Polymers verbunden ist. Deshalb und aufgrund der ebenfalls zu berücksichtigenden Größenverhältnisse der Substituenten steigt die T_g in der nachstehenden Aufzählung von PP **140**, über Polyvinylfluorid (PVF) **148**, PVC **146**, Polyvinylalkohol (PVAL) **149**, Polyacrylnitril (PAN) **150** zur Polyacrylsäure (PAA) **151** an.

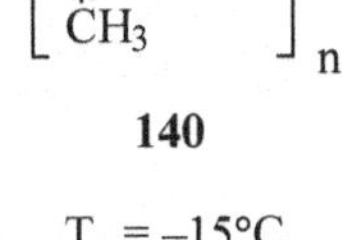

$$\left[\begin{array}{c}CH-CH_2\\ \mid \\ CH_3\end{array}\right]_n \qquad \left[\begin{array}{c}CH-CH_2\\ \mid \\ F\end{array}\right]_n \qquad \left[\begin{array}{c}CH-CH_2\\ \mid \\ Cl\end{array}\right]_n$$

$$\textbf{140} \qquad\qquad \textbf{148} \qquad\qquad \textbf{146}$$

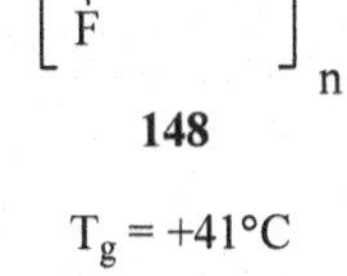

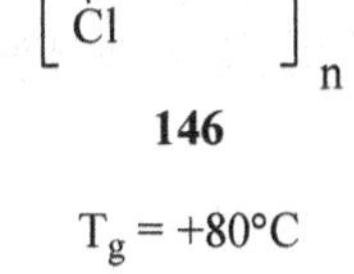

$$T_g = -15\,°C \qquad T_g = +41\,°C \qquad T_g = +80\,°C$$

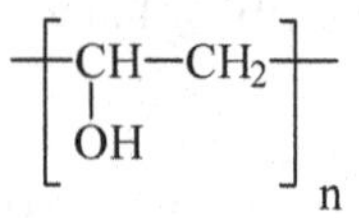

$$\begin{array}{ccc}
\left[\begin{array}{c} CH-CH_2 \\ | \\ OH \end{array}\right]_n & \left[\begin{array}{c} CH-CH_2 \\ | \\ C\equiv N \end{array}\right]_n & \left[\begin{array}{c} CH-CH_2 \\ | \\ COOH \end{array}\right]_n \\
\textbf{149} & \textbf{150} & \textbf{151} \\
T_g = +85°C & T_g = +97°C & T_g = +106°C
\end{array}$$

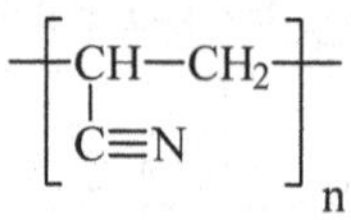

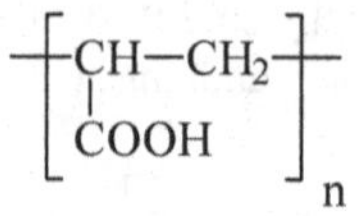

Heteroketten weisen gegenüber Isoketten deutlich höhere Glasübergangstemperaturen auf, was z.B. bei der Gegenüberstellung von PE mit Polyoxymethylen (POM) **152** bzw. Polythiomethylen **153** zum Ausdruck kommt:

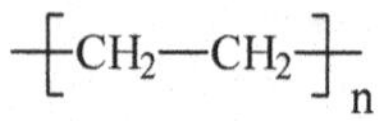

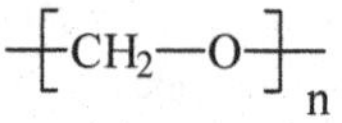

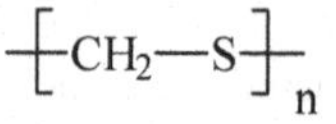

$$\begin{array}{ccc}
\left[CH_2-CH_2\right]_n & \left[CH_2-O\right]_n & \left[CH_2-S\right]_n \\
\textbf{139} & \textbf{152} & \textbf{153} \\
T_g = -125°C & T_g = -85°C & T_g = -55°C
\end{array}$$

Besonders hohe Werte für T_g sind bei Polymeren anzutreffen, die zwischen den Molekülketten starke Wasserstoffbrückenbindungen ausbilden können, wie z.B. bei Polyamiden und Polyurethanen. Dieses äußert sich beispielsweise in der relativ hohen Glasumwandlungstemperatur von etwa +75°C beim Polyamid 6 **79**.

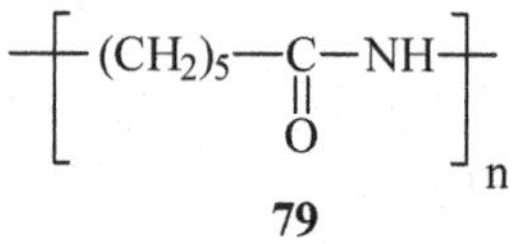

$$\left[\begin{array}{c} (CH_2)_5-C-NH \\ \| \\ O \end{array}\right]_n \qquad T_g = +75°C$$

79

6.4.4.4 Einfluss der Kettensteifigkeit

Der Einbau von Doppel- und Dreifachbindungen sowie cyclischer Strukturen in die Makromolekülkette führt zu einer hohen Steifigkeit der Kette und verursacht somit wiederum ein Ansteigen der Glasumwandlungstemperatur.

Bei gleicher Anzahl von Kohlenstoffatomen pro Strukturelement bewirkt die Existenz einer starren Doppel- bzw. Dreifachbindung eine deutliche Erhöhung der T_g, was z.B. in der Reihe der Polyester **154** bis **156** zum Ausdruck kommt:

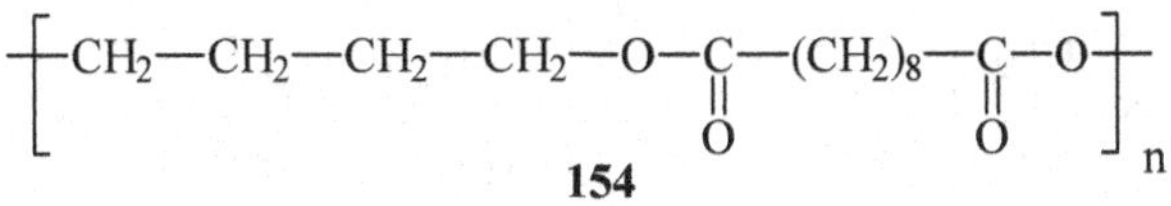

$$\left[CH_2-CH_2-CH_2-CH_2-O-\underset{\underset{O}{\|}}{C}-(CH_2)_8-\underset{\underset{O}{\|}}{C}-O \right]_n \qquad T_g = -57°C$$

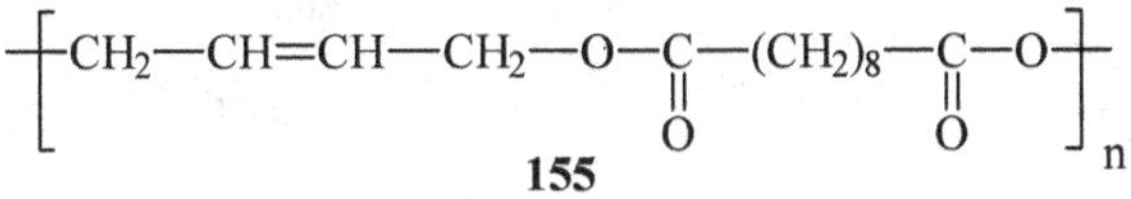

154

$$\left[CH_2-CH=CH-CH_2-O-\underset{\underset{O}{\|}}{C}-(CH_2)_8-\underset{\underset{O}{\|}}{C}-O \right]_n \qquad T_g = -40°C$$

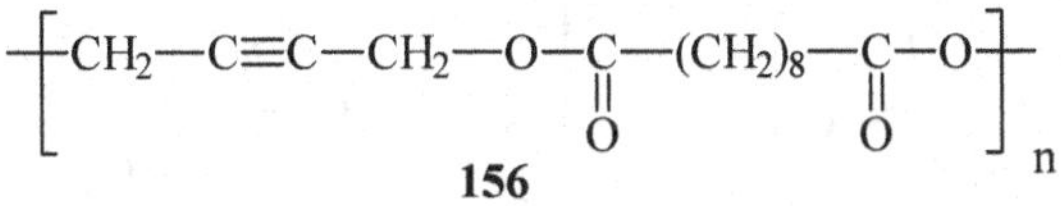

155

$$\left[CH_2-C\equiv C-CH_2-O-\underset{\underset{O}{\|}}{C}-(CH_2)_8-\underset{\underset{O}{\|}}{C}-O \right]_n \qquad T_g = -27°C$$

156

Benzol- und Naphthalinringe oder andere sperrige und steife Heterocyclen als dominierende Strukturelemente der Makromolekülkette schränken die Bewegungsmöglichkeiten der Kette sehr stark ein, so dass sich für solche Polymere besonders hohe Glasübergangstemperaturen ergeben. Beispielsweise besitzt Poly-*p*-phenylen (PPP) **157** eine T_g von ungefähr +280°C und die T_g des Poly-1,3-diazolidin-2,4-dions **158** liegt bei etwa 300°C.

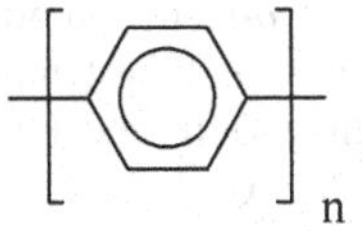

157 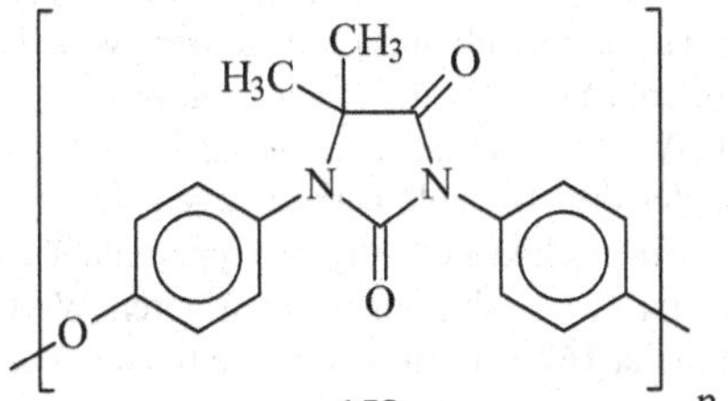   **158**

6.4.4.5 Isomerieeinflüsse

Auch zwischen *cis/trans*-Isomeren sind meist deutliche Differenzen in den Glasumwandlungstemperaturen zu verzeichnen. Generell weisen die *cis*-Isomere niedrigere T_g-Werte auf, als Makromoleküle, die die energetisch günstigere *trans*-Stellung einnehmen. Dieser Sachverhalt kommt z.B. bei den *cis/trans*-Isomeren von 1,4-Polybutadien **144** bzw. **145**, bei den 1,4-Polyisoprenen **50** und **50a** oder bei den ungesättigten Polyhexylestern **159** und **160** der Maleinsäure bzw. Fumarsäure klar zum Ausdruck:

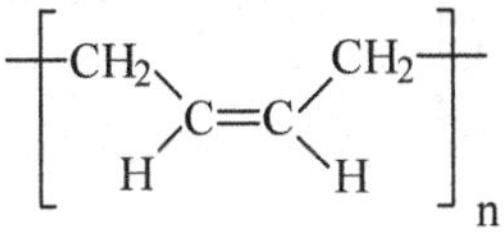

144   **145**

$T_g = -102°C$ $T_g = -58°C$

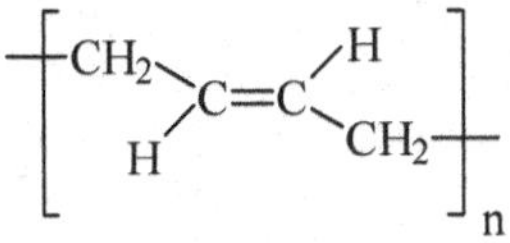

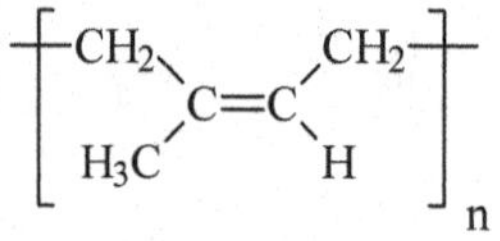

$$\left[\begin{array}{c} CH_2 \\ \diagdown \\ H_3C \diagup C = C \diagdown H \diagup CH_2 \end{array} \right]_n$$

50

$T_g = -73°C$

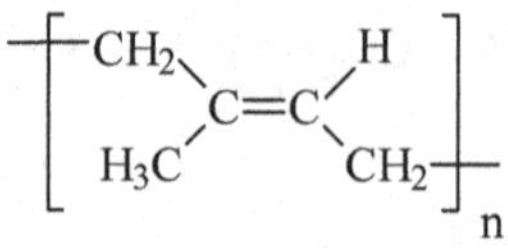

$$\left[\begin{array}{c} CH_2 \\ \diagdown \\ H_3C \diagup C = C \diagup H \diagdown CH_2 \end{array} \right]_n$$

50a

$T_g = -58°C$

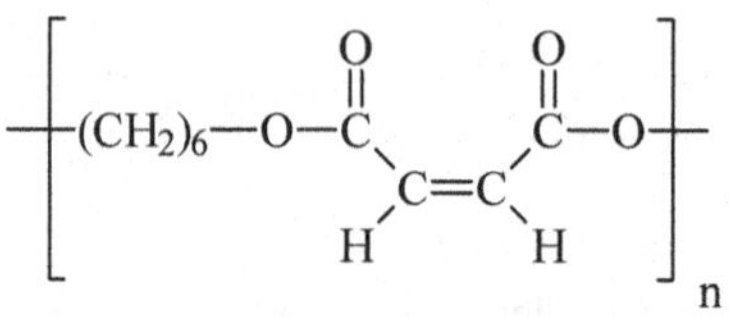

$$\left[(CH_2)_6 - O - \underset{\displaystyle O}{\overset{\displaystyle O}{\underset{\|}{C}}} \diagdown C = C \diagup \underset{H}{\overset{\|}{C}} - O \right]_n$$

159

$T_g = -46°C$

$$\left[(CH_2)_6 - O - \underset{O}{\overset{O}{\underset{\|}{C}}} \diagdown C = C \diagup \overset{H}{\underset{C-O}{}} \right]_n$$

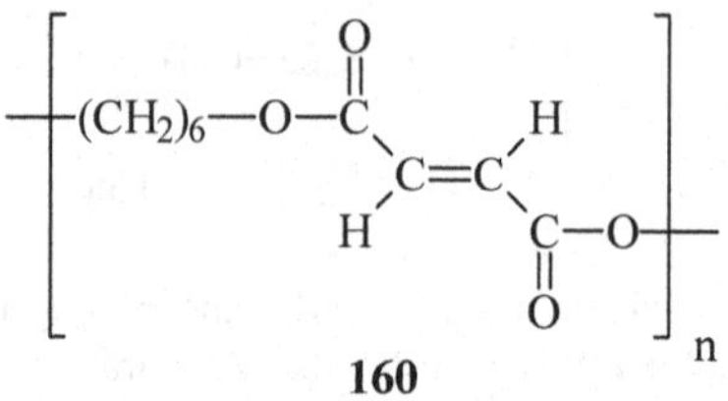

160

$T_g = -28°C$

Beim Benzolring führen unterschiedliche *Stellungsisomere* bei den entsprechenden Polymeren zu verschiedenen Glasumwandlungstemperaturen, wobei die in *para*-Stellung substituierten Aromaten wegen der größeren Starrheit ihrer Ketten gegenüber den *meta*- und *ortho*-Isomeren normalerweise die höheren T_g-Werte aufweisen. Als Beispiel hierfür seien die Glasumwandlungstemperaturen der Polyethylester der drei Benzoldicarbonsäuren Terephthalsäure, Isophthalsäure und Phthalsäure erwähnt. Beim *para*-Produkt Polyethylenterephthalat (PET) **84** ist $T_g = +72°C$, das *meta*-Isomer Polyethylenisophthalat **161** besitzt einen niedrigeren Wert von $T_g = +51°C$ und die *ortho*-Verbindung Polyethylenphthalat **162** hat mit $+21°C$ die tiefste Glasumwandlungstemperatur innerhalb der Reihe dieser Stellungsisomere.

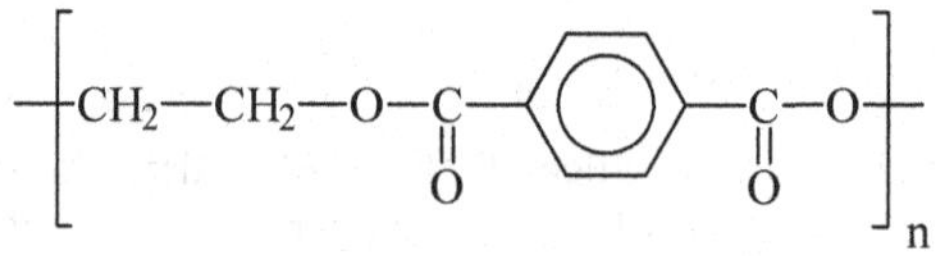

$$\left[CH_2 - CH_2 - O - \underset{O}{\overset{}{\underset{\|}{C}}} - \langle \bigcirc \rangle - \underset{O}{\overset{}{\underset{\|}{C}}} - O \right]_n \qquad T_g = +72°C$$

84

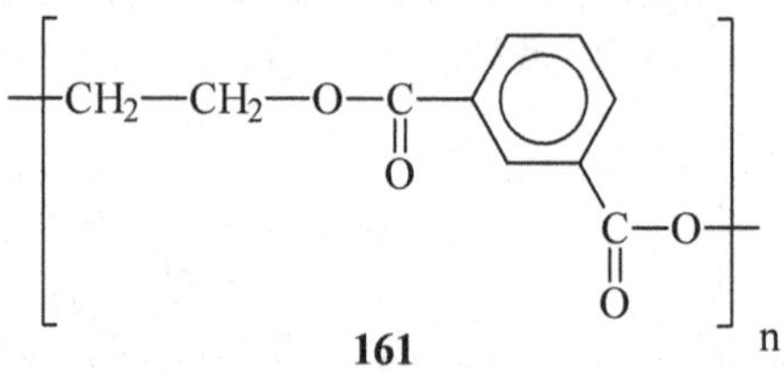

$$\left[CH_2 - CH_2 - O - \underset{O}{\overset{}{\underset{\|}{C}}} - \bigcirc \underset{C - O}{\underset{\|}{\underset{O}{}}} \right]_n \qquad T_g = +51°C$$

161

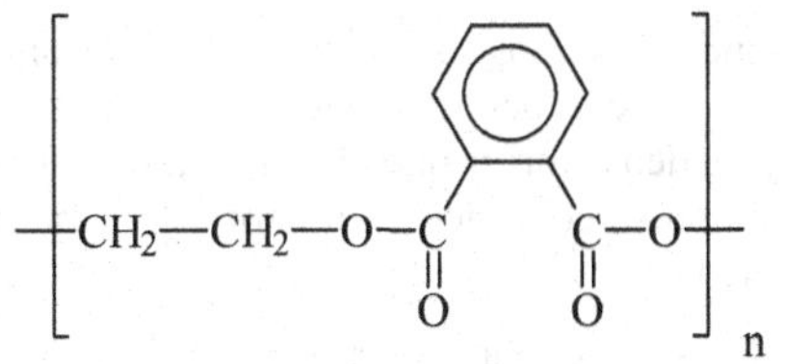

$$-\left[CH_2-CH_2-O-\underset{O}{C}-\underset{O}{C}-O\right]_n \qquad T_g = +21°C$$

162

Die *Taktizität* übt bei den meisten Polymeren keinen nennenswerten Einfluss auf die Glasumwandlungstemperatur aus. So treten z.B. beim Polypropylen keine signifikanten Differenzen in den T_g-Werten zwischen der isotaktischen, syndiotaktischen und ataktischen Anordnung auf. Während iPP und sPP Glasumwandlungstemperaturen von etwa –15°C aufweisen, liegt der T_g-Wert von aPP mit ca. –20°C nur geringfügig niedriger.

Bei einigen Polyacrylsäureestern hingegen sind teilweise beträchtliche T_g-Unterschiede zu beobachten. Die Glasumwandlungstemperaturen von z.B. Poly-*tert*.-butylmethacrylat **163** betragen für die ataktische und syndiotaktische Konfiguration +118°C bzw. +114°C, während das isotaktische Polymer einen wesentlich tieferen T_g-Wert von +7°C zeigt.

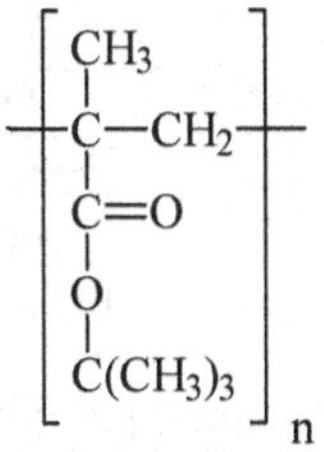

$$-\left[\begin{array}{c} CH_3 \\ | \\ C-CH_2 \\ | \\ C=O \\ | \\ O \\ | \\ C(CH_3)_3 \end{array}\right]_n$$

163

Auch die Art der Verknüpfung innerhalb der Makromolekülkette kann sich auf die Glasumwandlungstemperatur auswirken. Kopf-Kopf verknüpftes Polymethylacrylat **164** besitzt mit +31°C einen deutlich höheren T_g-Wert als die Kopf-Schwanz-Anordnung mit $T_g = +5°C$.

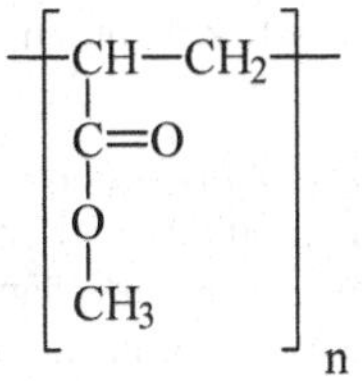

$$-\left[\begin{array}{c} CH-CH_2 \\ | \\ C=O \\ | \\ O \\ | \\ CH_3 \end{array}\right]_n$$

164

6.4.5   Klassifizierung der Kunststoffe nach ihrem thermisch-mechanischen Verhalten

Es gibt verschiedene Kriterien für eine Einteilung der Kunststoffe. Bislang haben wir uns an chemischen Gesichtspunkten orientiert, indem bei den wichtigsten Herstellungsverfahren eine Gliederung in Polymerisationen, Polykondensationen und Polyadditionen erfolgte. Unterteilt man nach diesen Reaktionen, so werden die entsprechenden Kunststoffe folgerichtig als Polymerisate, Polykondensate oder Polyaddukte bezeichnet.

Ebenso ist eine Gruppierung der Kunststoffe nach ihrer werkstofftechnischen Anwendung möglich. Wie im Abschnitt 6.5 ausführlicher dargestellt, wird hierbei nach Massenkunststoffen, technischen Kunststoffen und Spezialkunststoffen differenziert.

Eine in der Praxis sehr häufig anzutreffende Einteilung basiert auf dem unterschiedlichen thermisch-mechanischen Verhalten, woraus die grobe Klassifizierung von Polymeren in *Thermoplaste*, *Elastomere* und *Duroplaste* resultiert.

6.4.5.1 Thermoplaste

Bei Thermoplasten (ebenso als Plastomere bezeichnet) handelt es sich um Kunststoffe, die in der Regel aus linearen oder verzweigten kettenförmigen Makromolekülen aufgebaut sind, deren einzelne Ketten (Länge ca. 1 nm bis 1 µm, Durchmesser etwa 0,3 nm) nicht oder nur geringfügig miteinander vernetzt sind (vgl. Abbildung 6.4).

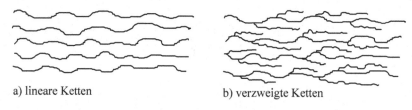

a) lineare Ketten   b) verzweigte Ketten

Abb. 6.4: schematische Darstellung von kettenförmigen Makromolekülen

Innerhalb eines bestimmten Temperaturintervalls, das bei vollständig amorphen Polymeren zwischen der Glasumwandlungstemperatur T_g und der Zersetzungstemperatur T_z und bei teilkristallinen Polymeren zwischen der Schmelztemperatur T_m und T_z liegt, können diese Kunststoffe reversibel von einer festen und harten, teilweise auch spröden, Konsistenz in einen weichen, plastischen und somit mechanisch leicht verformbaren Zustand überführt werden. In Abhängigkeit von der zugeführten Wärmemenge entsteht aus dem erweichten Material allmählich eine hochviskose Flüssigkeit (Schmelze), die sich verfahrenstechnisch z.B. durch Pressen, Extrudieren oder Spritzgießen verarbeiten lässt.

Erfolgt die Abkühlung aus der Schmelze sehr rasch durch Abschrecken, dann erhält man ein vorwiegend amorphes Produkt, das ziemlich spröde ist und eine hohe Lichttransparenz aufweist. Wesentlich zäheres, hornartig hartes, formsteiferes und mechanisch widerstandsfähigeres Material wird im Verlauf eines langsamen Abkühlvorgangs gewonnen, da hier die Makromoleküle mehr Zeit zur Kristallisation haben. Teilkristalline Thermoplaste weisen eine geringere Transparenz auf, da durch Lichtstreuung an den vorhandenen Kristalliten Trübungserscheinungen hervorgerufen werden.

Die Eigenschaften der Thermoplaste lassen sich durch eine Reihe von Additiven, wie z.B. Weichmachern, Stabilisatoren, Gleitmitteln, Flammschutzmitteln, Füllstoffen etc., bis zu einem gewissen Grad modifizieren. Eine Erhöhung der Zugfestigkeit des Kunststoffs kann z.B. durch den Einbau von Fasern und Whiskers sowie nach der Methode des Reckens erzielt werden. Beim *Recken* – auch *Strecken* und bei Faserwerkstoffen gewöhnlich *Verstrecken* genannt – erfolgt meist über eine Zugspannung sowohl bei RT *(Kaltverstreckung)* als auch bei höheren Temperaturen *(Warmverstreckung)* eine weitgehend parallele Ausrichtung der kettenförmigen Makromoleküle, wodurch amorphe Bereiche partiell in kristalline Anteile umgewandelt werden können.

Zusätze von Weichmachern verringern hingegen die kristallinen Bereiche, und gleichzeitig wird dadurch die Glasumwandlungstemperatur erheblich abgesenkt, so dass z.B. der T_g-Wert, der bei reinem Polyvinylchlorid (PVC) bei etwa +80°C liegt, sich auf ca. −50°C reduzieren lässt und somit das Temperaturintervall des thermoplastischen Bereichs zwischen T_g und T_m für die technische Anwendung des Kunststoffs bedeutend erweitert wird. Ferner erhöhen die Weichmacher Dehnbarkeit und Biegsamkeit und – wie der Name schon sagt – die Weichheit des Werkstoffs. Da die Weichmacher in der Regel polare Gruppen besitzen, können diese mit polaren Gruppen des Polymers in Wechselwirkung treten. Die Wirkung vieler Weichmacher beruht darauf, dass diese vergleichsweise kleinen Moleküle sich über Dipol-Dipol-Wechselwirkungen zwischen die Makromoleküle schieben können und hierdurch die Makroketten auflockern und auseinander drängen und diese damit wesentlich beweglicher machen.

Bei den Weichmachern handelt es sich im Allgemeinen um relativ hochsiedende organische Verbindungen, die in vielen Fällen Ester sind. Zu den wichtigsten Weichmachern zählen verschiedene Phthalsäureester **165**:

Ein häufig verwendeter Weichmacher ist *Di*octyl*p*hthalat (DOP), den man chemisch korrekt als *Di*(2-*e*thyl*h*exyl)*p*hthalat **165a** (DEHP) bezeichnet. Da die Verbindung inzwischen als frucht- und fruchtbarkeitsschädigend eingestuft ist, darf sie nicht mehr für Kinderspielzeug aus PVC verwendet werden. DEHP wird mittlerweile verstärkt durch die höhermolekularen und gesundheitlich weniger bedenklichen Phthalatweichmacher auf der Basis von *Di*iso*n*onyl*p*hthalat **165b** (DINP) und *Di*iso*d*ecyl*p*hthalat **165c** (DIDP) ersetzt. Phosphorsäureester als Weichmacher zeichnen sich zusätzlich durch gute brandhemmende Wirkungen aus, während die schwer flüchtigen Ester der 1,2,4-Benzoltricarbonsäure (Trimellitsäure) **166** thermisch sehr stabil sind.

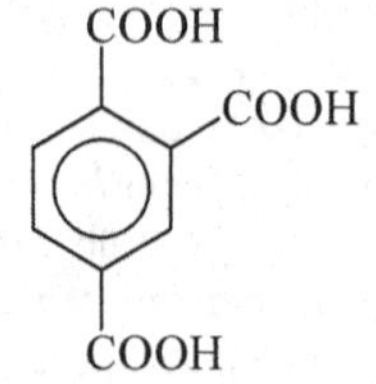

COOH
COOH
COOH

166

$H_3CCH_2-O-\overset{O}{\overset{\|}{C}}-CH_2-\overset{\overset{O=C-O-CH_2CH_3}{\|}}{\underset{OH}{C}}-CH_2-\overset{O}{\overset{\|}{C}}-O-CH_2CH_3$

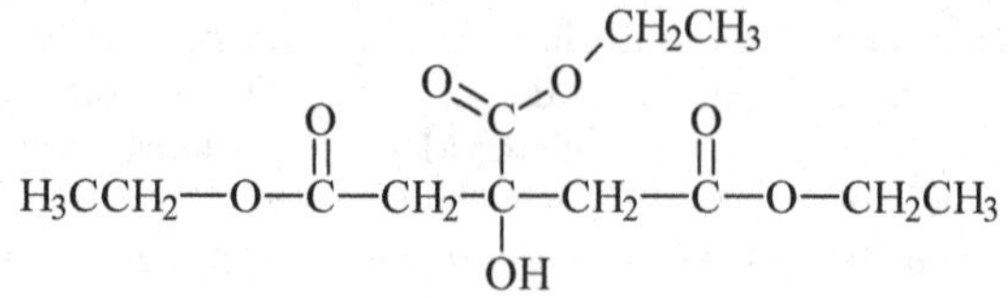

167

Neben Citronensäuretriethylester **167** können als toxikologisch insbesondere zu den Phthalatweichmachern unbedenklichere Alternativen aliphatische Dicarbonsäureester wie z.B. *Di*(2-*ethylhexyl*)-*a*dipat **168** DEHA, auch *Di*octyl*a*dipat (DOA) genannt, oder *Di*iso*n*onylcyclo*h*exan-1,2-dicarboxylat **169** (DINCH, Hexamoll®) eingesetzt werden.

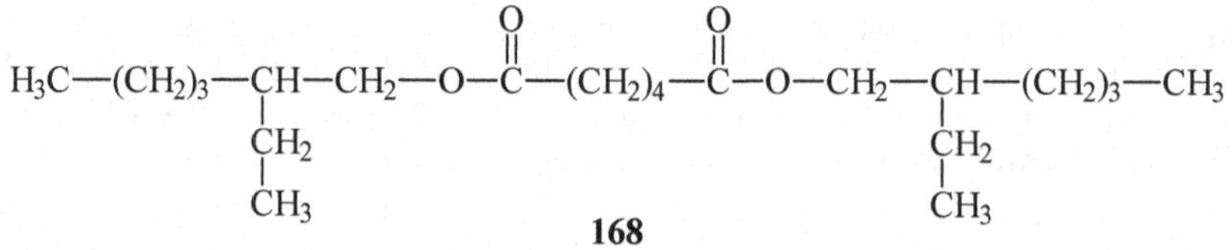

$H_3C-(CH_2)_3-\underset{\underset{CH_3}{\overset{|}{CH_2}}}{\overset{|}{CH}}-CH_2-O-\overset{O}{\overset{\|}{C}}-(CH_2)_4-\overset{O}{\overset{\|}{C}}-O-CH_2-\underset{\underset{CH_3}{\overset{|}{CH_2}}}{\overset{|}{CH}}-(CH_2)_3-CH_3$

168

$\overset{O}{\overset{\|}{C}}-O-(CH_2)_6-CH-(CH_3)_2$
$\underset{O}{\overset{\|}{C}}-O-(CH_2)_6-CH-(CH_3)_2$

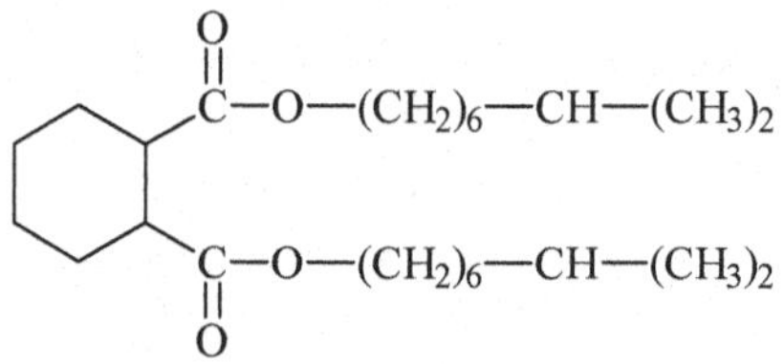

169

Als Füllstoffe zur mechanischen Verstärkung, zur Erniedrigung des vergleichsweise hohen linearen thermischen Ausdehnungskoeffizienten oder um die Massendichte des Thermoplasts zu erhöhen, werden im Wesentlichen mineralische Substanzen, wie z.B. Carbonate, Sulfate und Silicate eingesetzt. Von großer Bedeutung sind insbesondere Calciumcarbonat, Calciumsulfat, Bariumsulfat, Quarz sowie Tone und Glimmer.

Die Funktion und Wirkungsweise weiterer Additive werden in den kommenden Abschnitten näher erörtert.

Thermoplastische Kunststoffe sind überwiegend Polymerisate. Zu dieser Gruppe zählen die sogenannten Massenkunststoffe Polyethylen, Polypropylen, Polystyrol und Polyvinylchlorid. Aber auch die wichtigsten Polykondensationsprodukte, vor allem Polyamide und Polyester, zeigen thermoplastische Eigenschaften.

6.4.5.2 Elastomere

Elastomere sind weitmaschig vernetzte polymere Werkstoffe (vgl. Abbildung 6.5), die bei RT durch eine äußere Kraft stark gedehnt werden können und beim Nachlassen der einwirkenden Kraft wieder ihre ursprüngliche Form annehmen.

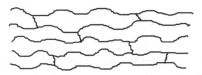

Abb. 6.5: schematische Darstellung eines schwach vernetzten kettenförmigen Makromoleküls

Dieses gummielastische Verhalten ist auf die schwach vernetzte Struktur des Elastomers zurückzuführen, die zwar eine bestimmte Lageänderung der einzelnen Kettenglieder bei mechanischer Zug- und Druckbeanspruchung um die Vernetzungspunkte zulässt, jedoch wegen der vernetzenden Bindungen im Gegensatz zu den Thermoplasten ein vollständiges aneinander Vorbeifließen einzelner Makromoleküle verhindert. Aus diesem Grund sind die weitgehend amorphen Elastomere auch nicht schmelzbar, sondern es tritt bei entsprechender Temperaturerhöhung gleich die Zersetzung des Polymers ein. Dies hat zur Folge, dass sich die Elastomere weder warmumformen noch schweißen lassen. In den gängigen Lösungsmitteln sind Elastomere zwar fast unlöslich, aber durchaus quellbar.

Die Glasumwandlungstemperaturen von Elastomeren liegen im Allgemeinen unter 0°C, wo sie ihre Gummielastizität verlieren und spröde werden. Durch Additive in Form von z.B. Füllstoffen, Weichmachern und Stabilisatoren können bestimmte Eigenschaften der Elastomere in gewissen Grenzen variiert werden.

Nachfolgend sind einige werkstofftechnisch bedeutende Elastomere mit ihren Glasübergangstemperaturen aufgeführt. Das R in den jeweiligen Kurzzeichen steht für *R*ubber, der englischen Übersetzung des Begriffs Kautschuk. Die meisten Elastomere finden Verwendung als Werkstoff für Reifen, Schläuche und andere Gummiformteile.

a) Naturkautschuk (NR) bzw. *cis*-**1,4-Polyisopren (IR)**

$$\left[\begin{array}{c} CH_2 \\ _{\diagdown}\!\!\!\!\!\!C=C^{\diagup} \\ H_3C \qquad\quad H \end{array}\!\!\!CH_2\right]_n$$

$T_g = -73°C$

50

Isopren-Kautschuk (IR) **50** mit einem *cis*-Anteil von 90% bis maximal 99% kommt in seinem chemischen Aufbau dem Naturkautschuk (NR) am nächsten. NR zeichnet sich durch sehr hohe Elastizität und Zugfestigkeit wegen der strengen *cis*-Verknüpfung der Isopren-Einheiten aus und findet vor allem als Autobereifung (insbesondere für Lkws) und Latexbekleidung Verwendung.

Das entsprechende in der Natur vorkommende *trans*-Produkt *Guttapercha* hat inzwischen kaum noch eine werkstofftechnische Bedeutung. Früher wurde es als Werkstoff zur Ummantelung von Tiefseekabel sowie für Golfbälle eingesetzt.

b) *cis*-1,4-Polybutadien (BR)

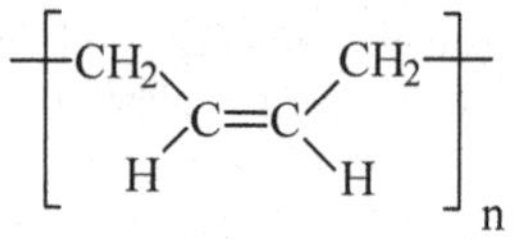

$$\left[\begin{array}{c} CH_2 \\ C=C \\ H \quad H \end{array} CH_2 \right]_n \qquad T_g = -102°C$$

144

Butadien Rubber (BR) **144** ist der zweitwichtigste Synthesekautschuk. Er ähnelt in seinen Eigenschaften am ehesten dem Naturkautschuk (NR) **50**. Dieser Butadien-Kautschuk (Buna) zeichnet sich durch eine hohe Aufnahmefähigkeit für Füllstoffe aus und dient hauptsächlich zur Produktion von Kfz-Reifen. Zur Optimierung seiner Eigenschaften wird er häufig mit NR oder SBR versetzt.

c) Styrol-Butadien-Copolymer (SBR)

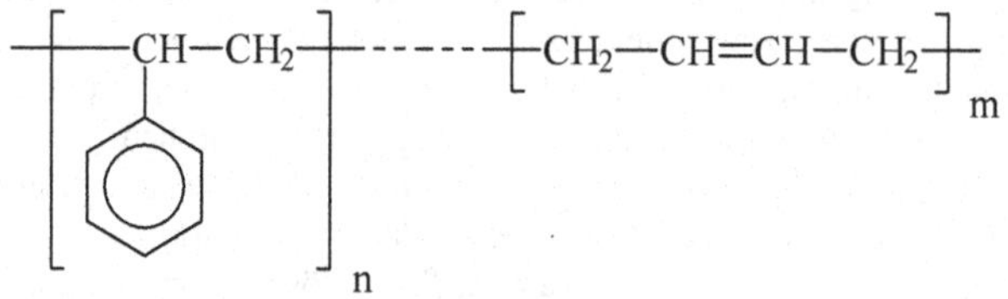

$$\left[\begin{array}{c} CH-CH_2 \\ \bigcirc \end{array}\right]_n ------\left[CH_2-CH=CH-CH_2\right]_m$$

$$T_g = -35°C$$

170

Der wichtigste Synthesekautschuk, Styrol-Butadien-Kautschuk (SBR) **170,** weist gegenüber NR eine bessere Abriebfestigkeit und Wärmebeständigkeit auf, ist jedoch nicht so elastisch wie NR. Meist beträgt der Anteil des Butadiens im SBR etwas mehr als 75%, die Styrol-Komponente dementsprechend knapp 25%. Neben seiner Hauptanwendung für Fahrzeugbereifungen dient SBR (Buna S) ferner für Dichtungen, Transportbänder und als elastischer Schmelzklebstoff.

d) Acrylnitril-Butadien-Copolymer (NBR)

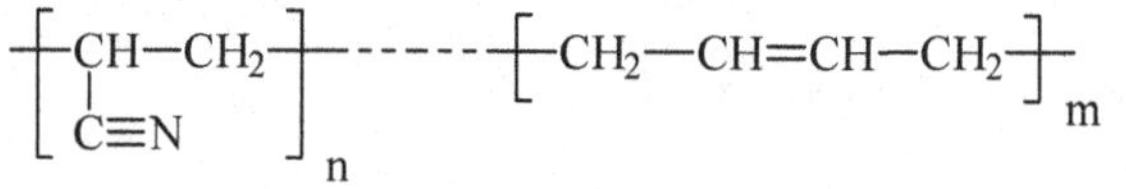

$$\left[\begin{array}{c} CH-CH_2 \\ C\equiv N \end{array}\right]_n ------\left[CH_2-CH=CH-CH_2\right]_m \qquad T_g = -36°C$$

171

Aufgrund der verhältnismäßig stark polaren Nitrilgruppe ist der Nitrilkautschuk (NBR, Buna-N) **171** besonders beständig gegen die Einwirkung von unpolaren Kohlenwasserstoffen und wird aus diesem Grund insbesondere für lösemittel- und hitzebeständige Schläuche (Tankschläuche), Zahnriemen und Dichtungen (Radial-Wellendichtringe, *Simmeringe*) eingesetzt. Der Acrylnitril-Anteil liegt häufig zwischen 20% und 50%. Durch *H*ydrierung der Doppelbindungen im NBR kommt man zur Spezies HNBR, die sich durch höhere Temperatur- und Witterungsbeständigkeiten auszeichnen.

e) Chloropren-Kautschuk; *trans*-1,4-Polychloropren (CR)

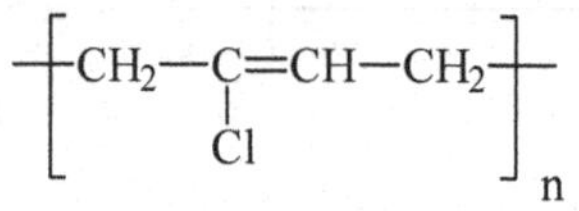

$$\left[\begin{array}{c} CH_2-C=CH-CH_2 \\ Cl \end{array}\right]_n \qquad T_g = -40°C$$

172

Der schwer entflammbare Chloropren-Kautschuk (CR) **172** hat eine ausgezeichnete Abriebfestigkeit sowie eine hohe Licht- und Ozonbeständigkeit. Seine werkstofftechnische Verwendung erstreckt sich über Keilriemen, Förderbänder, Kabelmäntel, Scheibenwischer, Kontaktklebstoffe, Luftfeder-systeme für Schienen- und Straßenfahrzeuge, bis hin zu Schutzkleidungen (Neopren®-Anzüge).

f) Butylkautschuk; Isobuten-Isopren-Copolymer (IIR)

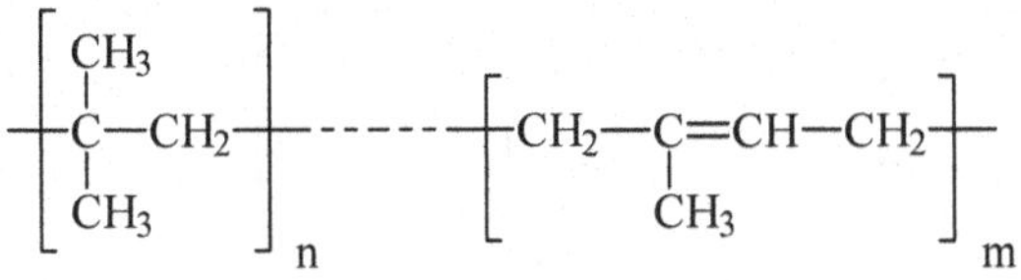

$$\left[\begin{array}{c} CH_3 \\ | \\ -C-CH_2- \\ | \\ CH_3 \end{array}\right]_n ----- \left[-CH_2-\underset{\underset{CH_3}{|}}{C}=CH-CH_2-\right]_m \qquad T_g = -71°C \text{ bis } -63°C$$

173

Aufgrund des hohen Anteils von etwa 95%-99% an Isobuten, bewirken die zahlreichen seitenstän-digen Methylgruppen eine Raumauffüllung um die Makromolekülkette des Butylkautschuks **173**, so dass kleinere Moleküle die Makromolekülkette kaum noch durchdringen können und somit das Elastomer nahezu undurchlässig für viele Gase ist.
Wegen seiner geringen Gasdurchlässigkeit und hohen Beständigkeit gegenüber vielen Chemikalien sowie seiner Anwendbarkeit in einem breiten Temperaturbereich von etwa –30°C bis +190°C wird der Butylkautschuk (IIR) bevorzugt für Luft- bzw. Gasschläuche und Dichtungsmaterial in der Kfz-Industrie sowie für Innenbeschichtungen von Rohren und Reaktionsgefäßen verwendet.

g) Ethylen-Vinylacetat-Copolymer (EVAC, früher EVA genannt)

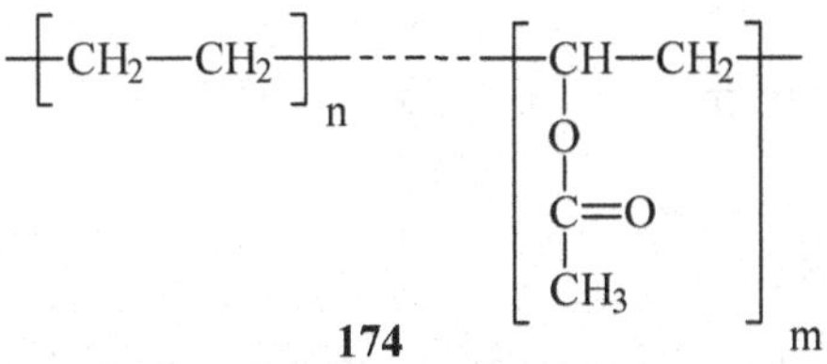

$$\left[-CH_2-CH_2-\right]_n ----- \left[\begin{array}{c} -CH-CH_2- \\ | \\ O \\ | \\ C=O \\ | \\ CH_3 \end{array}\right]_m \qquad T_g = -38°C$$

174

Abhängig vom Gehalt an Vinylacetat wird Ethylen-Vinylacetat-Copolymer (EVA) **174** in verschie-denen Bereichen als Werkstoff eingesetzt. Ist die Menge des Vinylacetats größer als 30%, so erhält man im Wesentlichen ein kautschukartiges Produkt, das manchmal auch mit EVM abgekürzt wird. Ethylen-Vinylacetat-Copolymer (EVA) lässt sich als Schmelzklebstoff, für Beschichtungen von Papier und – wegen seiner hohen Schlagzähigkeit und guten Spannungsrissbeständigkeit – auch als Werkstoff für Platten und Folien benutzen. Ebenso wie das sehr UV- und witterungsbeständige Polyvinylfluorid **148** (*Tedlar®*) wird EVA als Folienwerkstoff bei der Herstellung von Photovolta-ikmodulen verwendet.

h) Ethylen-Propylen-Copolymer (EPM)

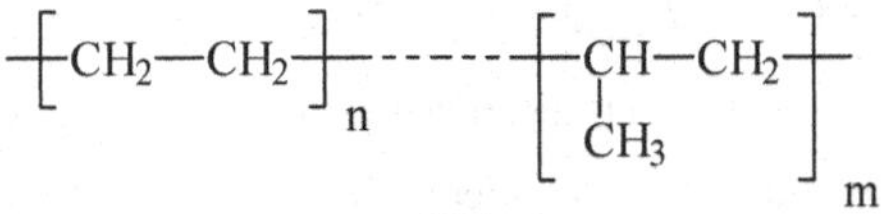

$$\left[-CH_2-CH_2-\right]_n ----- \left[\begin{array}{c} -CH-CH_2- \\ | \\ CH_3 \end{array}\right]_m \qquad T_g = -55°C$$

175

i) Ethylen-Propylen-Dien-Terpolymere (EPDM), z.B. mit 5-Ethyliden-2-norbornen als Dien

$$\left[CH_2{-}CH_2\right]_n \text{------} \left[\begin{array}{c} CH{-}CH_2 \\ | \\ CH_3 \end{array}\right]_m \text{------} \left[\vphantom{\Big|}\right]_x \qquad T_g = -55°C$$

176

Die Ethylen-Propylen- bzw. Ethylen-Propylen-Dien-Kautschuke EPM **175** und EPDM **176** sind besonders kälte-, witterungs- und alterungsbeständig. Ferner weisen sie ein hohes Aufnahmevermögen für Füllstoffe auf. Sie werden vorwiegend für Reifen, Treibriemen, Fensterdichtungen, hochwertige Abdichtungen in der Gebäudetechnik, Kühl- und Heißwasserschläuche sowie Draht- und Kabelumwicklungen verwendet. Der Anteil an Ethylen beträgt meist 50%-75%, der Dien-Gehalt liegt beim EPDM zwischen 2% und 12%. Das M in den Abkürzungen resultiert hier aus den gesättigten „*M*ethylen"-Isoketten der Polymere. Neben dem Norbornenderivat wird als Dien häufig auch 1,4-Hexadien eingesetzt. Auch bei dieser Variante liegt die vernetzungsaktive C=C-Doppelbindung in der Seitenkette des Makromoleküls.

j) Polydimethylsiloxan, Siliconkautschuk (SI)

$$\left[\begin{array}{c} CH_3 \\ | \\ Si{-}O \\ | \\ CH_3 \end{array}\right]_n \qquad T_g = -115°C$$

88

Einen vergleichsweise hohen elektrischen Durchgangswiderstand besitzen Siliconkautschuke (SI) **88**, die z.B. in der Elektroisolation für Kabelummantelungen, als Dichtungsmaterial in der Bauindustrie, als Einbrennharze und -lacke sowie für Schläuche in der Medizintechnik eingesetzt werden.

6.4.5.3 Duroplaste

Im Gegensatz zu den schwach vernetzten Elastomeren weisen die Duroplaste (auch als Duromere bezeichnet) engmaschig vernetzte Makromoleküle auf (vgl. Abbildung 6.6).

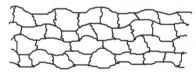

Abb. 6.6: schematische Darstellung eines engmaschig vernetzten kettenförmigen Makromoleküls

Duroplaste sind bei RT ziemlich harte und spröde Polymere, die sich aufgrund ihres engmaschigen Netzwerkes durch Temperaturerhöhung nicht schmelzen und plastisch verformen lassen, sondern ihre starre Form und ihre mechanischen Eigenschaften bis nahe zur Zersetzungstemperatur beibehalten. Im Vergleich zu den Thermoplasten sind die Duroplaste im Allgemeinen steifer und härter, besitzen bei Langzeitbeanspruchungen eine geringe Tendenz zur Verformung und können in der Daueranwendung meist höheren Temperaturen ausgesetzt werden. Sie sind in der Regel amorph, praktisch unlöslich und kaum quellbar.

Man stellt duroplastische Werkstoffe häufig aus thermoplastischen Vorstufen her, die während oder nach der Formgebung durch chemische Reaktionen und teilweise unter zusätzlicher Wärmezufuhr vernetzt werden. Da die Duroplaste erst durch diesen Prozess ihre relativ hohe Härte erhalten, nennt man den Vernetzungsvorgang in der Technik oft *Härtung*. In vielen Fällen erfolgt dies über Polykondensationsreaktionen.

Von enormer werkstofftechnischer Bedeutung sind unter den Duroplasten die Phenoplaste (PF, vgl. **97**), die Aminoplaste, wie beispielsweise die Melamin-Formaldehyd-Kunstharze (MF, vgl. **91**), Epoxidharze (EP, vgl. **122**) sowie Acrylharze (Copolymerisate von Estern der Polyacrylsäure **151**).

6.4.6 Vernetzung und Vulkanisation

6.4.6.1 Vernetzung

Als Vernetzung bezeichnet man im Bereich der polymeren Werkstoffe all diejenigen chemischen Reaktionen, die zu einer Verknüpfung von Makromolekülketten untereinander und somit zur Bildung netzartiger Strukturen führen, so dass das vernetzte Polymer im Prinzip nur aus einem einzigen, sehr großen Makromolekül besteht.

Durch die Vernetzung wird die Beweglichkeit der einzelnen Molekülketten stark eingeschränkt, was zum Teil eine starke Erhöhung der Glasübergangstemperatur gegenüber linearen Polymeren mit vergleichbarer chemischer Struktur zur Folge hat.

Die Möglichkeit der Vernetzung von Makromolekülen ist insbesondere immer dann gegeben, wenn die Polymere noch reaktive funktionelle Gruppen oder z.B. C–C-Doppel- bzw. Dreifachbindungen an den Kettenenden oder innerhalb der Kette besitzen, an denen ein unmittelbarer Angriff des Vernetzungsmittels möglich ist. Beim Fehlen solcher reaktiver Zentren (z.B. bei Siliconkautschuken) kann eine Vernetzung oft auch durch die Zugabe oder die direkte Erzeugung von Radikalen aus dem betreffenden Polymer erreicht werden.

Sehr häufig, vor allem bei der Herstellung von Duroplasten, erfolgt die Vernetzung gleichzeitig mit der Polyreaktion während der Polymersynthese. Wie bereits ausführlich mit chemischen Reaktionsgleichungen in den Abschnitten 6.3.2.4, 6.3.2.5 und 6.3.3.2 illustriert, ist dies z.B. bei der Synthese von Melamin-Formaldehyd (MF)-, Phenol-Formaldehyd (PF)- und Epoxid (EP)-Harzen der Fall und bedarf daher an dieser Stelle keiner weiteren Erläuterung.

Radikalische Vernetzung von Polyethylen (PE)

Eine direkte Verknüpfung von kettenförmigen Makromolekülen zu vernetzten Polymeren lässt sich durch Radikale erzielen. Die Radikale können dabei durch Belichtung oder Behandlung mit energiereicher Strahlung entweder aus dem vorhandenen Polymer oder aus zugesetzten Radikalbildnern, z.B. organischen Peroxiden, erzeugt werden.

In bekannter Weise (vgl. Abschnitt 6.3.1.1) erfolgt bei den Peroxiden die homolytische Bindungsspaltung unter Bildung von Radikalen, die z.B. die Fähigkeit besitzen, Wasserstoffatome von Polyethylenketten zu abstrahieren, was zu einer Übertragung des Radikalcharakters auf die Polymerketten führt. Die Vernetzung tritt durch anschließende Kombination zweier radikalischer Makromolekülketten unter Ausbildung einer neuen Bindung zwischen den Ketten ein:

Radikalbildung

$$R-O-O-R \xrightarrow{\Delta \text{ oder } h \cdot \nu} 2 \ R-O \bullet$$

Wasserstoffabstraktion

$$2 \ R-O \bullet \ + \ 2 \ \text{wwwCH}_2-\text{CH}_2-\text{CH}_2-\text{CH}_2\text{www}$$

PE

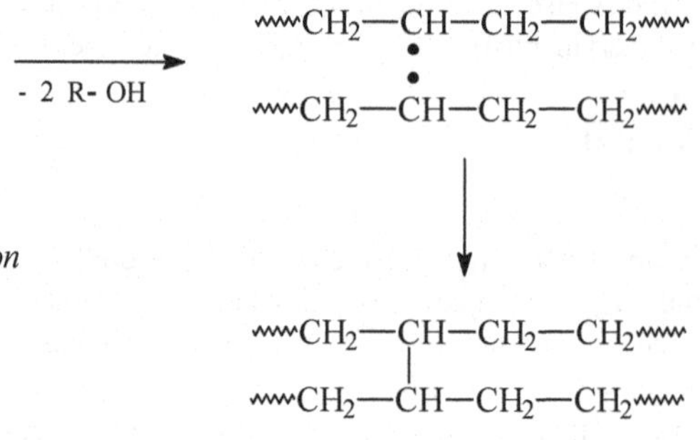

$$\xrightarrow[- 2 \ R\text{-}OH]{} \quad \begin{array}{c} \text{wwwCH}_2-\text{CH}-\text{CH}_2-\text{CH}_2\text{www} \\ \bullet \\ \bullet \\ \text{wwwCH}_2-\text{CH}-\text{CH}_2-\text{CH}_2\text{www} \end{array}$$

Kombination

$$\downarrow$$

$$\begin{array}{c} \text{wwwCH}_2-\text{CH}-\text{CH}_2-\text{CH}_2\text{www} \\ | \\ \text{wwwCH}_2-\text{CH}-\text{CH}_2-\text{CH}_2\text{www} \end{array}$$

VPE

Zur Unterscheidung vom unvernetzten Produkt wird räumlich vernetztes Polyethylen mit der Abkürzung VPE oder neuerdings mit PE-X versehen.

6.4.6.2 Vulkanisation

Die Vulkanisation ist eine spezielle Form der Vernetzung, bei der polymere Natur- oder Synthesekautschuke zu Elastomeren verarbeitet werden. Der Begriff „Vulkanisation" ist historisch gesehen mit der ursprünglich angewandten Vernetzung des Naturkautschuks mit Schwefel unter Wärmeeinwirkung zu erklären. Da man die beiden Begriffe Schwefel und Hitze als typische Kennzeichen von Vulkanen ansah, erfolgte die bis heute noch verwendete Benennung. Inzwischen werden jedoch im Bereich der Elastomer-Chemie auch andere Reaktionen mit schwefelfreien Vernetzungsmitteln als Vulkanisation bezeichnet.

Durch die weitmaschige Vernetzung erreicht man erheblich bessere Werkstoffeigenschaften, da der vorwiegend plastische und klebrige Kautschuk in den elastischen Zustand überführt wird, der sich gegenüber dem Rohprodukt durch höhere Zugfestigkeit, größere Härte und bessere Wärmebeständigkeit auszeichnet.

Bei der Vulkanisation mit Schwefel oder Schwefelverbindungen als Vulkanisationsmittel erfolgt die Verknüpfung der Makromolekülketten über die im Polymer vorhandenen reaktiven Doppelbindungen oder in Allylstellung zu ihnen. Hierbei unterscheidet man zwischen der Kaltvulkanisation und der Heißvulkanisation.

Kaltvulkanisation von Kautschuk

Die Kaltvulkanisation wird bei RT mit Dischwefeldichlorid (S_2Cl_2) oder Schwefeldichlorid (SCl_2) durchgeführt. Dabei addiert sich das Schwefelchlorid an einige Doppelbindungen, bzw. Schwefelatome substituieren Wasserstoffatome in Allylstellung zu Doppelbindungen unter Freisetzung von Chlorwasserstoff. Durch diese Reaktionen werden benachbarte Makromoleküle über kovalente Schwefel-Brückenbindungen verknüpft, z.B.:

$$\text{\footnotesize\text{\textapprox}}CH_2-CH=CH-CH_2\text{\textapprox}$$

$$\text{\footnotesize\text{\textapprox}}CH_2-CH=CH-CH_2\text{\textapprox}$$

$$+\ S_2Cl_2 \qquad\qquad\qquad +\ S_2Cl_2$$

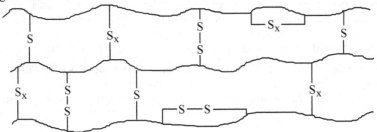

$$+\ 2\ HCl$$

Die Methode der Kaltvulkanisation findet nur begrenzte Anwendung, da sie wegen der geringen Diffusion des Vulkanisationsmittels in den Kautschuk nur für sehr dünnwandige Werkstoffe geeignet ist.

Heißvulkanisation von Kautschuk

Wesentlich häufiger als die Kaltvulkanisation wird die Heißvulkanisation angewandt. Bei diesem Verfahren erhitzt man den Kautschuk für etwa eine Stunde zusammen mit elementarem Schwefel und zusätzlichen Vulkanisationsbeschleunigern (meist organische Stickstoff- und Sauerstoffverbindungen) auf ca. 130°C-150°C. Durch Substitution von Wasserstoffatomen in Allylstellung zu den Doppelbindungen entsteht eine komplexe Netzwerkstruktur, in der die hier gebildeten Schwefel-Brückenbindungen nicht nur aus einem oder zwei Schwefelatomen, sondern ebenso aus mehreren S-Atomen (S_x) bestehen können. Neben der Verknüpfung benachbarter Polymerketten sind auch S-Brücken an ein und derselben Makrokette möglich, wie in der nachfolgenden Abbildung 6.7 schematisch angedeutet.

Abb. 6.7: Vernetzung von drei Makromolekülen durch Heißvulkanisation mit Schwefel

In Abhängigkeit von der jeweils eingesetzten Menge an Schwefel unterscheidet man zwischen *Weichgummi* und *Hartgummi*. Zur Herstellung von Weichgummi werden nur ca. 1-4% Schwefel benötigt, die Hartgummiproduktion verbraucht hingegen etwa 30-35% Schwefel, in Spezialfällen sogar bis zu 80% (z.B. beim aus Naturkautschuk **50** synthetisierten *Ebonit*).

Vulkanisation mit Metalloxiden

Enthalten die zu vulkanisierenden Kautschuke z.B. die sehr reaktiven Halogenatome als funktionelle Gruppe, dann lässt sich die Vernetzung auch mit schwefelfreien Vulkanisationsmitteln durchführen.

Die Vulkanisation des Polychloroprens (CR) **172** wird beispielsweise mit Zinkoxid oder Magnesiumoxid vorgenommen, wobei unter Abspaltung des entsprechenden Metalldichlorids die Vernetzung von zwei benachbarten Makromolekülketten über die neu gebildeten Etherbrücken erfolgt, z.B.:

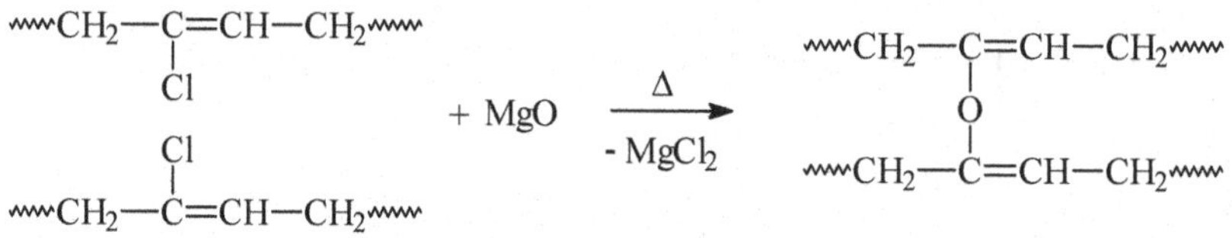

172

Die eingesetzten Erdalkalimetalloxide wirken nicht nur als Vulkanisationsmittel, sondern dienen zusätzlich auch zur mechanischen Verstärkung des Elastomers. Einige Elastomere können auch durch Peroxide vulkanisiert werden. So findet beispielsweise Di-*tert.*-butylperoxid **11** bei der peroxidischen Vulkanisation von Siliconkautschuken Verwendung.

Kaltvulkanisation von einkomponentigen Siliconkautschuken

Bei den Vernetzungsreaktionen von Siliconkautschuken (SI) kann man zwischen kaltvulkanisierenden und heißvulkanisierenden Kautschuken unterscheiden, wobei die heißvulkanisierenden Kautschuke entweder durch organische Peroxide oder über platinkatalysierte Additionsreaktionen vernetzt werden. Ferner lässt sich noch in Ein- und Zweikomponentensysteme einteilen.

Kaltvulkanisierende einkomponentige Siliconkautschuke, häufig mit RTV-1 (*R*aum-*T*emperatur-*V*ernetzung, *1*-komponentig) abgekürzt, finden in der Bauindustrie als Werkstoff insbesondere für elastische Fugendichtungen eine recht bekannte Anwendung. Für den praktischen Einsatz enthält die entsprechende Kartusche neben linear verknüpftem Polydimethylsiloxan **88** und Vulkanisationsbeschleuniger den Vernetzer, der im Fall einer sog. sauren Vernetzung z.B. das Triacetoxysilan **177** sein kann. Zum Ablauf der Vernetzungsreaktion ist Wasser zwingend erforderlich.

Zunächst reagiert der Vernetzer **177** mit den endständigen Hydroxylgruppen von **88** unter Abspaltung von Essigsäure (HAc) **178** zum Zwischenprodukt **88a**, das erst durch die Gegenwart von Luftfeuchtigkeit oder Wasser durch Quervernetzung zum vulkanisierten Produkt **88b** weiterreagieren kann:

$$
\underset{177}{R\!-\!\underset{Ac}{\overset{Ac}{Si}}\!-\!Ac} \;+\; \underset{88}{HO\!\left[\underset{CH_3}{\overset{CH_3}{Si}}\!-\!O\right]_n\!\!H} \;+\; \underset{177}{R\!-\!\underset{Ac}{\overset{Ac}{Si}}\!-\!Ac} \;\underset{-\,2\,HAc}{\overset{178}{\rightleftharpoons}}\; \underset{88a}{R\!-\!\underset{Ac}{\overset{Ac}{Si}}\!-\!O\!\left[\underset{CH_3}{\overset{CH_3}{Si}}\!-\!O\right]_n\!\!\underset{Ac}{\overset{Ac}{Si}}\!-\!R}
$$

$$
\begin{aligned}
&\underset{88a}{R\!-\!\underset{Ac}{\overset{Ac}{Si}}\!-\!O\!\left[\underset{CH_3}{\overset{CH_3}{Si}}\!-\!O\right]_n\!\!\underset{Ac}{\overset{Ac}{Si}}\!-\!R}\\[4pt]
&\underset{88a}{R\!-\!\underset{Ac}{\overset{Ac}{Si}}\!-\!O\!\left[\underset{CH_3}{\overset{CH_3}{Si}}\!-\!O\right]_n\!\!\underset{Ac}{\overset{Ac}{Si}}\!-\!R}
\end{aligned}
\quad\underset{-\,2\,HAc}{\overset{+\,H_2O}{\longrightarrow}}\quad
\underset{88b}{}
$$

HAc = CH₃COOH
178

Bei dieser Hydrolyse werden Si-Acetoxy-Bindungen in **88a** gespalten, wobei durch Kondensations-reaktionen unter Austritt von Essigsäure **178** Verknüpfungen der linearen Makromoleküle **88a** über Si-O-Si-Brücken zum vernetzten gummielastischen Produkt **88b** erfolgen.

In der Praxis ist das Fortschreiten dieser Kaltvulkanisation am charakteristischen Geruch der freige-setzten Essigsäure zu erkennen.

Neben den im Abschnitt 6.4.5.2 beschriebenen „klassischen" Elastomeren mit weitmaschigen che-mischen Vernetzungen kennt man Makromoleküle, die reversibel über thermolabile, meist physi-kalische, Vernetzungsstellen miteinander verknüpft sind. Diese als *thermoplastische Elastomere (TPE)* bezeichneten Kunststoffe verhalten sich bei RT wie Elastomere. Durch Wärmezufuhr löst sich jedoch ihre physikalische Vernetzung, so dass sich diese Polymere bei erhöhter Temperatur plastisch bearbeiten lassen. Die physikalische Vernetzung resultiert aus vorhandenen Nebenvalenz-bindungen, wie z.B. Wasserstoffbrückenbindungen und Dipol-Dipol-Wechselwirkungen in be-stimmten Bereichen des TPE.

In Abhängigkeit von ihrem chemischen Aufbau unterscheidet man bei den TPE zwischen Blockco-polymeren und Elastomerlegierungen.

Bei den *Blockcopolymeren* treten innerhalb einer Makromolekülkette gleichzeitig weiche und elas-tische Segmente mit hoher Dehnbarkeit und niedriger Glasübergangstemperatur sowie harte und kristallisierbare Segmente mit geringer Dehnbarkeit, hoher T_g und der Tendenz zur Assoziatbildung auf, welche letztlich zur physikalischen Vernetzung führt. Diese Weich- und Hartsegmente müssen miteinander unverträglich sein und als individuelle Phasen existieren, in denen beide Eigenschaften verteilt sind. In den *Elastomerlegierungen* (Polymerblends) liegen entsprechende Weich- und Hart-segmente als Mischung von elastomeren und thermoplastischen Makromolekülen vor, deren werk-stofftechnische Eigenschaften sich durch unterschiedliche Mischungsverhältnisse und Wahl geeig-neter Additive (z.B. Weichmacher) variieren lassen.

Ein typisches TPE auf der Basis von Blockcopolymeren ist z.B. *Styrol/Butadien/Styrol* (SBS, auch als TPS klassifiziert); für eine Elastomerlegierung sei beispielsweise die *O*lefin-Mischung aus EPDM-Kautschuk und Polypropylen (EPDM+PP = TPO) erwähnt.

Die TPE finden als Werkstoffe Anwendung unter anderem im Kfz-Bereich (Dichtungsmaterial, Schläuche), in der Elektrotechnik (Kabelummantelungen, Stecker) sowie in der Medizintechnik (Folien- und Überzugsmaterial). Als TPE können auch Formgedächtnispolymere (TGP) hergestellt werden, wie beispielsweise thermoplastische Polyurethane (TPU), die sich ebenfalls in der Medizintechnik einsetzen lassen.

6.5 Werkstofftechnisch wichtige Kunststoffe

6.5.1 Kurzzeichen von Kunststoffen

Sinnvollerweise werden die Kunststoffe mit Kurzzeichen versehen, aus denen auf ihren chemischen Aufbau geschlossen werden kann. Bislang haben wir in den vorherigen Kapiteln bereits stillschweigend von diesen Kurzzeichen Gebrauch gemacht, indem beim Auftauchen eines bis dahin im Text noch nicht erwähnten Polymers das zugehörige Kurzzeichen zunächst in Klammern hinter dem ausgeschriebenen Namen des betreffenden Polymers gesetzt wurde und anschließend bei sehr gebräuchlichen Kunststoffen teilweise nur noch deren Kurzzeichen Anwendung fanden.

In ISO-Normen (International Organization for Standardization) sind zwar die Kurzzeichen für die meisten Polymere festgelegt, jedoch benutzen verschiedene nationale Organisationen, z.B. DIN (*D*eutsches *I*nstitut für *N*ormung) oder ASTM (*A*merican *S*ociety of *T*esting and *M*aterials) nicht immer dieselben Kurzzeichen für gleiche Polymere. Auch die chemische Namensgebung des Polymers erfolgt nach unterschiedlichen, zum Teil historisch begründeten, Kriterien und geht nicht immer konform mit den Empfehlungen der IUPAC (*I*nternational *U*nion of *P*ure and *A*pplied *C*hemistry).

Die in der folgenden Tabelle in alphabetischer Reihenfolge angeführten Kurzzeichen für Homopolymere und Copolymere basieren im Wesentlichen auf der DIN EN ISO 1043-1: 2016-09 und der DIN ISO 1629: 2015-03 für Kautschuke. Es handelt sich dabei nur um eine Auswahl der wichtigsten organischen Polymere, die als Werkstoffe eine gewisse Bedeutung erlangt haben.

Tab. 6.1: Kurzzeichen einiger wichtiger Homo- und Copolymere
(Die Abkürzung *P* für *P*oly wird im Allgemeinen nur für Homopolymere benutzt; *R* ist die Abkürzung von *R*ubber, dem engl. Wort für Kautschuk)

ABS	Acrylnitril-Butadien-Styrol-Copolymer
AMMA	Acrylnitril-Methylmethacrylat-Copolymer
ASA	Acrylnitril-Styrol-Acrylester-Copolymer
BR	Butadien Rubber (*cis*-1,4-Polybutadien)
CA	Celluloseacetat
CF	Kresol-Formaldehyd-Harz (engl. **c**resol)
COC	Cycloolefin-Copolymer
CR	Chloropren-Kautschuk

EP	Epoxid
EPDM	Ethylen-Propylen-Dien-Kautschuk (**M** von gesättigten „*M*ethylen"-Isoketten)
EPM	Ethylen-Propylen-Copolymer (**M** von gesättigten „*M*ethylen"-Isoketten)
ETFE	Ethylen-Tetrafluorethylen-Copolymer
EVAC	Ethylen-Vinylacetat-Copolymer (früher **EVA**)
EVAL	Ethylen-Vinylalkohol-Copolymer
FEP	Tetrafluorethylen-Hexafluorpropylen-Copolymer (vgl. auch **PFEP**)
FFKM	Perfluorkautschuk (allgemein)
FKM	Fluorkautschuk (allgemein)
IIR	Isobutyl-Isopren-Kautschuk (Butylkautschuk)
IR	*cis*-1,4-Isopren-Kautschuk
LCP	Liquid Cristal Polymer
MF	Melamin-Formaldehyd-Harz
NBR	Acrylnitril-Butadien-Kautschuk (Nitrilkautschuk)
NR	Naturkautschuk
PA	Polyamid
PAA	Polyacrylsäure (-**acid**)
PAC	Polyacetylen (Polyethin)
PAEK	Polyaryletherketon
PAI	Polyamidimid
PAN	Polyacrylnitril
PANI	Poly-*p*-anilin
PB	Polybut-1-en
PBI	Polybenzimidazol
PBS	Polybutylensuccinat
PBT	Polybutylenterephthalat (teilweise auch mit **PBTP** abgekürzt)
PC	Polycarbonat
PCL	Poly-ε-caprolacton
PCO	Polyphenylchinoxalin (auch **PPQ**: Polyphenylquinoxaline)
PCTFE	Polychlortrifluorethylen
PCYA	Polycyanoacrylat
PDCPD	Polydicyclopentadien

PE	Polyethylen
PE-C	Polyethylen, chloriert
PE-X	Polyethylen, vernetzt (früher als **VPE** abgekürzt)
PEEK	Polyetheretherketon
PEG	Polyethylenglykol (wenn RMM > 35000 g/mol: **PEO**)
PEI	Polyetherimid
PEK	Polyetherketon
PEN	Polyethylennaphthalat
PEO	Polyethylenoxid (wenn RMM < 35000 g/mol: **PEG**)
PEOT	Polyethoxythiophen
PEP	Propylen-Ethylen-(Polymer), inzwischen mit **EPM** abgekürzt
PES	Polyethersulfon
PESI	Polyesterimid
PET	Polyethylenterephthalat (teilweise auch mit **PETP** abgekürzt)
PF	Phenol-Formaldehyd-Harz
PFA	Perfluor-Alkoxy-Polymere
PFEP	Perfluorethylenpropylen (neuerdings statt **FEP**)
PHA	Polyhydroxyalkanoat
PHB	Polyhydroxybutyrat
PHV	Polyhydroxyvalerat
PI	Polyimid
PIB	Polyisobutylen
PIR	Polyisocyanurat
PLA	Polylactid
PMMA	Polymethylmethacrylat
PMP	Poly-4-methyl-1-penten
PMPI	Poly-*m*-phenylenisophthalamid
PNB	Polynorbornen bzw. **PNR**: Polynorbornen-Kautschuk
POM	Polyoxymethylen (auch Polyacetal genannt)
PP	Polypropylen
PPA	Polyphthalamid
PPE	Polyphenylenether (früher **PPO** genannt)
PPP	Poly-*p*-phenylen

PPS	Polyphenylensulfid
PPSU	Polyphenylensulfon
PPTA	Poly-*p*-phenylenterephthalamid
PPV	Poly-*p*-phenylenvinylen
PPX	Poly-*p*-xylylen
PPY	Polypyrrol
PS	Polystyrol
PSU	Polysulfon
PT	Polythiophen
PTFE	Polytetrafluorethylen
PUA	Polyurea (Polyharnstoff)
PUR	Polyurethan
PVAC	Polyvinylacetat
PVAL	Polyvinylalkohol
PVB	Polyvinylbutyral
PVC	Polyvinylchlorid
PVC-C	Polyvinylchlorid, chloriert
PVF	Polyvinylfluorid
PVDC	Polyvinylidenchlorid
PVDF	Polyvinylidenfluorid
PVP	Polyvinylpyrrolidon
RF	Resorcin-Formaldehyd-Harz
SAN	Styrol-Acrylnitril-Copolymer
SB	Styrol-Butadien-Copolymer
SBR	Styrol-Butadien-Kautschuk
SI	Silicon bzw. Siloxan
SIR	Styrol-Isopren-Kautschuk
TPE	Thermoplastisches Elastomere
UF	Harnstoff-Formaldehyd-Harz (engl. urea)
UP	Ungesättigter Polyester
XF	Xylenol-Formaldehyd-Harz

6.5.2 Standard- und technische Kunststoffe

Kunststoffe werden häufig nach ihrer werkstofftechnischen Anwendung unterteilt. Dabei gelten insbesondere auch die Kriterien der jeweiligen Produktionszahlen und Marktanteile. Üblich ist eine Differenzierung in *Standard-* bzw. *Massenkunststoffe, technische Kunststoffe* sowie in *Spezialkunststoffe*. Diese Einteilung bezieht sich meist auf thermoplastische Kunststoffe. Die Duroplaste ordnet man gewöhnlich den technischen Kunststoffen zu, während die Elastomere im Allgemeinen als eigenständige Werkstoffgruppe betrachtet und gesondert behandelt werden (vgl. Abschnitt 6.4.5.2).

Es würde den Rahmen dieses Buches sprengen, wenn hier der Versuch unternommen würde, jeweils nur einige relevante werkstofftechnische Anwendungen aller in Tabelle 6.1 aufgelisteten Polymere – und diese stellen ja nur eine Auswahl dar – zu beschreiben. Aus diesem Grund erfolgt im nachfolgenden Text eine Beschränkung auf wenige wichtige, teilweise willkürlich ausgewählte, Kunststoffe. Angemerkt sei vorweg, dass in Westeuropa etwa ein Drittel der produzierten Kunststoffe in der Verpackungsindustrie Verwendung findet.

6.5.2.1 Standard- bzw. Massenkunststoffe

Die Bezeichnung Standard- bzw. Massenkunststoffe wird für die im Vergleich zu anderen Kunststoffen in riesigen Mengen produzierten Thermoplaste Polyethylen (PE), Polypropylen (PP), Polystyrol (PS) und Polyvinylchlorid (PVC) angewandt. Diese Kunststoffe sind relativ preiswert, besitzen für viele Anwendungsbereiche hervorragende Eigenschaften und sind deshalb sehr verbreitet.

Polyethylen (PE-LD und PE-HD) **139**

Folien, Lebensmittelverpackungen, Platten, Rohre, Schläuche, Draht- und Kabelummantelungen, elektrische Isolierteile, Mülltonnen und -säcke („gelber Sack"), Einkaufsbeutel, Transportkästen, Lagerbehälter, Kanister, Flaschen, Verschlüsse, Kinderspielzeug, Haushaltswaren (Eimer, Becher, Schüsseln), Kunstrasen, Injektionsspritzen usw.

Polypropylen (PP) **140**

Für im Vergleich zu PE höherbeanspruchte technische Teile, elektrische Haushaltsgeräte, Gehäuseteile, Armaturen, Batteriekästen, Automobilbau, Koffer, Rohre, Filter, Verpackungshohlkörper, Gartenmöbel, Schuhabsätze, Vliesstoffe, künstlicher Rasen, Kunststoffgeldscheine etc.

Polyvinylchlorid (PVC) **146**

Rohre, Kabelschutzrohre, Elektroinstallationsmaterial, chemische Apparate, Fensterprofile, Bodenbeläge, Möbel, Bekleidungsindustrie, Folien, Getränkeflaschen, Säurepumpen, Ventilatoren, Schilder, Schallplatten („Vinyl"), Prägeetiketten wegen „Weißbruch", Schläuche, Katheder und Blutbeutel für die Medizintechnik, Büroartikel, Chipkarten, PS-Folie als Wellenlängenstandard bei der IR-Spektroskopie usw.

Polystyrol (PS) **141**

Bauteile für Fernseher, Radios, Telefone und andere Elektrogeräte, formstabile Verpackungen, Einmalbestecke, Spielkartenschachteln, Becher, Flaschen, Haushaltsgeräte, Wäscheklammern, Kugelschreiberhülsen, Zeichengeräte, Tablettenröhrchen, Leuchtenabdeckungen, maßgetreue Spritzgussteile für die Elektroindustrie, PS-Schaumstoffe sowie der Unterbau der Formel 1-Rennstrecke in Shanghai/China.

.

6.5.2.2 Technische Kunststoffe

Als technische Kunststoffe werden diejenigen organischen Polymere eingestuft, die als Funktionswerkstoff hauptsächlich für mechanisch höher beanspruchte Maschinen- und Apparateteile Verwendung finden. Wesentliche Anforderungen an technische Kunststoffe sind daher z.B. gute Schlagzähigkeit und Festigkeit, geringe Verformungsneigung bei Dauerbelastung, minimaler Abrieb, hohe LM-Beständigkeit, kleine thermische Ausdehnungskoeffizienten – und das zu einem möglichst niedrigen Preis.

Zu den bedeutendsten *thermoplastischen Kunststoffen* zählen in dieser Sparte die Polyamide (PA), Polyethylenterephthalat (PET) **84**, Polybutylenterephthalat (PBT) **179**, Polycarbonate (PC) **181**, Polyoxymethylen (POM) **152**, Polyphenylenether (PPE) **183**, Polymethylmethacrylat (PMMA) **182**, Acrylnitril-Butadien-Styrol-Copolymere (ABS) **186** und auch thermoplastisch verarbeitbare Polyurethane (PUR) **108**.

Polyamide (PA)

Die wichtigsten aliphatischen Polyamide sind PA 6 **79** und PA 6,6 **73**, die als Werkstoff unter anderem für die folgenden Produkte eingesetzt werden: Räder, Zahnräder, Ritzel, Lager, Schiffsschrauben, Gehäusematerial, Pumpenteile, Prothesen, Rohre, Schläuche, Airbags, Stäbe, Schrauben, Dichtungen, Treibstoffleitungen, Heizöltanks, Kabelummantelungen, Möbelteile, Dübel, Folien, synthetische Fasern für verschiedene Anwendungen (Textilien, Schnüre, Seile, Saiten, Drähte) sowie in zunehmendem Maße als Metallersatz in der Kfz-Industrie.

Polyethylenterephthalat (PET) **84**

Textilfasern, elektrisch isolierende Folien, Trägermaterial für Magnetbänder, Filmmaterial, Schaltteile im Maschinenbau, Zahnräder, Ketten, Lagerteile, Gleitelemente, Pumpenteile, Zündkerzenstecker, in der Medizintechnik für künstliche Blutgefäße, Sehnen- und Bänderersatz, Nahtmaterial sowie – mit steigender Tendenz – Getränkeflaschen.

Polybutylenterephthalat (PBT) **179**

179

PBT wird meist in den gleichen Bereichen verwendet wie PET. Gegenüber PET weist es teilweise bessere Eigenschaften auf. So ist z.B. der thermische Ausdehnungskoeffizient niedriger, die Wasseraufnahme geringer und das elektrische Isolationsvermögen höher, allerdings besitzt PBT eine im Vergleich zu PET niedrigere Festigkeit.

Polyethylennaphthalat (PEN) **180**

180

Das amorphe PEN zeichnet sich insbesondere durch eine ausgezeichnete Gasdichtigkeit und hohe Wärmeformbeständigkeit aus. Im Vergleich zu PET ist **180** resistenter gegenüber Chemikalien sowie gegen UV-Strahlung. Der thermoplastische Polyester wird z.B. in der Medizintechnik und als Verpackungsmaterial für Lebensmittel eingesetzt, die heiß abgefüllt werden müssen.

Polycarbonate (PC)

Polycarbonate haben die folgende allgemeine Struktur:

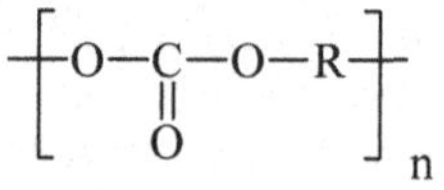

$$\left[\!\!-O-\underset{\underset{O}{\|}}{C}-O-R-\!\!\right]_n$$

Das als Werkstoff am häufigsten verwendete Polycarbonat **181** ist der Polykohlensäureester von Bisphenol A **113**.

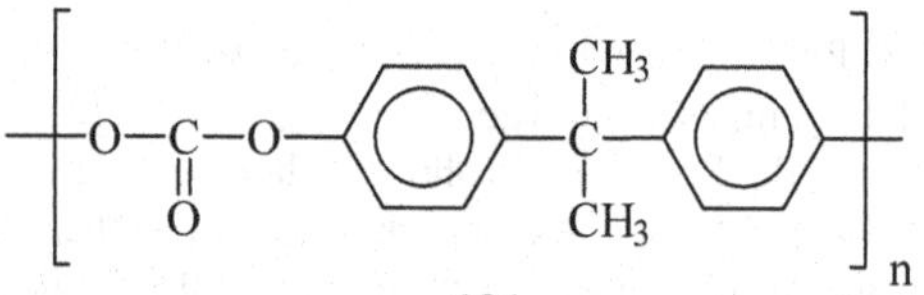

181

Verwendung: Gehäuse für elektrische Geräte, Büromaschinen, Telefone, Kameras, optische Speicherplatten (CDs, DVDs, UMDs, Blue-Ray-Discs), Beleuchtungstechnik im Fahrzeugbau (Reflektoren, Rückleuchten, Warnleuchten, LED-Scheinwerfer, Folien für Zifferblätter, Blenden und für durchleuchtete Schalter), Kleinteile in optischen Geräten, Verpackungsmaterial, Fenster- und Windschutzscheiben, gegen Vogelaufprall bei „Mach 2" geschützte Cockpit-Kuppeln von Düsenjägern, Abdeckungen für Solarzellen, Brillen, Linsen, Schutzhauben und -helme, medizinische Geräte (Dialysatoren, Blutoxygeneratoren) usw.

Polymethylmethacrylat (PMMA) **182**

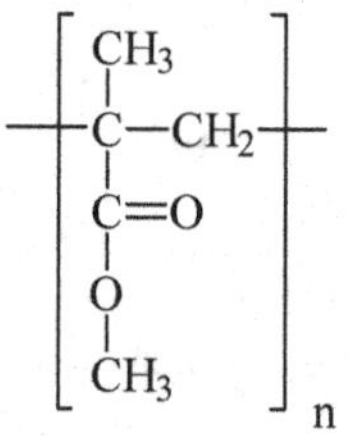

182

Verglasungen im Kfz- und Baubereich, Lichttechnik (Leuchten, Reklameschilder etc.), optische Instrumente (Linsen, Lupen, Prismen, Lichtleiter, Sonnenbrillen, Uhrgläser), Sanitärwesen (Duschkabinen, Badewannen), chem. Apparatebau (durchsichtige Rohrleitungen), Mess- und Zeichengeräte, Medizintechnik (künstliche Augenlinsen, Knochenzement, Zahnfüllungen und -prothesen), LED-Flachbildschirme, Klebstoffe etc.

Polyoxymethylen (POM) **152**

Dieser auch als *Polyacetal* oder *Polyformaldehyd* bezeichnete teilkristalline Thermoplast wird wegen seiner hervorragenden mechanischen Eigenschaften insbesondere für Präzisionsteile der Feinwerktechnik verwendet, z.B. für Komponenten von Haushaltsgeräten (Waschmaschinen, Wäschetrockner, Geschirrspüler, Backöfen, Kaffeevollautomaten), Präzisionsteile wie Zahnräder und Lager, Reißverschlüsse, Verglasungen, Gehäuseabdeckungen, Armaturen, Ventile, Schaltwerke, Schrauben, Möbelbeschläge und Lebensmittelverpackungen.

Polyacrylnitril (PAN) **150**

PAN wird ausschließlich als Faserwerkstoff (häufig als Copolymer mit PMMA oder PVC) für verschiedene technische Anwendungen (Astbestersatz in Reibbelägen, Filter, Filze, Siebe) sowie in der Bekleidungsindustrie (Strickwaren, Heimtextilien) und als Precursor für CFK eingesetzt.

Polyphenylenether (PPE)

Mit dem allgemeinen Begriff PPE wird üblicherweise Poly-(2,6-dimethyl-*p*-oxiphenylen) **183** bezeichnet. Der thermoplastische Polyether zeichnet sich durch gute Heißwasserbeständigkeit bei gleichzeitig geringer Wasseraufnahme aus. Die Schlagzähigkeit ist hoch und die Maßhaltigkeit über einen größeren Temperaturbereich sehr gut.

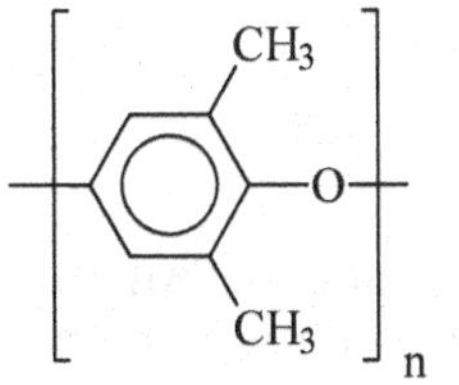

183

Verwendung: Fahrzeugbau (Armaturen, Gehäuse, Kühlergrills), Teile von elektrischen Haushaltsgeräten, wie z.B. Fernseher, Radios, Föhne, Kameras und Projektoren, sterilisierbare medizinische Instrumente und Heißwasserventile.

Poly-4-methyl-1-penten (PMP) **184**

Mit $\rho = 0{,}83$ g/cm^3 besitzt Poly-4-methylpent-1-en die niedrigste Massendichte aller thermoplastischen Kunststoffe. Trotz vergleichsweise hoher Kristallinität ist PMP transparent. Verwendung findet der Kunststoff beispielsweise für Mikrowellengeschirr, für medizinische und labortechnische Geräte sowie für hochfeste Folien.

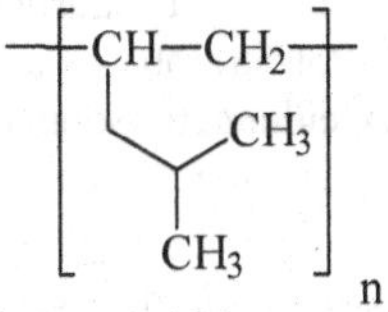

184

Polyvinylpyrrolidon (PVP) **185**

Die bekannteste Anwendung von Polyvinylpyrrolidon ist sicherlich der Klebstoff im praktischen Klebestift mit dem sog. Herausdreh-Mechanismus, wobei inzwischen das Polylactam häufig durch Polysaccharide ersetzt wird. Das amorphe PVP wird ferner in der Pharmazie als Bindemittel für Tabletten sowie in der Keramikindustrie verwendet und spielt bei der Herstellung von Membranen z.B. für die Dialysetechnik eine Rolle.

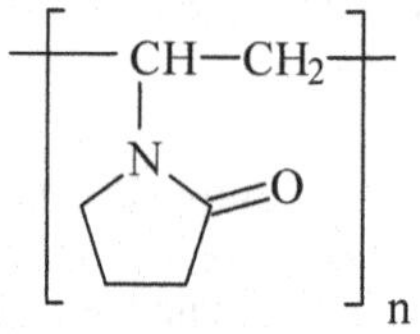

185

Acrylnitril-Butadien-Styrol-Copolymer (ABS) **186**

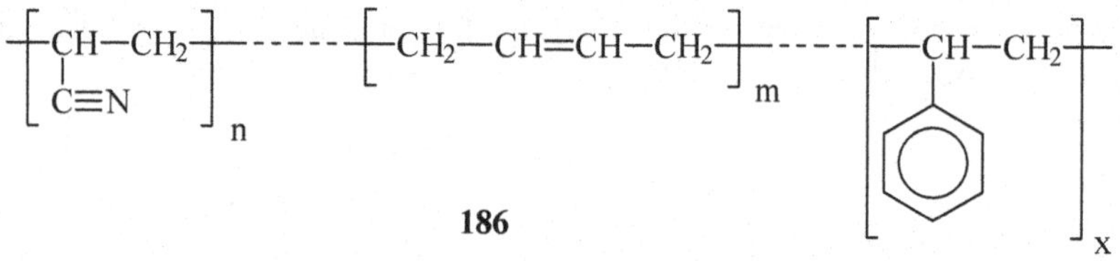

186

Die Formel **186** gibt den strukturellen Aufbau von ABS nur in grober Näherung wieder, da es sich bei diesem äußerst schlagzähen Kunststoff eigentlich um ein Pfropfcopolymer aus Styrol-Acrylnitril-Copolymer (SAN) und Acrylnitril-Butadien-Kautschuk (NBR) handelt.

Verwendung: hochwertige technische Bauteile, z.B. Gehäusematerial von Elektrogeräten und vielen Haushaltsgeräten, Kfz-Bereich, Schutzhelme, Sportgeräte, Legosteine und insbesondere für viele Werkstoffe, die anschließend galvanisch metallisiert werden sollen.

Polyurethane (PUR) **108**

PUR mit thermoplastischen Eigenschaften wird z.B. verwendet für Lagerteile, Buchsen, Zahnräder, Zahnriemen, Kabelummantelungen, Hammerköpfe, Dichtungsringe, Skischuhe, Schuhsohlen, Gehäusematerial, Kfz-Teile, Medizintechnik (Gefäßimplantate, Herzklappen, Katheder), Lacke und Klebstoffe.

In Form von Hartschaumstoff dient PUR vor allem in der Bauindustrie sowie in der Wärme- bzw. Kältetechnik als Isolier- und Dämmwerkstoff und natürlich als Montageschaum, während PUR-Weichschaumstoffe vornehmlich in der Polstermöbel- und Kfz-Industrie für Sitze, Sitzauflagen, Sessel, Matratzen, Armaturen, Innenverkleidungen, Sonnenblenden etc. sowie, neben PUR-Hartschaumstoffen, auch als Verpackungsmaterial eingesetzt werden.

Abschließend seien noch Anwendungsbereiche für einige *duroplastische technische Kunststoffe* genannt.

Phenol-Formaldehydharze (PF) **97**

Zahlreiche Formstoffe in der Elektroindustrie (Isolatoren, Stecker, Schalter, Spulenkörper, Kollektoren, Lampenfassungen), Teile im Maschinen- und Fahrzeugbau (Lenkräder, Vergaserflansche, Warmluftkanäle, Schraubklappen), Kegel- und Billardkugeln, als Phenolharz-Klebstoffe sowie als Bindemittel zur Herstellung von Schichtpressstoffen und Reibbelägen.

Melamin-Formaldehydharze (MF) **91**

Isolierende Teile im elektrotechnischen Apparate- und Gerätebau, Griffe und Beschläge von Kochgeschirr, Essgeschirr, Pressmassen, Schichtpressstoffplatten (Resopalplatten) nassfeste Spezialpapiere, wasserfeste Leime, Bestandteile von wasserlöslichen Lackkunstharzen, Sanitärartikel sowie in Form von Melaminschaumharz als nicht brennbares Polstermaterial von Flugzeug- und Kinositzen.

Harnstoff-Formaldehydharze (UF) **187**

Harnstoff-Formaldehydharze gehören neben den Melamin-Formaldehyharzen zu den wichtigsten Werkstoffen aus der Gruppe der Aminoplaste. Ein Ausschnitt einer möglichen Struktur des räumlich engmaschig vernetzten UF ist in **187** dargestellt.

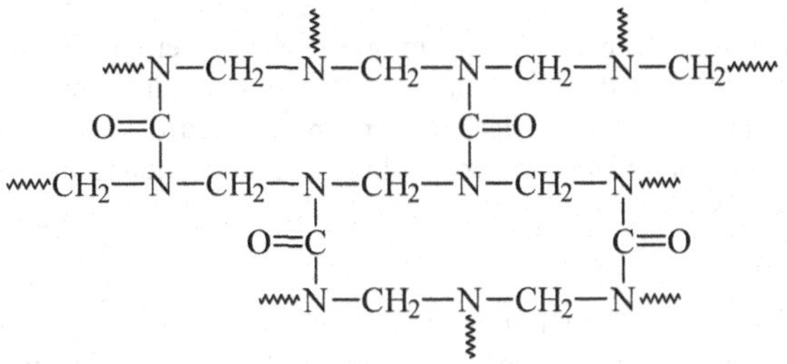

187

Verwendung: Elektroinstallation (Schalter, Schaltergehäuse, Stecker, Steckdosen, Abdeckplatten), Teile von Haushaltsgeräten, Gerätegehäuse, Lackrohstoffe, Klebstoffe, in Form von UF-Schaumstoffen als Wärme- und Schallisolationsmaterial.

Epoxidharze (EP) **122** bzw. **125**

Einbettmasse (Gießharze) für elektrische und elektronische Bauelemente, Platinen für gedruckte Schaltungen, Hochspannungsisolatoren, Werkzeugteile (faserverstärkt) und Präzisionsteile in der Flug- und Raumfahrttechnik, Lackharze für den passiven Korrosionsschutz metallischer Werkstoffe sowie hochwertige Klebstoffe.

Ungesättigte Polyesterharze (UP)

Die Herstellung der UP-Harze erfolgt in zwei Schritten. Zunächst wird durch eine Polykondensationsreaktion (vgl. Abschnitt 6.3.2) aus einer ungesättigten Dicarbonsäure und einem Diol unter Abspaltung von Wasser ein relativ niedermolekulares Vorprodukt *(Präpolymer)* produziert. Setzt man z.B. Maleinsäure (HOOC–CH=CH–COOH, *cis*-2-Buten-1,4-disäure) mit Ethylenglykol **83** um, so bildet sich der lineare Polyester Polyethylenmaleat **188**.

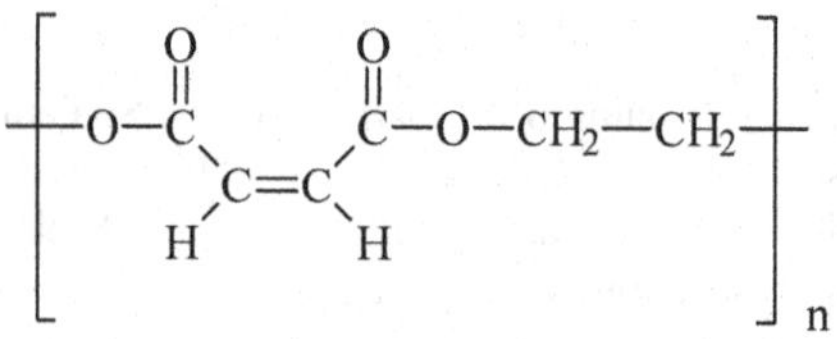

188

Die Aushärtung und Vernetzung von **188** zu duroplastischen UP-Harzen geschieht durch radikalische Kettencopolymerisation. Als Vernetzungsmittel werden zusätzlich monomere Verbindungen mit reaktiven C=C-Doppelbindungen (meist Styrol = Vinylbenzol) eingesetzt. Bei der Warmhärtung erfolgt der Start der Kettenreaktion in der Regel mit organischen Peroxiden, wie z.B. Dibenzoylperoxid **8** (vgl. Abschnitt 6.3.1.1). Bei der Kalthärtung wird die Vernetzung durch andere Initiatoren und Beschleuniger eingeleitet.

Verwendung: Laminate im Bauwesen und Werkzeugbau, Behälter für verschiedene industrielle Anwendungen, Schaltschränke, Kabelverteiler, Sitzschalen, Fassadenelemente, hitzebeständige Griffe von Haushaltsgeräten, Formmassen in der Elektrotechnik, Gießharze für unterschiedliche Anwendungen.

Wird zur Herstellung von UP als Edukt ein mindestens dreiwertiger Alkohol (z.B. Glycerin = Propan-1,2,3-triol) verwendet und zusätzlich mit Fettsäuren modifiziert, so bezeichnet man die entstehenden Produkte als *Alkydharze*, die insbesondere als lufttrocknende Lacke und wetterfeste Anstrichstoffe sowie als Einbrennlacke in der Kfz-Industrie Verwendung finden.

6.5.3 Spezialkunststoffe

Spezialkunststoffe zeichnen sich durch hohe Qualität in Bezug auf spezifische Eigenschaften aus. Diese weit auslegbare Definition lässt natürlich verschiedene, nicht klar abgrenzbare, Interpretationen zu. Recht häufig zählt man die von ihrer werkstofftechnischen Bedeutung sehr wichtigen hochtemperaturbeständigen Kunststoffe zur Gruppe der Spezialkunststoffe, die im folgenden Abschnitt separat behandelt werden.

Aber auch andere Polymere mit hervorstechenden Eigenschaften, wie z.B. gute elektrische Leitfähigkeit, biologische Abbaubarkeit oder die Fähigkeit als „Barriere"-Kunststoff eine sehr geringe Gas- und Wasserdampfdurchlässigkeit aufzuweisen (z.B. PVDC **147**), lassen sich in die Reihe der Spezialkunststoffe einordnen. Flüssigkristalline Polymere (LCP) können wegen der ausgeprägten mechanischen Anisotropieeffekte ebenfalls zu dieser Gruppe gezählt werden.

Angemerkt sei noch, dass wegen der vielen unterschiedlichen Synthesewege für diese Spezialkunststoffe – bis auf wenige Ausnahmen – die zugrunde liegenden Polyreaktionen nicht explizit aufgeführt sind.

6.5.3.1 Hochtemperaturbeständige Kunststoffe

Normalerweise versteht man unter den hochtemperaturbeständigen Kunststoffen solche Materialien, die sich im Dauerbetrieb ohne nennenswerte Einbuße ihrer erwünschten Eigenschaften bei Temperaturen von ca. 150-270°C als Werkstoffe verwenden lassen. Damit grenzen sie sich in der Hitzebeständigkeit deutlich von den technischen Kunststoffen ab, deren Gebrauchstemperaturen höchstens zwischen 140°C und 170°C liegen.

Im Vergleich zu den hochtemperaturbeständigen metallischen und keramischen Werkstoffen jedoch, die in Abhängigkeit von der umgebenden Atmosphäre im Temperaturbereich zwischen 1000°C und 2000°C, teilweise sogar oberhalb von 2000°C, eingesetzt werden können und auch dann noch mechanisch belastbar sind, sind die Anwendungstemperaturen der hochtemperaturbeständigen Kunststoffe relativ niedrig.

Sicherlich gibt es auch Kunststoffe, die wesentlich höheren Temperaturen ausgesetzt werden können. Allerdings spielt für den Einsatz dieser hochtemperaturbeständigen Kunststoffe in erster Linie die Zeitspanne der Temperatureinwirkung die entscheidende Rolle. So vertragen einige dieser Polymere ohne Qualitätsverlust durchaus Temperaturen bis zu 1000°C, jedoch nur für die Dauer von wenigen Sekunden bis hin zu einigen Minuten.

a) Aliphatische Polyfluorkohlenstoffe und Polyfluorkohlenwasserstoffe

Einer der bekanntesten Vertreter der Fluorkunststoffe ist das Polytetrafluorethylen (PTFE) **189**, das wegen seiner exzellenten Chemikalienbeständigkeit und seines ausgeprägten antiadhäsiven Verhaltens sowie seiner hervorragenden Gleiteigenschaften bei gleichzeitig hoher Dauertemperaturbeständigkeit bis zu etwa 250°C in vielen Bereichen, insbesondere in Form von hitzefesten Beschichtungen und korrosionshemmenden Auskleidungen für Behälter und Apparate, als Werkstoff Verwendung findet. Im Haushalt kennt man das PTFE insbesondere als antiadhäsive Bratpfannenbeschichtung und als „Füße" von einigen hochwertigen Computermäusen sowie in der Textilindustrie in Form von z.B. Gore-Tex® als wasser- und windundurchlässiges, atmungsaktives Funktionsgewebe für Bekleidungsteile (Jacken, Hosen, Schuhe).

$$\left[CF_2\!-\!CF_2 \right]_n \qquad T_m = 327°C$$

189

Seine im Vergleich z.B. zum Polyethylen außergewöhnlich gute thermische und chemische Beständigkeit verdankt es der sehr hohen Bindungsenthalpie von 489 kJ/mol für die C–F-Bindung, während die Bindungsenthalpie einer C–H-Bindung mit 413 kJ/mol deutlich niedriger ist. Aber nicht nur die Stärke der C–F-Bindung verleiht dem PTFE seine enorme Resistenz, sondern auch die Tatsache, dass die Fluoratome gegenüber den H-Atomen einen größeren Durchmesser aufweisen und infolge der dadurch bedingten verdrillten räumlichen Anordnung um die C–C-Kette diese Isokette vortrefflich vor einem chemischen Angriff geschützt wird.

Zur Verbesserung der thermoplastischen Verarbeitbarkeit stellt man häufig Copolymerisate des PTFE her, wie z.B. Tetrafluorethylen-Hexafluorpropylen-Copolymer (FEP) **190** – ebenfalls Perfluorethylenpropylen (PFEP) genannt –, das eine Dauertemperaturbeständigkeit von ungefähr 200°C aufweist.

$$\left[CF_2\!-\!CF_2 \right]_n -----\left[\begin{array}{c} CF\!-\!CF_2 \\ | \\ CF_3 \end{array} \right]_m$$

190

Auch verschiedene Perfluor-Alkoxy-Copolymere (PFA) finden wegen ihrer hohen Dauergebrauchstemperaturen (ca. 260°C) und hervorragenden Chemikalienbeständigkeiten als Beschichtungsmaterial im chemischen Apparatbau sowie als Isolationsmaterial in der Elektrotechnik Verwendung. Als Beispiel sei das Copolymer aus Tetrafluorethylen und Perfluorvinylpropylether **191** angeführt:

$$\begin{array}{c} \left[\!\!\!\begin{array}{c} CF_2\!-\!CF_2 \end{array}\!\!\!\right]_n \text{-------} \left[\begin{array}{c} CF\!-\!CF_2 \\ | \\ O \\ | \\ (CF_2)_2 \\ | \\ CF_3 \end{array}\right]_m \cdot \\ \mathbf{191} \end{array}$$

Vinylidenfluorid (VDF) - Hexafluorpropylen (HFP) - Copolymer **192,** ein bis etwa 200°C hitzebeständiger und ebenfalls sehr chemikalienresistenter Fluorkautschuk (FKM), ist die Basis des unter dem Namen Viton® bekannten Werkstoffs. Er findet Verwendung z.B. für hochwertige Schläuche und Dichtungen.

$$\left[\!\!\!\begin{array}{c} CF_2\!-\!CH_2 \end{array}\!\!\!\right]_n \text{------} \left[\begin{array}{c} CF\!-\!CF_2 \\ | \\ CF_3 \end{array}\right]_m$$
$$\mathbf{192}$$

Wegen der vorzüglichen UV-Beständigkeit und hohen Resistenz gegen Pilzbefall und Schimmelbildung wird Polyvinylidenfluorid (PVDF) auch für Auskleidungen und Beschichtungen von im Außenbereich eingesetzten Werkstoffen verwendet. So besteht z.B. das weltweit größte verschließbare „Stahlseil-Membran-Innendach" der Arena des Fußballbundesligisten Eintracht Frankfurt aus einem PVDF/PVC beschichteten Polyestergrundgewebe.

b) Aromatische Polymere mit Kohlenstoff-Isoketten

Fehlt die schützende Wirkung der Fluoratome, so können Polymere mit Kohlenstoff-Isoketten sich nur dann durch eine hohe Dauertemperaturbeständigkeit auszeichnen, wenn sie vornehmlich aus vergleichsweise starren aromatischen Ringsystemen aufgebaut sind, die zu einer starken Versteifung der Makromolekülketten führen und damit die Stabilität des Polymers erhöhen. Stabilisierend wirken sich besonders die im Vergleich zu aliphatischen Verbindungen höheren Bindungsenergien aromatischer Systeme aus. Die C–H-Bindungsenergie von 465 kJ/mol am Aromaten ist gegenüber 413 kJ/mol bei Aliphaten deutlich höher. Dies hat zur Folge, dass thermische und oxidierende Einflüsse (vgl. auch Abschnitte 6.6.2 und 6.6.3) nicht so leicht zu Bindungsspaltungen führen, da die Bildung von schädigenden Radikalen und deren Folgereaktionen durch Abstraktion von Wasserstoffatomen an aromatischen Ringsystemen erschwert wird.

So ist beispielsweise Poly-*p*-phenylen (PPP) **157** bis etwa 500°C thermisch beständig und eignet sich daher hervorragend als polymerer Hochtemperaturwerkstoff für korrosionsbeständige Beschichtungen und als Matrixwerkstoff für Laminate, die einer erhöhten Temperatur ausgesetzt sind.

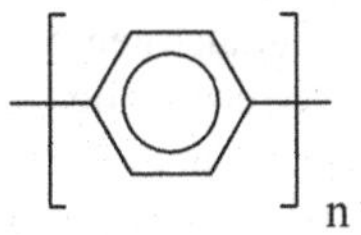

$$T_g = \approx 280°C \qquad T_m = > 540°C$$

157

Enthält das Polymer neben aromatischen Ringen auch aliphatische Komponenten als sog. *Spacer* (Abstandshalter), wie z.B. im Poly-*p*-xylylen (PPX) **193**, das zur speziellen Gruppe der *Parylene* gezählt wird, dann hat dies im Vergleich zu PPP eine Auflockerung der Makrokette durch die Bildung einer zickzack-förmigen Makromolekülanordnung und damit eine stärkere Beweglichkeit und größere Flexibilität innerhalb der Kette zur Folge.

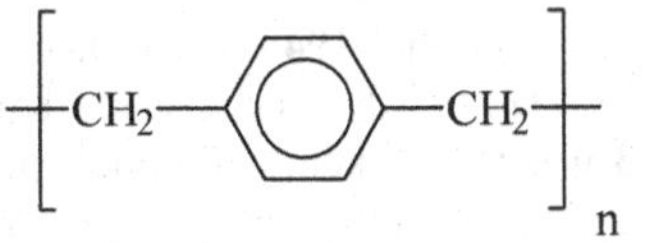

$$T_g = +13°C$$

193

Wegen der damit verbundenen erhöhten Drehbarkeit um die Einfachbindungen zwischen den Phenylenringen und den Ethylengruppen ist das Polymer anfälliger gegenüber chemischen Angriffen, und vor allem verringert sich seine thermische Stabilität beträchtlich. Schon in normaler Luftatmosphäre ist die Verwendung von PPX auf maximal etwa 200°C begrenzt und liegt somit erheblich unter der Dauergebrauchstemperatur des PPP.

Eingesetzt wird PPX vor allem in der Elektrotechnik und Elektronik als korrosionsunempfindliches, dielektrisches Beschichtungsmaterial sowie als Barrierekunststoff.

c) Polymere mit Heteroketten und Heterocyclen

Zur Synthese von hochtemperaturbeständigen Kunststoffen, die für den permanenten Einsatz bis ca. 260°C geeignet sind, kann man z.B. stark polare Atome oder Atomgruppierungen in die vergleichsweise unpolare C–C-Isokette einfügen. Diese Modifikation erfolgt vorwiegend durch die Verknüpfung aromatischer Ringsysteme (meist Benzol in *para*-Stellung) mit Sauerstoff-, Schwefel-, Sulfonoder Carbonylbrücken. Für Polymere der allgemeinen Formel **194** ergeben insbesondere die folgenden Kombinationen von X und Y thermisch relativ stabile Poly-*p*-aryle:

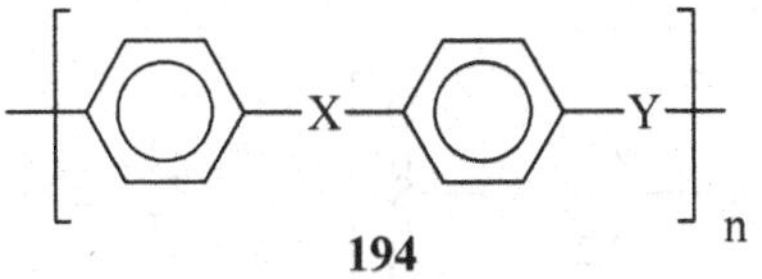

194

X = Y = O:	Polyphenylenether (PPE)
X = Y = S:	Polyphenylensulfid (PPS)
X = O, Y = SO$_2$:	Polyethersulfon (PES)
X = O, Y = CO:	Polyetherketon (PEK)
X = Y = NH–CO:	aromatische Polyamide

Eine weitere synthetische Maßnahme zur Erzielung hoher Dauergebrauchstemperaturen bei Kunststoffen besteht darin, cyclische Strukturen mit Heteroatomen zu versehen. Hier führt vor allem der Einbau von Stickstoffatomen in Ringsysteme zum gewünschten Erfolg. Auf diese Weise gelangt man z.B. zu den hochtemperaturbeständigen Polyimiden (PI), Polybenzimidazolen (PBI) und Polychinoxalinen (PPQ).

Sowohl die Verknüpfung aromatischer Ringe über Heteroatome als auch die Integration von Heterocyclen in die Makromolekülkette bewirken eine Erhöhung der Polarität des Polymers, was sich bei weiterhin vorhandener Steifigkeit in einem Anstieg von z.B. Glasumwandlungstemperaturen und Zersetzungstemperaturen äußert.

Polyphenylenether (PPE)

Von den aromatischen Polyethern (X = Y = O in Formel **194**) ist die unsubstituierte Verbindung von geringem werkstofftechnischem Interesse. Das bei den technischen Kunststoffen bereits erwähnte 2,6-Dimethylsubstitutionsprodukt **183** weist zwar keine besonders ausgeprägte thermische Beständigkeit auf, lässt sich aber nach Zugabe von Stabilisatoren und Herstellung von Polymer-Blends bzw. Copolymerisation mit Polystyrol oder Polyamiden in vielen Bereichen auch bei höheren Temperaturen einsetzen (z.B. als Heißwasserventile sowie für sterilisierbare Instrumente in der Medizintechnik).

Polyphenylensulfid (PPS) **195**

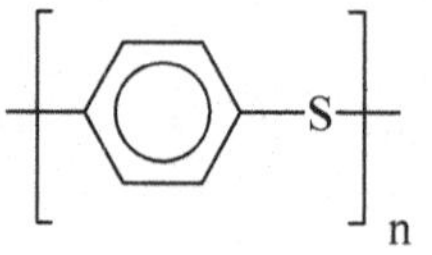

$T_g = 82°C$ $T_m = 283°C$

195

Teilkristalliner Thermoplast, der mit geeigneten Füllstoffen versehen einer maximalen Temperatur von etwa 250°C für eine gewisse Zeitspanne ausgesetzt werden kann.

Verwendung: häufig faserverstärkt für hochbeanspruchte Teile in der Elektrotechnik und Elektronik (Stecker, Spulen, Sockel, Gehäusematerial, Pumpenteile, Ventile, Rotoren, Brühgruppen von Kaffeevollautomaten) sowie als Beschichtungsmaterial für Metalle.

Polyethersulfon (PES) **196**

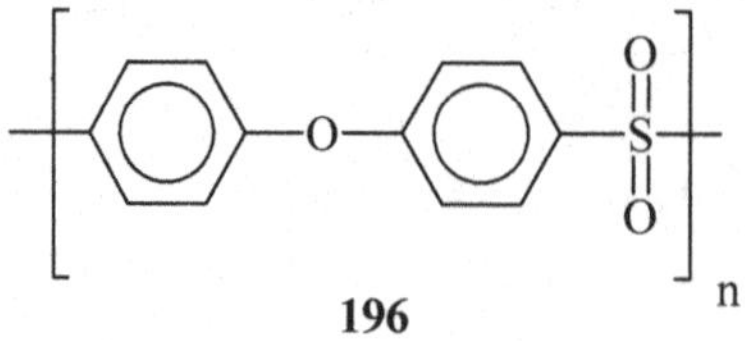

$T_g = 230°C$

196

Durch die Verknüpfung der Benzolringe mit Sulfongruppen kommt man zu den Polyarylsulfonen, die eine gute Wärmebeständigkeit und insbesondere eine hohe Oxidationsbeständigkeit aufweisen. Die ausgezeichnete Oxidationsstabilität resultiert aus der elektronenziehenden Wirkung (*–I-Effekt*) der Sulfongruppe, die die Elektronendichte im Benzolring erniedrigt und somit eine Elektronenabgabe (Oxidation) des aromatischen Systems gegenüber äußeren Einflüssen erschwert.

Polysulfon (PSU) **197**

Üblicherweise wird die Bezeichnung Polysulfon (PSU) für das spezielle Polymer **197** benutzt, das eine Dauergebrauchstemperatur von ca. 170°C aufweist und, wie PES **196**, vor allem als elektrischer Isolationswerkstoff im Bereich der Elektronik und Elektrotechnik (Gehäusematerial, Spulenkörper, Klemmleisten, Mikroschalter), im Fahrzeug- und Flugzeugbau (mechanisch, elektrisch und thermisch beanspruchte Bauteile), in Haushaltsgeräten (Bügeleisen, Kaffeemaschinen, Mikrowellengeschirr) sowie in der Medizintechnik (für sterilisierbare Geräte) Verwendung findet.

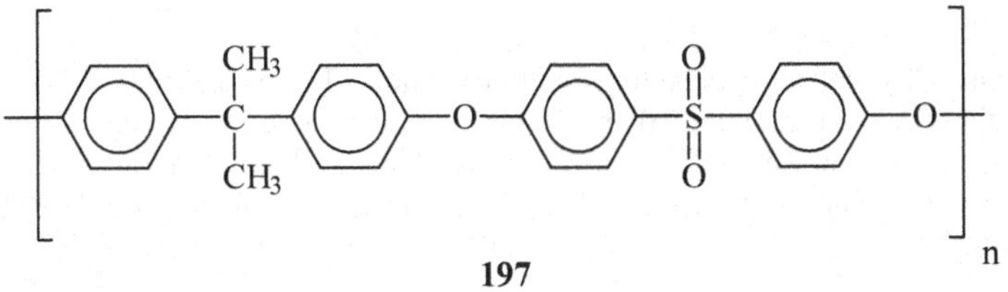

$T_g = 186°C$

197

Polyphenylensulfon (PPSU) **198**

Das Polyphenylensulfon (PPSU) **198** weist ähnliche Eigenschaften und Verwendungszwecke wie das PSU **197** auf.

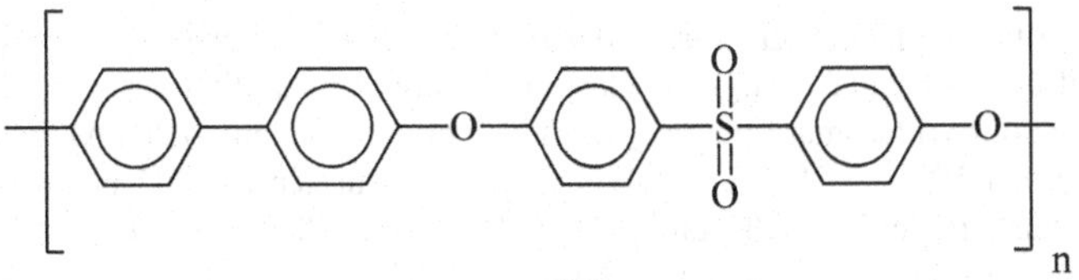

$T_g = 220°C$

198

Polyaryletherketone (PAEK)

Das einfachste aromatische Polyetherketon (PEK) **199** besitzt pro Strukturelement eine Etherbrücke und eine Ketogruppe, die alternierend jeweils zwei Phenylenringe miteinander verbinden:

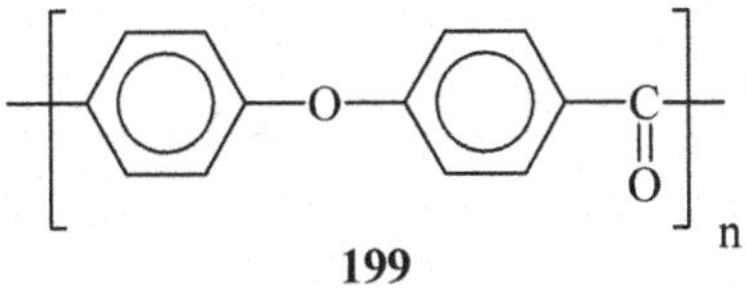

$T_g = 153°C$ $T_m = 365°C$

199

Erfolgt die Verknüpfung der Phenylenringe mit mehr als einer Ether- oder Ketogruppe pro Strukturelement, so gelangt man zu weiteren Polyetherketonen, die in der Reihenfolge des Auftretens ihrer funktionellen Gruppen im jeweiligen Strukturelement mit zu **199** analogen Abkürzungen versehen werden. Das werkstofftechnisch bedeutendste aromatischen Polyetherketon ist PEEK **200**.

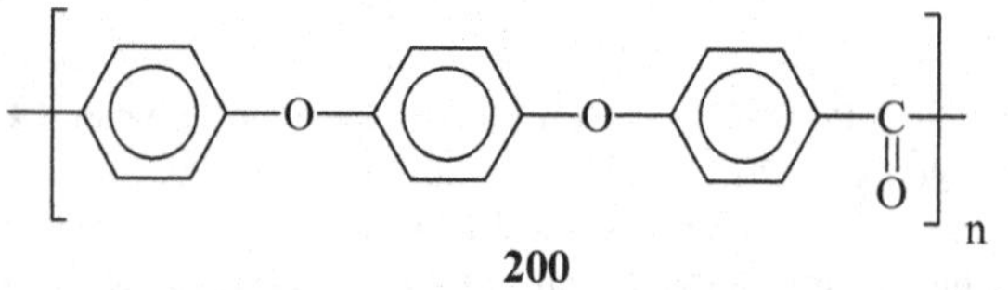

$$T_g = 141\,°C$$

$$T_m = 335\,°C$$

200

Weitere Polyetherketone sind z.B. PEKK, PEKEKK, PEEKK, PEEKEK und PEEEK, wobei mit sinkendem Ketonanteil die Glasumwandlungstemperaturen und Schmelztemperaturen der kristallinen Bereiche abnehmen.

Gemeinsame Merkmale aller Polyaryletherketone sind deren hohe Temperatur- und Chemikalienbeständigkeit sowie die schwere Entflammbarkeit und geringe Rauchgasentwicklung während ihrer Verbrennung, weshalb sie auch bewährte Werkstoffe für den Innenausbau von Flugzeugen sind. In der Medizintechnik ersetzt das gegenüber Körperflüssigkeiten inerte und biokompatible PEEK **200** teilweise Titanimplantate.

Wegen ihrer hohen Dauergebrauchstemperatur von bis zu etwa 260°C werden PEK **199** und PEEK **200** insbesondere auch im Gerätebau für Heißwasserautomaten, chemische Apparate, elektronische Bauelemente, Hitzeschutzschilder, Schläuche, Kabelummantelungen, Dichtungen etc. eingesetzt.

Aromatische Polyamide

*Ar*omatische Pol*yamide*, oft mit der Bezeichnung *Aramide* abgekürzt, zeichnen sich durch hohe thermische Beständigkeit bei sehr guter Festigkeit, Elastizität und Formstabilität aus. Ein bekannter Vertreter dieser Gruppe ist das vollaromatische Poly-*p*-phenylenterephthalamid (PPTA), das gegenüber der allgemeinen Formel **194** mit X = Y = NH–CO im Strukturelement **203** eindeutig seine Herstellung aus Terephthalsäuredichlorid **201** und *p*-Phenylendiamin **202** durch Polykondensation gemäß der folgenden Reaktionsgleichung erkennen lässt:

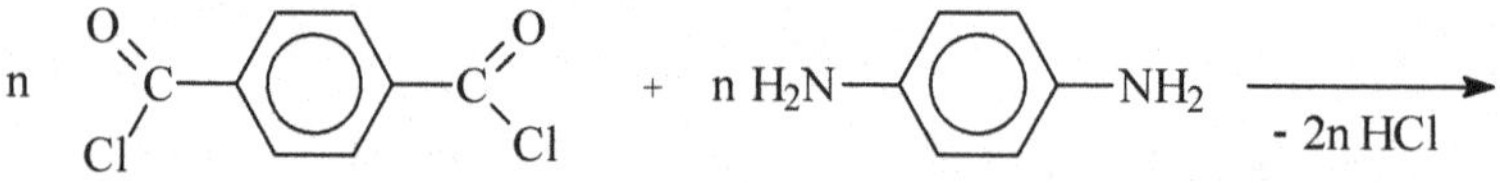

$$- 2n\,HCl$$

201   **202**

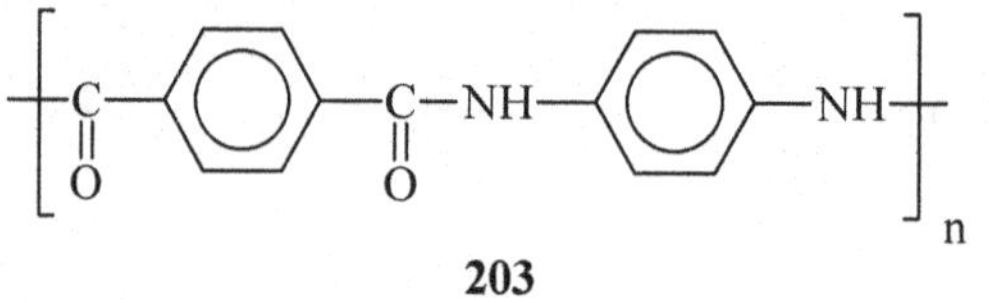

$$T_g = 285\,°C$$

203

Das unter dem Warenzeichen Kevlar® von DuPont auf den Markt gebrachte Polyamid **203** dient vorzugsweise zur Produktion von hochtemperaturbeständigen Fasern (Aramidfasern), stark beanspruchten Präzisionsformteilen sowie zur Herstellung spezieller Textilien und Gewebe (kugelsichere Westen, flamm- und hitzefeste Schutzanzüge). Eine noch bessere thermische Stabilität weist das analoge *meta*-verknüpfte Poly-*m*-phenylenisophthalamid (PMPI; aus *m*-Phenylendiamin und Isophthalsäuredichlorid) auf, das von der Firma DuPont unter der Bezeichnung Nomex® vertrieben wird.

Polyimide (PI)

Als Polyimide bezeichnet man Kunststoffe, die als wesentliche Struktureinheit eine *Säureimidgruppe* enthalten. Die Säureimidgruppe kann grundsätzlich als lineare Einheit **204a** oder in cyclischer Struktur, z.B. **204b**, auftreten:

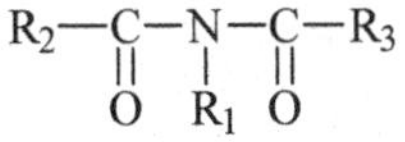

204a 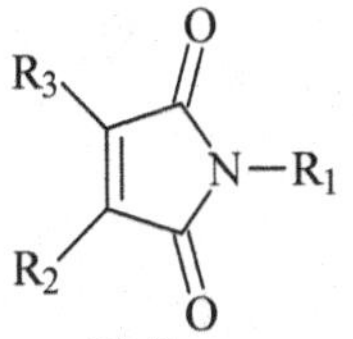   **204b**

Bei den hier betrachteten cyclischen Polyimiden ist die Säureimidgruppe dadurch gekennzeichnet, dass sie einen Fünfring **204b** mit Stickstoff als Heteroatom bildet, an dessen beiden Seiten je eine Carbonylgruppe benachbart ist.

In Abhängigkeit von den verwendeten Ausgangssubstanzen können Polyimide unterschiedlichen strukturellen Aufbaus synthetisiert werden. Aus dieser größeren Gruppe sei als Beispiel für ein PI das Polypyromellitimid **205** (Kapton®) genannt, das wegen seiner hohen mechanischen Festigkeit und guten Chemikalien- und Strahlungsresistenz über einen großen Temperaturbereich von –260°C bis etwa 300°C als Werkstoff insbesondere für Isolationszwecke bei hochwertigen Kupferdrahtlacken in der Elektro- und Elektronikindustrie sowie in der Raumfahrt (Folien, Leiterplatten, Stecker, Funkenschutzklappen, Klebstoffe, Lacke, Raumanzüge) eingesetzt wird. Das James-Webb-Weltraumteleskop, das in 2021 als bislang größtes und leistungsstärkstes astronomisches Teleskop seine Reise ins Weltall antreten soll, ist mit einem riesigen Sonnenschutzschild ausgestattet, der im Wesentlichen aus einer fünflagigen Kaptonfolie besteht.

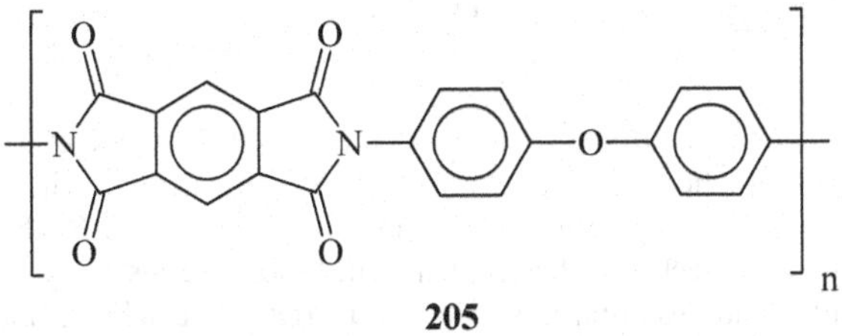

205

Ähnliche Eigenschaften wie **205** weisen auch andere Polyetherimide (PEI), Polyamidimide (PAI), und Polyesterimide (PESI) auf; sie besitzen jedoch gegenüber „reinen" Polyimiden (PI) den Vorteil der besseren thermoplastischen Verarbeitbarkeit.

Als Beispiele für diese technisch wichtigen hochtemperaturbeständigen Kunststoffe seien die Polymere PEI **206**, PAI **207** sowie das PESI **208** angeführt:

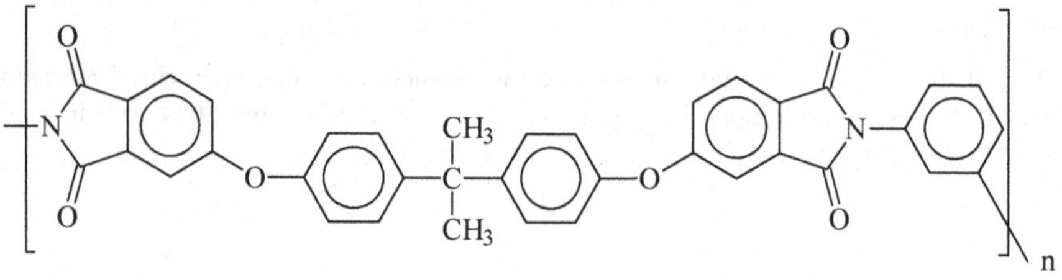

206 $T_g \approx 220°C$

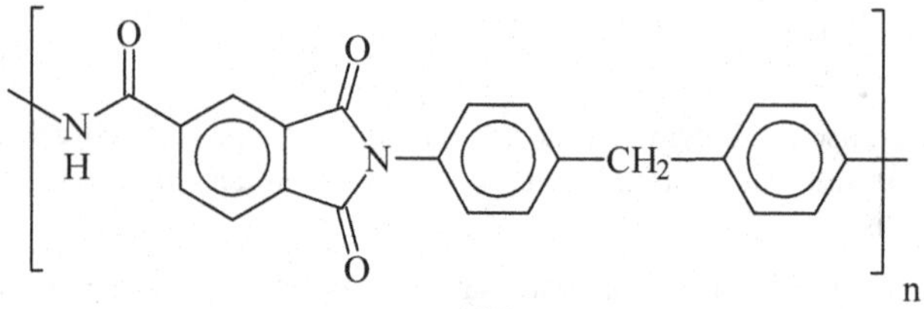

207 $T_g = 275°C$

Durch die zwei Etherbrücken im Strukturelement vom PEI wird die Beweglichkeit des Makromoleküls **206** im Vergleich zur deutlich starreren Kette des PAI **207** erhöht, was eine Verringerung der Glasumwandlungstemperatur bewirkt.

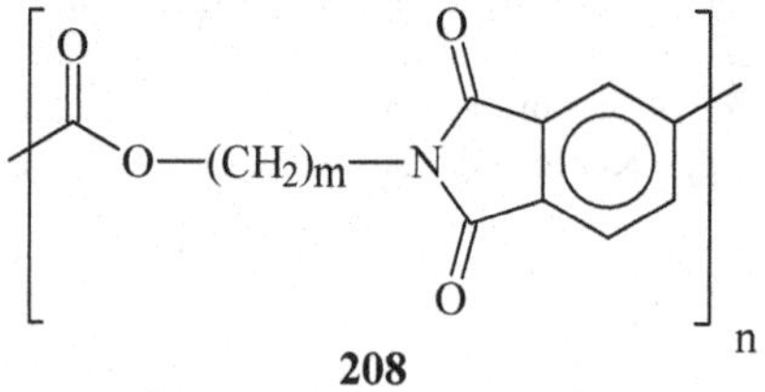

208

Neben den Polyimiden gibt es noch eine Reihe weiterer hochtemperaturbeständiger Kunststoffe, deren chemische Struktur im Wesentlichen durch heterocyclische Systeme geprägt wird. Exemplarisch seien aus dieser Gruppe noch zwei Verbindungen genannt, die jeweils zwei Stickstoffatome als Heteroatome in einem Fünf- bzw. Sechsring besitzen und insbesondere als temperaturbeständige Metallklebstoffe für die Luft- und Raumfahrt sowie als inertes Beschichtungsmaterial in der Mikroelektronik und als nicht brennbare Fasern Verwendung finden: Polybenzimidazole (PBI), z.B. das Poly-*m*-phenylenbenzimidazol **209**, und Polychinoxaline, z.B. Poly-2-phenylchinoxalin (PPQ) **210**.

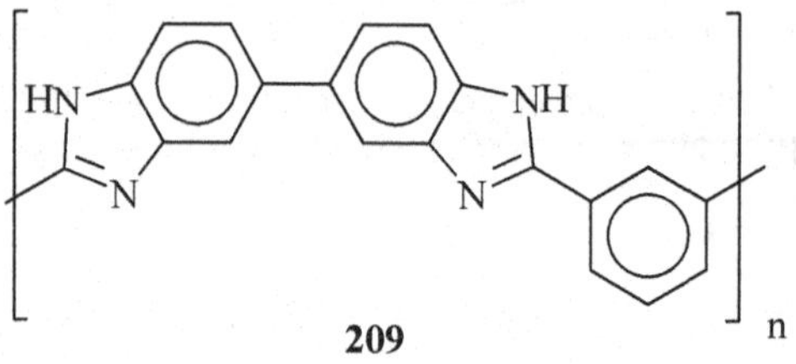

209 $T_g \approx 425°C$

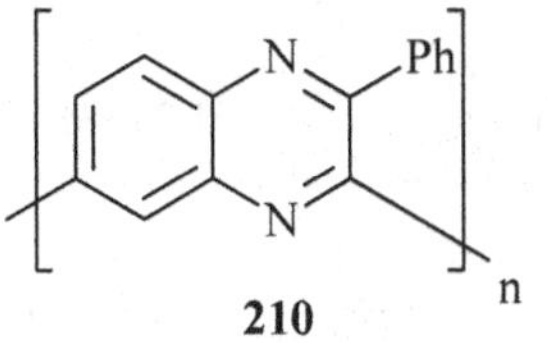

$$T_g \approx 330°C$$

210

d) Leiterpolymere

Unter Leiterpolymeren versteht man Polymere, deren Makromolekülketten aus kondensierten Ringen bestehen und somit in ihrer Struktur Ähnlichkeit mit einer Sprossenleiter haben.

Da die Leiterpolymere keine um ihre Molekülketten frei drehbaren Bindungen besitzen, bleibt auch bei höheren Temperaturen die Kette steif und unbeweglich, woraus in erster Linie ihre enorme thermische Beständigkeit resultiert. Leiterpolymere sind Duroplaste; aus diesem Grund erfolgt ihre Synthese gleichzeitig mit der Formgebung. Im Allgemeinen geschieht dies in einem zweistufigen Prozess, indem zunächst durch eine geeignete Polyreaktion die entsprechende Hauptkette aufgebaut wird und anschließend in einem zweiten Schritt unter Ringbildung die Leiterstruktur entsteht. Hierzu sind natürlich Monomere mit zwei reaktiven Gruppen notwendig, die beide zur Durchführung von Polyreaktionen befähigt sein müssen.

Cyclisiertes Polybutadien (Pluton®)

Die Polymerisation von Buta-1,3-dien **142** in 1,2-Stellung führt zunächst zum 1,2-Polybuta-1,3-dien **143**, mit dem danach eine Cyclisierung zu kondensiertem Polycyclohexan **211** vorgenommen wird, das man letztlich zu einem kondensiertem Polybenzol **212** dehydriert:

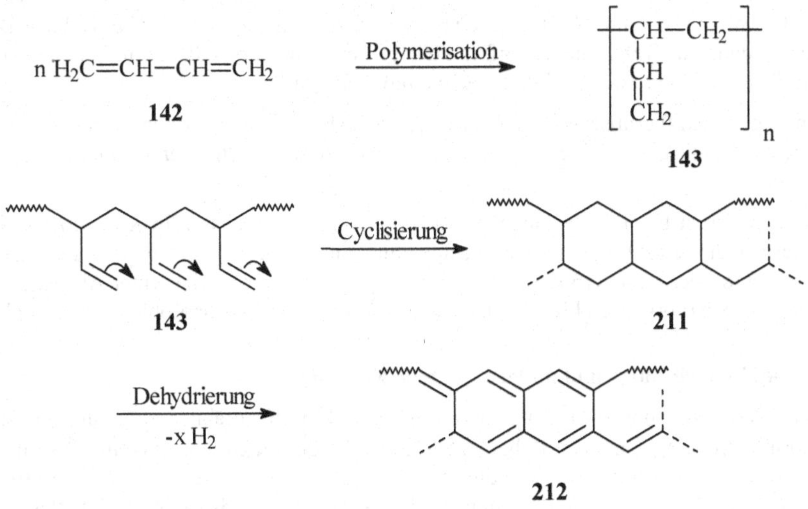

n $H_2C=CH-CH=CH_2$ → Polymerisation →

142

143

143   → Cyclisierung →   **211**

→ Dehydrierung -x H_2 →

212

Das Leiterpolymer **212** dient vornehmlich als Fasermaterial (Plutonfaser) zur Herstellung von Schutzanzügen. Kurzzeitig ist dieser Kunststoff in normaler Luftatmosphäre bis knapp oberhalb 1000°C hitzebeständig, in Inertgas angeblich sogar bis 3000°C.

Cyclisiertes Polyacrylnitril (Black Orlon®)

Analog zur oben beschriebenen Reaktion wird aus Acrylnitril **213** das Polyacrylnitril (PAN) **150** und anschließend über die Zwischenstufe **214** das Endprodukt **215** synthetisiert:

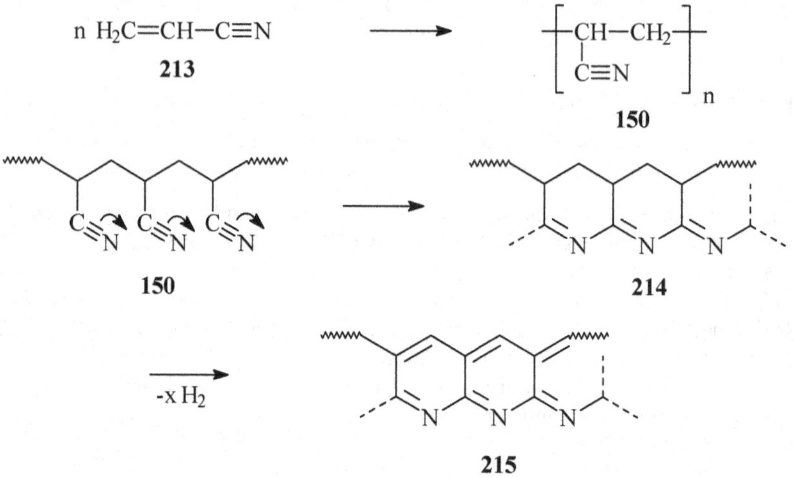

n $H_2C=CH-C\equiv N$ $\longrightarrow$ $\left[CH-CH_2 \right]_n$ mit $C\equiv N$

213   **150**

150 $\longrightarrow$ **214**

$-x\,H_2$ $\longrightarrow$ **215**

Beim Leiterpolymer **215** handelt es sich im Prinzip um ein kondensiertes Polypyridin, das ähnliche Eigenschaften wie das zu Pluton® **212** cyclisierte Polybutadien aufweist und ebenfalls hauptsächlich als Faserwerkstoff für feuerfeste Schutzkleidung verwendet wird.

Die hohe thermische Stabilität der Leiterpolymeren erklärt sich dadurch, dass selbst beim Bruch einer Kettenbindung, im Gegensatz zu einfach aufgebauten Kettenmolekülen, immer noch ein Kettenzusammenhalt durch den zweiten Kettenstrang ermöglicht wird.

Neben ihrer enormen thermischen Stabilität zeichnen sich die Leiterpolymere auch durch eine gute Strahlenbeständigkeit aus. Einige Leiterpolymere sind ferner wegen ihrer Halbleitereigenschaften von Interesse.

Aus dem cyclisierten PAN **215** können in einem weiteren Reaktionsschritt *Kohlenstofffasern* hergestellt werden, die selbst bei sehr hohen Temperaturen noch eine erstaunlich große Festigkeit besitzen. Hierzu pyrolysiert man **215** in einer N_2-Schutzgasatmosphäre, wobei unter Abspaltung leichtflüchtiger Produkte (vorwiegend HCN und H_2O) die Carbonisierung zur Kohlenstofffaser eintritt.

6.5.3.2 Elektrisch leitfähige und andere spezielle Kunststoffe

Wesentliche Voraussetzung zur Erzeugung intrinsisch elektrisch leitfähiger Kunststoffe ist die Existenz von π-Elektronensystemen im Polymer. Das Rückgrat der Makromolekülkette muss also konjugierte Doppelbindungen aufweisen, wie dies z.B. der Fall ist beim Polyacetylen (PAC) **216**, Poly-*p*-phenylen (PPP) **157**, Poly-*p*-phenylenvinylen (PPV) **217**, Poly-2,5-pyrrol (PPY) **218**, Poly-2,5-thiophen (PT) **219** und Poly-*p*-anilin (PANI) **220**, das auch in der oxidierten Form **220a** vorliegen kann:

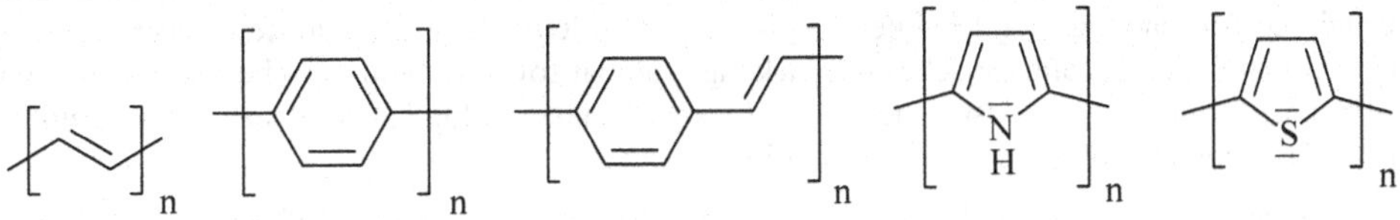

216   **157**   **217**   **218**   **219**

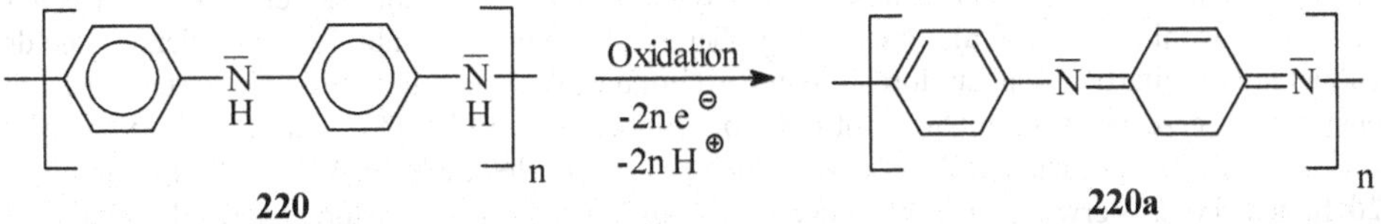

220   **220a**

Hohe elektrische Leitfähigkeiten bis zu 10^4 S/cm erzielt man bei diesen Kunststoffen jedoch erst durch die sog. *Dotierung*. Dabei wird das betreffende Polymer mit einem geeigneten Oxidations- oder Reduktionsmittel behandelt (z.B. mit AsF$_5$, SbF$_5$ bzw. Na/K-Legierungen), was den Entzug von Elektronen aus einem vollbesetzten Valenzband oder deren Zuführung in ein leeres Leitungsband zur Folge hat. So entsteht eine Art „Polysalz", das aus einer geladenen Makromolekülkette aufgebaut ist, in die einzelne Ionen eingelagert sind.

Poly-2,5-pyrrol **218** lässt sich z.B. zu einem kationischen „Polysalz" **218a** (mit A⁻ als universelles Gegenanion) oxidieren, bei dem durchschnittlich auf etwa drei Monomereinheiten eine positive Ladung entfällt:

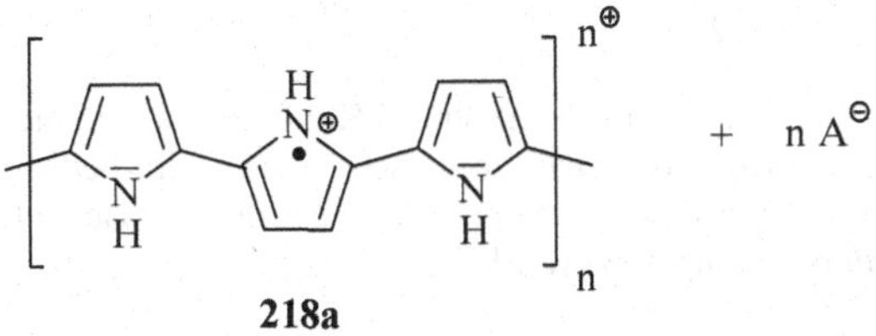

218a

Innerhalb der positiv geladenen Makromolekülkette können sich die freien Elektronen nun unter Einbeziehung der konjugierten Doppelbindungen bewegen und dadurch die elektrische Leitfähigkeit bewirken.

Von großem Nachteil ist jedoch die Tatsache, dass die elektrisch leitfähigen Kunststoffe nach der Dotierung zum Teil extrem veränderte Eigenschaften aufweisen. So sind sie nicht mehr thermoplastisch bearbeitbar und bereits in normaler Luftatmosphäre äußerst oxidationsempfindlich. Relativ gut beständig und somit auch als Werkstoff von Interesse ist das dotierte Poly-2,5-pyrrol **218a**, dessen polymere Grundstruktur **218** über eine elektrochemische Polymerisation aus Pyrrol **221** an der Anode gebildet wird:

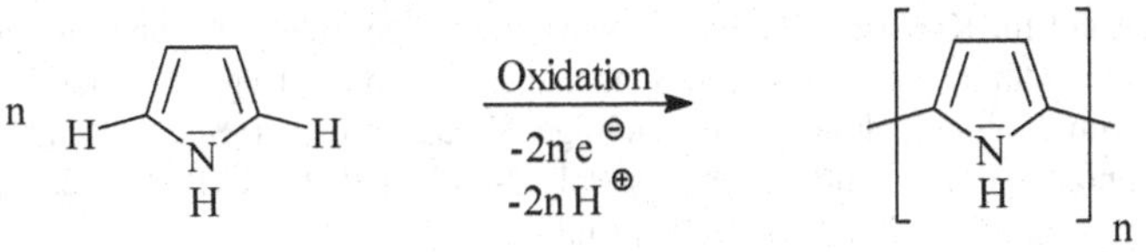

221   **218**

Technische Anwendungsmöglichkeiten für die elektrisch leitfähigen Kunststoffe ergeben sich z.B. in Form von Folien als antistatisches Verpackungsmaterial sowie für antistatische Lacke und Klebstoffe, im Bereich der Energiespeicherung als Elektrodenmaterial für Batterien und Akkumulatoren, in der Halbleitertechnologie sowie im Korrosionsschutz.

Von besonderem Interesse sind seit einiger Zeit organische Leuchtdioden auf der Basis elektrisch halbleitender Polymere. Diese mit OLED (*Organic Light Emitting Diode*) bezeichneten Leuchtdioden werden z.B. für kleinere Mehrfarbdisplays in Smartphones und Tablet-Computern genutzt und können wohl in Zukunft als Ersatz für größere LCDs- und Plasmabildschirme dienen. Die drei benötigten Grundfarben können durch die aufgeführten Makromoleküle mit konjugierten π-Elektronensystemen erzeugt werden. So emittiert Poly-*p*-phenylen (PPP) **157** blaues, Poly-*p*-phenylen-vinylen (PPV) **217** grünes und Poly-2,5-thiophen (PT) **219** rotes Licht. PPV **217**, PT **219** und PANI **220** finden ferner Verwendung für leitende Teile in Kunststoff-Transistoren, z.B. als organischer Feldeffekttransistor OFET (*Organic Field Effect Transistor*).

Substituiert man im Poly-2,5-thiophen **219** in 3- oder 4-Stellung ein Wasserstoffatom durch eine Alkoxygruppe, so erhält man die für antistatische Beschichtungen wichtigen Polyalkoxythiophene **222**, deren bekanntester Vertreter das Polyethoxythiophen (PEOT) mit R = C_2H_5 ist.

R = C_2H_5 sowie n-C_4H_9, n-C_6H_{13}

222

Im Gegensatz zu vielen anderen elektrisch leitfähigen Kunststoffen sind die Polyalkoxythiophene in einigen organischen LM löslich und deshalb technisch leichter verarbeitbar. Diese speziellen Polymere können als Folien und Verpackungsmaterial für elektronische Bauteile zur Verhinderung von elektrostatischen Aufladungen eingesetzt werden.

Zur Gruppe der Spezialkunststoffe zählen auch die *flüssigkristallinen Polymere (LCP)*, deren Ketten in der Schmelze Bereiche bilden, in denen sich die meist starren, stäbchenförmigen Makromoleküle auf Grund von intermolekularen Kräften nahezu parallel ausrichten und geordnete und somit in der Regel kristalline Gebiete erzeugen. Werden derartige Systeme zu Fasern gesponnen, so erhält man außerordentlich feste und steife ("selbstverstärkende") Kunststoffe, deren mechanische Eigenschaften (insbesondere die extrem hohen Zugfestigkeiten) stark richtungsabhängig sind. Die chemische Struktur der LCPs besteht im Wesentlichen aus sehr steifen, geradkettigen Systemen, die in 1,4-Stellung mit aromatischen Ringen (normalerweise Benzol) oder Cyclohexylringen verbunden sind. Häufig handelt es sich bei den LCPs um Polyamide, wie z.B. das besprochene Poly-*p*-phenylentere-phthalamid **203** (Kevlar®) und das entsprechend *meta*-verknüpfte Produkt (Nomex®).

Als weiteres Beispiel für Kunststoffe mit ganz speziellen Eigenschaften seien die *biologisch abbaubaren Kunststoffe* erwähnt. Ihre technische Synthese erfolgt in der Regel biochemisch über Fermentationsprozesse von Kohlenhydraten. Als wichtige Vertreter dieser Spezialkunststoffe gelten die *Polyhydroxyalkanoate* (PHA), von denen das *Poly-3-hydroxybutyrat* (PHB) **223a** sowie die Poly-milchsäure (*Polylactid, PLA*) **223b** aufgeführt sind:

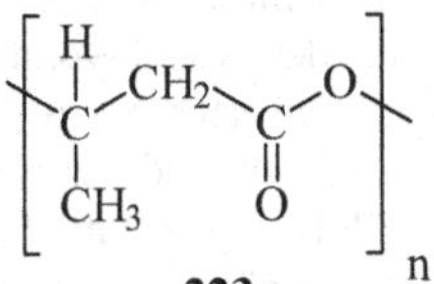

Bei beiden Makromolekülen handelt es sich um thermoplastische Ester. PHB **223a** ähnelt in seinen mechanischen Eigenschaften dem Polypropylen **140**, während PLA **223b** gewisse Gemeinsamkeiten mit Polyethylenterephthalat **84** aufweist. Im Gegensatz zu PP und PET sind PHB und PLA jedoch biologisch durch Mikroorganismen gut abbaubar und daher als Werkstoff vor allem für Verpackungsmittel geeignet. Zu den wasserunlöslichen Polyhydroxyalkanoaten zählt ferner auch das Poly-3-*hydroxyvalerat* (PHV, **223c**), das meist zusammen mit **223a** als Copolymer verwendet wird, um bessere Eigenschaften beim Kunststoff zu erzielen. Zur Gruppe der linearen Polyester gehören ebenfalls das biologisch abbaubare *Polybutylensuccinat* PBS, **224**) und das bereits in Abschnitt 6.3.2.2 erwähnte Poly-ε-caprolacton (PCL, **85**).

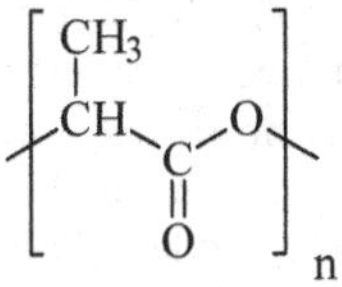

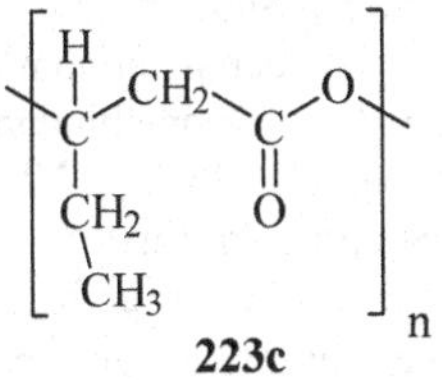

Wegen ihrer Biokompatibilität eröffnen sich für diese Kunststoffe in der Medizintechnik neue Anwendungsbereiche, z.B. als resorbierbares chirurgisches Naht- und Implantatmaterial (Schrauben, Knochenplatten), so dass in einigen Fällen ansonsten erforderliche Sekundäroperationen entfallen können. Auch für den Einsatz als polymere Therapeutika ist die biologische Abbaubarkeit der verwendeten Makromoleküle von Bedeutung[152].

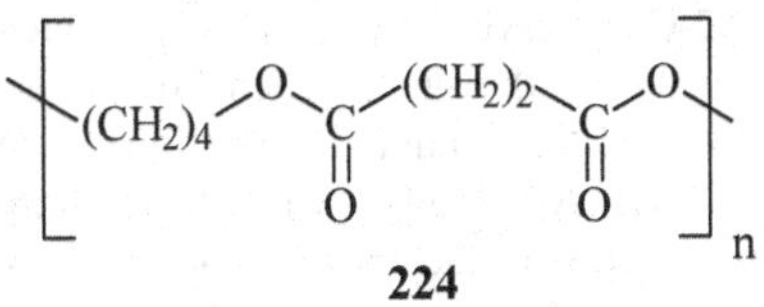

6.5.4 Klebstoffe

Zur Gruppe der Werkstoffe können auch die Klebstoffe gezählt werden. Es handelt sich bei den Klebstoffen um nichtmetallische, hochmolekulare Werkstoffe, die sich dadurch auszeichnen, dass sie eine ausgesprochen gute Haftwirkung zwischen den Oberflächen der zu fügenden Teile vermitteln.

Die Haftwirkung wird durch *Adhäsion*, also Oberflächenhaftung an der Grenzfläche zwischen Teilchen (z.B. Molekülen) verschiedener Stoffe, sowie durch *Kohäsion* erzielt, wobei die Kohäsion als Spezialfall der Adhäsion angesehen werden kann, bei der gleichartige Teilchen aneinander haften und auf diese Weise für den Zusammenhalt der zu verklebenden Teile sorgen.

Beim Klebevorgang wird ein flüssiger Klebstoff auf die Flächen der zu verbindenden Werkstoffe aufgetragen, wobei sich der Klebstoff anschließend nach physikalischen Prinzipien (z.B. Trocknung und Erstarrung) oder durch chemische Reaktionen verfestigt.

Die *physikalisch abbindenden Klebstoffe* lassen sich z.B. einteilen in *Leime, Kleister, Lösungsmittel-* und *Dispersionsklebstoffe*, bei denen die Aushärtung auf dem Verdunsten des Lösungs- bzw.

Dispersionsmittels beruht. Zu dieser Kategorie rechnet man ebenfalls die *Schmelzklebstoffe*, die im schmelzflüssigen Zustand appliziert werden und im Verlauf des Abkühlvorgangs durch Erstarren aushärten. Typische Schmelzklebstoffe sind z.B. Polyamide, Polyester, Styrol-Butadien-Blockpolymere (SB) sowie Ethylen-Vinylacetat-Copolymere (EVA) **174**, während Natur (NR)- bzw. Isoprenkautschuk (IR) **50**, Polyacrylate, Polyurethane (PUR) **108**, Polyvinylacetat (PVAC) **228** und Polyvinylpyrrolidon (PVP) **185** zu den wichtigsten Lösungsmittel- und Dispersionsklebstoffen gehören. Aus dem Haushalt allseits bekannte Vertreter der Lösungsmittel-Klebstoffe sind z.B. der „Alleskleber" UHU als sog. Nassklebstoff auf der Basis von Polyvinylacetat (PVAC) **228** sowie den Kontaktklebstoff Pattex-Kraft Kleber, der als klebende Komponente Polychloropren (CR) **172** enthält.

Klebstoffe, die durch chemische Reaktionen abbinden, werden *Reaktionsklebstoffe* genannt. Da die Chemie der Klebstoffe sich nicht grundlegend von den uns bekannten chemischen Reaktionen zur Synthese von Kunststoffen unterscheidet, wird im Folgenden bei der Aufzählung der unterschiedlichen Klebstoffe auf eine detaillierte Beschreibung der dem jeweiligen Klebevorgang zugrunde liegenden Polyreaktion (i.a. Polymerisation, Polykondensation und Polyaddition) verzichtet.

Bei den Reaktionsklebstoffen unterscheidet man zwischen Ein- und Mehrkomponentenklebstoffen.

Einkomponentenklebstoffe lassen sich ohne Beimischung von weiteren Substanzen direkt anwenden. Häufig werden 2-Cyanocrylsäureester (Cyanacrylate) **69** eingesetzt, deren monomeren Moleküle nach dem Mechanismus der anionischen Polymerisation an der C=C-Doppelbindung in wenigen Sekunden („Sekundenkleber") unter Verfestigung zum Polycyanoacrylat (PCYA) **70** reagieren (vgl. Abschnitt 6.3.1.3). Zur Auslösung der Polymerisation genügen Spuren von Wasser (Luftfeuchtigkeit oder an den zu klebenden Flächen adsorbiertes Wasser), das bekanntlich in geringem Ausmaß in H_3O^+- und OH^--Ionen dissoziiert ist, wobei die Hydroxid-Ionen als Startersubstanzen fungieren. Die bereits im Abschnitt 6.4.6.2 beschriebene Kaltvulkanisation von einkomponentigem Siliconkautschuk **88** in Gegenwart von Feuchtigkeit zum vernetzten Polydimethylsiloxan **88b** ist als Polykondensationsreaktion die Grundlage für einen chemisch härtenden Siliconklebstoff.

Zu den Einkomponentenklebstoffen zählen auch die *anaeroben Klebstoffe*, die unter Sauerstoffausschluss durch katalytische Einwirkung von vorwiegend unedlen Metallen aushärten. Es handelt sich dabei um eine radikalische Polymerisation, die erst dann eintritt, wenn kein Sauerstoff zugegen ist, d.h., der Sauerstoff wirkt als Inhibitor. Der der anaeroben Aushärtung zugrunde liegende Reaktionsmechanismus wird im Folgenden anhand des öfters verwendeten *Tetraethylenglykoldimethacrylats* (*TEGMA*) **225** erläutert[113].

$$H_2C{=}C{-}C{-}O{-}(CH_2{-}CH_2{-}O)_4{-}C{-}C{=}CH_2$$

with CH_3 groups and O (carbonyl) as shown

225

Als Polymerisationsinitiatoren fungieren in der Regel organische Peroxide **226**, wobei häufig das α,α-Dimethylbenzylhydroperoxid (Cumolhydroperoxid) **226a** eingesetzt wird:

R—O—O—H

226

$$\text{(Phenyl)}{-}\underset{CH_3}{\overset{CH_3}{C}}{-}O{-}OH$$

226a

Beschleunigt durch Katalyse von Metallionen bilden sich über Redoxprozesse aus dem Peroxid **226** zunächst die Startradikale **226b** und **226c**, die anschließend mit TEGMA **225** zu den entsprechenden Radikalen reagieren, z.B. zu **225a**:

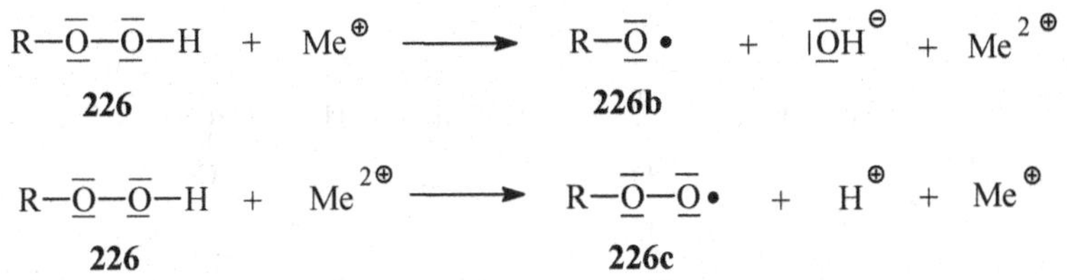

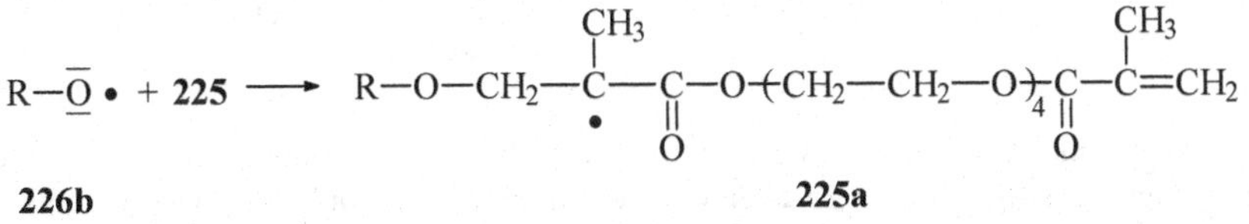

$$R-\overline{O}-\overline{O}-H \;+\; Me^{\oplus} \longrightarrow R-\overline{O}\cdot \;+\; |\overline{O}H^{\ominus} \;+\; Me^{2\oplus}$$

226   **226b**

$$R-\overline{O}-\overline{O}-H \;+\; Me^{2\oplus} \longrightarrow R-\overline{O}-\overline{O}\cdot \;+\; H^{\oplus} \;+\; Me^{\oplus}$$

226   **226c**

$$R-\overline{O}\cdot \;+\; 225 \longrightarrow R-O-CH_2-\overset{CH_3}{\underset{\cdot}{C}}-\overset{O}{\overset{\|}{C}}-O\text{+}CH_2-CH_2-O\text{)}_4\overset{CH_3}{\overset{\|}{\underset{O}{C}}}-C=CH_2$$

226b   **225a**

In Gegenwart von Sauerstoff entsteht aus dem TEGMA-Radikal **225a** sofort das recht stabile Peroxidradikal **225b**:

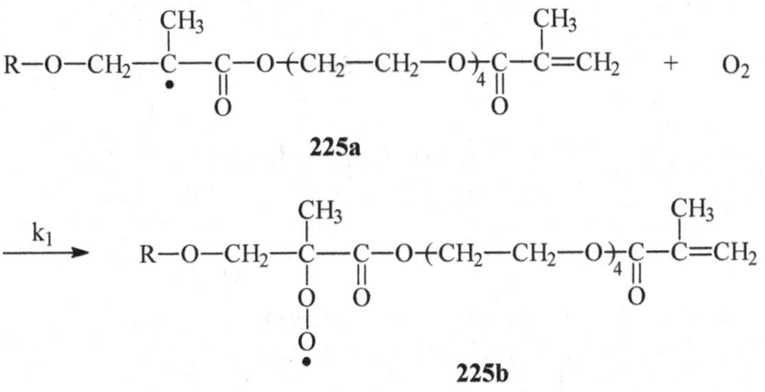

$$R-O-CH_2-\overset{CH_3}{\underset{\cdot}{C}}-\overset{O}{\overset{\|}{C}}-O\text{+}CH_2-CH_2-O\text{)}_4\overset{CH_3}{\overset{\|}{\underset{O}{C}}}-C=CH_2 \;+\; O_2$$

225a

$$\xrightarrow{k_1} R-O-CH_2-\overset{CH_3}{\underset{\underset{\overset{|}{O}\cdot}{\overset{|}{O}}}{C}}-\overset{O}{\overset{\|}{C}}-O\text{+}CH_2-CH_2-O\text{)}_4\overset{CH_3}{\overset{\|}{\underset{O}{C}}}-C=CH_2$$

225b

Eine Reaktion des Peroxidradikals **225b** mit weiteren Monomeren **225** z.B. zum Radikal **225c** findet jedoch nicht statt, solange in ausreichender Menge Sauerstoff vorhanden ist, da die Geschwindigkeitskonstante k_2 für diese Radikalreaktion bedeutend kleiner ist als k_1 für die Bildung von **225b**:

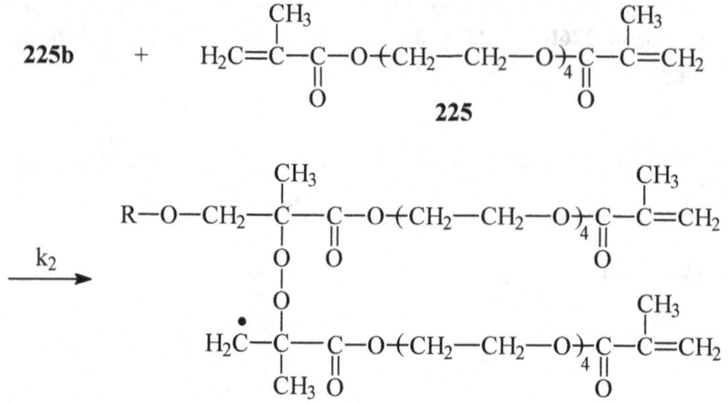

225b   + $H_2C=C-C-O(-CH_2-CH_2-O)_4-C-C=CH_2$ (mit CH_3-Gruppen und O)

225

$$\xrightarrow{k_2}$$

225c

Erst der weitgehende Ausschluss von Sauerstoff – wie dies z.B. zwischen den Fügeteilen der Fall ist – begünstigt die Folgereaktion zu **225c** bzw. die direkte Reaktion des TEGMA-Radikals **225a** mit einem Monomermolekül **225** zu **225d**, und ermöglicht somit ein radikalisches Kettenwachstum und letztendlich die Polymerisation des Klebstoffs:

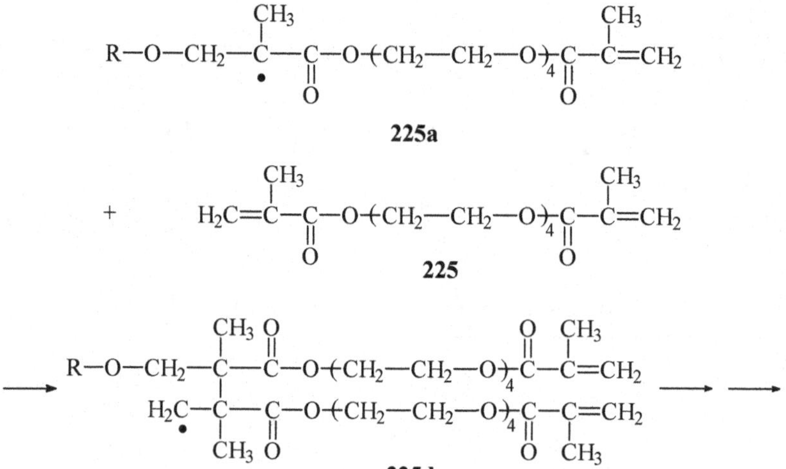

225a

+   **225**

$$\longrightarrow$$

225d

Anaerobe Klebstoffe werden in der Werkstofftechnik insbesondere zur Schraubensicherung verwendet.

Zwei- oder *Mehrkomponentenklebstoffe* müssen vor ihrer Verwendung erst durch Mischen der Ausgangsverbindungen hergestellt werden und besitzen deshalb im Allgemeinen eine relativ kurze Verarbeitungszeit („pot life"). Ein weiterer Nachteil gegenüber Einkomponentenklebstoffen besteht darin, dass für eine vollständig ablaufende Verfestigungsreaktion ein einigermaßen stöchiometrisches Mischungsverhältnis der Edukte eingehalten werden muss.

Bedeutende Zweikomponentenklebstoffe sind z.B. die über Polyadditionsreaktionen zugänglichen Epoxidklebstoffe (EP) **122** oder **125** und Polyurethanklebstoffe (PUR) **108**, die durch Polymerisation hergestellten Methacrylatklebstoffe, wie z.b. PMMA **182**, sowie die nach der Polykondensationsmethode reagierenden Phenol- (PF) **97** bzw. Amino-Formaldehydklebstoffe (MF **91** und UF **187**) sowie die Polybenzimidazolklebstoffe (PBI) **209**.

Für das Recycling von Werkstoffen ist es natürlich von besonderer Bedeutung, bestehende Klebeverbindungen kontrolliert wieder zu lösen. Diese als „Debonding-on-Demand" (DoD) oder auch als „abschaltbare" Klebstoffe bezeichneten Spezies können über verschiedene physikalische Prinzipien (elektromagnetische Wechselwirkungen, elektrische Spannungen sowie Temperatureinflüsse) ausgehärtet bzw. die zu fügenden Werkstoffteile durch Zerstörung des Klebstoffs wieder getrennt werden.

6.6 Alterung und chemischer Abbau von Kunststoffen

6.6.1 Einführung

Kunststoffe erfahren, wenn sie über eine längere Zeitspanne atmosphärischen Bedingungen ausgesetzt sind, durch unterschiedliche Witterungseinflüsse gewisse chemische Veränderungen in ihrer Struktur, die letztlich zu einem vollständigen chemischen Abbau des Polymers führen können.

Aber nicht nur die äußeren Einwirkungen rufen Werkstoffveränderungen hervor, sondern auch bestimmte zeitabhängige innere Vorgänge, wie z.B. der Abbau von Eigenspannungen, Gefügeveränderungen, Nachkristallisations- und Diffusionsprozesse, deren Auswirkungen teilweise erst nach einigen Jahren zu beobachten sind, verursachen qualitätsmindernde Effekte beim Kunststoff. Aus diesem Grund spricht man im Allgemeinen von einer *Alterung* des Kunststoffs, während der Begriff *Korrosion* vorwiegend auf metallische Werkstoffe angewandt wird.

Alterungserscheinungen an Kunststoffen können durch verschiedene Einflüsse von außen initiiert werden, wobei eine rapide Verschlechterung der Werkstoffeigenschaften bis hin zur direkten chemischen Zersetzung, häufig durch die gleichzeitige Einwirkung mehrerer schädigender Faktoren, eintritt. Insbesondere wenn ein Kunststoff – was meistens der Fall sein dürfte – atmosphärischen Witterungseinflüssen ausgesetzt ist, lässt sich nicht immer klar entscheiden, ob nun der größte Anteil eines Abbauprozesses durch die Einwirkung von z.B. Wärme, UV-Strahlung, Feuchtigkeit, Sauerstoff, Ozon, Schwefeldioxid, Stickstoffoxide *(Technoklima)* oder durch eine mechanische Belastung des Werkstoffs hervorgerufen wird.

Die Einwirkung von Mikroorganismen auf Kunststoffe wurde bereits bei der Korrosion von Metallen unter dem Abschnitt 4.6.9 „mikrobiologische Korrosion" angesprochen. Ergänzend sei an dieser Stelle erwähnt, dass die vollsynthetischen Kunststoffe im Vergleich zu halbsynthetischen Produkten und natürlichen Makromolekülen (Biopolymeren) normalerweise eine wesentlich höhere Beständigkeit gegenüber Mikroorganismen aufweisen. Dieser Sachverhalt lässt sich über die allgemein geringere Wasseraufnahme der vollsynthetischen Kunststoffe erklären, wodurch den Mikroorganismen gegenüber stärker wasserhaltigen natürlichen Polymeren eine wichtige Komponente für einen guten Nährboden entzogen wird. Neuere Forschungen zur Entwicklung von Kunststoffen mit intrinsisch antimikrobieller Oberflächenaktivität favorisieren thermoplastische oder auch vernetzte Polystyrolderivate, die in *m*- oder *p*-Stellung durch z.B. eine *tert.*-Butylamino-Gruppe substituiert sind, wie beim Poly-*m*-tert.-butylaminomethylstyrol **227**[156]:

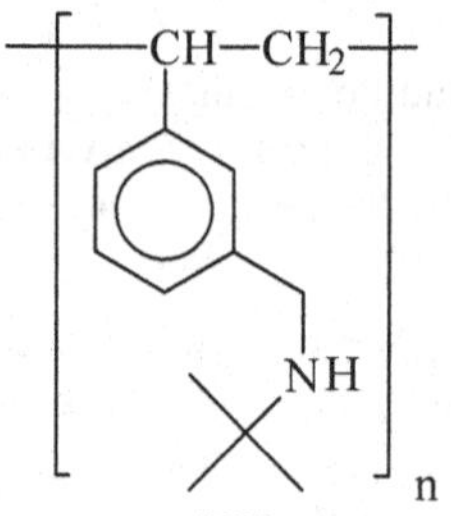

$$\left[\begin{array}{c}\text{CH—CH}_2\end{array}\right]_n$$

227

Beim chemischen Abbau spielt selbstverständlich die Temperatur eine entscheidende Rolle. Nach den Gesetzen der Thermodynamik kann eine chemische Reaktion nur dann erfolgen, wenn die Freie Enthalpie abnimmt, d.h. $\Delta G° < 0$. Unter der vereinfachten Annahme, dass die Reaktionsenthalpie $\Delta H°$ sowie die Reaktionsentropie $\Delta S°$ unabhängig von der Temperatur seien, wird nach der *Gibbs-Helmholtzschen-Gleichung*

$$\Delta G° = \Delta H° - T \Delta S°$$

die Freie Enthalpie negativ, wenn die Temperatur T sehr hohe Werte annimmt. Somit sind chemische Abbaureaktionen thermodynamisch begünstigt, sobald der Kunststoff höheren Temperaturen ausgesetzt ist.

Bekanntlich macht die Thermodynamik keine Aussage über die Zeitspanne, in der eine solche Abbaureaktion abläuft. Hier hilft die Reaktionskinetik weiter. Die Reaktionsgeschwindigkeit RG ist proportional der entsprechenden Geschwindigkeitskonstanten k und, in unterschiedlicher Weise – je nach Reaktionsordnung – auch von den Konzentrationen der beteiligten Stoffe abhängig. Nach der *Arrhenius-Gleichung* folgt für die Temperaturabhängigkeit der Geschwindigkeitskonstanten k

$$k(T) = A \cdot \exp(-E_a / RT)$$

mit E_a = Aktivierungsenergie

R = ideale Gaskonstante

A = Präexponentialfaktor

Also bedeutet eine lineare Temperaturzunahme im polymeren Werkstoff ein exponentielles Anwachsen der Geschwindigkeitskonstanten k und folglich auch eine exponentielle Steigerung der Reaktionsgeschwindigkeit RG für die Abbaureaktion. In vielen Fällen gilt im unteren Temperaturbereich die Faustregel, dass eine Temperaturerhöhung um 10°C eine Verdoppelung der Reaktionsgeschwindigkeit bewirkt.

Reaktionskinetische Daten lassen sich z.B. über thermoanalytische Methoden durch TG- und DSC-Messungen ermitteln.

6.6.2 Schädigungen durch Wärmeeinwirkung

Aus den im letzten Abschnitt angestellten Überlegungen geht klar hervor, dass für eine chemische Abbaureaktion an einem Kunststoff die Temperatur eine bedeutende Rolle spielt. Eine hohe Temperatur ist jedoch nicht das einzig maßgebliche Kriterium für das Auftreten einer thermisch bedingten Werkstoffschädigung; entscheidend ist vor allem auch die Zeitdauer der Wärmeeinwirkung.

6.6.2.1 Verflüchtigung von Additiven

Fast alle Kunststoffe enthalten gewisse Mengen an Additiven, wie z.B. Weichmacher, Gleitmittel, Antistatika, Antioxidantien, UV-Absorber, Radikalfänger, Füllstoffe und andere Stabilisatoren. Ferner können noch geringe Anteile an Monomeren sowie eventuell auch LM-Reste und, insbesondere bei Polyamiden, sogar vergleichsweise hohe Wassergehalte (man spricht gewöhnlich von Feuchtigkeit) bis zu ca. 10% im Polymer vorkommen.

Da insbesondere die organischen Additive niedrige Schmelz- und Siedepunkte aufweisen, kann schon eine mäßige, aber länger andauernde Temperaturerhöhung des Kunststoffs durchaus eine stärkere Verflüchtigung einiger Additive zur Folge haben. Bereits das Verdampfen von Weichmachern bewirkt bei einigen Kunststoffen (Weich-PVC) merkliche Veränderungen der Werkstoffeigenschaften, so dass der Kunststoff im Extremfall für seine vorgesehene Funktion unbrauchbar geworden ist, obwohl dessen Makromoleküle an sich überhaupt keine Schädigung erfahren haben. Häufig tritt beim Entweichen der Additive eine Versprödung des Werkstoffs auf.

6.6.2.2 Depolymerisation

Die Umkehrung einer Polymerisationsreaktion, d.h. die Aufspaltung von Polymeren in kleinere Baueinheiten bis hin zur Rückbildung der Monomere unter dem Einfluss von Wärmeenergie oder ionisierender Strahlung, bezeichnet man als Depolymerisation.

Ausgelöst wird die Depolymerisation meist durch thermolabile Gruppen an den Enden der Makromolekülketten, die durch Kettenstart- und Kettenabbruchreaktionen mit Initiatoren bzw. Inhibitoren sowie Oxidationsprozesse gebildet wurden.

Als Beispiel sei die Depolymerisation von Polyoxymethylen (POM) **152** angeführt, das als reaktive Endgruppe – sofern diese nicht zur Stabilisierung verestert wurde – oft eine Hydroxylgruppe trägt. Somit besitzt das letzte C-Atom der Kette halbacetalischen Charakter. Diese Gruppe kann z.B. durch Protonierung mit katalytischen Mengen einer Säure und anschließende Dehydratisierung abgespalten werden. Dabei wird zunächst das Makrokation **152a** erzeugt, das durch Aufbrechen von C–O-Einfachbindungen und gleichzeitige Bildung von C=O-Doppelbindungen nach einer Art „Reißverschlussmechanismus" zurück zur monomeren Ausgangssubstanz Formaldehyd ($H_2C=O$) depolymerisiert:

In ähnlicher Weise depolymerisiert auch PMMA **182** zu Methacrylsäuremethylester.

Man erkennt das Auftreten einer Depolymerisation visuell häufig daran, dass die Zersetzung des Kunststoffs unter Wärmeeinwirkung zu keinem verkohlten Rückstand führt. Die Depolymerisation lässt sich verhindern durch Veresterung der halbacetalischen Endgruppen z.B. mit Phthalsäureanhydrid **126**, wie prinzipiell in der Sequenz der Moleküle **122** mit **126** zu **127** (vgl. Abschnitt 6.3.3.1) bereits beschrieben.

6.6.2.3 Kettenfragmentierungen

Die meisten Kunststoffe zersetzen sich thermisch nicht unter Rückspaltung in die Monomere, sondern bilden verschiedenartige Kettenfragmente. Im Unterschied zur Depolymerisation werden diese Prozesse ganz allgemein als Fragmentierungen oder Kettenspaltungen bezeichnet.

Normalerweise treten thermisch ausgelöste Abbaureaktionen zuerst an den energetisch schwächsten chemischen Bindungen des Polymers auf. Vergleicht man z.B. die Bindungsenthalpien der Kohlenstoff-Halogen-Bindungen mit denen von C–C- bzw. C–H-Bindungen in der folgenden Reihe, so wird deutlich, dass Fragmentierungsreaktionen bevorzugt an Ketten mit Brom- und Chlor-Substituenten stattfinden.

Bindung:	C–F	>	C–H	>	C–C	>	C–Cl	>	C–Br
ΔH/ kJ/mol:	489		413		348		339		285

Dies erklärt die verhältnismäßig geringe thermische Stabilität von Polyvinylchlorid (PVC) **146**, dessen C–Cl-Bindung nicht nur durch Wärmeenergie, sondern auch durch die Einwirkung von Licht relativ leicht gespalten werden kann. Dabei entsteht als Zersetzungsprodukt Chlorwasserstoff (HCl), der aufgrund seiner korrosiven Eigenschaft beim Verbrennen von PVC Folgeschäden – insbesondere an metallischen Werkstoffen – verursacht. Für den ersten Reaktionsschritt nimmt man die Abspaltung von HCl unter Bildung einer C=C-Doppelbindung an:

$$\text{wwwCH–CH}_2\text{–CH–CH}_2\text{–CHww} \quad \xrightarrow[\text{-HCl}]{\Delta} \quad \text{wwwCH–CH}_2\text{–CH=CH–CHww}$$

$$\underset{\text{Cl}}{|} \qquad \underset{\text{Cl}}{|} \qquad \underset{\text{Cl}}{|} \qquad\qquad\qquad \underset{\text{Cl}}{|} \qquad\qquad\qquad \underset{\text{Cl}}{|}$$

146 \qquad\qquad\qquad\qquad\qquad\qquad **146a**

Das primäre Zersetzungsprodukt **146a** kann anschließend z.B. durch weitere Dehydrochlorierungen innerhalb der Makromolekülkette konjugierte Doppelbindungssysteme aufbauen, die in Abhängigkeit von der Länge des dabei gebildeten Konjugationssystems zu unterschiedlichen Verfärbungen, z.B. von leicht gelblich über braun nach schwarz, des Kunststoffs führen können. Diese Doppelbindungen sind wegen ihrer vergleichsweise hohen Reaktivität Ausgangspunkte für weitere werkstoffschädigende Folgereaktionen, wie z.B. Kettenfragmentierungen oder zusätzliche Vernetzungen.

Die hohe Bindungsenthalpie der C–F-Bindung begründet neben dem abschirmenden Effekt der Fluoratome die außergewöhnlich gute thermische Stabilität von Polytetrafluorethylen (PTFE) **189**.

Polymere mit Hydroxylgruppen, wie z.B. Polyvinylalkohol (PVAL) **149**, sind thermisch ziemlich labil. Für den Primärschritt ihres chemischen Abbaus kommen zwei unterschiedliche chemische Reaktionen in Frage. Einerseits können sie unter Dehydrierung in die Hydroxyketone **149a** umgewandelt werden, andererseits durch Abspaltung von Wasser in die Hydroxyalkene **149b** übergehen, wobei insbesondere die Dehydratisierungsprodukte **149b** wegen der neu entstandenen C=C-Doppelbindungen recht anfällig für weitere zersetzende Folgereaktionen sind, bzw. erneute Wasserabspaltungen ermöglicht werden.

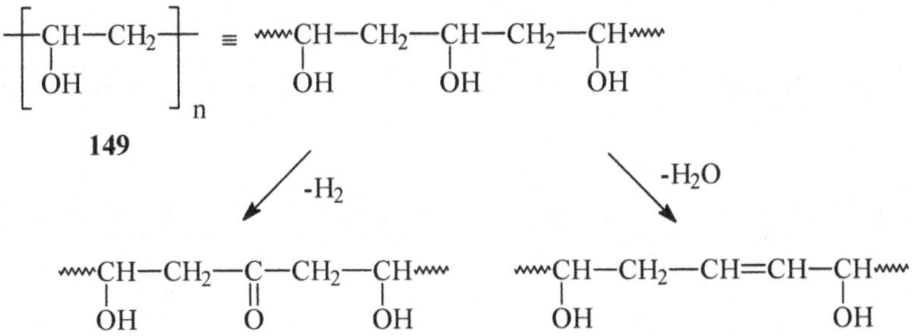

$$\left[\begin{matrix}CH-CH_2\\ |\\ OH\end{matrix}\right]_n \equiv \text{\textasciitilde\textasciitilde}CH-CH_2-CH-CH_2-CH\text{\textasciitilde\textasciitilde}$$

149

$-H_2$ $\swarrow$ $\qquad$ $\searrow$ $-H_2O$

$$\text{\textasciitilde\textasciitilde}CH-CH_2-C-CH_2-CH\text{\textasciitilde\textasciitilde}$$
with OH, O (C=O), OH

149a

$$\text{\textasciitilde\textasciitilde}CH-CH_2-CH=CH-CH\text{\textasciitilde\textasciitilde}$$
with OH, OH

149b

Es sei angemerkt, dass der Polyvinylalkohol **149** nicht nach dem allgemeinen Reaktionsschema der radikalischen Polymerisation (vgl. Reaktionsschritte **22** bis **24**) aus Vinylalkohol zugänglich ist, sondern über einen Umweg aus Polyvinylacetat (PVAC) **228** durch alkalische Verseifung hergestellt wird:

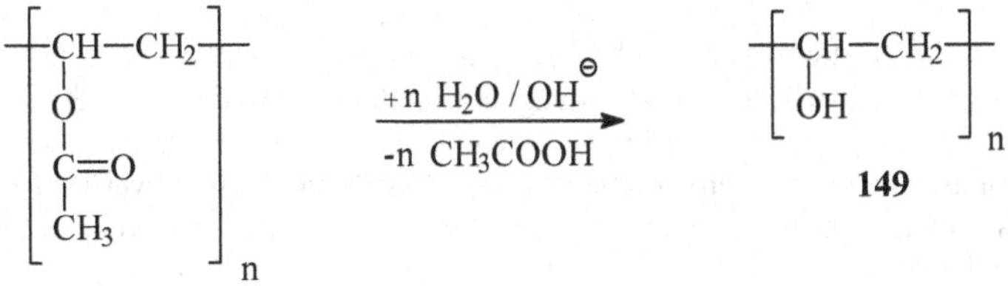

$$\left[\begin{matrix}CH-CH_2\\ |\\ O\\ |\\ C=O\\ |\\ CH_3\end{matrix}\right]_n \xrightarrow[-n\ CH_3COOH]{+n\ H_2O\ /\ OH^{\ominus}} \left[\begin{matrix}CH-CH_2\\ |\\ OH\end{matrix}\right]_n$$

228 $\qquad\qquad\qquad\qquad$ **149**

Dies liegt an der Unbeständigkeit des Vinylalkohols **229**, der in freiem Zustand nicht isolierbar ist, weil er sofort zum stabileren Acetaldehyd **230** tautomerisiert *(Keto-Enol-Tautomerie)*:

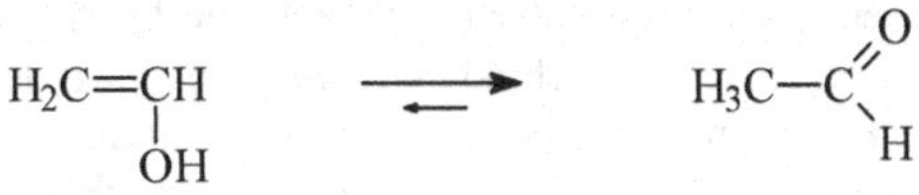

$$H_2C=CH \atop \ \ \ \ |\ \ OH \quad \rightleftharpoons \quad H_3C-C{\nearrow O \atop \searrow H}$$

229 $\qquad\qquad\qquad$ **230**

Wenn das Polymer nur aus Kohlenstoff- und Wasserstoffatomen aufgebaut ist, die in verzweigten aliphatischen Ketten angeordnet sind, dann erfolgen Fragmentierungen in erster Linie an quartären C-Atomen, z.B. beim Polyisobutylen (PIB) **65**, wodurch neben primären insbesondere auch tertiäre Radikale gebildet werden. Denn innerhalb einer Isokette fällt die Stabilität von C–C-Einfachbindungen in der folgenden Reihenfolge vom unverzweigten PE über die verzweigten PP und PIB ab, weil die Stabilität der gebildeten Radikale wegen des +I-Effekts der Methylgruppen in der gleichen Folge zunimmt und somit das tertiäre Radikal die höchste Beständigkeit aufweist (vgl. Abbildung 6.8).

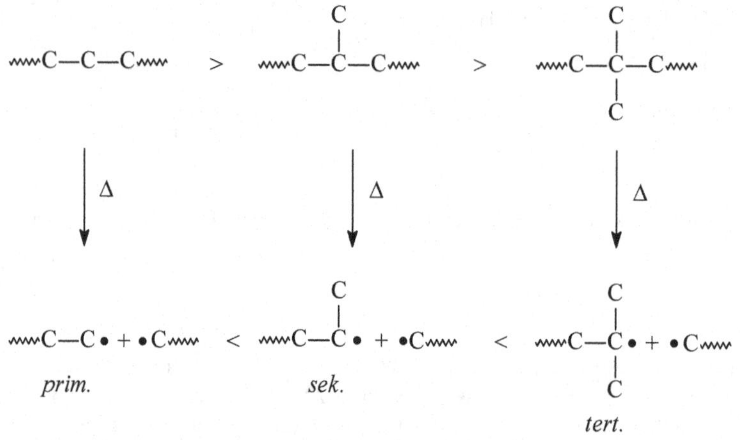

Abb. 6.8: relative Stabilitäten von C–C-Isoketten und den daraus entstandenen Radikalen

Hieraus resultiert, dass Kettenspaltungen bevorzugt an Seitenketten auftreten. So ist z.B. Polypropylen (PP) **140** aufgrund seiner Kettenverzweigung an Luftatmosphäre etwas oxidationsempfindlicher als das unverzweigte Polyethylen (PE) **139**. Während beim PP jedes zweite C-Atom ein tertiäres C-Atom ist und somit bei der Fragmentierung ein sekundäres Radikal ergibt, werden beim PE Bindungen zwischen sekundären C-Atomen aufgebrochen, die ausschließlich die weniger beständigen primären Radikale liefern.

Die erzeugten Radikale gehen anschließend mit weiteren Atomen des Polymers Folgereaktionen ein, z.B. durch Abstraktion von Wasserstoffatomen an benachbarten Makromolekülketten, so dass eine autokatalytische Wirkung auftritt, die letztendlich zur vollständigen Zerstörung des Werkstoffs führen kann.

Thermische Analysemethoden können nicht nur erfolgreich bei der Untersuchung von chemischen Reaktionen bei monomeren organischen Verbindungen eingesetzt werden[160], sondern sie eignen sich auch vorzüglich z.B. zur Bestimmung der thermischen Stabilität von Kunststoffen. Abbildung 6.9 zeigt die thermogravimetrische Analyse der Kunststoffe PE, PP und PIB als TG-Kurvenvergleich im Temperaturbereich von RT bis 550°C und bestätigt die oben angeführten theoretischen Erörterungen.

6.6.2.4 Thermischer Abbau durch Pyrolyse und Verbrennung

Sind die Kunststoffe einer besonders hohen Wärmeeinwirkung ausgesetzt, die die unmittelbare Zersetzung des Polymers bewirken, dann bezeichnet man diesen thermischen Abbau als *Pyrolyse* oder *Verbrennung.*

Bei der Pyrolyse erfolgt der thermische Abbau des Kunststoffs unter Sauerstoffausschluss. Dabei werden die Makromoleküle im Temperaturbereich von etwa 600°C bis 900°C in Kettenbruchstücke unterschiedlicher Länge gespalten. Die gebildeten Pyrolyseprodukte (Gase, kondensierbare Flüssigkeiten, Teere) lassen sich durch weitere Raffinationsprozesse in sortenreine Rohstoffe überführen und somit wiedergewinnen *(Rohstoffrecycling)*. Durch Variation der Pyrolysebedingungen (Temperatur, Verweilzeit der Kunststoffabfälle im Ofen etc.) kann sogar die chemische Zusammensetzung des Pyrolysats in gewissen Grenzen beeinflusst werden.

Im Gegensatz zur Pyrolyse handelt es sich bei der Verbrennung von Kunststoffen nur um ein *Energierecycling*, bei der man keine wertvollen Rohstoffe zurückerhält, sondern lediglich Wärmeenergie gewinnt. Die Verbrennung ist ein thermischer Abbauprozess, der in Gegenwart von Sauerstoff verläuft.

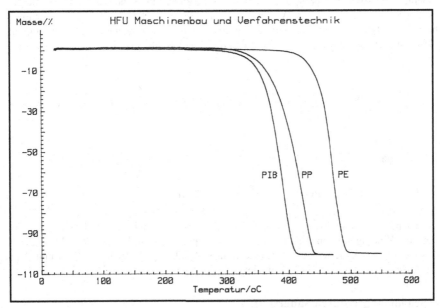

Abb. 6.9: TG-Kurven von PE, PP und PIB (m = 9.6-12.2 mg; Heizrate: 10 K/min; 100 ml N_2/min; Netzsch STA 409)

Das Brandverhalten der verschiedenen Kunststoffe ist sehr unterschiedlich. Ein Kriterium zur Abschätzung der Brennbarkeit stellt der sogenannte *Sauerstoffindex LOI* (*L*imiting *O*xygen *I*ndex) dar. Der LOI-Wert gibt den Mindestgehalt an Sauerstoff (Vol-%) eines Stickstoff-Sauerstoff-Gemisches an, in dem der Kunststoff entflammt und weiterbrennt ohne zu verlöschen. PE und PP weisen z.B. einen LOI von 0,18 auf, was bedeutet, dass diese Kunststoffe in einem N_2/O_2-Gemisch mit mindestens 18 Vol-% O_2 von selbst weiterbrennen können. PA 6,6 besitzt einen LOI von 0,23, der LOI des PVC beträgt 0,42 und PTFE ist mit dem sehr hohen LOI von 0,95 praktisch unbrennbar.

Die Entflammbarkeit und Brennbarkeit von Kunststoffen kann durch die Zugabe geeigneter *Flammschutzmittel* stark reduziert werden. Dafür kamen bislang vorwiegend halogenhaltige Produkte, insbesondere bromierte und chlorierte organische Verbindungen, zum Einsatz. Ihre Wirkungsweise besteht darin, dass sie einerseits als Radikalfänger fungieren und durch Freisetzung von Halogenradikalen die radikalische Kettenreaktionen des thermischen Abbaus beenden und andererseits durch Bildung von relativ „schweren", halogenhaltigen Gasen den Brandherd gegen weitere Sauerstoffzufuhr aus der Luft abschirmen. Zur Verstärkung der flammerstickenden Wirkung fügt man häufig zusätzlich noch Antimonoxide (Sb_2O_3, Sb_2O_5) hinzu. Wegen ihrer toxischen Eigenschaften werden halogen- und antimonhaltige Flammschutzmittel inzwischen verstärkt durch umweltfreundlichere

Substanzen ersetzt. Hier ist vornehmlich $Al(OH)_3$ zu nennen, das über seine endotherme Umwandlung in Al_2O_3 dem Brandherd Energie entzieht und durch das dabei entstehende Wasser brandhemmend wirkt:

$$2\,Al(OH)_3 \xrightarrow{\Delta} \gamma - Al_2O_3 \ + \ 3\,H_2O \ + 42\,kJ/mol$$

Auch elementarer roter Phosphor (für PA) und einige andere phosphorhaltige Verbindungen, wie z.B. bestimmte Metallphosphinate (Verbindungen der Phosphinsäure H_3PO_2), Diammoniumhydrogenphosphat $(NH_4)_2HPO_4$ und Melamin **89** kommen zum Einsatz. Melamin und Ammoniumphosphat zersetzen sich in der Hitze und bilden dabei brandhemmende Produkte:

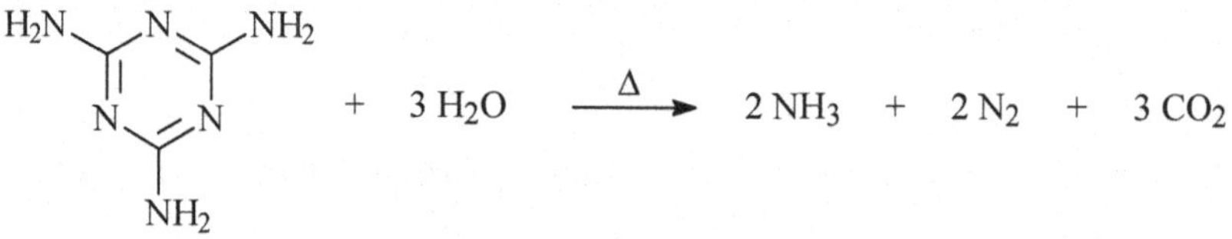

$$(NH_4)_2HPO_4 \xrightarrow{\Delta} 2\,NH_3 \ + \ H_3PO_4$$

Der entstehende Ammoniak wirkt flammerstickend, Stickstoff sowie Kohlendioxid haben eine O_2-verdünnende Wirkung auf den Brandherd und die Phosphorsäure fördert die Verkohlung des Kunststoffs, wobei die gebildete Kohleschicht eine weitere Zuführung von Sauerstoff verhindert und daher eine Ausbreitung des Brandes unterbindet.

6.6.3 Schädigungen durch Sauerstoff

Nicht nur in der Hitze während einer Verbrennung übt Sauerstoff einen starken Einfluss auf den chemischen Abbau von Kunststoffen aus, sondern bereits bei RT können werkstoffschädigende Reaktionen durch Sauerstoffmoleküle ausgelöst werden.

Molekularer Sauerstoff kann als Biradikal angesehen werden, das unter bestimmten Reaktionsbedingungen durch Abstraktion von Wasserstoffatomen mit einer Makromolekülkette **33** reagiert, z.B.:

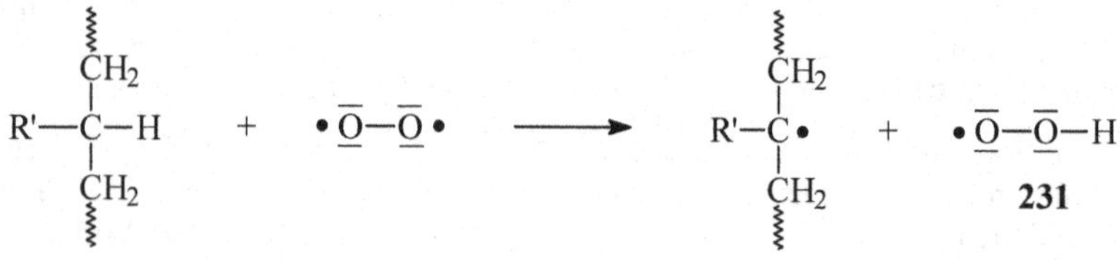

Dabei wird neben dem Makroradikal **34** das Wasserstoffperoxidradikal **231** erzeugt, das recht reaktiv ist und Folgereaktionen eingeht.

Das Makroradikal **34** ist seinerseits befähigt, mit weiterem Sauerstoff organische Peroxidradikale **232** zu bilden:

$$
\begin{array}{ccc}
\text{CH}_2 & & \text{CH}_2 \\
| & & | \\
\text{R'}-\overset{|}{\text{C}}\bullet \quad + \quad \text{O}_2 \quad \longrightarrow \quad & & \text{R'}-\overset{|}{\text{C}}-\text{O}-\text{O}\bullet \\
| & & | \\
\text{CH}_2 & & \text{CH}_2 \\
\mathbf{34} & & \mathbf{232}
\end{array}
$$

Die Peroxidradikale **232** können anschließend wiederum den Radikalcharakter auf benachbarte Polymerketten **33** übertragen, wobei neben dem Hydroperoxid **233** wieder Makroradikale vom Typ **34** entstehen, die in der Lage sind, erneut rasch mit Sauerstoff zu reagieren, so dass der oxidative Abbau im Kunststoff fortschreitet:

$$
\begin{array}{cccc}
\text{CH}_2 & \text{CH}_2 & \text{CH}_2 & \text{CH}_2 \\
| & | & | & | \\
\text{R'}-\text{C}-\text{O}-\text{O}\bullet \ + \ \text{H}-\text{C}-\text{R'} \longrightarrow & \text{R'}-\text{C}-\text{O}-\text{O}-\text{H} \ + \ \bullet\text{C}-\text{R'} \\
| & | & | & | \\
\text{CH}_2 & \text{CH}_2 & \text{CH}_2 & \text{CH}_2 \\
\mathbf{232} & \mathbf{33} & \mathbf{233} & \mathbf{34}
\end{array}
$$

Letztendlich erfolgt hierdurch im Laufe der Zeit eine allmähliche Fragmentierung der Makromolekülketten, die zunächst eine Versprödung des Materials verursacht und schließlich den vollständigen Zerfall des Werkstoffs hervorrufen kann.

Wie bereits ausführlich im Abschnitt 6.6.1 erörtert, ist die Höhe der Temperatur für chemische Abbaureaktionen von entscheidender Bedeutung. Dies gilt natürlich auch für den oxidativen Abbau, der bei RT für die gängigen Kunststoffe mit extrem niedriger Reaktionsgeschwindigkeit abläuft, so dass messbare Qualitätseinbußen im Allgemeinen erst nach jahrelanger Verwendung des Werkstoffs auftreten. Allerdings ist eine stärkere oxidative Schädigung des Kunststoffs bei erhöhten Temperaturen leicht möglich. Dies kann unter Umständen schon der Fall sein, wenn z.B. die Verarbeitungstemperatur bei Thermoplasten relativ hoch gewählt werden muss und der Kunststoff zu lange dieser Temperatur bei gleichzeitiger Einwirkung von Luftsauerstoff ausgesetzt ist.

Zur Vermeidung bzw. Verzögerung von oxidativen Schädigungen stabilisiert man die Kunststoffe durch Zugabe von *Antioxidantien*. Meist handelt es sich bei diesen *Oxidationsinhibitoren* um organische Verbindungen auf der Basis von Phenolen. Besonders geeignet sind Phenole mit sterisch hindernden Gruppen, wie *tert.*-Butylgruppen, die z.B. in 2-*tert.*-Butylphenol **234**, 2-*tert.*-Butyl-4-methylphenol **235** und in 2,6-Di-*tert.*-*b*utyl-4-methyl*p*henol *(DBP)* **236** enthalten sind, wobei letztgenanntes Antioxidans auch unter der Abkürzung *BHT* (Butyl*h*ydroxy*t*oluol) bekannt ist.

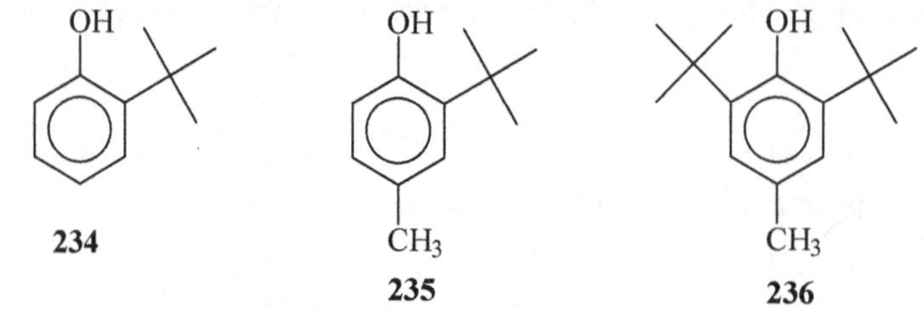

234   **235**   **236**

Die inhibierende Wirkung der Antioxidantien beruht auf ihrer Funktion als Radikalfänger, die sehr reaktive Radikale in extrem reaktionsträge und somit unschädliche Radikale umwandeln. Beispielsweise kann ein energiereiches Radikal R· durch Abspaltung des H-Atoms der Hydroxylgruppe von BHT **236** deaktiviert werden, wobei das neu entstandene Radikal durch Resonanzeffekte einen energieärmeren Zustand einnimmt (vgl. Resonanzstrukturen **236a-d**) und daher zu weiteren Kettenspaltungen und Abbaureaktionen am Kunststoff nicht mehr fähig ist.

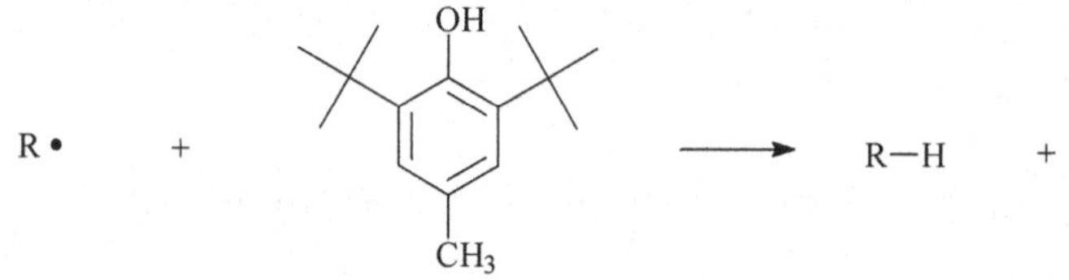

236

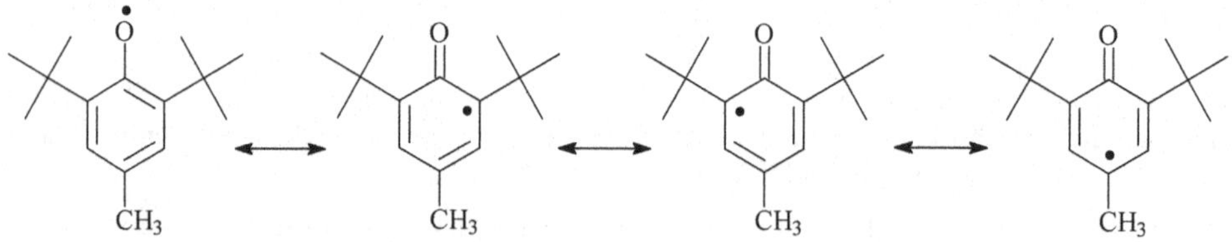

236a   **236b**   **236c**   **236d**

6.6.4 Schädigungen durch Ozon

Ozon (Trisauerstoff, O_3) **237** wirkt vor allem auf ungesättigte Elastomere werkstoffschädigend. Aber auch einige Thermoplaste, die ethylenische Doppelbindungen aufweisen, werden in manchen Fällen von Ozon angegriffen.

Die Ursache des schädigenden Einflusses von Ozon liegt in der Reaktivität dieses Gases gegenüber Doppelbindungen. Bei der sogenannten *Ozonolyse* – teilweise auch als *Ozonisierung* oder *„Harries-Reaktion"* bezeichnet – wird Ozon an die Doppelbindungen addiert, wodurch chemische Abbaureaktionen eingeleitet werden.

Für Ozon **237** lassen sich die folgenden Resonanzstrukturen angeben, von denen die Grenzstrukturen **237c** und **237d** einen 1,3-Dipol darstellen:

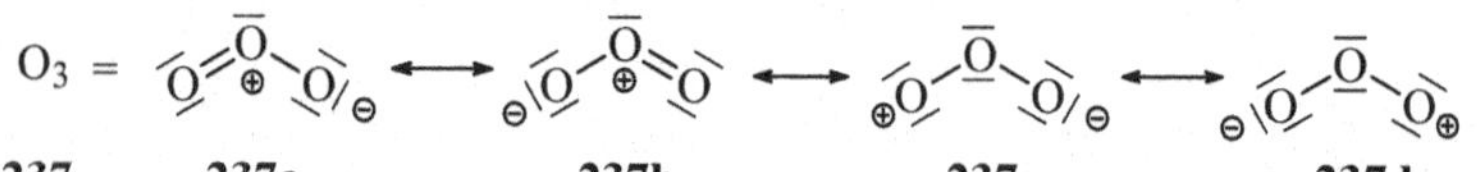

O_3 =

237   **237a**   **237b**   **237c**   **237d**

Der Primärschritt der Ozonisierung ist ein elektrophiler Angriff eines positivierten Sauerstoffatoms des Ozons an ein Kohlenstoffatom der vergleichsweise elektronenreichen Doppelbindung. Durch Ringbildung entsteht zunächst das 1,2,3-Trioxolanderivat **238**, das sich anschließend in das stabilere *Ozonid* 1,2,4-Trioxolan **239** umlagert:

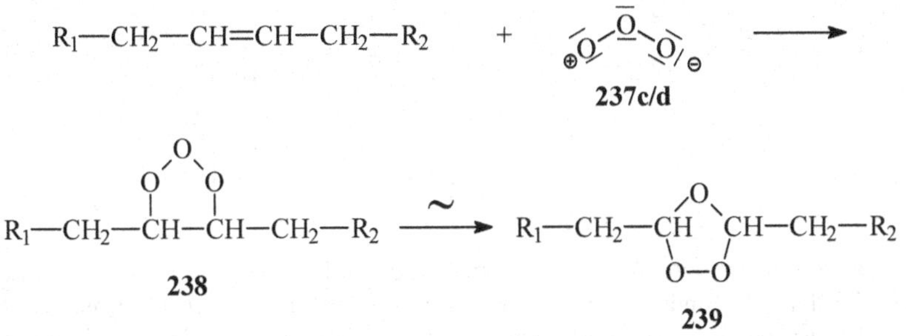

$$R_1-CH_2-CH=CH-CH_2-R_2 \quad + \quad \text{(237c/d)} \quad \longrightarrow$$

237c/d

238 $\longrightarrow$ **239**

Der Reaktionsmechanismus der Ozonolyse ist also eine *1,3-dipolare Cycloaddition*.

Das erzeugte langkettige Ozonid **239** kann über Folgereaktionen in kleinere Fragmente, wie z.B. in die Carbonsäuren **239a** und **239b** sowie in die Aldehyde **239c** und **239d** gespalten werden:

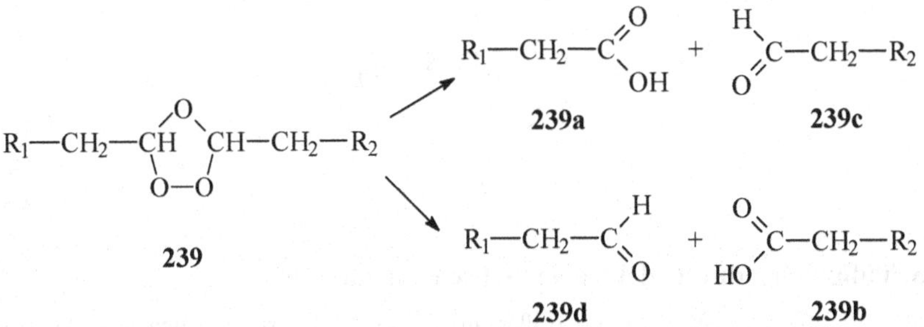

239

$R_1-CH_2-C{\Large\langle}^{O}_{OH}$ **239a** $\quad + \quad$ ${}^{H}_{O}{\Large\rangle}C-CH_2-R_2$ **239c**

$R_1-CH_2-C{\Large\langle}^{H}_{O}$ **239d** $\quad + \quad$ ${}^{O}_{HO}{\Large\rangle}C-CH_2-R_2$ **239b**

Der chemische Abbau elastomerer Werkstoffe durch die Einwirkung geringer Ozonmengen lässt sich weitgehend verhindern, wenn man die Anzahl „freier" Doppelbindungen im Polymer z.B. durch Vernetzungsreaktionen reduziert und somit im Idealfall zu vollständig gesättigten Elastomeren gelangt. Stark elektronenziehende Substituenten, wie z.B. Chloratome, an den Kohlenstoffatomen der C=C-Doppelbindung verringern dort die Elektronendichte und erschweren daher den elektrophilen Angriff des Ozons. Deshalb ist der Chloropren-Kautschuk (CR) **172** wesentlich alterungsbeständiger und inerter gegenüber Ozon als andere ungesättigte Elastomere, wie z.B. Isopren-Kautschuk (IR) **50**:

$$\left[CH_2-\underset{Cl}{C}=CH-CH_2 \right]_n$$

172

$$\left[CH_2-\underset{CH_3}{C}=CH-CH_2 \right]_n$$

50

Auch der Einbau der zu vernetzenden C=C-Doppelbindungen in eine Seitenkette des Makromoleküls, wie dies bei den Ethylen-Propylen-Dien-Terpolymeren (EPDM), z.B. **176**, der Fall ist, verbessert die Beständigkeit des Polymers gegenüber Ozon.

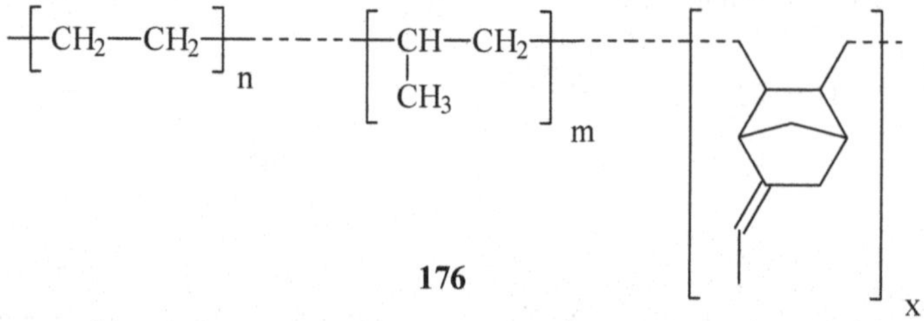

$$\left[CH_2-CH_2\right]_n ------ \left[\begin{array}{c}CH-CH_2\\ |\\ CH_3\end{array}\right]_m ------ \left[\quad\right]_x$$

176

Bei einer Reaktion dieser seitenständigen Doppelbindung mit Ozon oder einem anderen angreifenden Agens, die dort zur Bindungsspaltung und weiteren Folgereaktionen führt, ist die Hauptkette von einem chemischen Abbau normalerweise nicht betroffen, was sich letztlich in einer erhöhten Stabilität und Alterungsbeständigkeit der EPDM-Elastomeren äußert.

Ferner lässt sich eine gewisse Schutzwirkung gegenüber Ozon durch die Zugabe geeigneter *Antiozonantien* (Ozonschutzmittel) erzielen. Bei diesen Additiven handelt es sich häufig um längerkettige aliphatische Kohlenwasserstoffe, verschiedene aromatische Amine oder spezielle heterocyclische Verbindungen, wie z.B. das 2-Mercaptobenzimidazol **240**:

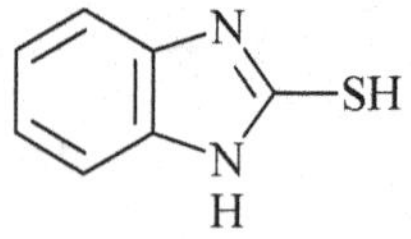

240

6.6.5 Schädigungen durch elektromagnetische Strahlung

Werden Kunststoffe als Werkstoffe im Außeneinsatz verwendet, so unterliegen sie beim Bewitterungsprozess auch dem Einfluss der elektromagnetischen Strahlung. Insbesondere die energiereiche, kurzwellige UV-Strahlung kann zur direkten photolytischen Spaltung von chemischen Bindungen führen, da die Energie der UV-Strahlung in vielen Fällen höher ist als die in Kunststoffen auftretenden Bindungsenergien. Über das *Plancksche Wirkungsquantum* lässt sich berechnen, dass z.B. UV-Licht der Wellenlänge $\lambda = 300$ nm einer Energie von 399 kJ/mol Photonen entspricht. Die Energie dieser Strahlung ist somit höher als die Bindungsenergie einer C–C-Einfachbindung von 348 kJ/mol (vgl. Abschnitt 6.6.2.3).

Wichtige photolytische Reaktionen, die unmittelbar Kettenspaltungen bewirken, sind die sogenannten *Norrish I* - und *Norrish II - Reaktionen* von Carbonylverbindungen.

Norrish I - Reaktion

Bei der Norrish I - Reaktion erfolgt durch Bestrahlung die Spaltung der Bindung in α-Stellung zur Carbonylgruppe. Die Makromolekülkette **241** wird dabei an der zur Carbonylgruppe benachbarten C–C-Einfachbindung unter Bildung des Acylradikals **242** und des Alkylradikals **243** homolytisch getrennt. Das Acylradikal **242** kann anschließend unter Abspaltung von Kohlenmonoxid ebenfalls in ein Alkylradikal **243** übergehen. Durch unterschiedliche Folgereaktionen kommt es zu Veränderungen im chemischen Aufbau und letztendlich zu Alterungserscheinungen und Schädigungen des Kunststoffs.

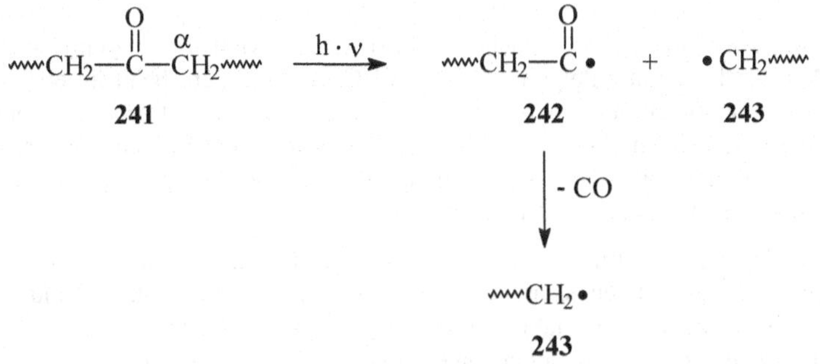

So sind z.B. weitere Fragmentierungen unter allmählichem Abbau des Makromoleküls möglich, oder es treten zusätzliche Vernetzungen durch Rekombinationen von Radikalen auf. Die Gegenwart von Sauerstoff begünstigt dagegen die Bildung von Peroxidradikalen **232**, die danach wiederum den oxidativen Abbau des Polymers beschleunigen (vgl. Abschnitt 6.6.3). Sämtliche Folgereaktionen können die Werkstoffeigenschaften des Kunststoffs auf Dauer empfindlich beeinflussen.

Norrish II - Reaktion

Der Mechanismus einer Norrish II - Reaktion lässt sich über den cyclischen Übergangszustand **245** formulieren, der z.B. von einer Polymerkette **244** näherungsweise eingenommen werden kann. Das durch Photolyse erzeugte Biradikal **246** ist instabil und wird in das Alken **247** und das Enol **248** gespalten, wobei letztere Makroverbindung anschließend in die stabilere Keto-Form **249** tautomerisiert:

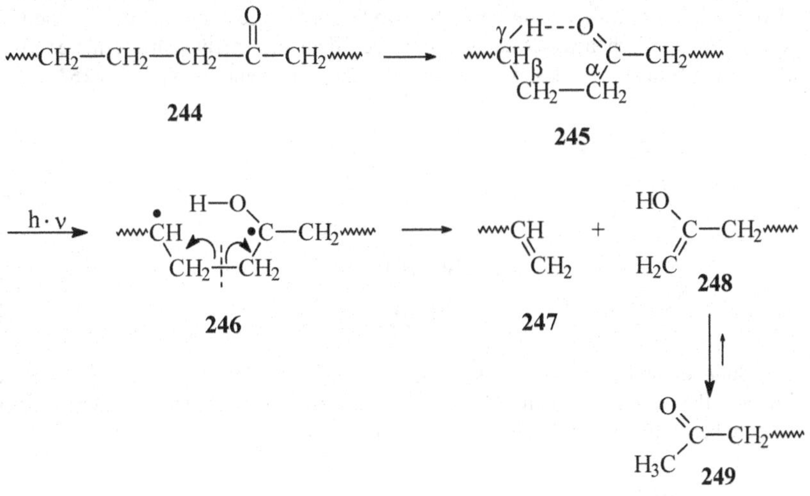

Voraussetzung für den Ablauf der Norrish II - Reaktion ist die Existenz eines Wasserstoffatoms in γ-Stellung zur Carbonylgruppe, das während der Reaktion eine 1,5-Verschiebung zum Sauerstoffatom der C=O-Gruppe erfährt. Im Vergleich zum Edukt **244** ist mit dem Produkt **249** eine kürzerkettige Carbonylverbindung entstanden, die ihrerseits weitere abbauende Norrish-Reaktionen eingehen kann.

Häufig treten die Norrish-Reaktionen auch bei Massenkunststoffen wie Polyethylen (PE), Polypropylen (PP), Polystyrol (PS) und Polyvinylchlorid (PVC) auf. Dies erscheint im ersten Moment absurd, da die chemischen Strukturen der genannten Polymere keine Carbonylgruppen enthalten. Allerdings können z.B. noch vorhandene Doppelbindungen sowie Spuren von Fremdstoffen bei diesen Polyolefinen eine oxidative Vorschädigung bewirken, so dass photolytisch ausgelöste chemische Abbaureaktionen dennoch stattfinden können.

Als Maßnahme gegen den Einfluss der werkstoffschädigenden elektromagnetischen Strahlung werden den weniger lichtbeständigen Kunststoffen *Lichtschutzmittel* zugefügt. Es handelt sich bei diesen Additiven vor allem um UV-Stabilisatoren, die, z.B. im einfachsten Fall bei Elastomeren in Form von Ruß, neben der Verbesserung der mechanischen Eigenschaften eine Absorption der Strahlung bewirken. Bedeutende organische UV-Absorber sind Derivate von in 2-Stellung substituiertem *2H*-Benzotriazol **250** oder Benzophenonderivate **251** mit Hydroxyl- und/oder Alkoxygruppen:

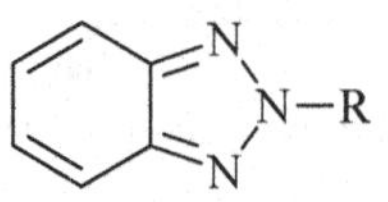

250 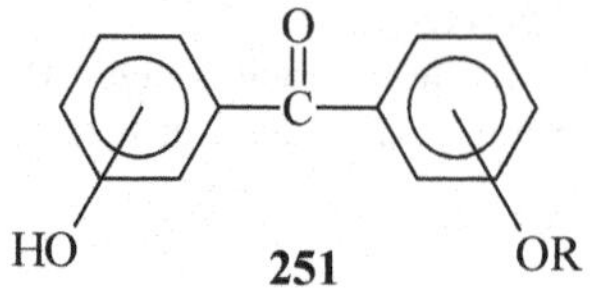   **251**

Die Wirkung dieser UV-Absorber beruht darauf, dass sie die einfallende UV-Strahlung in ungefährliche, nicht werkstoffzerstörende, IR-Strahlung (Wärme) umwandeln.
Für den gleichen Zweck setzt man manchmal auch noch bestimmte organische Nickelkomplexe ein.

Eine andere bedeutende Gruppe von Lichtschutzmitteln sind die sterisch gehinderten Amine, die man mit HALS abkürzt (*H*indered *A*mine *L*ight *S*tabilizer). Der gemeinsame chemische Grundkörper für diese im Wesentlichen als Radikalfänger nach dem hier nicht näher erläuterten *Denisov-Zyklus* wirkenden Substanzen ist das cyclische Amin 2,2,6,6-Tetramethylpiperidin **252**:

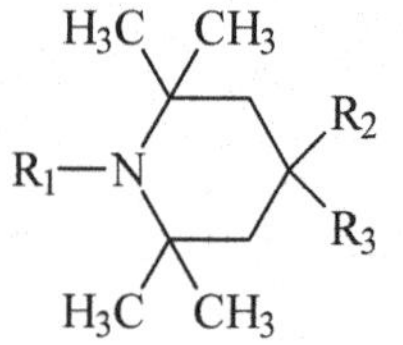

252

HALS-Verbindungen setzt man üblicherweise in katalytischen Mengen zu. Durch Veränderungen der Substituenten R können zahlreiche Modifikationen dieser Lichtschutzmittel hergestellt werden, die insbesondere bei Polyolefinen Verwendung finden.

Die stabilisierende Wirkung von Weißpigmenten, wie z.B. Titandioxid (TiO_2), beruht vorwiegend auf den hohen Reflexions- und Brechungswerten dieser Additive.

Von den technischen Kunststoffen besitzt das Polymethylmethacrylat (PMMA) **182** neben seiner hervorragenden Lichtdurchlässigkeit eine ausgezeichnete Beständigkeit gegenüber UV-Strahlung. Auch ohne zusätzliche Stabilisatoren weisen Polytetrafluorethylen (PTFE) **189** und Polyethylenterephthalat (PET) **82** ebenso eine akzeptable Lichtresistenz auf.

In einigen Spezialfällen, z.B. in der Technologie von Kernreaktoren und Elektronenbeschleunigern (Betatrons) sowie in Röntgenanlagen, sind polymere Werkstoffe besonders energiereicher Strahlung ausgesetzt. Zur Kategorie dieser Strahlung zählen unter anderem α-, γ- und Röntgenstrahlen, ferner schnelle, d.h. energiereiche, Elektronen und Nukleonen sowie Bestandteile der kosmischen Strahlung. Auch in der Medizintechnik wird z.B. γ-Strahlung bei der Strahlensterilisation von medizintechnischen Geräten verwendet.

Letztlich führt die Einwirkung jeglicher energiereicher Strahlung zu Schädigungen des Kunststoffs, wobei prinzipiell sämtliche bereits diskutierten chemischen Abbaureaktionen eintreten können. So sind z.B. radikalische Fragmentierungen möglich, die bei einigen Kunststoffen weitere Abbaureaktionen begünstigen, jedoch bei anderen Polymeren wiederum eine Vernetzung fördern. In Gegenwart von Sauerstoff treten vorwiegend oxidative Zersetzungsreaktionen ein.

Das Ausmaß der Schädigungen kann von der Eindringtiefe der entsprechenden Strahlung abhängen, wobei die Eindringtiefe in erster Näherung sowohl von der Massendichte als auch von der Energie der Strahlung bestimmt wird. Zwischen der Absorption der energiereichen Strahlung und der relativen molaren Masse des Polymeren existiert meist keine eindeutige Korrelation. Auch die spezielle chemische Struktur des Kunststoffs ist nicht unbedingt ausschlaggebend für das Eintreten einer Schädigung. Man kann jedoch im Allgemeinen davon ausgehen, dass Kunststoffe, deren Strukturelemente aromatische Systeme enthalten (z.B. Polystyrol) oder eine hohe Kettensteifigkeit aufweisen, vergleichsweise beständig gegenüber energiereicher Strahlung sind. Auch stark vernetzte Duroplaste, wie z.B. Phenol-Formaldehydharz (PF), Epoxide (EP) oder Polyurethane (PUR) zeigen eine erhöhte Resistenz.

6.6.6 Schädigungen durch Chemikalien

Die Einwirkung von Chemikalien auf Kunststoffe kann in Abhängigkeit vom speziellen Werkstoff und der jeweils angreifenden Substanz ebenfalls zu schädigenden Reaktionen führen, die eine nachteilige Änderung der gewünschten Werkstoffeigenschaften verursachen.

Unter Chemikalien versteht man in diesem Zusammenhang normalerweise organische LM, gängige Säuren und Laugen sowie auch das wichtigste anorganische Lösungsmittel, nämlich Wasser.

Im Molekülverband eines Polymeren behalten die einzelnen monomeren Bausteine häufig ihre individuellen chemischen Eigenschaften, die allerdings keinesfalls so stark ausgeprägt sind und zur Geltung kommen, wie dies im niedermolekularen Zustand der Fall ist. Der Grund dafür liegt einerseits in ihrer geringen Beweglichkeit durch die Fixierung in einer Makromolekülkette, andererseits erfolgt eine abschirmende Schutzwirkung über die benachbarten Polymerketten. Daraus folgt zwangsläufig, dass bei einem chemischen Angriff insbesondere die Oberfläche des Kunststoffs betroffen ist und auch primär geschädigt wird.

6.6.6.1 Löslichkeit

Für die Löslichkeit eines Polymers in einem Lösungsmittel gilt grundsätzlich die Regel *„Ähnliches löst sich in Ähnlichem" (similis simili solvetur)*, was bedeutet, dass Kunststoffe mit stark polaren funktionellen Gruppen sich bevorzugt in polaren LM lösen, während in unpolaren LM vornehmlich Polymere mit unpolaren Gruppierungen gelöst werden können.

So ist z.B. das verhältnismäßig stark polare Polymethylmethacrylat (PMMA) **182** in stärker polaren LM wie Ketonen (Aceton) und Estern recht gut löslich, wird jedoch von unpolaren Flüssigkeiten wie z.B. Alkanen (Benzine, Mineralöle) kaum angegriffen. Polystyrol (PS) **141** löst sich bevorzugt in aromatischen Kohlenwasserstoffen (Benzol, Toluol, Xylole, Kresole), ist jedoch schwer löslich bzw. nicht quellbar in Paraffinen und in Alkoholen.

Bei den Lösungsvorgängen dringt das LM infolge von Diffusionsprozessen durch die Oberfläche in den Kunststoff ein und bewirkt zunächst eine Quellung des Werkstoffs. Je nach speziellen Reaktionsbedingungen ist bei ausreichender LM-Zufuhr eine vollständige Lösung des Polymers möglich. Begünstigt wird der Auflösungsprozess durch höhere Temperaturen, und zwar vor allem dann, wenn der Vorgang oberhalb der Glasübergangstemperatur T_g bzw. der Schmelztemperatur T_m des Kunststoffs abläuft. Ein hoher kristalliner Anteil bei teilkristallinen Thermoplasten verbessert im Allgemeinen die LM-Beständigkeit, da das LM in der Regel durch die amorphen Bereiche in den Werkstoff diffundiert. Grundsätzlich lässt sich feststellen, dass amorphe Thermoplaste unterhalb ihrer T_g genauso wie die engmaschig vernetzten Duroplaste gegenüber organischen Lösungsmitteln ziemlich inert sind, während Elastomere bis auf wenige Ausnahmen von vielen org. LM angegriffen werden. Baut man jedoch z.B. stark polare Nitrilgruppen in das Elastomer ein, wie dies beim Acrylnitril-Butadien-Kautschuk (NBR) **171** der Fall ist, so wird eine enorme Erhöhung der Lösungsmittelbeständigkeit gegenüber unpolaren Solvenzien, wie Benzine und Mineralöle, erzielt.

6.6.6.2 Einwirkung von Säuren und Laugen

Generell lässt sich sagen, dass die meisten Kunststoffe bei der Einwirkung von schwachen Säuren und schwachen Laugen sowie von wässrigen Salzlösungen kaum angegriffen werden. Insbesondere Makromoleküle, die aus unpolaren Kohlenstoff-Isoketten aufgebaut sind, weisen eine sehr hohe Beständigkeit auf. Bei der Einwirkung von starken Säuren bzw. starken Laugen kann es jedoch durchaus zu chemischen Abbaureaktionen kommen.

Stark oxidierende Säuren bewirken in erster Linie oxidative Zersetzungsprozesse. Ferner können bestimmte Abbaureaktionen durch hohe Konzentrationen von H_3O^+- oder OH^--Ionen beschleunigt werden, wie beispielsweise säure- bzw. basenkatalysierte Ringöffnungsreaktionen bei Epoxiden (vgl. Abschnitt 6.3.3.2). Durch derartige katalytische Vorgänge sind vor allem Kunststoffe gefährdet, deren Kettenrückgrat Heteroatome enthält. Denn in wässrigen Lösungen kann bei diesen Polymeren eine Bindungsspaltung durch Hydrolyse erfolgen, die direkt neben dem Heteroatom einsetzt.

6.6.6.3 Hydrolyse

Als Hydrolyse bezeichnet man ganz allgemein eine chemische Reaktion, bei der eine kovalente Bindung durch die Einwirkung von Wasser gespalten wird.

Aus der Vielzahl der Kunststoffe sind von der Hydrolyse besonders solche Polymere betroffen, die über Polykondensationsreaktionen unter Freisetzung von Wasser synthetisiert wurden, z.B. Polyamide (vgl. Reaktionsfolge **71** bis **73** in Abschnitt 6.3.2.1). Wenn wir die beiden Ausgangskomponenten zur Herstellung von PA mit A und B abkürzen, so lässt sich die exotherme Polykondensation als folgende Gleichgewichtsreaktion darstellen:

$$A \;+\; B \;\rightleftharpoons\; PA \;+\; H_2O \;\; - \Delta H$$

Wirkt nun Wasser auf das Polyamid ein, dann ist nach dem *Prinzip von Le Chatelier* bei erhöhten Temperaturen zumindest teilweise eine Rückreaktion in die Ausgangsstoffe A und B möglich.

Unter der katalytischen Einwirkung von Säuren verläuft die Hydrolyse der Polyamide folgendermaßen:

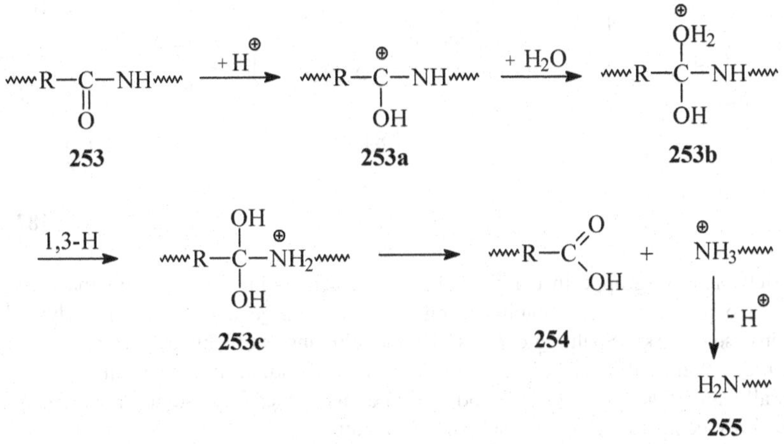

Durch die Protonierung des Sauerstoffatoms der Carbonylgruppe des Polyamids **253** wird das Makrokation **253a** gebildet. Addition von Wasser führt zur Zwischenstufe **253b**, die dann durch eine 1,3-H-Wanderung in **253c** übergeht, die sich anschließend in die Carbonsäure **254** und das Amin **255** spaltet.

Im alkalischen Milieu greift das stark nucleophile Hydroxidion das Polyamid **253** am positivierten Kohlenstoffatom an, so dass das Makroanion **253d** entsteht. Ohne die direkte Einwirkung eines Wassermoleküls erfolgt danach die Spaltung der C–N-Einfachbindung in **253d**, wobei sich neben dem Amin **255** das resonanzstabilisierte Carboxylation **254a** bildet:

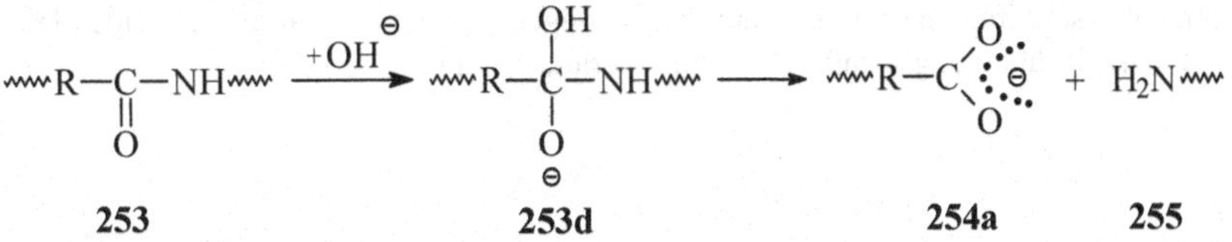

In ähnlicher Weise, wie hier für das Polyamid beschrieben, können auch andere Polymere mit Heteroketten reagieren und chemische Abbaureaktionen einleiten. Dies trifft z.B. auf Polyurethane (PUR), Polyharnstoffe (PUA) und Polyimide (PI) zu, die jeweils Stickstoffatome in der Hauptkette besitzen, wobei PUR zusätzlich noch Sauerstoffatome in der Heterokette trägt.

Hydrolyseanfällig sind auch Polyether, Polyester und Polycarbonate (PC), deren Heteroketten jeweils Sauerstoffatome enthalten. So ist beispielsweise Polyoxymethylen (POM) **152** recht unbeständig gegenüber konzentrierten Säuren, während Polyester, wie z.B. Polyethylenterephthalat (PET) **84**, vorwiegend unter der Einwirkung von Laugen hydrolysiert werden. Die Ursache für dieses unterschiedliche Verhalten liegt darin, dass im POM das vergleichsweise elektronenreiche Sauerstoffheteroatom bevorzugt von H_3O^+-Ionen angegriffen wird, während im PET das stark positivierte Kohlenstoffatom der Carbonylgruppe ein besonders ausgeprägtes elektrophiles Zentrum darstellt und deshalb die Hydrolyse vorzugsweise von OH^--Ionen ausgelöst wird.

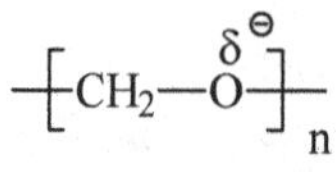

$$
\left[CH_2{-}\overset{\delta\ominus}{O}\right]_n \qquad \left[CH_2{-}CH_2{-}O{-}\overset{\delta\oplus}{\underset{\underset{O}{\|}}{C}}{-}\!\!\left\langle\bigcirc\right\rangle\!\!{-}\overset{\delta\oplus}{\underset{\underset{O}{\|}}{C}}{-}O\right]_n
$$

152 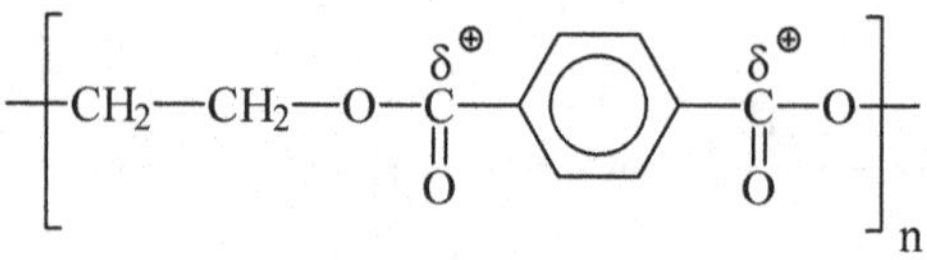   **84**

$$
\left[\begin{matrix} CH_3 \\ | \\ C{-}CH_2 \\ | \\ C{=}O \\ |\,\delta\oplus \\ O \\ | \\ CH_3 \end{matrix}\right]_n
$$

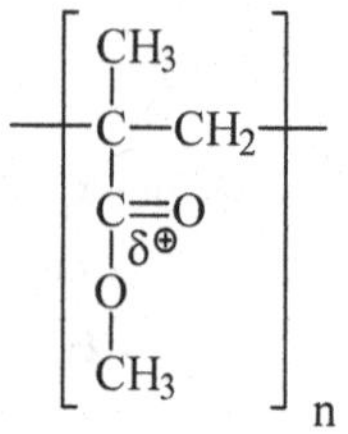

182

Befindet sich die Estergruppe in der Seitenkette, wie z.B. beim Polymethylmethacrylat (PMMA) **182**, dann erfolgt eine gewisse Stabilisierung des Polymers gegenüber der Hydrolyse, bzw. eine durch Hydrolyse bewirkte Spaltung der C–O-Einfachbindung hat nicht so gravierende Eigenschaftsänderungen des Werkstoffs zur Folge, wie dies bei einer Bindungstrennung innerhalb einer Hauptkette der Fall wäre. Aus diesem Grund sind – wie bereits vorher festgestellt – Kunststoffe mit Heteroketten hydrolyseempfindlicher als solche mit Isoketten.

Kunststoffe, die zur Hydrolyse neigen, können durch geeignete Additive stabilisiert werden. Es handelt sich bei diesen Hydrolysestabilisatoren um pH-Puffersubstanzen, deren Wirkung in der Neutralisation von angreifenden Oxonium- bzw. Hydroxidionen besteht, so dass keine größere Veränderung des pH-Wertes eintritt und damit säure- oder basenkatalysierte Hydrolysevorgänge erschwert werden.

Zum Schluss dieses Abschnitts sei darauf hingewiesen, dass bei der Einwirkung von Chemikalien auf Kunststoffe werkstoffschädigende Abbaureaktionen nicht nur durch besonders reaktive funktionelle Gruppen oder Heteroatome in der Makromolekülkette begünstigt werden, sondern oft auch – besonders bei erhöhter Temperatur – Additive oder z.B. Katalysatorreste vom Herstellungsprozess eigenschaftsändernde Reaktionen auslösen können. Selbst reversible Vorgänge, wie beispielsweise eine erhöhte Wasseraufnahme von Polyamiden, genügen vollständig, um einschneidende Veränderungen z.B. bei Glasübergangs- und Schmelztemperaturen zu bewirken.

7 Keramische Werkstoffe

7.1 Einteilung und Eigenschaften keramischer Werkstoffe

Als keramische Werkstoffe bezeichnet man üblicherweise aus nichtmetallischen, anorganischen Komponenten aufgebaute Stoffe, die technische Anwendung finden. Neben den schon lange bekannten keramischen Erzeugnissen, wie z.B. Steinzeug, Ton und Porzellan, sind in jüngster Zeit keramische Werkstoffe auf der Basis bestimmter Oxide, Carbide, Nitride und Boride entwickelt und modifiziert worden, die wegen ihrer besonderen Eigenschaften als sogenannte *Hochleistungskeramiken* oder *High-Tech-Ceramics* herkömmliche Werkstoffe in einigen Sparten verdrängen sowie ganz neue Werkstoffbereiche erschließen.

Da die Herstellung dieser Keramiken in vielen Fällen analog zu pulvermetallurgischen Methoden über Sinterprozesse verläuft, wird die Bezeichnung „keramische Werkstoffe" bzw. „keramische Sinterwerkstoffe" auch auf hochtemperaturbeständige Materialien, die nicht zur klassischen Keramik zu zählen sind, ausgeweitet und schließt mittlerweile die Technologien der Kohlenstoff-, Carbid-, Nitrid-, Borid- und Silicidkeramik sowie die der Hartmetalldarstellung ein.

Die wichtigsten Verfahrensschritte zur Herstellung von Hochleistungkeramiken sind: Pulverherstellung, Pulveraufbereitung, Formgebungsverfahren, eventuelle Nachbearbeitung des Grünlings, Ausheizen von Dispersionsmitteln, Bindemitteln und Weichmachern, Sintern des Grünlings zum Weißkörper, evtl. Nachbearbeitung des Weißkörpers (meist sehr kostenintensiv).

Von den zahlreichen möglichen Formgebungsverfahren seien die folgenden erwähnt: Extrudieren, Kalandern, Spritzgießen, Foliengießen, Schlickergießen, Trockenpressen, isostatisches Pressen und *heiß*isostatisches *Pressen (HIP)*.

Keramische Werkstoffe zeichnen sich durch hervorragende mechanische Eigenschaften aus, wie beispielsweise hohe Festigkeit, Härte und Abriebfestigkeit bei gleichzeitig – im Vergleich zu z.B. metallischen Werkstoffen – ziemlich niedriger Massendichte. Hinsichtlich der thermischen Eigenschaften handelt es sich meist um sehr temperaturbeständige Verbindungen, die häufig thermisch isolierend sind, teilweise aber auch recht hohe thermische Leitfähigkeiten aufweisen. Man spricht nach DIN 51060 von *feuerfesten* Werkstoffen, wenn der Erweichungspunkt (sog. *Segerkegelfallpunkt*) über 1500°C liegt, bzw. von *hochfeuerfest*, wenn dies bei einer Temperatur von über 1800°C der Fall ist. Von Nachteil für einige technische Anwendungen ist die geringe Temperaturwechselbeständigkeit keramischer Werkstoffe. Die elektrische Leitfähigkeit kann durchaus bemerkenswert sein bis hin zu Halbleitereigenschaften, andererseits besitzen viele Keramiken die Eigenschaft eines elektrischen Isolators. Weiterhin zeichnen sich keramische Werkstoffe durch günstige chemische Eigenschaften aus, d.h. sie weisen meist eine hervorragende Korrosionsbeständigkeit auf. Für die Werkstoffauswahl sehr häufig einschränkend ist allerdings die große Sprödigkeit der Keramiken.

Es gibt natürlich viele Möglichkeiten, eine Einteilung keramischer Werkstoffe vorzunehmen. Geht man hauptsächlich nach chemischen Kriterien bezüglich der Zusammensetzung vor, so lässt sich z.B. eine grobe Klassifizierung in Silicat-, Oxid- und Nichtoxidkeramik vornehmen. Eine weitere Gliederung der Nichtoxidkeramik in Carbide, Nitride, Boride und Silicide ist ebenfalls oft anzutreffen. Schwieriger wird es schon bei den einzelnen Feinunterteilungen. Nicht immer werden die Hartmetalle bzw. Hartstoffe, die zwar, wie oben erwähnt, sich über pulvermetallurgische Verfahren

© Der/die Autor(en), exklusiv lizenziert durch
Springer-Verlag GmbH, DE, ein Teil von Springer Nature 2021
H. Briehl, *Chemie der Werkstoffe*,
https://doi.org/10.1007/978-3-662-63297-0_7

herstellen lassen, zu den keramischen Werkstoffen gezählt. Auch die Graphitmodifikation des Kohlenstoffs nimmt bezüglich der Einordnung häufig eine Sonderstellung ein.

In der Tabelle 7.1 ist eine Auswahl der wohl bedeutendsten keramischen Werkstoffe aufgeführt. Die Erläuterung der relevanten chemischen Herstellungsverfahren, insbesondere der oxidischen und nichtoxidischen Hochleistungskeramiken, und die Beschreibung der wichtigsten werkstofftechnischen Eigenschaften sowie Hinweise auf den Einsatz dieser Werkstoffe sind Gegenstand dieses Kapitels.

Tab. 7.1.: Einteilung keramischer Werkstoffe (Auswahl)

Keramische Werkstoffe						
Silicatkeramik	**Oxidkeramik**		**Nichtoxidkeramik**			
	einfache Oxide	**mehrkomponentige Oxide**	**Carbide**	**Nitride**	**Boride**	**Silicide**
z.B. Tongut Tonzeug						
Mullit ($3Al_2O_3 \cdot 2SiO_2$)	Al_2O_3	Ferrite (MeO·Fe_2O_3, MeFe$_{12}$O$_{19}$)	SiC	Si_3N_4	TiB_2	$MoSi_2$
Sillimanit (Al[AlSiO$_5$])	ZrO_2		B_4C	BN	ZrB_2	WSi_2
Montmorillonit (Al$_2$(OH)$_2$[Si$_4$O$_{10}$])	MgO	Titanate (BaTiO$_3$, Al$_2$TiO$_5$)	WC	AlN	LaB_6	
Cordierit (Mg$_2$Al$_3$[AlSi$_5$O$_{18}$])	BeO		TiC	TiN		
Steatit (Mg$_3$[(OH)$_2$/Si$_4$O$_{10}$])	TiO_2	PZT-Keramik	TaC	ZrN		
Forsterit (Mg$_2$[SiO$_4$])	ThO_2	keram. Supraleiter	NbC	(Sialon)		
Glaskeramik	UO_2		(Graphit)			

7.2 Silicatkeramik

Sicherlich enthalten die unterschiedlichen Komponenten silicatkeramischer Werkstoffe auch größere Mengen von oxidischen Anteilen, jedoch wird der Begriff Oxidkeramik üblicherweise nur auf recht hochschmelzende Oxide angewandt, während tiefer schmelzende Keramiken mit einem SiO_2-Gehalt von > 20% meist zur Silicatkeramik gezählt werden.

Ein weiteres Unterscheidungskriterium liegt darin, dass die Ausgangssubstanzen für die Herstellung von Silicatkeramik im Allgemeinen direkt aus der oberen Erdrinde in Form von Mineralien gewonnen werden, wohingegen das Material für die Oxid- und Nichtoxidkeramik durch verschiedene chemische Prozesse synthetisiert wird.

7.2.1 Einteilung silicatkeramischer Werkstoffe nach physikalischen Eigenschaften

Neben den bereits angeführten allgemeinen Eigenschaften keramischer Werkstoffe gelten bestimmte Merkmale, wie z.B. Dicke, Porosität, Farbe, Herstellungstemperatur, Stärke der Sinterung etc. als richtungsweisend für weitere Eingruppierungen. Da es hierbei selbstverständlich zu vielen Überschneidungen kommt, ist eine völlig systematische Klassifizierung nicht möglich.

Eine ganz einfache Unterscheidung kann z.B. in das dünnwandige *Geschirr* und die dickwandige *Baukeramik* vorgenommen werden. Des Weiteren lassen sich die silicatkeramischen Werkstoffe in *Grobkeramik* und *Feinkeramik* einteilen. Zur Grobkeramik zählen künstliche Bauwerkstoffe wie Ziegel, Klinker und feuerfeste Steine (Schamotte, Sillimanit, Silikasteine, Mullit, Forsterit), während als Feinkeramik *Porzellan* (Geschirr, Dentalporzellan, technisches Porzellan), *Steinzeug* (Fließen, Sanitärwaren), *Steingut* (Platten, Geschirr) und *Irdengut* (Töpferwaren) bezeichnet werden. Irdengut und Steingut besitzen einen porösen und wasseraufsaugenden Scherben und gehören daher zur Gruppe des *Tonguts*. Zum *Tonzeug* rechnet man die stärker gesinterten und somit weniger porösen, häufig ziemlich glänzenden und auch härteren keramischen Produkte Porzellan und Steinzeug, wobei sich das Porzellan aufgrund seines durchscheinenden weißen Scherbens vom meist farbigen Steinzeug unterscheidet.

Soweit sie – was meistens der Fall ist – aus SiO_2-Komponenten aufgebaut sind, können die sog. *Glaskeramiken (Vitrokerame)* ebenfalls zur Silicatkeramik gezählt werden. Da für die wichtigste Glaskeramik ein Dreikomponentensystem mit *Lithium-*, *Aluminium-* und *Silicium*oxiden als Hauptbestandteile eingesetzt werden, bezeichnet man diese Systeme als „*LAS*-Glaskeramik".

Glaskeramische Werkstoffe entstehen durch gezielte Kristallisation („gesteuerte Entglasung") derartiger Gläser. Diese gezielte Kristallisation wird erreicht, indem man die Schmelze einem bestimmten Abkühlungs- und Wiederaufheizungszyklus unterwirft und zusätzlich ausgewählte Keimbildner, z.B. Edelmetalle und schwerlösliche Oxide der Übergangsmetalle (TiO_2, ZrO_2), einsetzt. Bei diesem auch als Keramisierung bezeichneten Vorgang bildet sich ein feinkristallines Gefüge aus, das neben der kristallinen Phase noch Anteile an Glasphase aufweist. Die hervorstechenden Eigenschaften dieser Glaskeramiken sind hohe Temperaturwechselbeständigkeit, sehr geringe und sogar negative – teilweise kontinuierlich einstellbare – thermische Ausdehnungskoeffizienten, hervorragende Resistenz gegenüber Korrosion und leichte Formbarkeit im Vergleich zu den „reinen" Keramiken. Als Werkstoffe finden die Glaskeramiken Verwendung z.B. für Herdplatten (Ceran®), Laborgeräte, Teleskopspiegelträger (Zerodur®), in der Luft- und Raumfahrttechnik (Flugzeugteile, Raketenspitzen, Gehäuse von Radarantennen), für biokompatible Implantate vornehmlich auf der Basis von kristallinem Apatit ($Ca_5[(F,Cl)/(PO_4)_3]$) oder insbesondere in der Dentaltechnik als Inlays oder Kronen aus Leucit-Glaskeramiken ($K[AlSi_2O_6]$).

7.2.2 Porzellan

Als Rohstoff für die Porzellanherstellung dient eine Mischung aus Kaolin, Quarzsand und Feldspat.

Kaolin (Porzellanerde), in der mineralogischen Form des Kaolinits ein hydratisiertes Aluminiumsilicat der Formel $Al_2O_3 \cdot 2SiO_2 \cdot 2H_2O$ bzw. $Al_4[Si_4O_{10}](OH)_8$, ist im Wesentlichen für die Hitzebeständigkeit des Porzellans verantwortlich. Eine Verbesserung der mechanischen Festigkeit erreicht man durch den Zusatz von *Quarz* (SiO_2), der auch gleichzeitig als Magerungsmittel zur Vermeidung einer erhöhten Schwindung und Rissbildung beim Brennprozess fungiert. *Feldspat*, z.B. der Natronfeldspat $Na_2O \cdot Al_2O_3 \cdot 6SiO_2 = 2Na[AlSi_3O_8]$, wirkt als Flussmittel und steigert die Transparenz und die elektrische Durchschlagfestigkeit des Produkts.

Die Eigenschaften des Porzellans hängen stark vom Mischungsverhältnis der drei Komponenten ab. So erhält man z.B. bei einem Anteil von etwa 25% Kaolin, 45% Quarz und 30% Feldspat *Weichporzellan*, während ein Gemisch aus ca. 50% Kaolin und jeweils 25% Quarz und Feldspat zu dem chemisch resistenteren und temperaturwechselbeständigeren *Hartporzellan* führt.

Im Verlauf der Brennprozesse, die beim Hartporzellan bis zu einer Temperatur von max. 1450°C geführt werden, treten verschiedenartige komplexe Vorgänge auf, die sich aus vielen chemischen Einzelreaktionen zusammensetzen. So erfolgt z.B. im Temperaturbereich von ca. 400-600°C die Dehydratisierung des Kaolins und anschließend bei etwa 1000°C unter Abscheidung von Siliciumdioxid in exothermer Reaktion die Bildung von *Mullit*:

$$Al_4[Si_4O_{10}](OH)_8 \xrightarrow[-4\ H_2O]{400\text{-}600°C} 2x\ "Al_2O_3 \cdot 2\ SiO_2" \xrightarrow[-2\ SiO_2]{1000°C} 2\ Al_2O_3 \cdot SiO_2$$

Kaolinit   Metakaolinit   Mullit

Hartporzellan wird neben seiner vielfältigen Verwendung im Haushalt vorwiegend in der Elektroindustrie als Isolator eingesetzt sowie für viele chemische Laborgeräte (Laborporzellan) benutzt.

7.2.3 Einzelne Silicate

Kaolinit $Al_4[Si_4O_{10}](OH)_8$ wird neben der erwähnten Herstellung von Porzellan zur Produktion von Steinzeug und Steingut sowie als Füllstoff in der Papierindustrie und für Elastomere zur Erhöhung der Abriebsfestigkeit eingesetzt.

Mullit ist ein kristallisiertes Aluminiumsilicat mit wechselnder stöchiometrischer Zusammensetzung von $2Al_2O_3 \cdot SiO_2$ bis $3Al_2O_3 \cdot 2SiO_2$, das sich nicht nur beim Erhitzen von Kaolinit, sondern in analoger Weise auch aus den anderen sogenannten Tonmineralien (Sillimanit, Montmorillonit) bildet. Es findet als Bestandteil silicatkeramischer Werkstoffe und Glaskeramiken in Feuerfestmaterialien und als Trägersubstanz von Abgaskatalysatoren technische Verwendung.

Als *Sillimanit* bezeichnet man das Aluminiumsilicat $Al_2O_3 \cdot SiO_2 = Al[AlSiO_5]$, das ebenso eine Komponente der Silicatkeramik und insbesondere einen Rohstoff zur Produktion von Feuerfestmaterial darstellt.

Dehydratisiertes *Montmorillonit* ist $Al_2O_3 \cdot 4SiO_2 \cdot H_2O = Al_2(OH)_2[Si_4O_{10}]$ und dient gleichfalls als keramisches Rohmaterial.

Zu den magnesiumhaltigen Silicaten zählen *Cordierit* $2MgO \cdot 2Al_2O_3 \cdot 5SiO_2 = Mg_2Al_3[AlSi_5O_{18}]$ und *Steatit* $3MgO \cdot 4SiO_2 \cdot H_2O = Mg_3[(OH)_2/Si_4O_{10}]$. Steatit, auch unter den Namen *Speckstein* und *Talk* bekannt, wird zur Herstellung von Isolatoren sowie häufig als Füllstoff für Polypropylen (PP) verwendet, während Cordierit als Bauteil besonders für stark temperaturwechselbeständige Anwendungen (Rußfilter, Trägermaterial von Katalysatoren, Regeneratoren in Heißgasturbinen) eingesetzt wird.

Eine besondere Bedeutung in der Isolatortechnik kommt unter den Magnesiumsilicaten dem *Forsterit* $2MgO \cdot SiO_2 = Mg_2[SiO_4]$ zu, da derartige Keramiken sich gut metallisieren und verlöten lassen. Hingegen ist die Verwendung des Magnesiumsilicats *Asbest*, z.B. in Form des farblosen Chrysotilasbests $Mg_3(OH)_4[Si_2O_5]$, als Bau- und Brandschutzwerkstoff seit 1993 in Deutschland und seit 2005 in der EU gänzlich verboten.

Wollastonit $Ca_3[Si_3O_9]$, ein Calciumsilicat, wird als Asbest-Ersatzstoff sowie als Füllstoff in Kunststoffen (PA, PP, PUR) genutzt.

Ebenso als Füllstoffe für Kunststoffe sowie als Isolationswerkstoffe in der Elektroindustrie werden die zur Gruppe der sog. *Glimmer* zählenden Spezies *Muskovit* („Kaliglimmer") $KAl_2[(OH,F)_2/AlSi_3O_{10}]$ und *Phlogopit* („Magnesiaglimmer") $KMg_3[(OH, F)_2/AlSi_3O_{10}]$ eingesetzt.

7.3 Oxidkeramik

Unter Oxidkeramik versteht man nach keramischen Technologien produzierte, hochschmelzende oxidische Werkstoffe, die keine oder vernachlässigbar kleine Anteile von Silicaten enthalten. Als Ausgangssubstanzen werden dabei im Allgemeinen sehr reine, feinteilige, über chemische Synthesen hergestellte Oxide eingesetzt. Diese Ausgangsmaterialien lassen sich unterhalb ihrer Schmelzpunkte ohne Zersetzung sintern.

Neben sog. einkomponentigen Metalloxiden wie Al_2O_3, ZrO_2, MgO, BeO, TiO_2, ThO_2 und UO_2 kommen auch mehrkomponentige Mischoxide zur Anwendung, in denen Kationen verschiedener Metalle im Kristallgitter vorhanden sind, wie z.B. bei den Titanaten, Ferriten, Spinellen und keramischen Supraleitern. Im Verlauf der Herstellungs- und Sinterprozesse dieser Mischoxidsysteme kommt es zum Teil zu chemischen Festkörperreaktionen zwischen den einzelnen Komponenten.

Bedingt durch die hohe Elektronegativität der Sauerstoffatome handelt es sich bei den Me-O-Bindungen innerhalb der Oxidkeramiken vorwiegend um Bindungen mit ausgeprägtem ionischen Charakter. Die Oxide sind aufgrund ihrer hohen thermodynamischen Stabilität gegenüber äußeren, korrosiven Einflüssen ziemlich inert. Wegen ihrer großen Hitzebeständigkeit zählen die Erzeugnisse der Oxidkeramiken zu den Hochtemperaturwerkstoffen.

7.3.1 Einfache Oxide

Die technisch bedeutendsten Werkstoffe auf der Basis einkomponentiger Oxide werden durch die Oxide von Aluminium, Zirconium, Magnesium, Beryllium, Titan, Thorium und Uran gebildet.

7.3.1.1 Aluminiumoxid

Aluminiumoxid ist in Form von Sinterkorund der verbreitetste oxidkeramische Werkstoff. Die Herstellung des α-Al_2O_3 erfolgt meist nach dem im Abschnitt 3.6.3.2 beschriebenen *Bayer-Verfahren* aus Bauxit.

In Abhängigkeit ihres Gehalts an Aluminiumoxid unterteilt man diese Oxidkeramik laut DIN EN 60672 in verschiedene Gruppen, z.B. in C 780 (bei 80-86 Gew.-% Al_2O_3), C 786 (86-95 Gew.-% Al_2O_3), C 795 (95-99 Gew.-% Al_2O_3), und bei über 99 Gew.-% Al_2O_3 wird der Werkstoff mit C 799 bezeichnet. Als Verunreinigungen sind im Wesentlichen SiO_2, Fe_2O_3 und Na_2O enthalten; hinzu kommen noch zusätzlich eingebrachte Sinterhilfsmittel, z.B. MgO für Keramiken der Klassifizierung C 799. Die Sintertemperaturen für α-Al_2O_3 liegen je nach Reinheit, Korngrößeverteilung, spezifischer Oberfläche und Sinteradditiven im Temperaturbereich von ca. 1350-1650°C.

Dicht gesintertes (theoret. Massendichte 3,99 g/cm³) hochreines α-Al_2O_3 ist unlöslich in Wasser und extrem beständig gegenüber Säuren, Laugen und zahlreichen Metall- und Glasschmelzen. Es zeichnet sich ferner durch hohe Härte, großen Verschleißwiderstand sowie hervorragendes elektrisches Isolationsvermögen bei gleichzeitig hoher thermischer Leitfähigkeit ($\lambda \approx 30$ W/mK) aus. Sein Schmelzpunkt liegt bei etwa 2050°C, und der mittlere lineare thermische Ausdehnungskoeffizient beträgt von RT bis 1000°C ca. $8,2 \cdot 10^{-6}$ K^{-1}. Rein formal besitzen die Bindungen im Al_2O_3 ungefähr 63% ionischen Charakter.

Die Verwendung von Sinterkorund ist sehr vielfältig. So werden keramische Werkstoffe aus Al_2O_3 unter anderem eingesetzt für korrosionsbeständige Teile im chemischen Apparatebau, als verschleißfestes Material im Maschinen- und Anlagenbau, für Schneidwerkzeuge, Schleifmittel, Tiegel, Schalen, Dichtungsscheiben für Mischarmaturen, Katalysatorträger, Substratmaterial für integrierte Schaltungen, Kugeln und Pfannen für Hüftgelenk-Endoprothesen, Membranen, Filter, Zündkerzen, keramische Fasern usw.

7.3.1.2 Zirconiumdioxid

Nach Aluminiumoxid ist Zirconiumdioxid die werkstofftechnisch am häufigsten verwendete Oxidkeramik. ZrO_2 kommt in der Natur in Form des Minerals *Baddeleyit* vor, wird aber auch aus „Zirkon" $ZrSiO_4$ hergestellt.

Ein Nachteil von ZrO_2-Keramiken ist deren reversible Phasenumwandlung von der monoklinen in die tetragonale Modifikation im Temperaturbereich von etwa 1000-1200°C:

$$ZrO_2 \underset{\text{(monoklin)}}{} \xrightleftharpoons{\text{1000-1200°C}} ZrO_2 \underset{\text{(tetragonal)}}{} + \Delta H$$
$$\rho = 5,6 \text{ g/cm}^3 \qquad\qquad \rho = 6,1 \text{ g/cm}^3$$

Bei etwa 2350°C erfolgt noch eine weitere Modifikationsänderung in kubisches ZrO_2, das eine Massendichte von $\rho = 6,27$ g/cm^3 aufweist.

Im Verlauf des Herstellungsprozesses durch Sinterung führt die große Differenz der Massendichten von tetragonaler und monokliner Modifikation beim anschließenden Abkühlen der Keramik zu einer beachtlichen Volumenvergrößerung, was leicht werkstoffschädigende Risse und Sprünge im Material nach sich zieht. Um dies zu vermeiden, stabilisiert man die kubische Form durch Zusätze von MgO, CaO oder Y_2O_3, welche mit dem Zirconiumdioxid kubische Mischkristalle bilden, die bis herab zu RT beständig sind.

Dabei wird unterschieden zwischen teilstabilisiertem ZrO_2, dem sogenannten *PSZ-Typ* (*p*artly *s*tabilized *z*irconia) und dem *TZP-Typ* (*t*etragonal *z*irconia *p*olycristal). Relativ grob kristallines ZrO_2 erhält man bei der Teilstabilisierung mit MgO, wobei der entsprechende Werkstoff normalerweise mit der Abkürzung Mg-PSZ bezeichnet wird, während sich mit Y_2O_3 ein feinkristallines tetragonales Gefüge aufbauen lässt, das als Y-TZP z.B. gegenüber dem Mg-PSZ eine bedeutend höhere Festigkeit besitzt. Auch vollstabilisierte ZrO_2-Keramiken (*FSZ* = *f*ully *s*tabilized *z*irconia) vom *CSZ-Typ* (*c*ubic *s*tabilized *z*irconia) werden angefertigt.

Teilstabilisiertes tetragonales ZrO_2 ist relativ temperaturwechselbeständig, da ein sich ausbreitender Riss in seiner direkten Umgebung die Umwandlung von ZrO_2-Teilchen in die thermodynamisch stabilere monokline Modifikation bewirkt. Die bei dieser Umwandlung freiwerdende Energie verursacht eine Verringerung des Risswachstums bzw. spaltet einen kritischen Riss in weniger gefährliche Mikrorisse auf, die sich anschließend totlaufen. In analoger Weise lässt sich durch gezielte Rissbildung auch die Risszähigkeit von z.B. Al_2O_3-Hochleistungkeramiken verbessern.

Keramische Werkstoffe aus Zirconiumdioxid zeichnen sich insbesondere durch ihre vergleichsweise geringe Wärmeleitfähigkeit aus ($\lambda_{25°C} = 2,5$ W/mK). Ihr mittlerer linearer thermischer Ausdehnungskoeffizient ist etwas größer als der des Al_2O_3 und beträgt – je nach Stabilisierung – im Temperaturbereich von RT bis 1200°C etwa $10,8 \cdot 10^{-6}$ K^{-1}. Der Schmelzpunkt der gegen Säuren und Laugen sehr beständigen Verbindung liegt bei ca. 2700°C.

ZrO_2 gehört zur Gruppe der oxidkeramischen Ionenleiter und dient als Feststoffelektrolyt z.B. in galvanischen Zellen (Brennstoffzellen) zur Messung von Sauerstoff. Als O_2-Sensor wird der Werkstoff in Form der λ-Sonde in den Kfz-Abgaskatalysatoren bei der Einstellung des Luft-Kraftstoff-Gemisches verwendet. Da zahlreiche Metallschmelzen (z.B. Aluminium, Nickel, Molybdän, Vanadium, Platin) ZrO_2-Keramik nicht benetzen, werden bei metallurgischen Prozessen hochfeuerfeste Schmelztiegel aus diesem Material bevorzugt. Ferner setzt man Produkte aus Zirconiumdioxid in der Textilindustrie als verschleißarme Fadenführer ein, als scharfe keramische Messerklingen, als Trägerwerkstoff von Katalysatoren, in Form von Zündkerzen, in der Medizintechnik als Hüftgelenkskugeln und Zahnimplantate sowie als Isoliermaterial und Schutzrohre für Hochtemperaturöfen.

7.3.1.3 Magnesiumoxid

Die Herstellung von reinem MgO erfolgt meist durch thermische Zersetzung von Magnesiumcarbonat:

$$MgCO_3 \xrightarrow[-CO_2]{\Delta} MgO$$

Gesintertes MgO (Sintermagnesia) erfährt beim Erhitzen bis zum Schmelzpunkt von etwa 2800°C keine Modifikationsänderungen. Allerdings sind seinem Einsatz in reduzierender Atmosphäre bei Temperaturen oberhalb von 1700°C Grenzen gesetzt. Auch gegenüber Säuren ist MgO nicht besonders beständig, hingegen wird es von starken Laugen kaum angegriffen.

Die Anwendungen von MgO-Keramik erstrecken sich vorwiegend auf den Bereich der Feuerfestmaterialien, wie z.B. feuerfeste Steine (Magnesia- bzw. Chrommagnesiasteine), Tiegel (besonders für alkalische Schmelzen und Schlacken), Laborgeräte etc. Wegen seines hohen elektrischen Isoliervermögens bis zu 1000°C und guter Wärmeleitfähigkeit ($\lambda_{100°C} \approx$ max. 50 W/mK) dient MgO als Füllstoff und Einbettmasse in Rohr- und Flächenheizkörpern.

7.3.1.4 Berylliumoxid

Berylliumoxid kann durch Erhitzen von Berylliumhydroxid bei ca. 450°C gewonnen werden:

$$Be(OH)_2 \xrightarrow[-H_2O]{\Delta} BeO$$

Gesintertes BeO ist ein vergleichsweise teurer keramischer Werkstoff. Dies liegt zum einen am Rohstoffpreis, andererseits aber auch an den hohen und zeitaufwendigen Vorsichtsmaßnahmen, die bei der Verarbeitung des sehr toxischen BeO-Pulvers eingehalten werden müssen. Keramische Produkte aus BeO haben aus diesem Grund keine allzu große Verbreitung gefunden, obwohl der gesinterte Werkstoff angeblich ohne gesundheitliche Bedenken bis ca. 1000°C einsetzbar ist.

Berylliumoxid schmilzt bei etwa 2550°C und zeigt zuvor bei ungefähr 2030°C eine reversible polymorphe Umwandlung, die mit einer Volumenänderung von ca. 5% verknüpft ist. Für bestimmte Anwendungen stellen die erwähnten 2030°C somit eine natürliche Temperaturgrenze dar.

Keramische Werkstoffe aus BeO sind gekennzeichnet durch eine im Verhältnis zu anderen Oxidkeramiken außergewöhnlich hohe Wärmeleitfähigkeit von $\lambda_{100°C}$ = 210 W/mK bei gleichzeitig guter Temperaturwechselbeständigkeit und hohem elektrischen Isoliervermögen. Ferner ist die Massendichte von BeO mit ρ = 3,01 g/cm^3 relativ niedrig. Der mittlere lineare thermische Ausdehnungskoeffizient weist mit ca. 8,9·10^{-6} K^{-1} (RT-1000°C) einen ähnlichen Wert auf wie der des Al$_2$O$_3$. Gegenüber den meisten Säuren und Laugen ist gesintertes BeO bei RT ziemlich inert. Allerdings erfolgt oberhalb von etwa 800°C eine merkliche Reaktion mit Wasserdampf unter Bildung von Berylliumhydroxid, das teilweise abdampft bzw. sich wieder gemäß oben angeführter Reaktion zu pulverförmigem BeO zersetzt.

Wegen der enorm hohen Wärmeleitfähigkeit und des hohen elektrischen Widerstandes findet BeO als Werkstoff vorwiegend in der Elektronik Verwendung, z.B. als Substratmaterial und als Gehäuse für Chips (Wärmesenken). Des Weiteren werden Schmelztiegel, Kokillen sowie Thermoelementhülsen und ähnliches elektrisches Isolationsmaterial aus BeO hergestellt. Wegen der Toxizität hat jedoch in den letzten Jahren die Bedeutung dieser Keramik abgenommen, wobei das BeO z.B. durch Aluminiumnitrid ersetzt wird, das vergleichbare Eigenschaften aufweist (vgl. Abschnitt 7.4.3.3).

7.3.1.5 Titan-, Thorium- und Urandioxid

Titandioxid TiO$_2$ existiert in der Natur in den drei verschiedenen Modifikationen *Anatas, Brookit* und *Rutil*, wobei Rutil die stabilste Form ist. Gesintertes Rutil weist einen relativ tiefen Schmelzpunkt von etwa 1830°C auf. TiO$_2$-Keramiken werden wegen ihres extrem niedrigen Reibungskoeffizienten insbesondere als verschleißfester Fadenführer in der Textilindustrie eingesetzt. Ein großer Markt liegt im Bereich der Elektrotechnik, wo der Werkstoff zum Bau von Kondensatoren gebraucht wird. Ferner dient TiO$_2$ als Trägermaterial für Katalysatoren.

Mit einem Schmelzpunkt von 3220°C (teilweise wird auch 3390°C in der Literatur angegeben) ist *Thoriumdioxid ThO$_2$* das höchstschmelzende bekannte Oxid. Neben seiner gelegentlichen Verwendung als Werkstoff für spezielle Schmelztiegel, Heizleiter und Katalysatormaterial besitzt gesintertes ThO$_2$ seine größte Bedeutung in der Nukleartechnik. Zusammen mit *Urandioxid UO$_2$* werden durch Pressen und Sintern (bei 1700°C in H$_2$-Atmosphäre) aus dem (Th,U)O$_2$-Mischoxid keramische Pellets hergestellt, die als Brennstoff in Kernreaktoren eine wichtige Rolle spielen.

7.3.2   Mehrkomponentige Oxide

7.3.2.1 Ferrite

Unter Ferriten versteht man mehrkomponentige oxidkeramische Magnetwerkstoffe, die permanente magnetische Dipole aufweisen. Eine weitere charakteristische Eigenschaft von Ferriten ist deren im Vergleich zu anderen Magnetwerkstoffen (z.B. Metallen) hoher elektrischer Widerstand, der das Auftreten von insbesondere in der Hochfrequenztechnik störenden Wirbelströmen verhindert.

Man unterscheidet zwischen *weichmagnetischen* und *hartmagnetischen Ferriten*.

Weichmagnetische Ferrite sind durch relativ niedrige Remanenz gekennzeichnet und können in ihrer chemischen Zusammensetzung durch die allgemeine Formel MeO·Fe$_2$O$_3$ = MeFe$_2$O$_4$ charakterisiert werden, wobei z.B. Me = Ni, Zn, Mn, Co, Cu, Mg und Cd bzw. auch eine Mischung aus diesen Metallen sein kann. Ihre Synthese erfolgt im Allgemeinen durch Erhitzen einer Mischung aus α-Fe$_2$O$_3$-Pulver und dem Oxid oder Carbonat des Metalls Me auf 1100-1300°C. Nach diesem Prozess des Vorsinterns wird das erhaltene Produkt zu feinem Pulver gemahlen, anschließend gepresst und bei 1000-1450°C in Gegenwart von sauerstoffreicher Luft zum Endprodukt gesintert. Die wichtigsten Anwendungsgebiete weichmagnetischer Ferrite liegen in der Nachrichtentechnik (Ferritantennen), in der Elektrotechnik (Kerne für Transformatoren) sowie in der Hochfrequenztechnik.

Dauermagnetische Eigenschaften weisen die hartmagnetischen Ferrite der allgemeinen chemischen Formel MeO·6Fe$_2$O$_3$ = MeFe$_{12}$O$_{19}$ auf, in der das Metall Me = Ba, Sr oder Pb sein kann. Prinzipiell analog zur Produktion der weichmagnetischen Ferrite werden als Ausgangsmaterialien für die Hartferrite ebenfalls α-Fe$_2$O$_3$-Pulver sowie die Carbonate der Metalle eingesetzt, die durch die Wärmebehandlung während des Herstellungsprozesses in die entsprechenden Oxide decarboxylieren, z.B.:

$$6\,Fe_2O_3 \;+\; BaCO_3 \;\xrightarrow[-\,CO_2]{\Delta}\; BaFe_{12}O_{19}$$

Verwendet werden hartmagnetische Ferrite unter anderem in Relais, Lautsprechern, Gleichstrommotoren und -generatoren, teilweise auch noch in elektronischen Datenverarbeitungsanlagen (Kernspeicher) sowie insbesondere bei Haftsystemen (Schließmagnete in Schränken, Kühlschränken etc.).

7.3.2.2 Titanate

Die bedeutendsten ferroelektrischen Werkstoffe sind die Titanate. Daneben gibt es noch Niobate und Tantalate mit teilweise ähnlichen Eigenschaften. Von besonderer Bedeutung sind einige Erdalkalititanate, wie z.B. Barium-, Strontium- und teilweise auch das Calciumtitanat.

Bariumtitanat BaTiO₃ ist ein enorm wichtiger ferroelektrischer Werkstoff (Curietemperatur von T_C = 120°C) mit piezoelektrischen Eigenschaften, der eine sehr hohe Dielektrizitätskonstante aufweist (ε_r = 10⁵). Das Material wird normalerweise bei etwa 1200°C durch Reaktionssintern aus Bariumcarbonat und Titandioxid in oxidierender Atmosphäre hergestellt:

$$BaCO_3 \ + \ TiO_2 \ \xrightarrow[-CO_2]{\Delta} \ BaTiO_3$$

Man verwendet Bariumtitanat z.B. als Werkstoff in der Ultraschalltechnik, zum Bau von Kondensatoren und Thermistoren (PTC-Widerstände, Kaltleiter) sowie in der Optoelektronik und in Elektreten.

Ähnliche Eigenschaften wie das BaTiO₃ besitzen *Strontiumtitanat SrTiO₃* und *Bleititanat PbTiO₃*.

Hingegen zählt *Aluminiumtitanat Al₂TiO₅* nicht zur Gruppe der elektrokeramischen Werkstoffe. Seine wichtigste technische Verwendung ergibt sich im Wesentlichen aus seinem extrem niedrigen mittleren linearen thermischen Ausdehnungskoeffizienten von $\alpha_{20\text{-}1000°C}$ = $1{,}5 \cdot 10^{-6}$ K⁻¹ und einer gleichzeitig geringen thermischen Leitfähigkeit von λ = 1,5 W/mK. Haupteinsatzgebiete von Al₂TiO₅-Keramiken sind Abgasauskleidungen für Motoren (Portliner), Ventilsitze, Dieselpartikelfilter sowie bestimmte Düsen und Rohre in der Metallurgie. Allerdings ist die Anwendung dieser Werkstoffe auf Temperaturen bis ca. 750°C begrenzt, da oberhalb dieser Temperatur in Umkehrung zu seiner Herstellung teilweise wieder der Zerfall in die Ausgangssubstanzen eintritt:

$$Al_2TiO_5 \ \xrightarrow{\text{> 750°C}} \ Al_2O_3 \ + \ TiO_2$$

Durch Dotierung mit stabilisierenden Zirconium- und Magnesiumkationen lässt sich jedoch die Dauereinsatztemperatur auf etwa 900°C erhöhen.

7.3.2.3 PZT-Keramik

Als PZT-Keramiken werden die Werkstoffe bezeichnet, die im Wesentlichen aus Bleizirconattitanat Pb(Zr,Ti)O₃ aufgebaut sind und ausgeprägte optische, ferro- und piezoelektrische Eigenschaften besitzen. Die Abkürzung PZT ergibt sich aus den metallischen Komponenten dieses Stoffverbundes: Lead (*P*lumbum) *Z*irconate *T*itanate.

Bleizirconattitanat lässt sich durch Heißpressen bei etwa 1300°C und einem Druck zwischen 100 und 500 bar aus Mischungen der entsprechenden pulverförmigen Oxide herstellen, z.B.:

$$2\,PbO \ + \ TiO_2 \ + \ ZrO_2 \ \xrightarrow{\Delta} \ PbTiO_3 \,/\, PbZrO_3$$

Häufig wird für die stöchiometrische Zusammensetzung dieser mehrkomponentigen Oxidkeramik als chemische Formel Pb(Zr$_x$Ti$_{1-x}$)O₃ mit $0 \leq x \leq 1$ angegeben, wobei jedoch in der Praxis ein Gehalt von 46-54 Mol-% PbTiO₃ bevorzugt wird, weil sich bei dieser Stöchiometrie die günstigsten physikalischen Eigenschaften des Werkstoffs einstellen.

Verwendet werden PZT-Keramiken in der Hochfrequenztechnik, z.B. für Ultraschallreinigung, Drucksensoren, Tonabnehmersysteme, Kerr-Zellen, Aktoren, sowie in der Optoelektronik als Datenspeicher.

7.3.2.4 Keramische Hochtemperatursupraleiter

Im März 1986 veröffentlichten J. G. Bednorz und K. A. Müller ihre bemerkenswerten Forschungsergebnisse über keramische Hochtemperatursupraleiter[176]. Mit dem sogenannten *Zürcher Oxid* der stöchiometrischen Zusammensetzung $La_{1,85}Ba_{0,15}CuO_4$ erreichten die beiden Wissenschaftler eine Sprungtemperatur von $T_c = 30$ K.

Der technische Durchbruch erfolgte jedoch erst als C. W. Chiu in Houston im Januar 1987 Lanthan durch Yttrium substituierte und mit der Verbindung $YBa_2Cu_3O_7$ (intern auch mit Y-123 abgekürzt) eine Sprungtemperatur von etwa 90 K erzielte. So lassen sich z.B. etwa 7 g des keramischen Supraleiters durch Erhitzen der pulverförmigen Ausgangssubstanzen Yttriumoxid Y_2O_3 (1,13 g = 5 mmol), Bariumcarbonat $BaCO_3$ (3,95 g = 20 mmol) und Kupfer(II)oxid CuO (2,39 g = 30 mmol) für etwa zwölf Stunden bei 900-950°C und anschließende langsame Abkühlung (ca. 6 Std.) unter ausreichender Sauerstoffzufuhr herstellen[177]. In grober Näherung kann die chemische Feststoffreaktion über die folgende Reaktionsgleichung beschrieben werden:

$$2\,Y_2O_3 \;+\; 8\,BaCO_3 \;+\; 12\,CuO \xrightarrow[\;-\,8\,CO_2\;]{\;+\,O_2\;} 4\,YBa_2Cu_3O_7$$

Es ist zu erkennen, dass zur stöchiometrischen Umsetzung zusätzlich noch Sauerstoff erforderlich ist. Beim Aufheizen auf 900-950°C wird zunächst Sauerstoff abgegeben, und es entsteht ein Produkt der chemischen Zusammensetzung $YBa_2Cu_3O_6$, das beim Abkühlen wieder Sauerstoff aufnimmt. Je nach speziellen Reaktionsbedingungen (O_2-Zufuhr, Abkühlgeschwindigkeit) isoliert man letztlich ein schwarzes Pulver der allgemeinen Stöchiometrie $YBa_2Cu_3O_{7-x}$, wobei man nur im Fall $x < 0,5$ supraleitende Eigenschaften erhält.

Dieses keramische Pulver ist ziemlich hydrolyseempfindlich und reagiert insbesondere bei leicht erhöhter Temperatur zur nicht supraleitenden „grünen Phase" Y_2BaCuO_5:

$$4\,YBa_2Cu_3O_7 \;+\; 6\,H_2O \longrightarrow 2\,Y_2BaCuO_5 \;+\; 6\,Ba(OH)_2 \;+\; 10\,CuO \;+\; O_2$$

Tauscht man Y in Y-123 gegen andere *Seltene Erdmetalle* (SE) ganz oder teilweise aus, so bleibt mit SE = Nd, Sm, Eu, Gd, Dy, Ho, Er oder Tm die Sprungtemperatur T_c nahezu unverändert. Keramische Hochtemperatursupraleiter mit Sprungtemperaturen von 110 K oder höher, sogenannte *110 K-Supraleiter*, lassen sich z.B. synthetisieren auf der Basis von Mischoxiden des Typs

$$(Me_1O)_m Me_2 Ca_{n-1} CuO_{2n+2}$$

mit Me_1 = Tl, Bi oder Pb; bzw. deren Mischung

und Me_2 = Ba, Sr oder Ca; wobei m = 1 oder 2 und n = 1 bis 4

Der bisher höchste Wert für T_c wurde mit 138 K unter Anwendung von Druck bei der Verbindung $Hg_{0,8}Tl_{0,2}Ba_2Ca_2Cu_3O_{8,33}$ erzielt. Für konventionelle metallische Supraleiter konnte kürzlich bei dem Lanthanhydrid LaH_{10} unter hohem Druck die bislang höchste bekannte Sprungtemperatur von 250 K festgestellt werden[178].

Werkstofftechnische Anwendung haben die keramischen Supraleiter bisher vorwiegend als *SQUIDs* (*S*uperconducting *Q*uantum *I*nterference *D*evices) in Form von Sensoren zur Messung schwacher Magnetfelder, z.B. von Herz- und Gehirnströmen in der Magnetokardiographie (MKG) gefunden, sowie in der zerstörungsfreien Werkstoffprüfung zum Aufspüren von winzigen Haarrissen. In Essen läuft ein Projekt mit einem 1 km langen, mit flüssigem Stickstoff gekühlten supraleitenden Erdkabel zwischen zwei Umspannstationen in der Innenstadt. Dieses Mittelspannungskabel im 10 kV-Bereich ersetzt das konventionelle 110 kV-Hochspannungskabel[180]. Weitere mögliche Einsatzgebiete im Bereich der Magnettechnik liegen in der Substitution herkömmlicher supraleitender Legierungen (NbTi), z.B. für die Kernspintomographie, in Teilchenbeschleunigern und bei der Kernfusion. Auch die Herstellung von Energiespeichersystemen, Hochleistungs-Chips etc., die einen verlustfreien Transport von elektrischer Energie ermöglichen, sowie die Schaffung von Verkehrssystemen über supraleitende Elektromagneten sind denkbar.

7.4 Nichtoxidkeramik

Wie bereits in der Einleitung erwähnt, unterteilt man das Gebiet der Nichtoxidkeramik im Allgemeinen in Werkstoffe auf der Basis von Carbiden, Nitriden, Boriden und teilweise auch Siliciden. In diese Kategorie fallen insbesondere die *nichtmetallischen Hartstoffe* wie Siliciumcarbid, Siliciumnitrid, Borcarbid, Bornitrid, und ebenfalls Kohlenstoff in seiner Diamant-Modifikation lässt sich dort einordnen. Carbide, Boride und Nitride der Metalle der IV. bis VI. Nebengruppe des PSE bilden vornehmlich die *metallischen Hartstoffe*, die im Grenzbereich zu den metallischen Werkstoffen häufig ebenfalls zur Gruppe der Nichtoxidkeramiken gezählt werden.

Während sich oxidkeramische Werkstoffe meist durch einen sehr hohen ionischen Bindungsanteil auszeichnen, trifft man bei der Nichtoxidkeramik einen überwiegend kovalenten Bindungscharakter an. Vereinfacht ausgedrückt bedeutet dies, dass in den kovalenten Bindungen die bindenden Elektronen stärker an ihre Atome fixiert sind und sich nicht so leicht verschieben lassen. Hieraus resultiert ihr großer Widerstand gegenüber mechanischen Verformungen, so dass beim Sintern der keramischen Pulver fast immer zusätzliche Sinterhilfsmittel verwendet werden müssen.

Extreme Härte, ausgezeichnete Festigkeit und hohe chemische Resistenz sind die hervorzuhebenden Charakteristika der nichtoxidkeramischen Werkstoffe. Ihre Herstellung ist allerdings im Vergleich zur Oxidkeramik teurer und aufwendiger. Dies liegt unter anderem an den häufig nicht sehr preiswerten Ausgangsmaterialien, aber besonders auch an der zum Teil beachtlichen Empfindlichkeit der eingesetzten Pulver gegenüber Sauerstoff, was spezielle Schutzmaßnahmen bei der Präparation und Verarbeitung dieser Pulver notwendig macht.

7.4.1 Carbidkeramik

Die wichtigsten *nichtmetallischen Carbide* sind Siliciumcarbid und Borcarbid. Sie zeichnen sich durch sehr hohe Härte sowie große chemische Beständigkeit aus.

7.4.1.1 Siliciumcarbid

Von den nichtoxidischen keramischen Werkstoffen hat Siliciumcarbid die größte technische Bedeutung erlangt. Es wird vorwiegend nach dem *Acheson-Verfahren* aus Sand und Koks bei etwa 2400°C synthetisiert:

$$SiO_2 + 3\overset{0}{C} \xrightarrow{\Delta} \overset{-IV}{Si}\overset{+II}{C} + 2\,CO \qquad \Delta H° = +540\,kJ/mol$$

Neben dieser *carbothermischen* Herstellungsmethode gibt es einige weitere Verfahren, die für bestimmte Verwendungszwecke eine Erhöhung der Reinheit des SiC-Pulvers bewirken. So kann man z.B. durch *Gasphasensynthese* aus $SiCl_4$ oder SiH_4 mit Kohlenwasserstoffen (Methan, Ethan) oder CCl_4 bei Temperaturen oberhalb 1000°C sehr reines SiC gewinnen. Auch die *Pyrolyse* von sog. *organischen Precursors* (meist metallorg. Verbindungen, die in diesem Fall Silicium und

Kohlenstoff enthalten und deren zusätzliche Komponenten durch pyrolytische Prozesse entfernt werden können) sowie die *Direktsynthese* bei T > 1300°C aus den erwähnten Elementen ist möglich, wobei diese Herstellungsverfahren jedoch keine industrielle Bedeutung besitzen.

Je nach Verarbeitung und speziellen Formgebungsverfahren unterscheidet man in der Literatur z.B. zwischen drucklos gesintertem SiC (SSiC), reaktionsgebundenem SiC (RBSiC), heißgepresstem SiC (HPSiC), heißisostatisch gepresstem SiC (HIPSiC), rekristallisiertem SiC (RSiC) und SiC mit freiem Silicium (SiSiC). Die Sintertemperaturen liegen in Abhängigkeit vom eingesetzten Sinterhilfsmittel im Temperaturbereich zwischen etwa 1900°C und 2150°C.

SiC weist einen kovalenten Bindungsanteil von ca. 85% auf und ist gekennzeichnet durch extreme Härte (Mohshärte 9,6), hohe Verschleißfestigkeit und hohe Wärmeleitfähigkeit, mäßige elektrische Leitfähigkeit, geringe Dichte sowie hervorragende thermische und chemische Beständigkeit. Selbst gegenüber stark oxidierender Atmosphäre (Cl_2, O_2) ist SiC sogar bei höheren Temperaturen ziemlich inert, wird jedoch an Luft in Gegenwart von Alkalihydroxiden zu den entsprechenden Silicaten und Carbonaten zersetzt, z.B.:

$$\overset{-IV}{Si}C + 4\,KOH + 2\overset{0}{\,O_2} \xrightarrow{\Delta} K_2\overset{+IV-II}{SiO_3} + K_2\overset{}{CO_3} + 2\overset{-II}{\,H_2O}$$

Reinstes Siliciumcarbid ist farblos; allerdings verursachen geringe Verunreinigungen eine blauschwarze Verfärbung der Keramik. Dieser schwarze Farbton wird mit der Existenz elementaren Siliciums begründet, das sich in einer Folgereaktion aus intermediär auftretendem Siliciummonoxid gebildet hat. Da es in Luftatmosphäre bei hohen Temperaturen zumindest partiell zur Entstehung einer SiO_2-Schutzschicht kommt, kann das SiO_2 mit dem SiC zunächst zum SiO reagieren:

$$\overset{+IV-IV}{Si}C + \overset{+IV}{SiO_2} \xrightarrow{\Delta} 2\overset{+II}{\,SiO} + \overset{0}{C}$$

Siliciummonoxid ist nicht besonders stabil und disproportioniert in SiO_2 und elementares Silicium, dem die Schwarzfärbung der SiC-Keramik zugeschrieben wird:

$$2\overset{+II}{\,SiO} \longrightarrow \overset{+IV}{SiO_2} + \overset{0}{Si}$$

Unter den kovalenten Carbiden zählt man neben Borcarbid auch das Siliciumcarbid wegen der großen Härte zu den sogenannten *diamantartigen Carbiden*. In Anlehnung an das ebenfalls sehr harte Korund (α-Al_2O_3) wird technisches SiC auch als *Carborundum* bezeichnet.

Es existieren verschiedene Modifikationen (kubisch, hexagonal, rhomboedrisch) des Siliciumcarbids. Die kubische Tieftemperaturmodifikation, die man im Allgemeinen als β-SiC bezeichnet, ist unterhalb etwa 2000°C beständig und lässt sich durch Erhitzen auf ca. 2100°C in die α-SiC-Hochtemperaturmodifikation überführen:

$$\beta\text{-SiC} \xrightarrow{\text{ca. } 2100°C} \alpha\text{-SiC}$$

Dem α-SiC, das in der Regel aufgrund der hohen Reaktionstemperaturen direkt nach dem Acheson-Verfahren gewonnen wird, kommt die größte Bedeutung zu. Hierunter fallen alle sog. Polytypen die nicht kubisch, also vorzugsweise hexagonal oder rhomboedrisch sind. Die anderen möglichen Synthesen für SiC erfolgen üblicherweise bei Temperaturen unter 2000°C, so dass in diesen Fällen das β-SiC erhalten wird. Jedoch lassen sich in der Praxis beide Polytypen verwenden. Da sie sich nur in der Stapelfolge ihrer Schichtebenen unterscheiden, besitzen α- und β-SiC die gleiche theoretische Massendichte von $\rho = 3,22$ g/cm^3. Der mittlere lineare thermische Ausdehnungskoeffizient ist recht niedrig und liegt je nach Sinterverfahren von RT bis 1500°C im Bereich von 4,3-4,9·10^{-6} K^{-1}. Ein genauer Schmelzpunkt lässt sich nicht angeben, da die Verbindung bei Normaldruck schon ab ca. 2300°C merklich dissoziiert.

Als Werkstoff wird SiC verwendet z.B. für Schleifmittel und -werkzeuge, Brennerrohre und -düsen, Brennkammern, Dieselpartikelfilter, Gleitringe, Rotoren, Wärmeaustauscher, Heizelemente bis ca. 1600°C (Widerstandsheizung), Strahlungsquelle (Globar) für IR-Spektrometer, Tiegelmaterial für metallurgische Prozesse sowie in der Halbleitertechnik für Varistoren und Schottky-Dioden.

7.4.1.2 Borcarbid

Die großtechnische Darstellung von Borcarbid erfolgt meist carbothermisch durch Umsetzung von Bor(III)oxid mit Koks in gasdichten elektrischen Graphitöfen bei ca. 2500°C:

$$\overset{+III}{2\,B_2O_3} + \overset{0}{7\,C} \xrightarrow{2500°C} \overset{+I\ -IV}{B_4C} + \overset{+II}{6\,CO} \qquad \Delta H = +1812\ kJ/mol$$

Die Direktsynthese aus den Elementen ist wegen des hohen Preises von Bor relativ teuer, wird jedoch in Spezialfällen angewandt:

$$\overset{0}{4\,B} + \overset{0}{C} \xrightarrow{2500°C} \overset{+I\ -IV}{B_4C} \qquad \Delta H_f^° = -57,7\ kJ/mol$$

Von gewissem Vorteil ist die carbothermische Herstellung unter Verwendung von Magnesium als Reduktionsmittel (Magnesiothermie):

$$\overset{+III}{2\,B_2O_3} + \overset{0}{6\,Mg} + \overset{0}{C} \xrightarrow{1000\text{-}1800°C} \overset{+I\ -IV}{B_4C} + \overset{+II}{6\,MgO}$$

Da diese Reaktion bei Temperaturen unterhalb des Schmelzpunktes von B_4C (ca. 2450°C) stattfindet, wird ein vergleichsweise feinkörniges Produkt gebildet, bei dem im Gegensatz zu der oberhalb ihrer Schmelztemperatur gewonnenen Substanz keine aufwendige und teure Nachzerkleinerung notwendig ist.

Borcarbid, dessen stöchiometrische Zusammensetzung prinzipiell vom borarmen $B_4C = B_8C_2$ bis zum borreichen $B_{13}C_2$ geht, ist nach Diamant und kubischem Bornitrid der dritthärteste Werkstoff. In der Gruppe der kovalenten Carbide ist B_4C wegen seiner extrem hohen Härte bei den diamantartigen Carbiden einzuordnen. Die B–C-Bindung besitzt einen außergewöhnlich hohen kovalenten Bindungsanteil von etwa 94%. Im Gegensatz zu vielen anderen Hartwerkstoffen bleibt beim Borcarbid die Härte auch bei höheren Temperaturen bis ca. 1400°C erhalten. Das schwarz glänzende Material weist eine sehr niedrige Massendichte von 2,51 g/cm^3 und einen geringen linearen thermischen Ausdehnungskoeffizienten von etwa $\alpha_{20\text{-}800°C} = 4,5\cdot10^{-6}$ K^{-1} auf. B_4C ist sowohl hohen Temperaturen als auch korrosiven Angriffen gegenüber besonders widerstandsfähig, allerdings reagiert es mit Alkalihydroxidschmelzen in Gegenwart von Luftsauerstoff zu Boraten und Carbonaten:

$$\overset{+I\ -IV}{B_4C} + 4\,OH^- + \overset{0}{4\,O_2} \xrightarrow{\Delta} \overset{+III\ -II}{B_4O_7^{2-}} + \overset{+IV\text{-}II}{CO_3^{2-}} + 2\,H_2O$$

Als Werkstoff lässt sich Borcarbid z.B. in Form von Schleifmitteln, Sandstrahldüsen, Reib- und ballistischem Schutzmaterial, Neutronenabsorber-Pellets, B_4C/Graphit-Thermoelementen (bis etwa 2200°C) sowie zur Borierung von Eisen- und Stahlwerkstoffen einsetzen (vgl. Abschnitt 7.4.5 über Boridkeramik).

7.4.2 Übergangsmetallcarbide

Da insbesondere die Übergangsmetalle der IV. bis VI. Nebengruppe des PSE sehr harte Carbide bilden, zählt man diese Verbindungen zu den *metallischen Hartstoffen*. Es handelt sich dabei um interstitielle Carbide, die sich durch gute elektrische Leitfähigkeiten, meist sehr hohe Schmelzpunkte und die erwähnte große Härte auszeichnen.

Ihre Herstellung erfolgt vorwiegend durch Umsetzung der entsprechenden Metalloxide mit Kohlenstoff oder kohlenstoffhaltigen Verbindungen, durch die Direktsynthese aus den Elementen oder über Spezialverfahren (PVD, CVD). Aufgrund der hohen Schmelztemperaturen kommen als Formgebungsverfahren im Wesentlichen nur die pulvermetallurgischen Techniken des Pressens und Sinterns in Frage.

7.4.2.1 Wolframcarbid

Das technisch wichtigste metallische Carbid ist das Wolframcarbid. In einer Direktsynthese wird Wolfram im Vakuum oder in Wasserstoffatmosphäre bei ca. 1500°C mit Kohlenstoff zum Wolframcarbid umgesetzt:

$$\overset{0}{W} \; + \; \overset{0}{C} \; \overset{\Delta}{\longrightarrow} \; \overset{+IV-IV}{WC}$$

Der Schmelzpunkt des metallisch grau glänzenden WC liegt bei ca. 2800°C; oberhalb dieser Temperatur zersetzt sich die Verbindung, die in etwa so hart *wie Dia*mant *(Widia®)* ist. Daneben existiert auch noch ein Diwolframcarbid W_2C, das ähnliche Eigenschaften aufweist.

Verwendung findet Wolframcarbid vorwiegend als metallischer Hartstoff und Hauptkomponente in Hartmetalllegierungen für z.B. Schneid- und Bohrwerkzeuge, als sehr verschleißfeste Oberflächenbeschichtung, als Anodenwerkstoff in Brennstoffzellen, in der Militärtechnik für Kerne von panzerbrechenden Geschossen, als Katalysator bei einigen chemischen Syntheseprozessen sowie als abriebfeste Kugeln in Kugelschreiberminen.

7.4.2.2 Titancarbid

Titancarbid wird industriell durch Reduktion von Titandioxid mit Ruß oder sehr reinem Graphit bei etwa 2000-2200°C hergestellt:

$$TiO_2 \; + \; 3 \overset{0}{C} \; \overset{\Delta}{\longrightarrow} \; \overset{-IV}{TiC} \; + \; 2 \overset{+II}{CO}$$

Abhängig von den Reaktionsbedingungen (Gegenwart von N_2 und O_2 in Form von Luft) können auch Mischkristalle aus Titancarbonitrid Ti(C,N) oder Titancarbooxynitrid Ti(C,O,N) gebildet werden, die sich in vielen technischen Bereichen genauso gut verwenden lassen und sogar einen erhöhten Verschleißschutz bewirken.

Extrem reines und feinkörniges Titancarbid – insbesondere zur Erzeugung dünner, verschleißfester TiC-Schichten – erhält man über die Gasphasensynthese aus Titantetrachlorid und z.B. Methan:

$$TiCl_4 \; + \; CH_4 \; \overset{\Delta}{\longrightarrow} \; TiC \; + \; 4 \, HCl$$

Das grau-schwarz, teilweise silbern glänzende TiC besitzt einen Schmelzpunkt von 3070°C und ist nach Wolframcarbid das bedeutendste Carbid in der Hartmetalltechnologie. Neben seiner hohen Härte wird es auch aufgrund seiner guten Korrosionsbeständigkeit gegenüber Säuren und Laugen als Zusatz in rost- und säurebeständigen Stählen verwendet.

Von den schwereren Metallen der IV. Nebengruppe Zirconium und Hafnium existieren ebenfalls die entsprechenden Carbide. Sie werden analog zur Produktion von Titancarbid aus den Metalloxiden durch Reduktion mit Kohlenstoff bei Temperaturen von etwa 2000-2400°C hergestellt, z.B.:

$$ZrO_2 \; + \; 3\,\overset{0}{C} \; \xrightarrow{\;\Delta\;} \; \overset{-IV}{Zr}C \; + \; 2\,\overset{+II}{C}O$$

Hafniumcarbid lässt sich auch durch Direktsynthese bei ca. 1700°C aus den Elementen synthetisieren:

$$\overset{0}{Hf} \; + \; \overset{0}{C} \; \xrightarrow{\;\Delta\;} \; \overset{+IV-IV}{HfC}$$

HfC weist einen sehr hohen Schmelzpunkt von ca. 3890°C auf und gehört damit zur Gruppe der höchstschmelzenden Stoffe. In Form von Tantalhafniumcarbid (Ta_4HfC_5) wird mit ca. 4215°C der höchste bisher bekannte Schmelzpunkt einer Substanz erreicht. ZrC schmilzt bei etwa 3420°C und ist − abgesehen von sehr speziellen Verwendungen in der Hartmetall- und Nukleartechnologie − ebenso wie das HfC in der Werkstofftechnik recht unbedeutend.

7.4.2.3 Tantalcarbid

Neben Wolfram- und Titancarbid spielt in der Hartmetallproduktion auch das Tantalcarbid eine gewisse Rolle. Es wird durch Reduktion von Tantal(V)oxid mit Kohlenstoff in H_2-Atmosphäre bei ca. 1700°C hergestellt:

$$\overset{+V}{Ta_2}O_5 \; + \; 7\,\overset{0}{C} \; \xrightarrow{\;\Delta\;} \; 2\,\overset{+IV-IV}{TaC} \; + \; 5\,\overset{+II}{C}O$$

Das messinggelbe TaC ist chemisch sehr inert und besitzt einen hohen Schmelzpunkt von ungefähr 3900°C. Häufig wird es zusammen mit Niobcarbid bei der Herstellung von Schneidwerkstoffen etc. eingesetzt, zumal Niob in seinem Vorkommen meist mit Tantal vergesellschaftet ist.

Niobcarbid und ebenso Vanadiumcarbid werden als leichtere Carbide der V. Nebengruppe analog zur Darstellung des TaC aus den Oxiden mit Kohlenstoff gewonnen. Der Schmelzpunkt von NbC beträgt etwa 3600°C, der von VC ca. 2800°C. Vanadiumcarbid dient in geringem Maße − teilweise als Ersatz für Wolfram − zur Produktion von Hartmetallen.

7.4.2.4 Chrom- und Molybdäncarbid

Von den Chromcarbiden gibt es verschiedene, nichtstöchiometrisch zusammengesetzte Verbindungen, deren technisch wichtigster Vertreter das Trichromdicarbid Cr_3C_2 ist. Die Synthese erfolgt carbothermisch aus Chrom(III)oxid in Wasserstoffatmosphäre bei etwa 1600°C:

$$3\,\overset{+III}{Cr_2}O_3 \; + \; 13\,\overset{0}{C} \; \xrightarrow{\;\Delta\;} \; 2\,\overset{+II/3\;-I}{Cr_3C_2} \; + \; 9\,\overset{+II}{C}O$$

Cr_3C_2 ist sehr hart, ziemlich spröde und außerordentlich korrosionsunempfindlich, weist jedoch im Vergleich zu vielen anderen metallischen Carbiden mit 1810°C einen relativ niedrigen Schmelzpunkt auf. Es dient zur Erhöhung der Härte, Verschleißfestigkeit und Zunderbeständigkeit von kohlenstoffreichen Hartmetalllegierungen auf Chrom-Cobalt-Basis *(Stellite®)*. Dimolybdäncarbid Mo_2C lässt sich analog der Darstellung von Chromcarbid aus Molybdäntrioxid und Kohlenstoff, aber auch durch die Direktsynthese aus den Elementen, gewinnen. Mo_2C schmilzt bei ungefähr 2480°C, hat aber aufgrund seiner hohen Sprödigkeit und vergleichsweise geringen Härte keine nennenswerte Bedeutung in der Hartmetalltechnologie.

7.4.2.5 Eisencarbid, Aufkohlung (Carburieren)

Wie bereits erwähnt, gehören insbesondere die Carbide der Metalle der IV. bis VI. Nebengruppe des PSE zu den metallischen Hartstoffen. Die anderen, ebenfalls meist metallischen, Übergangsmetallcarbide weisen im Allgemeinen deutlich niedrigere Schmelzpunkte und eine geringere Härte auf.

Eine besondere Rolle bei der Härtung von kohlenstoffarmen Eisen- und Stahlwerkstoffen spielt jedoch das Eisencarbid Fe_3C, das auch unter der Bezeichnung *Zementit* geführt wird. Durch das Verfahren der *Aufkohlung (Carburierung)* erzeugt man auf der Werkstoffoberfläche eine Eisencarbidschicht, die eine Erhöhung des Verschleißwiderstandes bewirkt. Häufig wird dazu ein Gemisch aus Kohlenmonoxid und Wasserstoff *(Wassergas)* eingesetzt, aus dem primär bei etwa 900-950°C feinverteilter Kohlenstoff entsteht:

$$\overset{+II}{C}O \ + \ \overset{0}{H_2} \ \overset{\Delta}{\longrightarrow} \ \overset{0}{C} \ + \ \overset{+I}{H_2}O$$

Der Kohlenstoff kann nun z.B. mit Eisenatomen auf der Werkstoffoberfläche zum Zementit weiterreagieren:

$$3\,\overset{0}{Fe} \ + \ \overset{0}{C} \ \overset{\Delta}{\longrightarrow} \ \overset{+I/3\ -I}{Fe_3C}$$

Formal ergibt sich also folgende Gesamtreaktionsgleichung für die Carburierung:

$$3\,Fe \ + \ CO \ + \ H_2 \ \overset{\Delta}{\longrightarrow} \ Fe_3C \ + \ H_2O$$

Das erzeugte Eisencarbid hat einen Schmelzpunkt von 1837°C und besitzt eine deutlich höhere Härte als reines Eisen. Legierungselemente des Stahls können – zumindest teilweise – ebenfalls die entsprechenden Carbide bilden und somit einen weiteren Härtungseffekt bewirken.

Kombiniert man die Methode der Carburierung mit einem Verfahren der *Nitridierung* (vgl. Abschnitt 3.7.8.1e und auch 7.4.2.2), so lassen sich gleichzeitig Carbid- und Nitridschichten auf der Stahloberfläche abscheiden. Mit dieser als *Carbonitridieren* bezeichneten Oberflächenbehandlung können Verschleißfestigkeit und Härte des Werkstoffs weiter gesteigert werden. Da im Regelfall nichtstöchiometrische Mischkristalle aus Carbiden und Nitriden entstehen, deutet man dies in der chemischen Formelschreibweise meist durch die Verwendung von runden Klammern und durch ein Komma getrennte Elementsymbole für Kohlenstoff und Stickstoff hinter dem betreffenden Metall an, also ganz allgemein: Me(C,N).

7.4.3 Nitridkeramik

Im Vergleich zu den entsprechenden Carbiden ist der kovalente Bindungscharakter bei den Nitriden nicht so stark ausgeprägt. Diese Eigenschaft resultiert aus der merklich höheren Elektronegativität des N-Atoms gegenüber dem C-Atom und hat den Anstieg ionischer Bindungsanteile zur Folge. Die thermische und thermodynamische Stabilität nitridkeramischer Werkstoffe ist verglichen mit Oxidkeramiken jedoch etwas geringer. Als bedeutendste *nichtmetallische Nitridkeramiken* sind Siliciumnitrid, Bornitrid sowie Aluminiumnitrid zu nennen. Aber auch graphitisches, polymeres Kohlenstoffnitrid (g-C_3N_4) ist Gegenstand zahlreicher Forschungsaktivitäten, insbesondere als Halbleiter-Fotokatalysator[182].

7.4.3.1 Siliciumnitrid

Für die Herstellung von Siliciumnitrid sind eine Reihe von Verfahren getestet und publiziert worden, von denen nur die wichtigsten aufgeführt werden sollen.

Der am häufigsten eingeschlagene Syntheseweg ist die exotherme *Direktreaktion* der beiden Elemente Silicium und Stickstoff bei etwa 1100-1400°C:

$$3\ \overset{0}{Si}\ +\ 2\ \overset{0}{N_2}\ \xrightleftharpoons{\Delta}\ \overset{+IV\ -III}{Si_3N_4}\qquad \Delta H_f = -750\ kJ/mol$$

Allzu hohe Temperaturen wirken sich wegen der negativen Reaktionsenthalpie ungünstig auf die Bildung des Si_3N_4 aus, andererseits läuft jedoch die Synthese erst bei T > 1100°C mit einer ausreichend großen Reaktionsgeschwindigkeit ab. In hohem Maße ist die Reaktionsgeschwindigkeit auch abhängig von der Reinheit und Partikelgröße des verwendeten Si-Pulvers. Geringe Verunreinigungen im Ausgangsmaterial können sich aber auch positiv auf den Reaktionsablauf auswirken. So hat man herausgefunden, dass z.B. Spuren von Eisen diese Direktnitridierung katalysieren.

Bei der endotherm verlaufenden *carbothermischen Reduktion* wird anstelle des Siliciums das kostengünstigere Siliciumdioxid eingesetzt. Im Temperaturbereich von etwa 1450-1600°C erfolgt die Reduktion des Stickstoffs unter Bildung von Siliciumnitrid:

$$3\ SiO_2\ +\ 2\ \overset{0}{N_2}\ +\ 6\ \overset{0}{C}\ \xrightleftharpoons{\Delta}\ \overset{-III}{Si_3}\overset{}{N_4}\ +\ 6\ \overset{+II}{C}O$$

Das entstehende Kohlenmonoxid muss laufend aus dem Reaktionsgleichgewicht durch Spülen mit Stickstoff entfernt werden, da andernfalls als Nebenprodukt auch Siliciumcarbid entstehen kann.

Das *Diimid-Verfahren* beruht auf der Ammonolyse reaktiver Siliciumverbindungen, wobei in der Praxis meist Siliciumtetrachlorid oder -tetrahydrid als siliciumhaltiges Edukt dienen. Das über diese Gasphasenreaktion der Edukte erhaltene Si_3N_4 zeichnet sich durch eine sehr hohe Reinheit aus. Die zugrunde liegenden chemischen Reaktionen verlaufen über mehrere Stufen, z.B.:

1. Ammonolyse von Siliciumtetrachlorid bei RT zum äußerst hydrolyseempfindlichen Siliciumdiimid:

$$SiCl_4\ +\ 6\ NH_3\ \xrightarrow{RT}\ H-N=Si=N-H\ +\ 4\ NH_4Cl$$

2. Pyrolyse des Diimids bei 900-1200°C zu amorphem Si_3N_4:

$$3\ Si(NH)_2\ \xrightarrow{\Delta}\ Si_3N_4\ +\ 2\ NH_3\ (bzw.\ N_2 + 3\ H_2)$$

3. Umwandlung des amorphen Si_3N_4 durch Hochtemperaturpyrolyse (1300-1500°C) zu α-Si_3N_4:

$$Si_3N_{4\ (amorph)}\ \xrightarrow{\Delta}\ \alpha\text{-}Si_3N_4$$

Als Nettoreaktionsgleichung ergibt sich somit:

$$3\ SiCl_4\ +\ 4\ NH_3\ \xrightarrow{\Delta}\ \alpha\text{-}Si_3N_4\ +\ 12\ HCl$$

Die Verwendung von Siliciumtetrahydrid als Edukt ist zwar etwas teurer und wegen dessen hoher Entflammbarkeit mit zusätzlichen Sicherheitsmaßnahmen verbunden, dafür entsteht jedoch als weiteres Produkt neben Si_3N_4 nicht das verhältnismäßig korrosive NH_4Cl, sondern in analoger Reaktion nur der in diesem Fall unproblematische Wasserstoff:

$$3 \overset{-I}{Si}H_4 \; + \; 4 \overset{+I}{N}H_3 \; \xrightarrow{\Delta} \; \alpha\text{-}Si_3N_4 \; + \; 12 \overset{0}{H}_2$$

Kristallines Siliciumnitrid existiert bei Normaldruck in zwei hexagonalen Modifikationen:

- $\alpha\text{-}Si_3N_4$ stellt die stabilere Tieftemperaturmodifikation dar und enthält als Elementarzelle $Si_{12}N_{16}$-Einheiten.

- $\beta\text{-}Si_3N_4$ ist hinsichtlich der Sinterreaktivität die weniger erwünschte Modifikation, deren Elementarzelle sich aus Si_6N_8-Einheiten aufbaut. Die irreversible Umwandlung in die Hochtemperaturmodifikation findet oberhalb von etwa 1650°C statt:

$$\alpha\text{-}Si_3N_4 \; \xrightarrow{T > 1650°C} \; \beta\text{-}Si_3N_4$$

Die physikalischen Eigenschaften des Siliciumnitrids hängen geringfügig auch vom jeweiligen Herstellungs- und Formgebungsverfahren ab. So unterscheidet man im Wesentlichen zwischen normal gesintertem (SSN), reaktionsgesintertem (RBSN), heißgepresstem (HPSN) und heißisostatisch gepresstem (HIPSN) Si_3N_4.

Trotz seines mit nur etwa 65% wenig ausgeprägten kovalenten Bindungscharakters besitzt Si_3N_4 eine hohe Härte und wird zur Gruppe der diamantartigen Nitride gezählt. Seine weiteren charakteristischen Eigenschaften sind extrem hohe mechanische Festigkeit bis etwa 1200°C, ein sehr niedriger linearer thermischer Ausdehnungskoeffizient von ca. $2,9\text{-}3,5 \cdot 10^{-6}$ K^{-1} im Temperaturbereich zwischen RT und 1000°C und somit eine gute Temperaturwechselbeständigkeit, eine geringe Massendichte von $\rho = 3,2$ g/cm^3 und eine hohe Korrosions- und Verschleißbeständigkeit. Mit Ausnahme von Flusssäure greifen Mineralsäuren Siliciumnitrid auch bei höheren Temperaturen nicht an. Gegenüber zahlreichen Metallschmelzen (Aluminium, Zink, Zinn, Blei, Kupfer, Silber, Cadmium) verhält sich Si_3N_4 inert, reagiert jedoch mit einigen Übergangsmetallschmelzen (Eisen, Cobalt, Nickel, Vanadium, Chrom) zu den entsprechenden Siliciden (vgl. auch Abschnitt 3.6.4.1). Stark alkalische Schmelzen bewirken ebenfalls eine Zersetzung des Materials. Hierbei entstehen Silicate und Ammoniak:

$$Si_3N_4 \; + \; 12 \, OH^- \; \xrightarrow{\Delta} \; 3 \, SiO_4^{4-} \; + \; 4 \, NH_3$$

Glühen des Si_3N_4 in Luftsauerstoff führt zur Bildung einer dünnen SiO_2-Schicht, die als verantwortlich für die hohe Korrosionsbeständigkeit des Werkstoffs in oxidierenden Atmosphären bis ca. 1400°C angesehen wird:

$$\overset{-III}{Si_3}N_4 \; + \; 5 \overset{0}{O}_2 \; \xrightarrow{\Delta} \; 3 \overset{-II}{Si}O_2 \; + \; 4 \overset{+II\,-II}{N}O$$

Für das grau-weiße Si_3N_4-Pulver lässt sich kein exakter Schmelzpunkt angeben, da beim Erhitzen der Substanz auf Temperaturen oberhalb von etwa 1900°C die allmähliche Zersetzung der Verbindung in ihre Ausgangselemente erfolgt:

$$\overset{+IV\,-III}{Si_3N_4} \; \underset{\xleftarrow{\hspace{1cm}}}{\xrightarrow{T > 1900°C}} \; 3 \overset{0}{Si} \; + \; 2 \overset{0}{N}_2 \qquad \Delta H = +750 \text{ kJ/mol}$$

Aus diesem Grund darf auch bei der Formgebung die Sintertemperatur ohne zusätzliche Schutzmaßnahmen nicht zu hoch gewählt werden. Wenn man jedoch unter erhöhtem Stickstoffdruck sintert,
erfolgt nach dem Prinzip von Le Chatelier (Prinzip des kleinsten Zwanges) eine Verschiebung des
chemischen Gleichgewichts zugunsten des Si_3N_4 und somit ein Zurückdrängen der Zersetzungs-
reaktion. Ferner kann auch die Sintertemperatur durch Zugabe geeigneter Sinterhilfsmittel (z.B.
Oxide von Erdalkali- und Seltenen Erdmetallen) gesenkt werden.

Die wichtigsten werkstofftechnischen Anwendungen besitzt Siliciumnitrid im chemischen Apparatebau, als HT-beständiges Material für z.B. Brenner- und Schweißdüsen, in der Verschleißtechnik
(Schleifscheiben), in der Metallurgie für Schmelztiegel sowie bei Si-Solarzellen als Antireflexions-
schicht. Als Konstruktionsmaterial im Maschinen- und Motorenbau konnte es sich nicht etablieren.

Sintert man Si_3N_4 bei etwa 1900°C unter Zusatz von Al_2O_3, so entsteht in einer Hochtemperaturreaktion eine weitere spezielle Gruppe keramischer Werkstoffe, die man als *Sialone* bezeichnet. Die
teilweise Substitution der Si- und N-Atome durch Al- bzw. O-Atome im Si_3N_4-Grundgerüst führt
zum Auftreten aller vier Elemente *Si, Al, O* und *N (Sialon)* in diesen Verbindungen, woraus ihre
Namensgebung resultiert. Sialone sind außerordentlich temperaturbeständig, chemisch nahezu inert,
extrem hart und verschleißfest und besitzen relativ niedrige thermische Ausdehnungskoeffizienten
sowie eine geringe Benetzbarkeit. Daraus resultiert ihre Verwendung z.B. als Behälter für ge-
schmolzene Metalle, als Schneidwerkzeuge, Thermoelementschutzhülsen sowie auch als Werkstoff
zum Bau von Gasturbinen.

7.4.3.2 Bornitrid

Bornitrid lässt sich durch eine Reihe unterschiedlicher Methoden herstellen, wobei die Direktsynthese wegen des hohen Preises für elementares Bor im Allgemeinen zu kostspielig ist. Deshalb wird
meistens Bor(III)oxid als Ausgangsmaterial verwendet.

1. Beim technisch bedeutendsten Verfahren zur Gewinnung von Bornitrid werden Bor(III)oxid und
    Ammoniak bei etwa 800-1200°C umgesetzt:

$$B_2O_3 \ + \ 2\,NH_3 \ \xrightarrow{\ \Delta\ } \ 2\,BN \ + \ 3\,H_2O$$

2. Verarbeitet man statt Ammoniak organische Stickstoffverbindungen (z.B. Melamin oder Harn-
    stoff), so führt dies in analoger Säure-Base-Reaktion ebenfalls zum Bornitrid:

$$B_2O_3 \ + \ O{=}C(NH_2)_2 \ \xrightarrow{\ \Delta\ } \ 2\,BN \ + \ 2\,H_2O \ + \ CO_2$$

3. Die carbothermische Nitridierung von Boroxid erfolgt bei relativ hohen Temperaturen (1800-
    1900°C) und liefert ein sehr reines und kristallines Produkt:

$$B_2O_3 \ + \ \overset{0}{N_2} \ + \ 3\,\overset{0}{C} \ \xrightarrow{\ \Delta\ } \ 2\,\overset{-III}{B}N \ + \ 3\,\overset{+II}{C}O$$

4. Auch nach dem sogenannten *CaB₆-Schmelzverfahren* wird bei Temperaturen oberhalb von ca.
    1500°C Bornitrid synthetisiert:

$$3\,\overset{-I/3}{Ca}B_6 \ + \ B_2O_3 \ + \ 10\,\overset{0}{N_2} \ \xrightarrow{\ \Delta\ } \ 20\,\overset{+III\text{-}III}{B}N \ + \ 3\,CaO$$

5. Pyrolytisches *BN (PBN)*, ein besonders reines Material, erhält man durch Gasphasenpyrolyse
    von Bortrichlorid und Ammoniak:

$$BCl_3 \ + \ NH_3 \ \xrightarrow{\ \Delta\ } \ BN \ + \ 3\,HCl$$

Das nach den aufgeführten Syntheseverfahren hergestellte Bornitrid kristallisiert in einem hexagonalen Schichtengitter, das dem des Graphits sehr ähnlich ist. Hieraus resultiert auch die Bezeichnung *„weißer Graphit"* für diese als *α-BN* benannte Modifikation. Wie im Graphit lassen sich ebenfalls im Bornitrid die einzelnen Schichten des Gitters gegeneinander verschieben, worauf seine vergleichsweise geringe Härte und seine Wirkung als Festschmierstoff beruht. Im Gegensatz zum Graphit zeigt BN gute elektrische Isolatoreigenschaften, da sich hier die π-Elektronen der (p-p)π-Bindungsanteile zwischen Bor und Stickstoff wegen der höheren Elektronegativität des Stickstoffs bevorzugt beim Stickstoffatom befinden und folglich nicht mehr freibeweglich sind. Somit ist auch keine Absorption von Licht durch π-Elektronen wie beim Graphit möglich, was das weiße Aussehen von Bornitrid begründet.

Von seinen physikalischen Eigenschaften ist besonders die niedrige Dichte von ρ = 2,27 g/cm^3 erwähnenswert, ferner seine sehr hohe Wärmeleitfähigkeit, der mit $\alpha_{25\text{-}1000°C}$ = 3,8·10^{-6} K^{-1} recht niedrige lineare thermische Ausdehnungskoeffizient und seine ausgezeichnete Korrosionsbeständigkeit gegenüber vielen Metall- und Glasschmelzen, da diese die Oberfläche von BN-Werkstoffen nicht benetzen.

In Luft oder sauerstoffhaltiger Atmosphäre ist das Material bis etwa 1000°C einsetzbar und behält auch – im Gegensatz zu anderen Festschmierstoffen (Graphit, MoS$_2$) – seine Schmiereigenschaft bei. Stickstoffatmosphäre ermöglicht sogar Anwendungen von Bornitrid bis ungefähr 2400°C. Erst oberhalb von ca. 2600°C tritt Sublimation und allmähliche Zersetzung der Verbindung ein. Für den Schmelzpunkt findet man – je nach speziellen Randbedingungen – Angaben zwischen 2730°C und 3300°C.

Hexagonales Bornitrid lässt sich analog der Umwandlung von Graphit in Diamant (vgl. Abschnitt 2.6.1) bei Temperaturen von etwa 1600-2000°C unter sehr hohem Druck (5-9 GPa) und katalytischer Einwirkung von Alkali- oder Erdalkalibornitriden (z.B. Li$_3$BN$_2$ oder Mg$_3$BN$_3$) in eine kubisch kristallisierende Modifikation überführen:

$$\text{BN}_{(\text{hex.})} \quad \xrightarrow[\text{Kat.}]{\Delta\,,\,p} \quad \text{BN}_{(\text{kub.})}$$

Diese auch als *β-BN* bezeichnete Verbindung weist eine Massendichte von ρ = 3,48 g/cm^3 auf und kristallisiert in einem diamantartigen Gitter. *Kubisches* Bornitrid (CBN) gehört zur Gruppe der diamantartigen Nitride; die B–N-Bindung besitzt zu ungefähr 75% kovalenten Bindungscharakter. Es ist extrem hart und nach dem Diamant das zweithärteste bekannte Material (ein sog. *Ultrahartstoff*). Seine Härte bleibt auch bei höheren Temperaturen bis etwa 900°C erhalten. Neben dem Warenzeichen *Borazon*® ist es auch unter dem Begriff *„anorganischer Diamant"* geläufig. Im Vergleich mit Diamant ist das β-BN jedoch wesentlich oxidationsbeständiger, so dass in Luftatmosphäre werkstofftechnische Anwendungen bis zu Temperaturen von ca. 1400°C möglich sind.

Seine größte Bedeutung hat *kubisches* Bornitrid für die Produktion von Schneidwerkzeugen und Schleifmitteln. Um bestimmte Kunststoffe und keramische Matrizen zu verstärken, kann man Verbundwerkstoffe mit Bornitridfasern herstellen. *Hexagonales* BN dient vorzugsweise als Festschmierstoff (auch im HT-Bereich bis etwa 1000°C), als Tiegel-, Rohr- und Pumpenmaterial für Metall- und Glasschmelzen, zur Auskleidung von Raketendüsen und Brennkammern sowie als elektrisches Isolationsmaterial in Hochtemperaturöfen (Schutzrohre, Isolierhüllen für Thermoelemente etc.).

7.4.3.3 Aluminiumnitrid

Das am häufigsten verwendete Verfahren zur Herstellung von sinterfähigem Aluminiumnitridpulver ist die carbothermische Darstellung aus Aluminiumoxid bei Temperaturen zwischen 1400°C und 1700°C:

$$\overset{0}{Al_2O_3} \ + \ \overset{0}{N_2} \ + \ 3\,\overset{0}{C} \ \xrightarrow{\Delta} \ 2\,\overset{-III}{Al}\overset{}{N} \ + \ 3\,\overset{+II}{C}O$$

Auch die stark exotherme Direktnitridierung von Aluminium oberhalb von 1200°C wird angewandt:

$$2\,\overset{0}{Al} \ + \ \overset{0}{N_2} \ \xrightarrow{\Delta} \ 2\,\overset{+III\,-III}{Al\,N}$$

Aluminiumnitrid von sehr hoher Reinheit erhält man über spezielle Gasphasenreaktionen in einer Argon-Schutzatmosphäre im Temperaturbereich von etwa 700-1500°C, z.B.:

$$AlCl_3 \ + \ NH_3 \ \xrightarrow[Ar]{\Delta} \ AlN \ + \ 3\,HCl$$

Die Anwendung von AlN als keramischer Werkstoff resultiert aus seiner besonders hohen Wärmeleitfähigkeit von λ_{RT} = 120-140 W/mK (teilweise wurden auch 285 W/mK publiziert[183]) und seinem guten elektrischen Isolationsvermögen. Mit 3,26 g/cm^3 ist die Massendichte der bläulich kristallisierenden Verbindung recht niedrig, ebenso wie der mittlere lineare thermische Ausdehnungskoeffizient von α = 3,5·10^{-6} K^{-1} im Temperaturbereich von RT bis 200°C.

Das ungesinterte AlN-Pulver ist ziemlich feuchtigkeitsempfindlich und hydrolysiert bereits bei RT in Aluminiumhydroxid und Ammoniak:

$$AlN \ + \ 3\,H_2O \ \longrightarrow \ Al(OH)_3 \ + \ NH_3$$

Gesinterte AlN-Keramiken sind recht hart und gegenüber Wasser und Säuren sehr beständig, können jedoch mit konzentrierten Laugen unter Bildung des Tetrahydroxidoaluminat(III)-Komplexes aufgelöst werden:

$$AlN \ + \ OH^- \ + \ 3\,H_2O \ \longrightarrow \ [\,Al(OH)_4\,]^- \ + \ NH_3$$

In Gegenwart von Luftsauerstoff wird das Aluminiumnitrid bei hohen Temperaturen in Aluminiumoxid umgewandelt:

$$4\,\overset{-III}{Al}\overset{}{N} \ + \ 3\,\overset{0}{O_2} \ \xrightarrow{\Delta} \ 2\,\overset{-II}{Al_2}O_3 \ + \ 2\,\overset{0}{N_2}$$

Für den Schmelzpunkt findet man Werte um 2300°C angegeben, allerdings erfolgt bereits bei Temperaturen oberhalb von etwa 1850°C eine merkliche Zersetzung in die Elemente.

Durch seine sehr gute Wärmeleitfähigkeit von λ = 180 W/mK bei gleichzeitig hohem elektrischen Widerstand ist AlN ein exzellenter Werkstoff für Substrate, Gehäusematerial etc. von elektronischen Hochleistungs-Bauteilen und ebenso von Umrichtern, wo er als Wärmesenke bzw. Wärmetauscher wirkt. Ferner findet AlN-Keramik Verwendung für Thermoelementschutzrohre sowie für Schmelztiegel, da deren Oberfläche von vielen Metallschmelzen nicht benetzt wird.

7.4.4 Übergangsmetallnitride

Wie bereits näher erläutert, bilden die Metalle der IV. bis VI. Nebengruppe des PSE sehr harte Carbide, die man in die Kategorie der metallischen Hartstoffe einordnet. Zu dieser Gruppe der metallischen Hartstoffe gehören auch einige Nitride der genannten Übergangsmetalle, da es sich bei ihnen zum Teil um ebenfalls extrem harte, korrosions- und zunderbeständige, interstitielle Verbindungen mit meist sehr hohen Schmelzpunkten handelt.

Die wichtigsten Synthesereaktionen verlaufen analog zu den schon vorgestellten Herstellungsmethoden über die Direktnitridierung, über die carbothermische Reduktion der Metalloxide, nach dem Diimid-Verfahren oder mittels spezieller Produktionsmethoden (PVD, CVD).

Ganz allgemein dienen diese Nitride in erster Linie zum Verschleiß-, Zunder- und Korrosionsschutz von Werkstoffen, wobei dem Molybdännitrid und Wolframnitrid keine technische Bedeutung zukommen, da sie thermisch nicht besonders stabil sind und bereits bei Temperaturen um 700°C merklich Stickstoff abspalten. Die Chromnitride CrN und Cr_2N besitzen vergleichsweise niedrige Schmelzpunkte von 1085°C respektive 1590°C und haben – mit Ausnahme der Passivierung von Chromoberflächen – ebenso wie das Vanadiumnitrid VN (Smp. 2180°C) bislang kaum erwähnenswerte werkstofftechnische Anwendung gefunden.

7.4.4.1 Titannitrid

Neben der Direktsynthese aus den beiden Elementen wird Titannitrid auch über die carbothermische Nitridierung von Titandioxid gewonnen:

$$2\,\overset{+IV}{TiO_2} \;+\; \overset{0}{N_2} \;+\; 4\,\overset{0}{C} \;\overset{\Delta}{\longrightarrow}\; 2\,\overset{+III\,-III}{TiN} \;+\; 4\,\overset{+II}{CO}$$

Ein sehr reines Produkt lässt sich durch die Wahl leichtflüchtiger Ausgangsverbindungen in einer Gasphasenreaktion bei etwa 550-950°C erhalten, z.B.:

$$2\,\overset{+IV}{TiCl_4} \;+\; \overset{0}{N_2} \;+\; 4\,\overset{0}{H_2} \;\overset{\Delta}{\longrightarrow}\; 2\,\overset{+III\,-III}{TiN} \;+\; 8\,\overset{+I}{HCl}$$

Setzt man anstelle von elementarem N_2 als stickstofflieferndes Edukt Ammoniak ein, dann ergibt sich eine ähnliche chemische Synthesereaktion:

$$2\,\overset{+IV}{TiCl_4} \;+\; 2\,\overset{0}{NH_3} \;+\; \overset{0}{H_2} \;\overset{\Delta}{\longrightarrow}\; 2\,\overset{+III}{TiN} \;+\; 8\,\overset{+I}{HCl}$$

Häufig werden über die PVD- und CVD-Techniken zur Erhöhung der Verschleißfestigkeit auch Mischkristallbeschichtungen vorgenommen, so dass auf der Werkstoffoberfläche Titancarbonitride entstehen, z.B.:

$$2\,TiCl_4 \;+\; 2\,CH_4 \;+\; N_2 \;\overset{700\text{-}900°C}{\longrightarrow}\; 2\,Ti(C,N) \;+\; 8\,HCl$$

Optisch hervorstechend ist die goldgelbe Farbe von TiN. Die bei 2950°C schmelzende Verbindung ist chemisch sehr inert, besitzt einen mittleren linearen thermischen Ausdehnungskoeffizienten von $\alpha_{25\text{-}1000°C} = 9{,}4\cdot10^{-6}\,K^{-1}$ und eine Massendichte von $\rho = 5{,}4\,g/cm^3$.

Titannitrid dient vor allem als Hartstoff zur Herstellung verschleißfester Oberflächenschichten auf abrasiv stark beanspruchten Teilen (Bohrer, Fräser); teilweise wird es aber auch zu dekorativen Zwecken eingesetzt. Ferner verwendet man es zur Auskleidung von Reaktionstiegeln (z.B. für Lanthanlegierungen), zur Verbesserung der elektrischen Leitfähigkeit von Mischkeramiken (z.B. Al_2O_3/TiN/TiC oder Si_3N_4/TiN) sowie als Bestandteil von *Cermets* (vgl. Abschnitt 7.5).

7.4.4.2 Zirconium-, Hafnium-, Niob- und Tantalnitrid

Die „schwereren" Nitride der Metalle der IV. Nebengruppe Zirconium- und Hafniumnitrid werden meist über die Direktsynthese aus den Elementen hergestellt.

ZrN ist ebenfalls sehr hart, gelblich metallisch glänzend und äußerst korrosionsunempfindlich. Es schmilzt bei etwa 2985°C und wird als hochfeuerfester Werkstoff, als Hartmetall für Schneidwerkstoffe, in der Medizintechnik für Multilayer-Beschichtungen von Endoprothesen, als Tiegelmaterial und wegen seiner gegenüber Wolfram geringeren Verdampfungstendenz in elektronischen Röhren als Elektrodenwerkstoff genutzt. Ähnliche Verwendung findet das bei 3390°C schmelzende HfN.

Von den Nitriden der Metalle der V. Nebengruppe dient die Hochtemperaturmodifikation des bronzefarbenen Tantalnitrids TaN (Smp. 3095°C) bei der Chipherstellung als Sperr- und Haftschicht; das sehr harte Niobnitrid NbN (Smp. 2205°C) zeigt supraleitende Eigenschaften mit einer Sprungtemperatur von $T_c = 16,8$ K.

7.4.5 Boridkeramik

Die boridkeramischen Werkstoffe zeichnen sich allgemein durch hohe Schmelzpunkte, große Härte und hervorragende Korrosionsbeständigkeit gegenüber Säuren, Metall- und Glasschmelzen aus. Da es sich bei den Boriden der Übergangsmetalle – insbesondere der IV. bis VI. Nebengruppe – meist um interstitielle Verbindungen mit metallischem Charakter handelt, besitzen sie relativ hohe elektrische Leitfähigkeiten und werden deshalb in einigen Bereichen der Elektrotechnik sowie als metallische Hartstoffe zum Verschleißschutz eingesetzt.

7.4.5.1 Titandiborid

Das mit Abstand anwendungstechnisch bedeutendste hartmetallische Borid ist TiB_2. Für die Synthese des TiB_2 werden je nach Verfügbarkeit der Ausgangsmaterialien und der gewünschten Reinheit des Produkts unterschiedliche Wege beschritten.

Ein wichtiges großtechnisches Verfahren ist die carbothermische Reduktion von Bor(III)oxid mit Kohlenstoff in Gegenwart von Titandioxid:

$$TiO_2 + \overset{+III}{B_2O_3} + 5\,\overset{0}{C} \xrightarrow{\Delta} \overset{-II}{Ti}\overset{+II}{B_2} + 5\,CO$$

Zur Vermeidung von Verunreinigungen des TiB_2 durch Kohlenstoff kann man als Reduktionsmittel auch Aluminium-, Silicium- oder Magnesiumpulver verwenden, z.B.:

$$3\,TiO_2 + 3\,\overset{+III}{B_2O_3} + 10\,\overset{0}{Al} \xrightarrow{\Delta} 3\,\overset{-II}{Ti}\overset{+III}{B_2} + 5\,Al_2O_3$$

Die Direktsynthese von TiB_2 aus Titan und Bor in Argon-Schutzatmosphäre ist wegen des hohen Preises für elementares Bor zwar verhältnismäßig teuer, dafür erhält man jedoch ein sehr reines Borid:

$$Ti + 2\,B \xrightarrow[Ar]{\Delta} TiB_2$$

Von besonderer Bedeutung ist das *Borieren* von Eisen- und Stahlwerkstoffen zur Erzeugung von harten und verschleißfesten Oberflächenschichten aus Boriden, z.B. TiB_2 oder FeB und Fe_2B. Zu diesem Zweck wird häufig Borcarbid als Borierungsmittel eingesetzt:

$$\overset{0}{2\,Ti} \; + \; \overset{+I\;-IV}{B_4C} \quad \xrightarrow{\;\Delta\;} \quad \overset{+IV\text{-}II}{2\,TiB_2} \; + \; \overset{0}{C}$$

Nach dem sogenannten *Borcarbidverfahren* verläuft die Oberflächenhärtung zu TiB_2 mit zusätzlichem Kohlenstoff und Titandioxid als Edukte:

$$2\,TiO_2 \; + \; \overset{+I\;-IV}{B_4C} \; + \; \overset{0}{3\,C} \quad \xrightarrow{\;\Delta\;} \quad \overset{-II}{2\,TiB_2} \; + \; \overset{+II}{4\,CO}$$

Auch die Gasphasenabscheidung aus z.B. Bortrichlorid und Wasserstoff wird bei ca. 500-900°C zum Borieren von Eisen- und Stahlwerkstoffen angewandt:

$$\overset{+III}{2\,BCl_3} \; + \; \overset{0}{3\,H_2} \quad \xrightarrow{\;\Delta\;} \quad \overset{0}{2\,B} \; + \; \overset{+I}{6\,HCl}$$

Bei dieser Umsetzung bildet sich intermediär elementares Bor, das anschließend z.B. mit dem Eisen zum Eisenborid reagieren kann:

$$Fe \; + \; B \quad \longrightarrow \quad FeB \quad (bzw. \; auch \; Fe_2B)$$

Das FeB (Smp. 1550°C) besitzt eine sehr gute Haftfestigkeit auf Eisenwerkstoffen und verleiht dem Material eine wesentlich höhere Härte.

Die oben formulierte thermische Zersetzung von BCl_3 im H_2-Strom wird auch ausgenutzt zur Erzeugung von Borfasern auf dünnen Wolframdrähten, die zur Faserverstärkung von Kunststoffen und Metallen (Aluminium, Titan) dienen.

Zurück zum Titandiborid. Von allen Metallboriden besitzt TiB_2 die größte Härte. Seine Massendichte ist mit $\rho = 4{,}52$ g/cm^3 verhältnismäßig niedrig. Die elektrisch recht gut leitende Verbindung schmilzt bei etwa 2900°C und lässt sich sogar ohne Additive recht gut drucklos sintern. Das gesinterte TiB_2 zeigt auch bei sehr hohen Temperaturen bis etwa 1700°C eine ausgezeichnete thermische und chemische Stabilität. Verwendet werden Titandiboridkeramiken vor allem als Tiegelmaterial für Nichteisenmetalle sowie als Kathodenwerkstoff für Schmelzflusselektrolysen (z.B. Aluminium), in Kombination mit Bornitrid und Aluminiumnitrid als Verdampferschiffchen, für Verschleißteile im Motorbau, wegen des hohen Elastizitätsmoduls bei der Herstellung von Panzerplatten sowie bei der Produktion mehrphasiger Hartstoffe.

7.4.5.2 Zirconiumdiborid und andere Boride

ZrB_2 wird analog zur Synthese des Titandiborids hergestellt und weist im Wesentlichen ähnliche Eigenschaften auf wie das TiB_2, ist jedoch teurer und besitzt eine höhere Dichte von $\rho = 6{,}09$ g/cm^3. Sein Schmelzpunkt liegt bei ca. 3240°C. Es dient ebenfalls als hochfeuerfester Werkstoff für Tiegelmaterial, Schutzrohre, Thermoelementummantelungen etc.

Eine gewisse Bedeutung haben auch die Hexaboride des Lanthans und Europiums. Das Austrittspotenzial für Elektronen ist bei LaB_6 (Smp. 2210°C) und EuB_6 ziemlich niedrig, so dass diese Boride bevorzugt zur Produktion von Glühkathoden für hohe und gleichmäßige Elektronenemissionen verwendet werden. Ferner setzt man sie – wie auch einige andere Boride – als Absorbermaterial für Neutronen in Regelstäben ein.

Chrom-, Cobalt- und Nickelboride, zu nennen sind insbesondere CrB_2 (Smp. 2150°C), CrB (Smp. 2050°C), CoB (Smp. 1270°C) und NiB (Smp. 1040°C), finden gelegentlich Verwendung als Hartstoffphase in Verbundwerkstoffen (Cermets) und zum Verschleißschutz von z.B. Schneid- und Bohrwerkzeugen.

Ein ähnliches Anwendungsgebiet haben auch die verschiedenen Niobboride, dessen wichtigster Vertreter das NbB_2 mit dem sehr hohen Schmelzpunkt von etwa 3000°C ist.

Wolframborid WB (Smp. 2400°C) sowie die Molybdänboride MoB (Smp. 2350°C) und Mo_2B_5 (Smp. 2100°C) dienen in der Elektronik als Hochtemperatur-Sinterlote.

Magnesiumborid (MgB_2) ist das Borid eines Hauptgruppenmetalls. Von den normalen metallischen Supraleitern – abgesehen von den erst 2008 entdeckten und nur bedingt als metallisch einstufbaren Eisenpniktiden – zeichnet sich dieses MgB_2 mit $T_C = 39K$ durch eine sehr hohe Sprungtemperatur aus.

Bordiamant – auch *quadratisches Bor* genannt – ist ebenfalls das Borid eines Hauptgruppenmetalls. Als Aluminiumdodecaborid (AlB_{12}) kommt es wegen seiner großen Härte als Schleifmittel zum Einsatz.

Von besonderem Interesse ist Rheniumborid ReB_2 mit einem Schmelzpunkt von etwa 2400°C. Der silberglänzende Hartstoff lässt sich durch die Direktsynthese aus den Elementen bei etwa 1000°C herstellen. Da Diamant mit ReB_2 geritzt werden kann[184], muss man annehmen, dass zumindest in einer kristallographischen Richtung diese Verbindung härter ist als Diamant.

7.4.6 Silicidkeramik

Die meisten Silicide der Übergangsmetalle haben relativ niedrige Schmelzpunkte und sind nicht besonders hart. Sie zeichnen sich allerdings durch eine große chemische Inertheit, insbesondere gegenüber Säuren, und teilweise durch gute Zunderbeständigkeit aus. Ihr metallischer Charakter ergibt sich aus ihren interstitiellen Bindungsverhältnissen, wobei die stöchiometrische Zusammensetzungen und Strukturen im Vergleich zu den interstitiellen Carbiden und Nitriden sehr komplex sind. Von Nachteil ist für einige Anwendungszwecke die große Sprödigkeit dieser Silicide. Werkstofftechnische Bedeutung als Hartstoffe besitzen im Wesentlichen nur die beiden Silicide der „schweren" Elemente der VI. Nebengruppe des PSE, Molybdändisilicid und Wolframdisilicid.

7.4.6.1 Molybdändisilicid

Molybdändisilicid wird gewöhnlich durch Direktsynthese aus den Elementen bei hohen Temperaturen hergestellt:

$$\overset{0}{Mo} \; + \; 2\,\overset{0}{Si} \; \overset{\Delta}{\longrightarrow} \; \overset{+IV\,-II}{MoSi_2}$$

Auch carbo- und aluminothermische Reaktionen von Siliciumdioxid in Gegenwart von Molybdäntrioxid sind möglich, z.B.:

$$\overset{+VI}{MoO_3} \; + \; 2\,\overset{+IV}{SiO_2} \; + \; 7\,\overset{0}{C} \; \overset{\Delta}{\longrightarrow} \; \overset{+IV\,-II}{MoSi_2} \; + \; 7\,\overset{+II}{CO}$$

$$3\,\overset{+VI}{MoO_3} \; + \; 6\,\overset{+IV}{SiO_2} \; + \; 14\,\overset{0}{Al} \; \overset{\Delta}{\longrightarrow} \; 3\,\overset{+IV\,-II}{MoSi_2} \; + \; 7\,\overset{+III}{Al_2O_3}$$

Zur Erzeugung von korrosionsbeständigen Schutzschichten auf Metalloberflächen kann $MoSi_2$ über die Gasphase nach dem CVD-Verfahren abgeschieden werden, z.B.:

$$\overset{0}{\text{Mo}} \quad + \quad 2 \overset{+IV}{\text{SiCl}_4} \quad + \quad 4 \overset{0}{\text{H}_2} \quad \overset{\Delta}{\longrightarrow} \quad \overset{+IV\ -II}{\text{MoSi}_2} \quad + \quad 8 \overset{+I}{\text{HCl}}$$

Das bei etwa 2030°C schmelzende, sehr harte Molybdändisilicid ist gegenüber zahlreichen Salzschmelzen, allen Mineralsäuren bis auf Flusssäure und vielen korrosiven Gasen – auch bei erhöhter Temperatur – sehr inert. Seine hohe chemische Resistenz beruht auf der Bildung einer dünnen Oberflächenschicht aus Siliciumdioxid durch Oxidation mit Luftsauerstoff bei etwa 1300°C:

$$2 \overset{+IV\ -II}{\text{MoSi}_2} \quad + \quad 7 \overset{0}{\text{O}_2} \quad \overset{\Delta}{\longrightarrow} \quad 4 \overset{+IV-II}{\text{SiO}_2} \quad + \quad 2 \overset{+VI\ -II}{\text{MoO}_3}$$

Bei dieser Reaktion ebenfalls entstandenes Molybdäntrioxid sublimiert bereits bei ca. 700°C ab. Nachdem sich eine kompakte SiO$_2$-Schicht aufgebaut hat, kommt die Reaktion allmählich zum Stillstand. Wird die Temperatur des betreffenden Werkstücks jedoch auf Werte oberhalb 1700°C erhöht, so findet eine weitere chemische Reaktion (Synproportionierung des Siliciums) zwischen der gebildeten SiO$_2$-Schicht und dem darunter befindlichen Molybdändisilicid statt:

$$\overset{+IV\ -II}{\text{MoSi}_2} \quad + \quad 2 \overset{+IV}{\text{SiO}_2} \quad \overset{T > 1700°C}{\longrightarrow} \quad 4 \overset{+II}{\text{SiO}} \quad + \quad \overset{0}{\text{Mo}}$$

Das so erzeugte Siliciummonoxid ist leicht flüchtig und dampft ab bzw. setzt sich nach und nach zu elementarem Silicium um:

$$2 \overset{+II}{\text{SiO}} \quad \longrightarrow \quad \overset{+IV}{\text{SiO}_2} \quad + \quad \overset{0}{\text{Si}}$$

Aus diesem Grund ist der Einsatzbereich von Werkstoffen aus MoSi$_2$ auf etwa 1700°C begrenzt.

Das Hauptanwendungsgebiet von Molybdändisilicidkeramiken sind Hochtemperaturheizleiter bis 1700°C (vgl. oben). Ferner dient der Werkstoff zur zunderfesten Auskleidung von Verbrennungskammern und Gasturbinen. Seine Bedeutung als Komponente für Hartstoffe oder Cermets ist im Vergleich zu Carbiden, Nitriden oder Boriden nicht besonders hoch.

7.4.6.2 Wolframdisilicid

WSi$_2$ lässt sich analog der Reaktion zur Synthese des Molybdändisilicids herstellen und weist einen Schmelzpunkt von 2165°C auf. Es ähnelt in seinen Eigenschaften dem MoSi$_2$ und wird insbesondere zur Erzeugung zunder- und korrosionsbeständiger Schichten in der Elektroindustrie, z.B. als Kontaktwerkstoff für integrierte Schaltungen, eingesetzt. Die Abscheidung dieser dünnen WSi$_2$-Schichten erfolgt meist nach dem PVD-Verfahren.

7.5 Cermets

Cermet steht als Abkürzung für die englischen Bezeichnungen *cer*amics und *met*als. Es handelt sich dabei um einen aus zwei getrennten Phasen zusammengesetzten Verbundwerkstoff, der aus einer keramischen und einer metallischen Komponente besteht. Als keramischer Anteil werden in der Regel Hartstoffe auf der Basis von Oxiden, Carbiden, Boriden, teilweise auch von Nitriden und Siliciden verwendet, während aus der großen Anzahl der Metalle vorwiegend Nickel, Eisen, Chrom. Cobalt, Molybdän, Wolfram, Cadmium, Silber und Titan eingesetzt werden.

Günstige Kombinationen von keramischen und metallischen Komponenten zielen darauf ab, die Werkstoffeigenschaften der Cermets im Vergleich zu den beiden einzelnen Ausgangssubstanzen entscheidend zu verbessern. So soll der keramische Anteil dem Cermet einen hohen Schmelzpunkt, extreme Härte sowie große Warmfestigkeit und Zunderbeständigkeit verleihen. Zähigkeit, Temperaturwechselbeständigkeit und Schlagfestigkeit des Cermets lassen sich positiv durch den Einbau eines geeigneten Metalls oder durch Kombination mehrerer Metalle beeinflussen.

Die Herstellung der Cermets erfolgt im Allgemeinen pulvermetallurgisch. Nach dem Mischen von keramischem und metallischem Pulver fertigt man unter Anwendung von hohem Druck Formlinge, die meist in leicht reduzierender Schutzatmosphäre gesintert werden. Das gesinterte Produkt wird anschließend gemahlen und häufig durch das Flammspritzverfahren dem zu beschichtenden Werkstück zugeführt.

Verwendung finden Cermets z.B. als hartes Überzugsmaterial für Schneidwerkstoffe (z.B. TiC u. TaC/Ni-Co) mit hohen Temperaturwechselbeständigkeiten, als hochtemperaturbeständige Werkstoffe zur Auskleidung von Verbrennungskammern (z.B. Al_2O_3/Cr), für gegenüber Metallschmelzen inertes Tiegelmaterial (z.B. ZrO_2/Mo), als Hartstoffe mit gleichzeitig hoher Zähigkeit (WC/Co) sowie für Kontaktwerkstoffe in der Elektrotechnik (z.B. CdO/Ag).

8 Gläser

8.1 Einführung

Ganz allgemein lässt sich der Werkstoff Glas definieren als ein amorpher Festkörper, der aus einer Schmelze durch Abkühlung oder Abschreckung ohne merkliche Kristallisation erstarrt ist.

Diese umfassende Definition schließt auch die organischen und metallischen Gläser mit ein. In der Praxis versteht man unter dem Begriff Glas meist einen nichtmetallischen anorganischen Werkstoff, der im Wesentlichen gekennzeichnet ist durch hohe Lichtdurchlässigkeit, äußerst geringe thermische und elektrische Leitfähigkeiten, hervorragende Korrosionsbeständigkeit gegenüber vielen aggressiven Gasen und Flüssigkeiten sowie durch eine große Sprödigkeit. Abhängig von der Größe des linearen thermischen Ausdehnungskoeffizienten kann man eine Einteilung in *Weichgläser* ($\alpha > 6 \cdot 10^{-6}$ K^{-1}) und *Hartgläser* ($\alpha < 6 \cdot 10^{-6}$ K^{-1}) treffen.

Im Gegensatz zu kristallinen Substanzen zeigen die amorphen Gläser beim Abkühlen aus der Schmelze in den festen Zustand bzw. beim Erhitzen keine scharfen Erstarrungs- und Schmelztemperaturen, sondern einen kontinuierlichen Transformationsbereich. Es handelt sich dabei um eine Phasenumwandlung 2. Art, deren Umwandlungsbereich durch die Glasübergangstemperatur T_g charakterisiert wird.

Der amorphe Zustand ist gegenüber dem kristallinen Zustand bei einem Stoff gleicher Zusammensetzung der thermodynamisch instabilere. Da jedoch die Umwandlung vom amorphen in den kristallinen Zustand kinetisch gehemmt ist, und normalerweise nur mit einer äußerst geringen Reaktionsgeschwindigkeit abläuft, tritt eine Trübung von Gläsern durch Kristallisation, die sogenannte *Entglasung*, gewöhnlich erst nach einer längeren Zeitspanne ein. Hingegen erreicht man bei den *Glaskeramiken* (vgl. Abschnitt 7.2.1) gerade durch eine gezielte Kristallisation bestimmte Werkstoffeigenschaften.

8.2 Oxidgläser

Die technisch am häufigsten verwendeten Gläser sind die Oxidgläser. Insbesondere kommen Oxide in Frage, deren Radienverhältnis von Kation zu Oxidanion in etwa zwischen 0,2 und 0,4 liegt. Diese Voraussetzung ist für die wichtigsten *Glasbildner* wie SiO_2, B_2O_3, P_4O_{10}, GeO_2 und As_2O_5 erfüllt.

Als bedeutendster oxidischer *Glasbildner* (*Netzwerkbildner*) ist das Siliciumdioxid zu nennen, welches das Basismaterial zur Produktion von *Kieselgläsern* darstellt, die häufig auch noch als *Quarzgläser* bezeichnet werden. Im Grundzustand besitzt das Siliciumatom die Elektronenkonfiguration $3s^2p^2$. Durch sp^3-Hybridisierung bilden sich vier entartete Hybridorbitale, so dass vier gleichwertige Bindungen eines Si-Atoms mit z.B. Sauerstoffatomen geknüpft werden können. Daraus resultiert nach der Netzwerkhypothese von *Zachariasen* (1932) als Bauelement der *Silicatgläser* ein [SiO$_4$]-Tetraeder, in dessen Zentrum ein Siliciumatom sitzt, das jeweils von vier Sauerstoffatomen tetraedrisch umgeben ist. Somit ergibt sich ein dreidimensionales polymeres Netzwerk für SiO_2; einzelne SiO_2-Moleküle existieren im Gegensatz zu z.B. CO_2-Molekülen unter normalen Bedingungen nicht (vgl. Abschnitt 3.6.4.1).

Neben den erwähnten Glasbildnern, bei denen es sich vornehmlich um „saure Oxide" handelt, enthalten die Oxidgläser meist *Glaswandler (Netzwerkwandler)*, die als „basische Oxide" das Netzwerk an bestimmten Stellen aufsprengen und dadurch letztlich eine Erniedrigung der Glasumwandlungstemperatur bewirken. Als Glaswandler kommen bevorzugt „basische Oxide" mit relativ großen Kationen wie z.B. Na_2O, K_2O, CaO und BaO in Frage, die oft erst während der Herstellung der Gläser aus den preisgünstigeren Carbonaten durch Calcinierung erzeugt werden, z.B.:

$$CaCO_3 \xrightarrow[-CO_2]{\Delta} CaO$$

Die Wirkungsweise der Glaswandler beruht hauptsächlich auf zwei Grundreaktionen. Zum einen kann es z.B. bei der Verwendung von Na_2O als Netzwerkwandler zur Bildung von einzelnen, unabhängigen Kettenenden kommen:

$$-\overset{|}{\underset{|}{Si}}-\bar{O}-\overset{|}{\underset{|}{Si}}- \quad + \quad Na_2O \quad \longrightarrow \quad 2 -\overset{|}{\underset{|}{Si}}-\bar{O}|^{\ominus} \; Na^{\oplus}$$

[SiO₄]-Tetraeder

Andererseits können Glaswandler mit verhältnismäßig großen Kationen das Netzwerk aufbrechen, und die entstandenen zwei Kettenenden anschließend über das eingelagerte Metallkation mittels einer ionischen Bindung wieder zusammenführen, z.B.:

$$-\overset{|}{\underset{|}{Si}}-\bar{O}-\overset{|}{\underset{|}{Si}}- \quad + \quad CaO \quad \longrightarrow \quad -\overset{|}{\underset{|}{Si}}-\bar{O}|^{\ominus} \; Ca^{2+} \; {}^{\ominus}|\bar{O}-\overset{|}{\underset{|}{Si}}-$$

[SiO₄]-Tetraeder

Durch die Einwirkung von Glaswandlern erhöht sich die mechanische und chemische Beständigkeit des Glases. Die Viskosität und die Glasübergangstemperatur werden herabgesetzt, allerdings steigt mit zunehmendem Gehalt der Glaswandler auch die elektrische Leitfähigkeit von Glas.

Grundsätzlich ist festzustellen, dass ein hoher SiO_2-Gehalt als Glasbildner das Glas gegenüber Säuren und besonders gegenüber Laugen korrosionsbeständiger macht sowie dessen Schmelztemperatur heraufsetzt, während ein höherer Anteil von Glaswandlern den Schmelzpunkt senkt und das Glas korrosionsempfindlicher werden lässt.

Wird fein zerriebenes Glaspulver längere Zeit in Wasser aufbewahrt, so tritt allmählich eine leichte pH-Wert-Verschiebung des Wassers in den schwach alkalischen Bereich auf, da die Wassermoleküle z.B. mit den über die Glaswandler entstandenen „ionischen Kettenenden" unter Freisetzung von Hydroxidionen reagieren:

$$-\overset{|}{\underset{|}{Si}}-\bar{O}|^{\ominus} \; Na^{\oplus} \quad + \quad H_2O \quad \rightleftharpoons \quad -\overset{|}{\underset{|}{Si}}-OH \quad + \quad Na^{\oplus} \quad + \quad OH^{\ominus}$$

Die Beständigkeit des Glases gegen Wasser kann gewöhnlich durch Zugabe von Al_2O_3 zu den Ausgangssubstanzen der Glasproduktion verbessert werden.

Die Korrosion von Gläsern durch stark alkalische Lösungen lässt sich über das Aufspalten der Netzwerkstruktur erklären. Am elektropositiveren Si-Atom der polaren Si–O-Bindung können die nuc-

leophilen Hydroxidionen angreifen, diese Bindungen aufbrechen und somit die Bildung von wasserlöslichen Silicaten verursachen:

$$—\overset{|}{\underset{|}{Si}}—\underline{O}—\overset{|}{\underset{|}{Si}}—\ +\ OH^{\ominus}\ \longrightarrow\ —\overset{|}{\underset{|}{Si}}—\underline{\overline{O}}|^{\ominus}\ +\ HO—\overset{|}{\underset{|}{Si}}—$$

$[SiO_4]$-Tetraeder

8.2.1 Kieselglas

Kieselglas besteht zu etwa 99,5% aus SiO_2. Um ein gutes Schmelzen des Glases zu gewährleisten, darf das Siliciumdioxid maximal 0,2% Al_2O_3 und 0,02% Fe_2O_3 als Verunreinigungen enthalten. Früher wurde als Rohstoff zur Produktion von Kieselgläsern vorwiegend reinster Quarzsand oder Bergkristall eingesetzt; daraus resultiert die nicht ganz korrekte Bezeichnung *Quarzgläser*.

Kieselglas zeichnet sich durch eine sehr hohe Temperaturbeständigkeit ($T_g \approx 1500$ K) sowie einen extrem niedrigen linearen thermischen Ausdehnungskoeffizienten aus ($\alpha_{20\text{-}1000°C} = 5{,}4 \cdot 10^{-7}$ K^{-1}), was ein exzellentes Temperaturwechselverhalten des Werkstoffs zur Folge hat. So kann beispielsweise ein auf Weißglut erhitztes Kieselglas direkt in flüssige Luft eingebracht werden, ohne dass das Glas eine Schädigung erleidet.

Insbesondere wegen der recht hohen UV-Durchlässigkeit findet Kieselglas als Werkstoff in vielen Bereichen der optischen Industrie Anwendung (Linsen, Prismen, Küvetten, hitze- und temperaturwechselbeständige Glasgeräte und -apparate sowie Sichtscheiben und -fenster). Lichtwellenleiter aus Kieselglas in Form von Glasfaserkabeln zur Informationsübertragung lassen sich beispielsweise nach dem *PCVD-Verfahren* (*p*lasma-activated *c*hemical *v*apour *d*eposition) herstellen, indem man aus Siliciumtetrachlorid und Sauerstoff aus der Gasphase bei ungefähr 1200°C kompakte Kieselglasschichten im Inneren eines Substratrohres erzeugt:

$$\overset{-I}{Si}Cl_4\ +\ \overset{0}{O_2}\ \overset{\Delta}{\longrightarrow}\ \overset{-II}{Si}O_2\ +\ 2\,\overset{0}{Cl_2}$$

8.2.2 Normalglas

Das technisch am häufigsten anzutreffende Glas ist normales Fensterglas (Flachglas) bzw. Behälterglas (Hohlglas), das zur Produktion von Glasscheiben, Spiegeln, Flaschen, Behältern etc. verwendet wird. Es handelt sich bei diesem Weichglas um ein *Natron-Kalk-Glas* der ungefähren chemischen Zusammensetzung $Na_2O \cdot CaO \cdot 6SiO_2$, was in etwa 75 Massen% SiO_2, 13% Na_2O und 12% CaO entspricht. Seine Herstellung erfolgt durch Erhitzen eines Gemisches aus Quarzsand (Netzwerkbildner), Soda (Flussmittel und Netzwerkwandler) sowie Kalk (Netzwerkwandler). Dabei setzen sich die Edukte in endothermen Reaktionen unter Freisetzung von Kohlendioxid bei 800-900°C zu Natrium- bzw. Calciumsilicaten um:

$$SiO_2\ +\ CaCO_3\ \xrightarrow[-CO_2]{\Delta}\ CaSiO_3$$

$$SiO_2\ +\ Na_2CO_3\ \xrightarrow[-CO_2]{\Delta}\ Na_2SiO_3$$

Anschließend wird die Temperatur auf etwa 1400-1500°C erhöht, was die Bildung einer dünnflüssigen Glasschmelze zur Folge hat. In diesem Temperaturbereich findet auch die *Glasläuterung* statt, die eine Homogenisierung der Schmelze bewirkt. Durch die Zugabe geringer Mengen (2-3%) von *Läuterungsmitteln* werden die beim Schmelzprozess entstandenen winzigen Gasbläschen aus der Schmelze entfernt. Häufig diente Arsen(III)oxid als Läuterungsmittel, das zwischen 800°C und 1200°C unter Oxidation zum Arsen(V)oxid zunächst Sauerstoff aus der Glasschmelze aufnimmt, dann jedoch bei höheren Temperaturen von ca. 1400-1500°C wieder Sauerstoff abgibt:

$$\overset{+III}{As_2O_3} + \overset{0}{O_2} \xrightarrow{\Delta} \overset{+V\ -II}{As_2O_5} \xrightarrow{\Delta\ \Delta} \overset{+III}{As_2O_3} + \overset{0}{O_2}$$

Der freigesetzte Sauerstoff beschleunigt das Aufsteigen und die Entfernung der in der Schmelze vorhandenen kleinen Gasblasen. In gleicher Weise reagiert Antimon(III)oxid Sb_2O_3, das ebenfalls als Läuterungsmittel eingesetzt wird. Die Läuterung mit dem inzwischen als äußerst toxisch eingestuften Arsenoxid wird nur noch bei einigen Spezialgläsern durchgeführt.

Bei der mittlerweile industriell praktizierten *Sulfatläuterung* entstehen beim Erhitzen von Natriumsulfat als gasförmige Produkte Schwefeldioxid und Sauerstoff:

$$2\,\overset{+VI-II}{Na_2SO_4} \xrightarrow{\Delta} 2\,Na_2O + 2\,\overset{+IV}{SO_2} + \overset{0}{O_2}$$

Verringert man in Natron-Kalk-Gläsern den Anteil des Glasbildners SiO_2 auf etwa 45% bei gleichzeitiger Erhöhung der Netzwerkwandler Na_2O und CaO auf jeweils ca. 24,5% und gibt zusätzlich noch 6% P_4O_{10} hinzu, dann entsteht sog. *Bioglas*. Diese Glasvariation weist eine ähnliche chemische Zusammensetzung auf wie die mineralische Komponente des Knochenbestandteils Hydroxylapatit (vgl. Abschnitt 3.6.2) und wird auf Grund ihrer Biokompatibilität für biomedizinische Anwendungen (Mittelohrgehörknochen, Zermahlen als Knochenfüllmaterial, Zahntechnik etc.) eingesetzt.

Substituiert man in den Natron-Kalk-Gläsern das Dinatriumoxid Na_2O durch Dikaliumoxid K_2O und erhöht gleichzeitig geringfügig den SiO_2-Anteil, so kommt man zu den *Kali-Kalk-Gläsern*, die in etwa die chemische Zusammensetzung $K_2O \cdot CaO \cdot 8SiO_2$ aufweisen. Sie besitzen eine höhere Erweichungstemperatur sowie eine größere chemische Resistenz.

8.2.3 Borosilicatgläser

Unter Borosilicatgläsern versteht man eine Gruppe von Spezialgläsern, die neben 70-80% SiO_2, 4-8% Na_2O und K_2O sowie bis zu 5% Erdalkalioxide zusätzlich noch etwa 7-13% B_2O_3 und 2-7% Al_2O_3 enthalten.

Die Zugabe des Boroxids bewirkt im Wesentlichen eine Erniedrigung des thermischen Ausdehnungskoeffizienten, wodurch das Glas unempfindlicher gegenüber Temperaturdifferenzen wird und somit eine bessere Temperaturwechselbeständigkeit erhält. Des Weiteren erhöht sich auch die chemische Resistenz des Glases gegen saure Medien. Das Aluminiumoxid verleiht dem Glas ebenfalls ein besseres Korrosionsverhalten, wobei insbesondere die Gefahr der Kristallisation des Glases, die *Entglasung*, deutlich reduziert wird. Ferner sinkt durch den Zusatz des Al_2O_3 auch die Sprödigkeit des Werkstoffs leicht. Inzwischen gibt es auch Entwicklungen zur Herstellung von extrem festen und bruchsicheren Gläsern auf der Basis von Al_2O_3 mit Oxiden von bestimmten seltenen Erdmetallen[187].

Verwendung finden Borosilicatgläser vornehmlich als Geräteglas in chemischen Labors und in großtechnischen Produktionsbereichen (Apparatebau, Reaktionsgefäße, Rohrleitungen) sowie für Haushaltsgeräte. Unter den eingetragenen Warenzeichen Duran® („Jenaer Glas"), Pyrex®, Solidex® und z.B. Supremax® sind derartige Borosilicatgläser bekannt geworden. In Form von Glasfasern werden sie vorwiegend zur Verstärkung von Kunststoffen (GFK) eingesetzt. Radioaktive Abfälle können zur längerfristigen Lagerung mit Borosilicatgläsern eingeschmolzen werden.

8.2.4 Bleigläser

Die Substitution des CaO durch Bleioxide, z.B. PbO, in Natron-Kalk- bzw. Kali-Kalk-Gläsern führt zu den sogenannten *Bleikristallgläsern*, die sich durch hohes Lichtbrechungsvermögen und eine hohe Massendichte auszeichnen.

Bleioxidhaltige Gläser mit einem Gehalt von bis zu 33% PbO verursachen eine sehr starke Dispersion des Lichtes, während noch höhere Bleioxidgehalte ein Ansteigen der Lichtstreuung bewirken *(Flintgläser)*. Nicht bleihaltige, schwach streuende, jedoch stark lichtbrechende Gläser werden als *Krongläser* bezeichnet. Sie zählen ebenso wie die Flintgläser zur Kategorie der *optischen Gläser*, die als Werkstoff bei der Anfertigung von optischen Instrumenten (Linsen, Prismen, Spiegel, Lichtfilter etc.) und Lichtleitfasern verwendet werden.

8.2.5 Wasserglas

Wasserglas ist ein aus dem Schmelzfluss glasartig erstarrtes Gemisch aus Natrium- und Kaliumsilicaten, das durch Zusammenschmelzen von Quarzsand mit Natriumcarbonat (Soda) bzw. Kaliumcarbonat (Pottasche) bei etwa 1400-1500°C entsteht, z.B.:

$$SiO_2 \quad + \quad 2\,Na_2CO_3 \quad \xrightarrow{\Delta} \quad Na_4SiO_4 \quad + \quad 2\,CO_2$$

Das Wasserglas ist in reinem Zustand farblos und transparent, geringe Verunreinigungen durch Eisenverbindungen führen zu einer gelb-braunen bis grünlichen Färbung des technischen Produkts. In kaltem Wasser löst es sich kaum, dagegen ist es bei höheren Temperaturen und unter Druck löslich, wobei sich stark alkalische Lösungen bilden:

$$Na_4SiO_4 \quad + \quad 3\,H_2O \quad \xrightarrow{} \quad H_3SiO_4^{-} \quad + \quad 4\,Na^{+} \quad + \quad 3\,OH^{-}$$

Wasserglas dient als Flammschutzmittel für Papier und Textilien, zur Herstellung von künstlichen Zeolithen, als „anorganischer Leim" zum Verkitten silicatischer Werkstoffe sowie als Bautenschutz- und Betondichtungsmittel.

8.2.6 Phosphatgläser

Im Vergleich zu den Silicat- oder Borosilicatgläsern spielen reine Phosphatgläser nur eine untergeordnete Rolle. Als glasbildende Komponente zum Aufbau eines räumlichen Netzwerkes wirkt das Tetraphosphordecaoxid P_4O_{10}.

Phosphatgläser weisen eine hohe UV-Durchlässigkeit und eine mittlere Dispersion auf. Allerdings sind derartige Gläser chemisch nicht sehr beständig, besonders bei hohen Anteilen von P_4O_{10} macht sich dessen ausgesprochene Hygroskopizität negativ bemerkbar. Daher erstreckt sich die Verwendung von reinen Phosphatgläsern lediglich auf wenige Spezialfälle (z.B. bestimmte Wärmeschutz- und Dosimetergläser sowie für flusssäurebeständige Gläser). Kombiniert man die Phosphatgläser mit Silicat- und Borosilicatgläsern, so lässt sich unter Beibehaltung der charakteristischen Eigenschaften die chemische Beständigkeit im Vergleich zu reinen Phosphatgläsern nachhaltig verbessern.

8.2.7 Germanat-, Arsenit- und Telluritgläser

Glasbildende Komponente der *Germanatgläser* ist Germaniumdioxid GeO_2. Germanatgläser zeichnen sich durch gute IR-Durchlässigkeit und hohe Härte aus.

Gläser auf der Basis der Arsenoxide As_2O_3 und As_2O_5 werden als *Arsenit-* bzw. *Arsenatgläser* bezeichnet. Ähnlich wie auch *antimonoxidhaltige Gläser* besitzen sie eine ausgezeichnete Lichtdurchlässigkeit von etwa 320 nm bis ins nahe Infrarot von 5300 nm.

Sehr hohe Brechungsindizes weisen die *Telluritgläser* auf. Als Glasbildner fungiert hier das Tellurdioxid TeO_2.

8.3 Fluorid- und Chalkogenidgläser

Außer den metallischen und organischen Gläsern sind als weitere nichtoxidische Gläser die Fluorid- und Chalkogenidgläser erwähnenswert.

Die wichtigsten Fluoridgläser stellen die *Berylliumfluoridgläser (BeF₂)* dar, die aufgrund ihrer extrem niedrigen Brechungsindizes, die teilweise sogar unter dem Brechungsindex des Wassers liegen, von Bedeutung sind.

Zirconiumfluoridgläser (ZrF₄) sind durch eine hohe Lichtdurchlässigkeit bis etwa 8000 nm sowie einen äußerst niedrigen Absorptionskoeffizienten gekennzeichnet, was diese Gläser insbesondere zur Produktion von Fluoridglasfasern zur Informationsübertragung über weite Entfernungen prädestiniert.

Die bedeutendsten Glasbildner für *Chalkogenidgläser* sind vorwiegend die Sulfide, Selenide und Telluride der Metalle Arsen, Germanium und Blei, aber auch die reinen Elemente Schwefel und Selen. Streng genommen müsste man ebenso sämtliche oxidischen Gläser zu den Chalkogenidgläsern zählen, da selbstverständlich auch die Oxide zur Gruppe der Chalkogenide gehören.

Wegen der hohen chemischen Reaktivität der Chalkogene, die beim Schwefel besonders stark ausgeprägt ist, erfolgt die Produktion der Chalkogenidgläser während des Glasschmelzprozesses in einer Inertgasatmosphäre.

Werkstofftechnische Anwendung erfahren diese Gläser, von denen insbesondere das *Arsensulfidglas (As₂S₃)* schon seit über 100 Jahren bekannt und gut untersucht ist, aufgrund ihrer hohen IR-Transparenz sowie ihrer Halbleitereigenschaften. Sie wurden und werden teilweise noch in der Xerographie, in der Halbleitertechnik und zur Informationsspeicherung eingesetzt.

Zu den nichtoxidischen Gläsern zählt ebenfalls der *glasartige Kohlenstoff* – auch als *Glaskohlenstoff* bezeichnet –, den man z.B. auf pyrolytischem Wege aus stark vernetzten aromatischen Kunststoffen erhalten kann. Er zeichnet sich durch eine mäßige thermische und elektrische Leitfähigkeit aus, ist in nichtoxidierender Atmosphäre sogar bei sehr hohen Temperaturen (ca. 3000°C) extrem korrosionsbeständig und lässt sich daher als relativ inerter Elektrodenwerkstoff einsetzen. Das Material zeigt eine hervorragende Temperaturwechselbeständigkeit, die Massendichte ist mit 1,5 g/cm^3 recht niedrig. Durch Metall- und Glasschmelzen wird glasartiger Kohlenstoff nicht benetzt. Aus dieser Eigenschaft resultiert seine Verwendung als Schmelztiegel für sehr aggressive Substanzen, z.B. für die Glasschmelze zur Herstellung von Fluoridgläsern.

8.4 Metallische Gläser

Metallische Gläser (auch als *Metglas* bezeichnet) sind amorphe Metalllegierungen, die zur Vermeidung der Kristallisation durch extrem schnelle Abkühlung (bis zu 10^6 K/s) aus der Schmelze in Form von sehr dünnen Bändern oder Folien hergestellt werden.

Neben zahlreichen Kombinationen von rein metallischen Elementen, z.B. als $Ni_{60}Nb_{40}$, $Cu_{57}Zr_{43}$, $Gd_{67}Co_{33}$, bestehen die metallischen Gläser häufig sowohl aus einer metallischen als auch aus einer nicht- oder halbmetallischen Komponente. Letztere wird vorzugsweise von den Elementen Bor, Kohlenstoff, Silicium und Phosphor gebildet. Es existieren nicht nur binäre metallische Gläser, auch höhere Kombinationen wie ternäre und quartäre Gläser sind bekannt, z.B. $Ni_{22}Pd_{62}Si_{16}$, $Ti_{62}Ni_{30}B_6$, $Ni_{75}P_{16}B_6Al_3$, $Fe_{40}Ni_{40}P_{14}B_6$ und viele andere.

Die metallischen Gläser besitzen im Allgemeinen eine außergewöhnlich gute Korrosionsbeständigkeit, hohe magnetische Permeabilität bei geringer Koerzitivkraft, hohe Elastizität, Zugfestigkeit und Härte sowie eine, im Vergleich zu den entsprechenden Metallen im kristallisierten Zustand niedrigere, fast temperaturunabhängige elektrische Leitfähigkeit. Durch die sehr geringe Duktilität wird der Werkstoff jedoch spröde.

Die im Unterschied z.B. zu den Silicatgläsern lichtundurchlässigen metallischen Gläser finden vornehmlich als Werkstoff für Magnetkerne in Transformatoren sowie in verschiedenen Bereichen der Elektrotechnik (magnetisches Abschirmmaterial, Substrate, Herdplatten, Warensicherungsetiketten) Verwendung.

8.5 Organische Gläser

Neben den „normalen" anorganischen Gläsern („Mineralgläser") werden in vielen sehr unterschiedlichen Anwendungsbereichen durchsichtige organische Gläser eingesetzt. Hierbei handelt es sich hauptsächlich um Polymethacrylsäureester *(Acrylgläser)* der Struktur

$$
\begin{bmatrix}
& CH_3 & \\
& | & \\
- C & - CH_2 - \\
& | & \\
& C = O & \\
& | & \\
& O & \\
& | & \\
& R &
\end{bmatrix}_n
\quad \text{mit R = z.B. } CH_3, CH_2CH_3 \text{ und } CH_2CH_2CH_3
$$

Das klassische und werkstofftechnisch bedeutendste Polymer wird vom Methylester (R = CH_3) gebildet und entsprechend Polymethylmethacrylat (PMMA) genannt. Weltbekannt ist dieser völlig amorphe Werkstoff unter dem Warenzeichen *Plexiglas®*.

Die charakteristischen Eigenschaften von PMMA sind: Hervorragende Lichtdurchlässigkeit (bis zu 93%), auch transparent für UV- und Röntgenstrahlen, einsetzbar im Temperaturbereich von –40°C bis +75°C (Dauertemperatur), $T_g \approx 110°C$, hohe Beständigkeit gegenüber Wasser, Säuren, Laugen und unpolaren organischen LM, gute Verarbeitungsbedingungen (plastisch verformbar bei ≈ 150°C, schneid-, säg-, schweiß-, schleif- und bohrbar), verhältnismäßig hohe Härte und Bruchsicherheit.

Verwendet wird PMMA beispielsweise für Sicherheitsglasscheiben, in der Beleuchtungstechnik, als gewellte Platten für Dächer, sowie für Behälter, Apparate, Lichtleiter, Prismen etc. (vgl. Abschnitt 6.5.2.2).

Ferner werden organische Gläser als Werkstoffe für transparente Anwendungen z.B. auf der Basis von Polycarbonat **181**, Polyethylenterephthalat **84** und Cycloolefin-Copolymer **138** hergestellt.

Für Brillengläser aus Kunststoff eignet sich insbesondere ein spezielles Polycarbonat, nämlich *Polyallyldiglycolcarbamat* (PADC) **256**, das auch unter der Abkürzung CR-39 (*Columbia Resin*) anzutreffen ist:

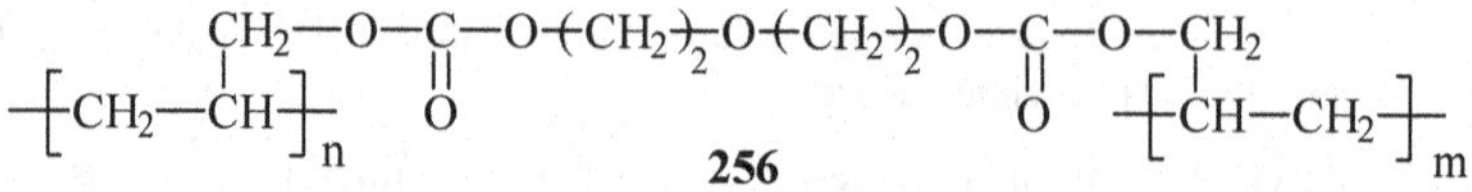

$$+CH_2-CH+_n \quad \begin{matrix} CH_2-O-C-O+CH_2+_2O+CH_2+_2O-C-O-CH_2 \\ O \quad\quad\quad\quad\quad\quad\quad\quad O \end{matrix} \quad +CH-CH_2+_m$$

256

Da die im Strukturelement in eckige Klammern gesetzten Einheiten zusätzlich noch vernetzt sind, handelt es sich bei diesem organischen Glas um einen Kunststoff mit duroplastischen Eigenschaften. Hervorzuheben ist die vergleichsweise niedrige Massendichte mit ca. 1,39 g/cm^3, die hohe Bruchsicherheit, Kratzfestigkeit und Lösungsmittelbeständigkeit, sowie die Tatsache, dass das Polymer zwar transparent für sichtbares Licht, jedoch nahezu undurchlässig für UV-Strahlung ist.

Zu erwähnen ist noch das *Verbundsicherheitsglas*, im Volksmund auch allgemein als *Panzerglas* bezeichnet. Bei diesem Spezialglas sind zwei oder mehrere Flachglasscheiben über eine organische Sicherheitslaminierung als Zwischenschicht verbunden. Als Folien für diesen „Vorverbund" kommen reißfeste und zähelastische Werkstoffe auf der Basis von vorwiegend *Polyvinylbutyral* (PVB) **257** sowie Ethylen-Vinylacetat-Copolymer **174** in Frage. PVB lässt sich durch Acetalisierung von Polyvinylalkohol **149** mit *n*-Butanal herstellen. Eine nicht vollständige Acetalisierung von **149** ist von Vorteil, da die dann im Polybutyral **257** noch vorhandenen freien OH-Gruppen zu einer besseren Haftung an der Glasoberfläche führen:

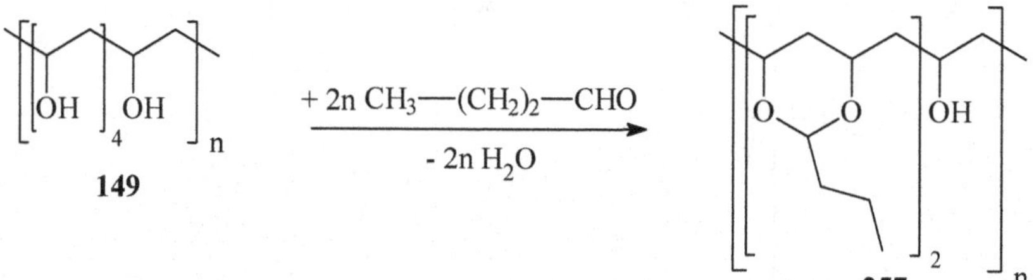

$$\begin{matrix} \text{OH} & \text{OH} \\ & 4 \end{matrix}_n \quad + 2n\ CH_3-(CH_2)_2-CHO \quad \xrightarrow{- 2n\ H_2O} \quad \begin{matrix} O \quad O & \text{OH} \\ & 2 \end{matrix}_n$$

149   **257**

Auch die kürzlich entdeckten *selbstheilenden* Gläser[188] basieren auf polymerorganischen Werkstoffen. Bei diesen Spezialgläsern sind Thioharnstoffe **94** über verschiedene Etherbrücken miteinander verknüpft, wie z.B. beim Polydiethylenglycolthioharnstoff **258**:

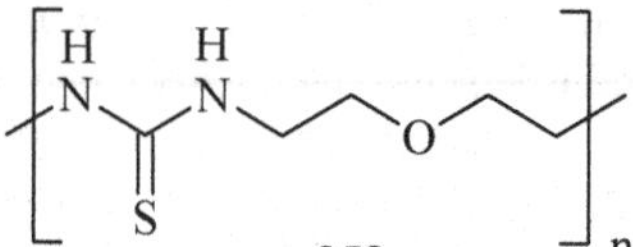

$$\begin{matrix} \text{H} & \text{H} \\ \text{N} & \text{N}-CH_2CH_2-O- \\ & \text{S} \end{matrix}_n$$

258

8.6 Farbgläser

8.6.1 Entfärbung

In den meisten Anwendungsbereichen setzt man den Werkstoff Glas gerade wegen seiner hohen Lichtdurchlässigkeit und seiner Farblosigkeit ein. Besonders störend können sich in technischen Massengläsern Verunreinigungen durch geringe Konzentrationen von Fe^{2+}-Ionen auswirken, die dem Glas einen blau-grünen Stich verleihen. Um diesen Effekt zu kompensieren, hat man in der Vergangenheit den Glasschmelzen kleine Mengen an Mangan(IV)oxid beigefügt. Die Wirkung des auch als *Glasmacherseife* bezeichneten Entfärbungmittels MnO_2 beruht auf der Oxidation der Fe^{2+}-Ionen zu den nur sehr schwach gelblichen Fe^{3+}-Ionen bei gleichzeitiger Reduktion des Mangans zur Oxidationsstufe +II. Letztendlich ergeben die bei diesen Reaktionen entstandenen Komplementärfarben ein nahezu farbloses Aussehen. Allerdings erfolgt bei Sonneneinstrahlung im Laufe der Zeit eine allmähliche Verfärbung dieser Gläser nach violett, was sich über die Photooxidation zu Mn^{3+}-Verbindungen erklären lässt:

$$\overset{+II}{Mn}{}^{2+} \xrightarrow{\ h\cdot\nu\ } \overset{+III}{Mn}{}^{3+} + e^-$$

Günstiger ist die Überführung der Fe^{2+}-Ionen in Fe^{3+}-Ionen durch Zugabe von Oxidationsmitteln, die bei hohen Temperaturen in der Glasschmelze Sauerstoff abspalten. Arsen(V)oxid, das sich bei mäßig hoher Temperatur aus Arsen(III)oxid bildet (vgl. Abschnitt 8.2.2), kann z.B. diese Funktion ausüben:

$$\overset{+V}{As_2}\overset{-II}{O_5} \xrightarrow{\ \Delta\ } \overset{+III}{As_2}O_3 + \overset{0}{O_2}$$

$$4\,\overset{+II}{Fe}O + \overset{0}{O_2} \longrightarrow 2\,\overset{+III}{Fe_2}\overset{-II}{O_3}$$

Somit ergibt sich als Gesamtreaktionsgleichung für diese chemische Entfärbung:

$$4\,\overset{+II}{Fe}O + \overset{+V}{As_2}O_5 \xrightarrow{\ \Delta\ } 2\,\overset{+III}{Fe_2}O_3 + \overset{+III}{As_2}O_3$$

Mittlerweile setzt man zur Glasentfärbung auch Verbindungen des Selens ein.

Zur direkten *Herstellung von Farbgläsern* werden dem farblosem Grundglas durch unterschiedliche Methoden färbende Bestandteile hinzugefügt, so dass diese Gläser nunmehr einen Teil des sichtbaren Spektrums absorbieren und farbig erscheinen.

8.6.2 Färbung mit Übergangsmetalloxiden

Erzielt man die Glasfärbung mit Oxiden der Übergangsmetalle, so spricht man häufig auch von den *ionengefärbten Gläsern*. Wie bereits erwähnt wurde (vgl. Abschnitt 3.3), sind die Metallkationen der Nebengruppenelemente wegen der leichten Anregbarkeit ihrer d-Elektronen farbig. Diesen Effekt macht man sich zunutze, indem man der Glasschmelze definierte Mengen von farbigen Metalloxiden zusetzt.

Wichtige oxidische Pigmente sind z.B. die folgenden Verbindungen, die nachstehende Glasfärbungen erzeugen können:

Fe_2O_3	gelb-grün bis braun	Cu_2O	rot
FeO	blau-grün	CuO	blau
CoO	blau	MnO	schwach gelb
NiO	grün	Mn_2O_3	violett
Cr_2O_3	grün	Ag_2O	gelb
CrO_3	gelb	UO_2	orange (wird inzwischen kaum noch verwendet)

Es sei ausdrücklich erwähnt, dass die das Absorptionsverhalten der Farbgläser bestimmenden Vorgänge wesentlich komplizierter sind, als hier in vereinfachter Weise dargestellt. So hängt z.B. die resultierende Farbe des Glases unter anderem auch vom Typ des jeweiligen Netzwerkbildners, vom Vorhandensein weiterer Anionen sowie von zusätzlich aktiv eingreifenden Redoxsystemen ab, die in der Lage sind, durch Oxidations- oder Reduktionsprozesse die Oxidationsstufen vieler Metallkationen zu verändern und somit einen Farbwechsel zu verursachen.

8.6.3 Anlauffärbung

Bei den *Anlauffarbgläsern* handelt es sich in der Regel um Oxidsysteme von Kalium, Zink und Silicium ($K_2O/ZnO/SiO_2$), denen als farbgebende Komponente geringe Mengen an Cadmiumsulfid, -selenid oder -tellurid (CdS, CdSe bzw. CdTe) beigegeben wird. Um eine Oxidation dieser Cadmiumchalkogenide zu den entsprechenden leichtflüchtigen Chalkogenoxiden (SO_2, SeO_2 bzw. TeO_2) zu vermeiden, muss der Glasschmelzprozess unter leicht reduzierenden Bedingungen erfolgen. Die Anlauffarben entstehen allerdings erst nach dem Abkühlen der zunächst farblosen Glasschmelze im Verlauf einer zusätzlich notwendigen Temperung bei etwa 500-700°C. Abhängig von der Menge und Kombination der zugesetzten Cadmiumchalkogenide sowie der Dauer des Temperprozesses erhält man sämtliche Farbnuancen von gelb über orange bis rot.

Der entscheidende Vorteil dieser Anlauffarben im Vergleich zu den ionengefärbten Gläsern ist deren fast quantitatives Absorptionsvermögen für bestimmte Wellenlängenbereiche, während die restliche Strahlung nahezu ungehindert hindurchgelassen wird. Da hierdurch innerhalb des elektromagnetischen Spektrums der Absorptions- vom Transmissionsbereich über eine sogenannte Steilkante getrennt ist, bezeichnet man die Anlauffarbgläser häufig auch als *Steilkantengläser*. Sie dienen insbesondere als Werkstoff für die Produktion von UV-Sperrfiltern.

8.6.4 Färbung durch Metallkolloide

Eine weitere Möglichkeit zur Herstellung von Farbgläsern beruht auf der kolloidalen Ausscheidung bestimmter Metalle nach dem Tempern entsprechend präparierter Glasschmelzen. Im Wesentlichen werden hierzu die edlen Metalle Kupfer, Silber und Gold verwendet, wobei Cu- und Au-Kolloide eine rote, kolloidales Silber eine gelbe Färbung verursachen.

Zur Erzeugung der Metallkolloide gibt man die Metalle in Form ihrer löslichen Salze (meist als Nitrate oder Chloride) zusammen mit geeigneten Reduktionsmitteln zu den übrigen Ausgangsstoffen (i.a. auf Basis von Kali-Kalk- und Bleigläsern) der Glasproduktion.

Als Reduktionsmittel dienen oft Sn^{2+}-Verbindungen, wie z.B. Zinnchloridlösungen, die beim sog. „*Cassiusschen Goldpurpur*" die Bildung des kolloidalen Goldes durch Reduktion von Goldtrichlorid bewirken:

$$\overset{+III}{2\,AuCl_3} + \overset{+II}{3\,SnCl_2} + 6\,H_2O \longrightarrow \overset{0}{2\,Au} + \overset{+IV}{3\,SnO_2} + 12\,HCl$$

Hierbei entsteht je nach Konzentrationsverhältnissen eine prächtig purpur- bis violett-rote Färbung des Glases, das auch unter dem Begriff *Goldrubinglas* bekannt ist. Ganz allgemein bezeichnet man als *Rubingläser* solche Farbgläser, bei denen die Farbe über ausgeschiedene Metallkolloide, insbesondere von den Metallen Kupfer, Silber und Gold, erzeugt wird. Die Farbe wird sowohl durch Lichtabsorption als auch durch Rayleigh-Streuung hervorgerufen.

8.7 Trübgläser

Die durch Rayleigh-Streuung verursachten Trübungen von Gläsern lassen sich durch unterschiedliche physikalische Effekte erzielen. Man unterscheidet im Allgemeinen zwischen *Brechungstrübung*, *Reflexionstrübung*, *Beugungstrübung* und *Opaleszenz*.

In vielen Fällen werden die Trübungserscheinungen von winzigen Partikeln im Glas verursacht, deren Brechungsindizes verschieden von denen des Glases sind. Als Trübungsmittel kommen eine Reihe von anorganischen Verbindungen in Frage. Relativ oft setzt man Fluoride ein, z.B. Calciumfluorid (CaF_2), Natriumfluorid (NaF), Kryolith (Na_3AlF_6) sowie Aluminiumfluorid (AlF_3). Teilweise bilden sich die trübenden Partikel bei erhöhter Temperatur über chemische Reaktionen. So lässt sich z.B. die Entstehung der gut trübenden NaF-Kristalle aus Kryolith bzw. aus Aluminiumfluorid und Natriumoxid durch die folgenden Reaktionsgleichungen verdeutlichen:

$$Na_3AlF_6 \xrightarrow{\Delta} 3\,NaF + AlF_3$$

$$2\,AlF_3 + 3\,Na_2O \xrightarrow{\Delta} 6\,NaF + Al_2O_3$$

Es sei angemerkt, dass der trübende Effekt nicht nur auf der Bildung von Mikrokristallen, sondern auch auf Phasentrennungserscheinungen durch Ausscheidungen von tröpfchenförmigen Mikrophasen beruht.

Außer mit Fluoriden erzielt man Trübungen auch mit Phosphaten, z.B. Calciumphosphat $Ca_3(PO_4)_2$, oder mit den sogenannten *Weißtrübmitteln*, z.B. Zirconiumdioxid ZrO_2, Zirconiumsilicat $ZrSiO_4$, Cerdioxid CeO_2 und Titandioxid TiO_2. Das Email (vgl. Abschnitt 5.1.2) kann prinzipiell ebenfalls in die Kategorie der Trübgläser eingeordnet werden.

Als Werkstoffe werden Trübgläser, die man häufig auch als *Milch-*, *Opal-*, *Opak-* und *Nebelgläser* bezeichnet, vorwiegend in der Beleuchtungstechnik verwendet.

Im Gegensatz zu den angeführten Trübgläsern enthalten die *Mattgläser* keine Trübungsmittel. Die Opazität ihrer Oberfläche lässt sich z.B. auf chemischem Wege durch Ätzen des Glases mit Flusssäure oder Fluorwasserstoff erreichen, wobei als Primärreaktion bei Silicatgläsern die Auflösung des Siliciumdioxids unter Bildung von bei RT gasförmigem Siliciumtetrafluorid erfolgt:

$$SiO_2 + 4\,HF \longrightarrow SiF_4 + 2\,H_2O$$

8.8 Strahlenschutzgläser

In vielen technischen Bereichen setzt man sehr unterschiedliche Spezialgläser ein, die ganz besondere Eigenschaften in Bezug auf ihre Wechselwirkung mit Strahlungen aufweisen. Aus dem umfangreichem Gebiet der Spezialgläser werden hier exemplarisch nur wenige ausgesuchte Gläser behandelt.

8.8.1 Wärmeschutzgläser

Als *Wärmeschutzgläser* gelten diejenigen Gläser, die vorwiegend im infraroten Wellenlängenbereich des elektromagnetischen Spektrums absorbieren, während sie für Licht anderer Wellenlängen relativ durchlässig sind.

Eine sehr gute Absorption der IR-Strahlung, insbesondere bei sog. Sonnenschutzgläsern, die eine zu starke Aufheizung der Umgebung verhindern sollen, bewirken Fe^{2+}-Ionen, die normalerweise in Form von Eisen(II)oxid den Gläsern zugegeben werden. Durch die Dotierung mit Fe^{2+}-Ionen sind diese Wärmeschutzgläser meist leicht blau-grün gefärbt. Sie dienen z.B. als Wärmeschutz in Filmprojektoren sowie für Verglasungen von Gebäuden in äußerst sonnenintensiven Regionen.

Geringe Wärmeemissionen zeigen *Low-E-Gäser* (E für Emissivity), bei denen etwa 100 nm dünne Metallschichten aus Silber, Kupfer oder Gold bzw. Metalloxidschichten, wie z.B. Zinnoxid, aufgebracht sind. Da der Emissionsgrad von Metallen wesentlich geringer ist als der von Glas, reflektieren diese für die einfallende Strahlung nahezu transparente Schichten im Wesentlichen die langwellige Infrarotstrahlung und wirken sowohl als Wärme- wie auch als Sonnenschutz.

Des Weiteren lassen sich für die Wärmedämmung Mehrscheiben-Isoliergläser einsetzen, die aus mindestens zwei Glasscheiben bestehen, zwischen denen sich ein gasdichter Hohlraum befindet. Dieser Hohlraum kann für einen effektiven Wärmeschutz mit z.B. schlecht wärmeleitenden Edelgasen gefüllt werden, wobei meist das preisgünstigste Argon verwendet wird.

Andererseits benötigt man – z.B. für zahlreiche spektroskopische Anwendungen – *IR-transparente Gläser*. Sie lassen sich aus unterschiedlichen chemischen Verbindungen beispielsweise in Form von Einkristallen (KBr, NaCl, CaF_2), als kristalline Halbleiter (InAs, CdS) oder als druckgesinterte Gläser (ZnS, ZnSe) herstellen. Ferner sind auch IR-durchlässige Chalkogenid-, Germanat- und Telluritgläser bekannt.

Durch den Einbau von $Ba_3(PO_4)_2$ und CrO_2 erhält man Gläser, die für *ultra*violette Strahlung durchlässig sind. Diese, auch als *Uvio-Glas* bezeichnete, Spezies findet bei Gewächshäusern und Objektiven von astrophysikalischen Instrumenten Verwendung.

8.8.2 Schutzgläser gegen ionisierende Strahlung

Stark ionisierende elektromagnetische Strahlung, also insbesondere γ- und Röntgenstrahlen, wird in Bereichen, bei denen ein Sichtkontakt zur Applikation gewährleistet sein muss, meistens durch Sichtfenster aus Bleiglasscheiben vom Operator abgeschirmt. Aufgrund des relativ hohen Schwächungskoeffizienten von Blei bewirken mit Blei dotierte Silicatgläser einen nachhaltigen Strahlenschutz. Die Zugabe des Bleis erfolgt im Allgemeinen in Form von Blei(II)oxid PbO, wobei sich die Schutzwirkung mit steigenden PbO-Gehalt und ebenfalls mit zunehmender Glasdicke vergrößert.

Allerdings können energiereiche Strahlen auch zu Veränderungen im strukturellen Aufbau des Glases führen, die sich häufig in einer Verfärbung äußern. Diese Glasverfärbung lässt sich verhindern bzw. zurückdrängen, indem man dem Glas geringe Mengen an Cerdioxid CeO_2 zufügt. Dabei werden durch Einwirkung von ionisierender Strahlung freigesetzte Elektronen von den Ce^{4+}-Kationen durch Reduktion zu Ce^{3+}-Ionen abgefangen und stehen somit für schädigende Folgereaktionen nicht mehr zur Verfügung:

$$Ce^{4+} + e^- \longrightarrow Ce^{3+}$$

Derartige mit Cerdioxid stabilisierte Gläser sind auch unter dem Begriff *strahlenresistente optische Gläser* geläufig.

8.8.3 Photochrome bzw. phototrope Gläser

Unter *Photochromie* versteht man eine durch Einwirkung von sichtbarem oder UV-Licht verursachte reversible Umwandlung einer Substanz, wobei mit der photochemischen Strukturänderung ein Farbwechsel dieser Substanz verbunden ist. Die Rückreaktion kann ebenfalls photochemisch durch Einstrahlung von Licht anderer Wellenlänge oder thermisch ausgelöst werden. Wendet man diesen Vorgang technisch auf Gläser an, so kommt man zu den photochromen Gläsern, die sich in Abhängigkeit von der Intensität der einfallenden Strahlung dunkel färben und sich beim Nachlassen oder Wegfall der Strahleneinwirkung wieder aufhellen. Anstelle des Begriffs Photochromie wird im deutschen Sprachraum auch oft die Bezeichnung *Phototropie* verwendet.

Von den zahlreichen anorganischen und organischen phototropen Systemen, die bislang bekannt sind, seien hier exemplarisch die Redoxreaktionen von Silberhalogeniden erwähnt. Zu diesem Zweck dotiert man Borosilicatgläser mit geringen Mengen (0,2-0,7%) an Silberhalogenidkristallen, die bei der Bestrahlung mit UV-Licht zu Silber und zum entsprechenden Halogen reagieren.

Aus den Silberkationen und Halogeniden (Hal = Cl, Br, I) bildet sich unter Abgabe von einem Elektron pro Halogenidanion ein Halogenradikal, während das freigesetzte Elektron jeweils ein Silberkation zu metallischem Silber reduziert und den Verdunklungseffekt bewirkt:

$$AgHal \rightleftharpoons Ag^+ + Hal^- \overset{h \cdot \nu}{\rightleftharpoons} Ag^+ + Hal\bullet + e^-$$

$$Ag^+ + e^- \rightleftharpoons Ag$$

In einem weiteren Reaktionsschritt können dann zwei Halogenradikale zum elementaren Halogen kombinieren:

$$2\,Hal\bullet \rightleftharpoons Hal_2$$

Sämtliche oben angeführten Teilreaktionen sind völlig reversibel; man kann jedoch zusätzlich noch Cu^+-Ionen als sogenannte *Sensibilisatoren* in das System einbauen, die die Reduktion der Ag^+-Ionen und somit die Eindunkelung des Glases wie auch die Umkehrung des Prozesses beschleunigen:

$$Ag^+ + Cu^+ \overset{h \cdot \nu}{\rightleftharpoons} Ag + Cu^{2+}$$

Bei der Verdunklung handelt es sich um eine chemische Reaktion 0. Ordnung, während die Aufhellung eine Reaktion 1. Ordnung darstellt. Deshalb dauert der stark temperaturabhängige Aufhellungsprozess auch länger als der Eindunklungsvorgang.

Verwendet werden photochrome Gläser als Sonnenschutz z.B. in Brillen und Blendschutzverglasungen von Gebäuden sowie für Speichermedien, Lichtmodulatoren und Strahlungsdosimeter.

8.8.4   Elektrochrome Gläser

Elektrochrome Gläser zählen zu den sogenannten Intelligenten Gläsern. Bei diesen Spezialgläsern wird durch das Anlegen einer elektrischen Gleichspannung eine reversible Änderung der optischen Eigenschaften (Transmission, Reflexion) des Materials bewirkt, das sich zwischen zwei Glasscheiben befindet. Setzt man hierfür z.B. flüssigkristalline Polymere (vgl. Abschnitt 6.5.3.2) ein, so lässt sich ein im Prinzip lichtdurchlässiges Glas von durchsichtig auf nahezu undurchsichtig schalten, was beispielsweise bei speziellen Trennwandsystemen in Großraumbüros, Trennscheiben im ICE 3 zwischen Lounge und Lok-Führerstand, Panoramadächern von Luxusautos und Seitenscheiben einer Kabinenbahn in Singapur Anwendung findet. Große Aufmerksamkeit in der Presse fanden Ende August 2020 Berichte über durchsichtige Toiletten im Yoyogi Fukamachi Minipark im Stadtteil Shibuya in Tokio. Im unverschlossenen Zustand sind deren Glaswände transparent, und man kann von außen reinschauen, während beim Verschließen der Türen die Glaswände undurchsichtig geschaltet werden.

Als elektrochromes Material werden auch Oxide von einigen Übergangsmetallen (WO_3, V_2O_5, TiO_2, NiO), Komplexverbindungen wie *Berliner Blau* $Fe_4[Fe(CN)_6]_3$ sowie leitfähige Polymere (Polypyrrol **218**, Poly-*p*-anilin **220**) genutzt. Über elektrochemisch induzierte Redoxvorgänge lassen sich die optischen Eigenschaften dieser chemischen Verbindungen beeinflussen.

Als Beispiel für die elektrochrome Wirkungsweise einer anorganischen Verbindung sei das Wolfram(VI)oxid näher betrachtet. Das in sehr dünner Schicht auf das Glas applizierte WO_3 erscheint in seiner oxidierten Form weitgehend farblos, während es durch Elektronenaufnahme und gleichzeitige Bindung eines Protons (H^+) oder Metallkations (Me^+) zur Verbindung Me_xWO_3 reduziert wird, die eine blaue Farbe aufweist:

$$WO_3 \quad + \quad x\,e^- \quad + \quad x\,Me^+ \quad \rightleftharpoons \quad Me_xWO_3$$

farblos   blau

mit $x \leq 0{,}3$

Das im Abschnitt 6.5.3.2 unter den elektrisch leitfähigen Kunststoffen bereits erwähnte Poly-*p*-anilin (PANI) zeigt ebenfalls elektrochrome Eigenschaften. Wie dort abgebildet, kann die organische Verbindung je nach Lage des Redoxgleichgewichts in der reduzierten, farblos bis hellgelben Form **220**, oder in der oxidierten, blauen Form **220a** vorliegen.

Ein weiteres, gut untersuchtes, elektrisch leitfähiges Polymer ist Poly-3,4-*ethylendioxythiophen* (PEDOT) **259**, das über Redoxprozesse elektrochromes Verhalten zeigt, wobei seine Farbe sich von schwach himmelblau nach dunkelblau variieren lässt.

259

Elektrochrome Gläser werden ferner z.B. für selbstabblendende Autorückspiegel, Flugzeugfenster und in modernen Gebäudeverglasungen eingesetzt.

Erratum zu: Kunststoffe

Erratum zu:
Kapitel 6 „Kunststoffe" in: H. Briehl, *Chemie der Werkstoffe*
https://doi.org/10.1007/978-3-662-63297-6

Auf Seite 197 wurde in der zweiten Zeile der Reaktionsgleichung zwischen den Reaktionspartnern 88a ein Pluszeichen ergänzt.

Die korrigierte Version des Kapitels ist verfügbar unter
https://doi.org/10.1007/978-3-662-63297-0_6

© Der/die Autor(en), exklusiv lizenziert durch
Springer-Verlag GmbH, DE, ein Teil von Springer Nature 2021
H. Briehl, *Chemie der Werkstoffe*,
https://doi.org/10.1007/978-3-662-63297-0_9

9 Literaturverzeichnis

9.1 Allgemeine Literatur (Grundlagen)

[1] a) J. Falbe, M. Regitz, Römpps Chemie-Lexikon, Georg Thieme Verlag, Stuttgart, New York, 10. Auflage, **1996-1999**
b) Römpp online, Georg Thieme Verlag KG, Stuttgart, **2020**

[2] C. E. Mortimer, U. Müller, Chemie, Georg Thieme Verlag KG, Stuttgart, New York, **2019**

[3] E. Riedel, C. Janiak, Anorganische Chemie, Walter de Gruyter GmbH, Berlin, Boston, **2015**

[4] A. F. Hollemann, E. und N. Wiberg, Lehrbuch der Anorganischen Chemie, Walter de Gruyter & Co, Berlin, **2016**

[5] C. Janiak, H.-J. Meyer, D. Gudat, P. Kurz, Moderne Anorganische Chemie, Walter de Gruyter GmbH, Berlin, Boston, **2018**

[6] M. Binnewies, M. Finze, M. Jäckel, P. Schmidt, H. Willner, G. Rayner-Canham, Allgemeine und Anorganische Chemie, Springer Spektrum, Springer-Verlag Deutschland GmbH, Berlin, **2016**

[7] C. M. Murphy, P. A. Woodward, M. W. Stoltzfus, T. L. Brown, H. E. LeMay, B. E. Bursten, Chemie, Pearson Deutschland GmbH, München, **2018**

[8] E. Riedel, H.-J. Meyer, Allgemeine und Anorganische Chemie, Walter de Gruyter GmbH, Berlin / Boston, **2019**

[9] T. Gray, Die Elemente – Bausteine unserer Welt, Delphin Verlag GmbH, Köln, **2019**

[10] P. Kurzweil, Chemie, Springer Vieweg, Springer Fachmedien GmbH, Wiesbaden, **2020**

[11] E. Breitmaier, G. Jung, Organische Chemie, Georg Thieme Verlag, Stuttgart, New York, **2012**

[12] H. Beyer, W. Walter, Organische Chemie, S. Hirzel Verlag, Stuttgart, **2016**

[13] K. P. C. Vollhardt, N. E. Schore, Organische Chemie, Wiley-VCH Verlag GmbH & Co. KGaA, Weinheim, **2020**

[14] A. Vinke, G. Marbach, J. Vinke, Chemie für Ingenieure, Oldenbourg Verlag, München, **2013**

[15] J. Hoinkis, Chemie für Ingenieure, Wiley-VCH Verlag GmbH, Weinheim, **2015**

[16] G. Blumenthal, D. Linke, S. Vieth, Chemie – Grundwissen für Ingenieure, B.G. Teubner Verlag / GWV Fachverlag GmbH, Wiesbaden, **2006**

[17] M. Bertau, A. Müller, P. Fröhlich, M. Katzberg, Industrielle Anorganische Chemie, Wiley-VCH Verlag & Co. KGaA, Weinheim, **2013**

[18] H.-J. Arpe, Industrielle Organische Chemie, Wiley-VCH Verlag GmbH & Co. KGaA, Weinheim, **2007**

[19] M. Baerns, A. Behr, A. Brehm, J. Gmehling, K.-O. Hinrichsen, H. Hoffmann, U. Onken, R. Palkonitz, A. Renken, Technische Chemie, Wiley-VCH Verlag GmbH & Co. KGaA, Weinheim, **2013**

© Der/die Herausgeber bzw. der/die Autor(en), exklusiv lizenziert durch
Springer-Verlag GmbH, DE, ein Teil von Springer Nature 2021
H. Briehl, *Chemie der Werkstoffe*,
https://doi.org/10.1007/978-3-662-63297-0

[20]   A. Behr, D. W. Agar, J. Jörissen, A. J. Vorholt, Einführung in die Technische Chemie, Springer Spektrum, Springer-Verlag Deutschland GmbH, Berlin, **2016**

[21]   E. Hornbogen, G. Eggeler, E. Werner, Werkstoffe, Springer Vieweg, Springer-Verlag Deutschland GmbH, Berlin, **2019**

[22]   M. F. Ashby, D. R. H. Jones, Werkstoffe 1: Eigenschaften, Mechanismen und Anwendungen, Springer Spektrum, Wiesbaden, **2006**

[23]   M. F. Ashby, D. R. H. Jones, Werkstoffe 2: Metalle, Keramiken und Gläser, Kunststoffe und Verbundwerkstoffe, Springer Spektrum, Wiesbaden, **2007**

[24]   W. Domke, Werkstoffkunde und Werkstoffprüfung, Cornelsen Verlag GmbH, Bielefeld, **2001**

[25]   W. Weißbach, M. Dahms, C. Jaroschek, Werkstoffe und ihre Anwendungen, Springer-Vieweg, Springer Fachmedien GmbH, Wiesbaden, **2018**

[26]   H. Hofmann, J. Spindler, Aktuelle Werkstoffe, Springer Vieweg, Springer-Verlag Deutschland GmbH, Berlin, **2019**

9.2   Literatur zu Kapitel 1

[27]   Duden, Bedeutungswörterbuch (Band 10), Dudenverlag, Bibliographisches Institut AG, Mannheim, Zürich, **2010**

[28]   R. Wahrig-Burfeind, Brockhaus Wahrig, Deutsches Wörterbuch, Wissen Media Verlag GmbH, Gütersloh / München, **2011**

[29]   Brockhaus, Bibliograph. Institut & F. A. Brockhaus GmbH Leipzig, Bibliograph. Institut & F. A. Brockhaus AG, Mannheim, **2006**

[30]   G. Ondracek, Mensch, Medizin und Material: Biowerkstoffe, *Keram. Z.*, **1988**, *40*, 169

[31]   G. Ondracek, Werkstoffe – Leitfaden für Studium und Praxis, Expert Verlag, Ehningen, **1992**

9.3   Literatur zu Kapitel 2

[32]   M. Binnewies, H. Willner, J. Woenckhaus, Die Entstehung der chemischen Elemente, *Chem. unserer Zeit* **2015**, *49*, 164

[33]   K. Roth, Ist das Element 118 ein Edelgas?, *Chem. unserer Zeit* **2017**, *51*, 418

[34]   K. O. Christe, Die Renaissance der Edelgaschemie, *Angew. Chem.* **2001**, *113*, 1465

[35]   B. Schreiner, Der Claus-Prozess, *Chem. unserer Zeit* **2008**, *42*, 378

[36]   D. A. Boyd, Schwefel in der modernen Materialwissenschaft, *Angew. Chem.* **2016**, *128*, 15712

[37]   A. Maurer, R. Lohmeier, P. Fröhlich, D. Frank, C. Gellermann, M. Bertau, Phosphor und Phosphatrecycling, *Chem. unserer Zeit* **2018**, *52*, 350

[38]   C. Wentrup, B. Gerecht, H. Briehl, Neue Knallsäuresynthese, *Angew. Chem.* **1979**, *91*, 503

[39]   K. Uske, A. Ebenau, Ein Plädoyer für roten Phosphor, *Kunststoffe* **2013**, *103*, 203

[40]   A. Krüger, Neue Kohlenstoffmaterialien, B. G. Teubner Verlag / GWV Fachverlage GmbH, Wiesbaden, **2007**

[41]   K. Kaiser, L. M. Scriven, F. Schulz, P. Gawel, L. Gross, H. L. Anderson, An sp-hybridized molecular carbon allotrope, cyclo[18]carbon, *Science* **2019**, *365*, 1299

[42]   R. Mülhaupt, Graphen – Multitalent für hochwertige, nachhaltige Anwendungen, *Kunststoffe* **2013**, *103*, 105

[43]   K. Balasubramanian, M. Burghard, Chemie des Graphens, *Chem. unserer Zeit* **2011**, *45*, 240

[44]   K. D. Sattler, Carbon Nanomaterials Sourcebook, Taylor & Francis Group, CRC Press, Boca Raton, London, New York, **2016**

[45]   A. Hirsch, M. Brettreich, Fullerenes, Wiley-VCH Verlag GmbH & Co. KGaA, Weinheim, **2005**

[46]   K. Strey, Die Welt der Fullerene, Lehmanns Media, Berlin, **2009**

[47]   S. Reich, C. Thomsen, J. Maultzsch, Carbon Nanotubes, Wiley-VCH Verlag GmbH & Co. KGaA, Weinheim, **2004**

[48]   U. Vohrer, Kohlenstoff-Nanoröhren: Möglichkeiten und Grenzen, *Keram. Z.* **2012**, *64*, 271

[49]   W. Fahrner, Nanotechnologie und Nanoprozesse, Springer Vieweg, Springer-Verlag Deutschland GmbH, Berlin, **2017**

9.4   Literatur zu Kapitel 3, 4 und 5

[50]   E. Hornbogen, H. Warlimont, B. Skrotzki, Metalle, Springer Vieweg, Springer-Verlag Deutschland GmbH, Berlin, **2019**

[51]   J. Gobrecht, Werkstofftechnik – Metalle, Oldenbourg Wissenschaftsverlag GmbH, München, Wien, **2009**

[52]   W. W. Seidel, F. Hahn, Werkstofftechnik, Carl Hanser Verlag, München, **2018**

[53]   H.-J. Bargel, G. Schulze, Werkstoffkunde, Springer Vieweg, Springer-Verlag Deutschland GmbH, Berlin, **2018**

[54]   E. Roes, K. Maile, Seidenfuß, Werkstoffkunde für Ingenieure, Springer Vieweg, Springer-Verlag Deutschland GmbH, Berlin, **2017**

[55]   K.-H. Lautenschläger, W. Weber, Taschenbuch der Chemie, Verlag Europa-Lehrmittel, Nourney, Vollmer GmbH & Co. KG, Haan-Gruiten, **2018**

[56]   E. Ivers-Tiffée, W. v. Münch, Werkstoffe der Elektrotechnik, B. G. Teubner Verlag / GWV Fachverlag GmbH, Wiesbaden, **2007**

[57]   H. Hofmann, J. Spindler, Werkstoffe in der Elektrotechnik, Carl Hanser Verlag, München, **2018**

[58]   R. Benedix, Bauchemie, Springer Vieweg, Springer-Verlag Deutschland GmbH, Berlin, **2015**

[59]   P. Würfel, U. Würfel, Physics of Solar Cells, Wiley-VCH Verlag GmbH & Co. KG, Weinheim, **2016**

[60]   K. Mertens, Photovoltaik, Carl Hanser Verlag, München, **2018**

[61]   M. Merkel, K.-H. Thomas, Taschenbuch der Werkstoffe, Fachbuchverlag Leipzig im Carl Hanser Verlag, München, **2008**

[62]   H. J. Maier, T. Niendorf, R. Bürgel, Handbuch Hochtemperatur-Werkstofftechnik, Springer Vieweg, Springer Fachmedien GmbH, Wiesbaden, **2019**

[63]   J. N. M. Unruh, Lehrbuch der Galvanotechnik, E. G. Leutze Verlag KG, Bad Saulgau, **2016**

[64]   H. Kaesche, Die Korrosion der Metalle, Springer-Verlag, Berlin, Heidelberg, **2011**

[65]   K.-H. Tostmann, Korrosionsschutz in Theorie und Praxis, E. G. Leutze Verlag KG, Bad Saulgau, **2017**

[66]   C. E. Düllmann, 118 und (k)ein Ende in Sicht? Das Periodensystem feiert 150. Geburtstag, *Angew. Chem.* **2019**, *131*, 4112

[67]   P. Fröhlich, T. Lorenz, G. Martin, B. Brett, M. Bertau, Wertmetalle – Gewinnungsverfahren, aktuelle Trends und Recyclingstrategien, *Angew. Chem.* **2017**, *129*, 2586

[68]   G. Martin, A. Schneider, M. Bertau, Lithiumgewinnung aus heimischen Rohstoffen, *Chem. unserer Zeit* **2018**, *52*, 298

[69]   D. Naglav, M. R. Buchner, G. Bendt, F. Kraus, S. Schulz, Auf neuen Pfaden – per Anhalter durch die Berylliumchemie, *Angew. Chem.* **2016**, *128*, 10718

[70]   S. Siefen, M. Höck, Magnesium als Biomaterial – Ein Treiber für neue Innovationen in der Medizin und Werkstofftechnik, *Metall* **2018**, *72*, 184

[71]   S. V. Dorozhkin, M. Epple, Die biologische und medizinische Bedeutung von Calciumphosphaten, *Angew. Chem.* **2002**, *114*, 3260

[72]   B. Friede, E. Gaillou, Die Vielfalt des Siliciumdioxids, *Chem. unserer Zeit* **2018**, *52*, 84

[73]   G. Wenski, G. Hohl, P. Stork, I. Crössmann, Die Herstellung von Reinstsiliciumscheiben, *Chem. unserer Zeit* **2003**, *37*, 198

[74]   J. Haller, K. Banholzer, R. Baumfalk, Wie kommt das Kilogramm in meine Laborwaage?, *Chem. unserer Zeit* **2019**, *53*, 84

[75]   R. Stosch, O. Rienitz, A. Pramann, B. Güttler, Wie viele Moleküle enthält ein Mol?, *Chem. unserer Zeit* **2019**, *53*, 256

[76]   J. Kinder, M. Baumgärtner, R.-D. Blumer, P. Reiner, W. Huber, P. Biehlolawek, Patina als Korrosionsschutz auf alten Kupferblechen, *Metall* **2009**, *63*, 573

[77]   J.-M. Mewes, O. R. Smits, G. Kresse, P. Schwerdtfeger, Copernicium: A Relativistic Noble Liquid, *Angew. Chem.* **2019**, *131*, 18132

[78]   H. Briehl, Stimmt die Chemie bei Karl May?, Jahrbuch der Karl-May-Gesellschaft, Hansa Verlag, Husum, **2013**, 157-210

[79] RoHS-Richtlinie 2011/65/EU, die spätestens ab 3. Januar 2013 anzuwenden ist und ihre Umsetzung in der ElektroStoffV vom 9. Mai 2013 findet

[80] Die Mitnahme von einem kleinen medizinischen oder klinischen Thermometer pro Person, welches Quecksilber für den persönlichen Gebrauch enthält, ist erlaubt, wenn es sich in einer Schutzhülle im aufgegebenen Gepäck befindet. Luftfahrt-Bundesamt, ICAO-Bestimmungen, Passagiergepäck – Hinweise zur Mitnahme von Gefahrgütern, **2019**. www.lba.de/DE/Betrieb/Gefahrgut/Passagierinformation/Passagiergepäck/Medizinische_Kosmetische_Mittel.html, abgerufen am 19.04.2020.

[81] S. T. Liddle, „International Year of the Periodic Table": Chemie der Lanthanoide und Actinoide, *Angew. Chem.* **2019**, *131*, 5194

[82] B. Jahn, L. J. Daumann, Die faszinierende bioanorganische Chemie der Selten-Erd-Elemente, *Chem. unserer Zeit* **2018**, *52*, 150

[83] M. Peters, C. Leyens, Titan im Automobilbau, *Metall* **2010**, *64*, 292

[84] M. Peters, Titan in der Medizintechnik, *Metall* **2011**, *65*, 325

[85] J. Ulmer, NiTiNol, Werkstoff für die Medizintechnik, *Metall* **2009**, *63*, 499

[86] E. Schlegel, Die Alkalikorrosion feuerfester Baustoffe, Teil 1 – Eigenschaften von Alkalien, korrodierende Stoffe, Ersatzbrennstoffe, *Keram. Z.* **2018**, *70*, 48

[87] S. Iwersen, Zinkpest frisst an Märklins Nerven, Handelsblatt, 24. März **2008**; abgerufen am 10.06.2020

[88] T. Brock, Elektrotauchlackierung, *Chem. unserer Zeit* **2017**, *51*, 300

9.5 Literatur zu Kapitel 6

[89] W. Kaiser, Kunststoffchemie für Ingenieure, Carl Hanser Verlag, München, Wien, **2021**

[90] H. Domininghaus, Kunststoffe: Eigenschaften und Anwendungen, Springer-Verlag, Berlin, Heidelberg, **2012**

[91] B. Tieke, Makromolekulare Chemie, Wiley-VCH Verlag GmbH & Co. KGaA, Weinheim, **2014**

[92] G. Menges, E. Haberstroh, W. Michaeli, E. Schmachtenberg, Werkstoffkunde Kunststoffe, Carl Hanser Verlag, München, Wien, **2011**

[93] H.-G. Elias, Makromoleküle (Bd. 1-4), Wiley-VCH Verlag GmbH & Co. KGaA, Weinheim, **1999-2003**

[94] H. Ritter, Makromoleküle I, Springer Spektrum, Springer-Verlag GmbH Deutschland, Berlin, **2018**

[95] M. D. Lechner, K. Gehrke, E. H. Nordmeier, Makromolekulare Chemie, Springer Spektrum, Springer-Verlag, Berlin, Heidelberg **2020**

[96]   W. Keim (Hrsg.), Kunststoffe, Wiley-VCH Verlag GmbH & Co. KGaA, Weinheim, **2006**

[97]   S. Koltzenburg, M. Maskos, O. Nuyken, Polymere, Springer Spektrum, Springer-Verlag, Berlin, Heidelberg, **2014**

[98]   P. E. W. Simon, A. Fanmi, Polymere – Chemie und Strukturen, Wiley-VCH Verlag GmbH & Co. KGaA, Weinheim, **2020**

[99]   D. Braun, Kleine Geschichte der Kunststoffe, Carl Hanser Verlag, München, **2017**

[100] G. Schwedt, Plastisch, elastisch, fantastisch – ohne Kunststoffe geht es nicht, Wiley-VCH Verlag GmbH & Co. KGaA, Weinheim, **2013**

[101] J. Brandrup, E. H. Immergut, E. A. Grulke, A. Akihiro, D. R. Bloch, Polymer Handbook, John Wiley & Sons, Inc., New York, **2003**

[102] A. Franck, B. Herr, H. Ruse, G. Schulz, Kunststoff-Kompendium, Vogel Fachbuch, Vogel Business Media GmbH & Co. KG, Würzburg, **2011**

[103] H. Saechtling, Kunststoff Taschenbuch, Carl Hanser Verlag, München, Wien, 31. Ausgabe, **2013**

[104] D. Braun, Erkennen von Kunststoffen, Carl Hanser Verlag, München, **2012**

[105] C. Wentrup, Reactive Molecules, John Wiley & Sons, Inc., New York, **1984**

[106] G. W. Ehrenstein, Thermische Analyse, Carl Hanser Verlag, München, **2020**

[107] R. G. Craig, J. M. Powers, J. C. Wataha, Zahnärztliche Werkstoffe, Elsevier GmbH, München, **2006**

[108] M. Rosentritt, N. Ilie, U. Lohbauer, Werkstoffkunde in der Zahnmedizin, Georg Thieme Verlag KG, Stuttgart, **2018**

[109] G. Abts, Einführung in die Kautschuktechnologie, Carl Hanser Verlag, München, **2019**

[110] H. Lengsfeld, H. Mainka, V. Altstädt, Carbonfasern, Carl Hanser Verlag, München, **2019**

[111] U. Leute, Elektrisch leitfähige Polymerwerkstoffe, Springer Vieweg, Wiesbaden, **2015**

[112] Die Kunst des Klebens, Informationsmaterial des Fond der Chemischen Industrie in Kooperation mit Industrieverband Klebstoffe e. V., Frankfurt, **2015**

[113] G. Habenicht, Kleben, Springer-Verlag, Berlin, Heidelberg, **2009**

[114] G. Habenicht, Kleben – erfolgreich und fehlerfrei, Springer Vieweg, Springer Fachmedien Wiesbaden GmbH, **2016**

[115] M. Doobe, Kunststoffe erfolgreich kleben, Springer Vieweg, Springer Fachmedien Wiesbaden GmbH, **2018**

[116] D. Wöhrle, Kunststoffe, *Chem. unserer Zeit* **2019**, *53*, 50

[117] K.-H. Hellwich, Herkunftsbezogene Nomenklatur für einstrangige Homo- und Copolymere (IUPAC-Empfehlungen 2016), *Angew. Chem.* **2018**, *130*, 2756

[118] M. Schulze-Senft, M. Lipfert, A. Staubitz, Mechanopolymerchemie, *Chem. unserer Zeit* **2014**, *48*, 200

[119] G. Luft, Hochdruckpolymerisation von Ethylen, *Chem. unserer Zeit* **2000**, *34*, 190

[120] M. Schuster, S. Blechert, Die Olefinmetathese – neue Katalysatoren vergrößern das Anwendungspotential, *Chem. unserer Zeit* **2001**, *35*, 24

[121] D. Leibig, J. Morsbach, E. Grune, J. Herzberger, A. H. E. Müller, H. Frey, Die lebende anorganische Polymerisation, *Chem. unserer Zeit* **2017**, *51*, 254

[122] H. Offermanns, C 1-Chemie: Formaldehyd und seine Polymere, *Chem. unserer Zeit* **2020**, *54*, 242

[123] L. Sattlegger, T. Haider, C. Völker, H. Kerber, J. Kramm, L. Zimmermann, F. R. Wurm, Die PET-Mineralwasserflasche, *Chem. unserer Zeit* **2020**, *54*, 14

[124] C. Dingels, M. Schömer, H. Frey, Die vielen Gesichter des Poly(ethylenglykol)s, *Chem. unserer Zeit* **2011**, *45*, 338

[125] F. Fischer, S. Bauer, Polyvinylpyrrolidon, *Chem. unserer Zeit* **2009**, *43*, 376

[126] D. Braun, G. Collin, 100 Jahre Bakelit, *Chem. unserer Zeit* **2010**, *44*, 190

[127] H.-W. Engels, H.-G. Pirkl, R. Albers, R. W. Albach, J. Krause, A. Hoffmann, H. Casselmann, J. Dormisch, Polyurethane: vielseitige Materialien und nachhaltige Problemlöser für aktuelle Anforderungen, *Angew. Chem.* **2013**, *125*, 9596

[128] F. Schnieders, H. Löwer, C. Lueer, Polycarbonat – wie ein Hightech-Kunststoff die Welt erobert(e), *Kunststoffe* **2010**, *100*, 20

[129] K. Roth, Die Chemie der schillernden Scheiben, *Chem. unserer Zeit* **2007**, *41*, 334

[130] W. Hornberger, Funktionelle Füllstoffe, *Kunststoffe* **2005**, *95*, 187

[131] H. Kloppenburg, T. Groß, M. Mezger, C. Wrana, Synthesekautschuke – Das elastische Jahrhundert, *Chem. unserer Zeit* **2009**, *43*, 392

[132] M. Mezger, Vom Naturkautschuk zum Hightech-Werkstoff, *Kunststoffe* **2010**, *100*, 14

[133] C. Wortmann, F. Dettmer, F. Steiner, Die Chemie des Reifens, *Chem. unserer Zeit* **2013**, *47*, 300

[134] F. Achenbach, K. Hock, Silicone: Moleküle mit maßgeschneiderten Eigenschaften, *Chem. unserer Zeit* **2020**, *54*, 44

[135] S. Germer, Elektronische Miniaturteile aus PEEK, *Kunststoffe* **2006**, *96*, 24

[136] D. Döhler, P. Michael, S. Neumann, W. H. Binder, Selbstheilende Polymere, *Chem. unserer Zeit* **2016**, *50*, 90

[137] E. Frank, L. M. Steudle, D. Ingildeev, J. M. Spörl, M. R. Buchmeiser, Carbonfasern: Präkursor-Systeme, Verarbeitung, Struktur und Eigenschaften, *Angew. Chem.* **2014**, *126*, 5364

[138] M. Rehahn, Elektrisch leitfähige Kunststoffe, *Chem. unserer Zeit* **2003**, *37*, 18

[139] S. Kirchmeyer, L. Brassat, Intrinsisch leitfähige Polymere, *Kunststoffe* **2005**, *95*, 202

[140] D. Hertel, C. D. Müller, K. Meerholz, Organische Leuchtdioden, *Chem. unserer Zeit* **2005**, *39*, 336

[141] O. R. Hild, OLED – Licht der Zukunft, *Kunststoffe* **2006**, *96*, 40

[142] O. Nuyken, Trends in den Polymerwissenschaften, *Chem. unserer Zeit* **2014**, *48*, 270

[143] H. Rost, Gedruckte elektronische Schaltungen, *Kunststoffe* **2007**, *97*, 97

[144] T. Meyer-Friedrichsen, Organische Elektronik, *Kunststoffe* **2008**, *98*, 100

[145] T. Fischl, A. Albrecht, H. Wurmus, M. Hoffmann, M. Stubenrauch, A. Sánchez-Ferrer, Flüssigkristalline Elastomere für die Mikrotechnik, *Kunststoffe* **2006**, *96*, 30

[146] T. P. Haider, C. Völker, J. Kramm, K. Landfester, F. R. Wurm, Kunststoffe der Zukunft? Der Einfluss von bioabbaubaren Polymeren auf Umwelt und Gesellschaft, *Angew. Chem.* **2019**, *131*, 50

[147] R. Mülhaupt, Ist die Zukunft der Kunststoffe grün?, *Kunststoffe* **2013**, *103*, 34

[148] F. Siegmund, D. Veit, T. Gries, Biopolymere in textilen Anwendungen, *Chem. unserer Zeit* **2009**, *43*, 152

[149] A. Metz, A. Hoffmann, K. Hock, S. Herres-Pawlis, Katalysatoren für die Produktion von Biokunststoffen, *Chem. unserer Zeit* **2016**, *50*, 316

[150] T. Iwata, Biologisch abbaubare und biobasierte Polymere: die Perspektiven umweltfreundlicher Kunststoffe, *Angew. Chem.* **2015**, *127*, 3254

[151] S. Primpke, H. Imhof, S. Piehl, C. Lorenz, M. Löder, C. Laforsch, G. Gerdts, Mikroplastik in der Umwelt, *Chem. unserer Zeit* **2017**, *51*, 402

[152] R. Haag, F. Kratz, Polymere Therapeutika: Konzepte und Anwendungen, *Angew. Chem.* **2006**, *118*, 1218

[153] F. P. Schmitz, D. Symietz, Klebstoffe im Fahrzeugbau, *Chem. unserer Zeit* **2008**, *42*, 92

[154] A. T. Wolf, Dicht- und Klebstoffe auf Silikonbasis, Teil 1: Verfestigungsmechanismen, *Chem. unserer Zeit* **2020**, *54*, 284, Teil 2: Struktur-Eigenschafts-Beziehungen und Anwendungen, *Chem. unserer Zeit* **2020**, *54*, 386

[155] C. Klinkowski, B. Burk, F. Bärmann, M. Döring, Moderne Flammschutzmittel für Kunststoffe, *Chem. unserer Zeit* **2015**, *49*, 96

[156] R. Lorenz, F. Brodkorb, B. Fischer, K. Kalbfleisch, M. Kreyenschmidt, J. Kreyenschmidt, C. Braun, S. Dohlen, Breite antimikrobielle Aktivität als intrinsische Eigenschaft thermoplastischer und duromerer Kunststoffe, *Kunststoffe* **2017**, *106*, 26

[157] I. Vollmer, M. J. F. Jenks, M. C. P. Roelands, R. J. White, T. van Harmelen, P. de Wild, G. P. van der Laan, F. Meirer, J. T. F. Keurentjes, B. M. Weckhuysen, Die nächste Generation des Recyclings – neues Leben für Kunststoffmüll, *Angew. Chem.* **2020**, *132*, 15524

[158] M. Tröbs, Die „Falten" der Kunststoffe nach Alterung – Thermooxidative Alterung von Polypropylen und Polyamid 6, *Kunststoffe* **2017**, *107*, 78

[159] M. M. Velencoso, A. Battig, J. C. Markwart, B. Schartel, F. R. Wurm, Molekulare Brandbekämpfung – wie moderne Phosphorchemie zur Lösung der Flammschutzaufgabe beitragen kann, *Angew. Chem.* **2018**, *130*, 10608

[160] H. Briehl, J. Butenuth, Application of DTA/DSC and TG for studying chemical reactions of monomeric organic compounds (Review), *Thermochim. Acta* **1990**, *167*, 249

9.6 Literatur zu Kapitel 7 und 8

[161] H. Salmang, H. Scholze, R. Telle, Keramik, Springer-Verlag, Berlin, Heidelberg, **2007**

[162] W. Kollenberg (Hrsg.), Technische Keramik, Vulkan-Verlag GmbH, Essen, **2018**

[163] D. Hülsenberg, Keramik, Springer Vieweg, Springer-Verlag, Berlin, Heidelberg, **2014**

[164] G. Krabbes, G. Fuchs, W.-R. Canders, H. May, R. Palka, High Temperature Superconductor Bulk Materials, Wiley-VCH-Verlag GmbH & Co. KGaA, Weinheim, **2006**

[165] W. Buckel, R. Kleiner, Supraleitung – (Grundlagen und Anwendungen), Wiley-VCH-Verlag GmbH & Co. KGaA, Weinheim, **2013**

[166] W. Höland, Glaskeramik, vdf Hochschulverlag AG an der ETH Zürich, **2006**

[167] W. Vogel, Glaschemie, Springer-Verlag, Berlin, Heidelberg, New York, **1992**

[168] H. A. Schaetter, R. Langfeld, Werkstoff Glass, Springer Vieweg, Springer-Verlag Deutschland GmbH, Berlin, **2020**

[169] J. Kriegesmann, N. Kratz, Definition, Systematik und Geschichte der Keramik: Von der Tonkeramik bis zur Hochleistungskeramik, *Keram. Z.* **2015**, *67*, 152

[170] R. Riedel, A. Gurlo, E. Ionescu, Synthesemethoden für keramische Materialien, *Chem. unserer Zeit* **2010**, *44*, 208

[171] F. Fischer, S. Bauer, Polyvinylpyrrolidon (PVP): ein vielseitiges Spezialpolymer – Verwendung in der Keramik und als Metallabschreckmedium, *Keram. Z.* **2009**, *61*, 382

[172] C. Zollfrank, Biogene Polymere als Template, *Chem. unserer Zeit* **2014**, *48*, 296

[173] W. Burger, Oxidkeramik wieder im Trend – neue Werkstoffe für die Medizintechnik und industrielle Anwendungen, *Keram. Z.* **2012**, *64*, 134

[174] W. Bauer, Keramische Werkstoffe in der Mikrosystemtechnik, *Keram. Z.* **2003**, *55*, 266

[175] G. Helge, Piezoelektrische Keramiken – physikalische Eigenschaften, Zusammensetzungen, Herstellungsprozeß, Kenngrößen und praktische Anwendungen, *Keram. Z.* **1999**, *51*, 1048 und *Keram. Z.* **2000**, *52*, 28

[176] J. G. Bednorz, K. A. Müller, Possible High T_c Superconductivity in the Ba-La-Cu-O System, *Z. Phys. B – Condensed Matter* **1986**, *64*, 189

[177] K. Roth, Das Experiment: Hochtemperatur-Supraleiter – do it yourself, *Chem. unserer Zeit* **1988**, *22*, 30

[178] A. P. Drozdov, P. P. Kong, V. S. Minkov, S. P. Besedin, M. A. Kuzovnikov, S. Mozaffari, L. Balicas, F. F. Balakirev, D. E. Graf, V. B. Prakapenka, E. Greenberg, D. A. Knyazev, M. Tkacz, M. I. Eremets, Superconductivity at 250 K in lanthanum hydride under high pressure, *Nature* **2019**, *569*, 528

[179] R. P. Huebener, Hundert Jahre Supraleitung, *Phy. unserer Zeit* **2011**, *42*, 14

[180] F. Grotelüschen, Tolle Idee! Was wurde daraus? Supraleitende Kabel transportieren Strom verlustfrei, Deutschlandfunk, 08.01.**2019**. Unter www.deutschlandfunk.de, abgerufen am 06.03.2020

[181] J. Eichler, C. Lesniak, A. Kayser, Siliciumcarbid – Hochleistungskeramik für extreme Herausforderungen in industriellen Anwendungen, *Keram. Z.* **2013**, *65*, 105

[182] M. Volokh, G. Peng, J. Barrio, M. Shalom, Kohlenstoffnitridmaterialien für photochemische Zellen zur Wasserspaltung, *Angew. Chem.* **2019**, *131*, 6198

[183] W. Schnick, Festkörperchemie mit Nichtmetallnitriden, *Angew. Chem.* **1993**, *105*, 846

[184] H.-Y. Chung, M. B. Weinberger, J. B. Levine, A. Kavner, J.-M. Yang, S. H. Tolbert, R. B. Kaner, Synthesis of Ultra-Incompressible Superhard Rhenium Diboride at Ambient Pressure, *Science* **2007**, *316*, 436

[185] J. Hohlfeld, D. Janke, Cermet-Entwicklungen für metallurgische Anwendungen, *Metall* **2003**, *57*, 33

[186] D. S. Brauer, Bioaktive Gläser: Struktur und Eigenschaften, *Angew. Chem.* **2015**, *127*, 4232

[187] A. Rosenflanz, M. Frey, B. Endres, T. Anderson, E. Richards, C. Schardt, Bulk glasses and ultrahard nanoceramics based on alumina and rare-earth oxides, *Nature* **2004**, *430*, 761

[188] Y. Yanagisawa, Y. Nan, K. Okuro, T. Aida, Mechanically robust, readily repairable polymers via tailored noncovalent cross-linking, *Science* **2018**, *359*, 72

10 Stichwortverzeichnis

Indiumantimonid 58
Indiumarsenid 57
Inhibitoren 127, 128, 129, 143
Initiatoren 136
Interhalogenverbindungen 7
interkristalline Korrosion 116
intermolekular 144
intramolekular 145
Iod 7
ionengefärbte Gläser 279
ionische Polymerisationen 152, 155
Ionomere 174
Irdengut 245
IR-transparente Gläser 282
Iridium 102, 104
Isobuten-Isopren-Copolymer 191
Isokette 133, 210
Isopren 38, 146
Isopren-Kautschuk 189, 222, 235
isotaktisch 150

K
Kali-Kalk-Gläser 274
Kalium 36, 37, 38
Kalk 40
Kalkmörtel 40
Kaltverstreckung 187
Kaltvulkanisation 15, 195, 196, 197
Kaolin 245
kathodischer Korrosionsschutz 126
kationische Polymerisation 135, 152, 153, 154
Kautschuk 15, 189, 195, 196
Kavitationskorrosion 117
keramische Hochtemperatursupraleiter 252
Kernumwandlungen 72, 75
Kesselstein 42
Keto-Enol-Tautomerie 229
Kettenabbruch 140, 142, 143, 152, 153, 154, 155
Kettenfragmentierungen 228

Kettenpropagation 140, 153, 154
Kettenstart 136, 139, 153, 154
Kettenverzweigungen 143, 145
Kieselglas 271, 273
Kieselsäure 51
Klebstoffe 131, 155, 221, 222, 224, 225
Knallgas 4
Knallsäure 18
Kohlendioxid 4, 26, 92, 93, 164
Kohlenmonoxid 25, 26, 91, 92, 93
Kohlensäure 26, 27
Kohlenstoff 22, 23, 24, 25, 27, 33, 49, 92, 244
kohlenstofffaserverstärkte Kunststoffe 27
Kohlenstofffasern 27, 218
Kohlenstoffnanoröhren 24
Kohlenwasserstoffe 3, 25
Kohlevergasung 3, 91
Koks 27
Konfigurationsisomere 149, 150
Königswasser 20, 67
konjugierte Diene 146
Konstantan 64, 101
Konstitution 149
Konstitutionsisomere 149
Kontaktkorrosion 109
Kontaktverfahren 14
Konzentrationselement 116
koordinative Polymerisationen 135, 150
Korrosion 107, 255, 273
Korrosion von Bindebaustoffen 41
Korrosionsbereich 110
Korrosionsprodukte 118
Korrosionsschutz 48, 53, 69, 84, 119, 126
Korund 34, 46
Kresol-Formaldehydharze 162
Kristallinitätsgrad 173, 174, 176, 178
Kroll-Prozess 77, 79, 80
Krongläser 275
Kryolith 8, 35, 47, 281
Krypton 6, 7

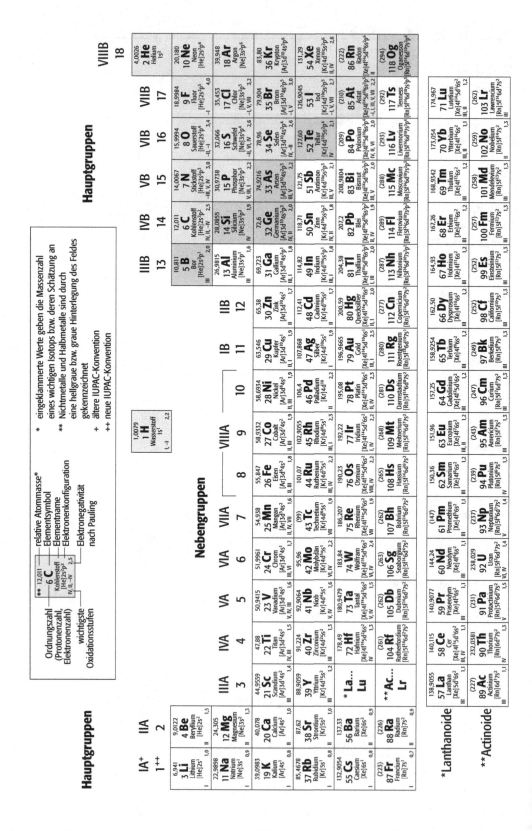

Printed in the United States
by Baker & Taylor Publisher Services

Printed in the United States
by Baker & Taylor Publisher Services